21世纪高等职业教育计算机技术规划教材

计算机应用基础项目化教程

Jisuanji Yingyong Jichu Xiangmuhua Jiaocheng

余毅 主编
廖丽 周谊 副主编
章小印 主审

人 民 邮 电 出 版 社
北 京

图书在版编目（CIP）数据

计算机应用基础项目化教程 / 余毅主编. -- 北京 : 人民邮电出版社，2015.9（2015.9重印）
21世纪高等职业教育计算机技术规划教材
ISBN 978-7-115-39825-3

Ⅰ. ①计… Ⅱ. ①余… Ⅲ. ①电子计算机—高等职业教育—教材 Ⅳ. ①TP3

中国版本图书馆CIP数据核字(2015)第177325号

内容提要

本书从计算机学习者在工作、学习过程中所遇到的现代办公应用的实际问题出发，基于“情景教学、项目引导”的项目化教学方式编写而成，突出对学生的计算机基本技能、实际操作能力及职业能力的培养，体现“基于工作过程”“教、学、做”一体化的教学理念和实践特点。

全书以 Windows 7 和 Office 2010 为平台，内容划分为走进计算机的世界、Windows 7 轻松玩转、速排工作文档、速算办公报表之 Excel 2010、速制演示文稿之 PowerPoint 2010、Office 高级应用 6 个学习情景。

本书既可作为高等职业院校和高等专科院校“计算机应用基础”课程的教学用书，也可作为成人高等院校、各类培训学校、计算机从业人员和爱好者的参考用书。

◆ 主　　编　余　毅
　副 主 编　廖　丽　周　谊
　主　　审　章小印
　责任编辑　李育民
　责任印制　张佳莹　杨林杰

◆ 人民邮电出版社出版发行　　北京市丰台区成寿寺路 11 号
　邮编　100164　　电子邮件　315@ptpress.com.cn
　网址　http://www.ptpress.com.cn
　三河市海波印务有限公司印刷

◆ 开本：787×1092　1/16
　印张：17　　　　2015 年 9 月第 1 版
　字数：430 千字　　　　2015 年 9 月河北第 2 次印刷

定价：39.80 元

读者服务热线：(010)81055256　印装质量热线：(010)81055316
反盗版热线：(010)81055315

随着计算机技术和网络技术的飞速发展，计算机的应用已成为现代社会生产与发展的重要标志。本书针对高职教育的特点和社会的用人需求，基于“情景教学、项目引导”的项目化教学方式进行编写，强调理论与实践相结合，突出对学生基本技能、实际操作能力及职业能力的培养。

本书以学习者为中心，所选的项目都是从学习者成长过程（在校内学习、在校外实习、参加工作）中所遇到的现代办公应用的实际问题提取出来的，并经过作者精心设计后形成经典案例，同时融入了计算机应用领域最新发展技术而形成的，是对从学科教育到职业教育、从学科体系到能力体系两个转变进行的有益尝试。

全书以 Windows 7 和 Office 2010 为平台，内容划分为走进计算机的世界、Windows 7 轻松玩转、速排工作文档、速算办公报表之 Excel 2010、速制演示文稿之 PowerPoint 2010、Office 高级应用 6 个学习情景。对于情景一和情景二中的每个学习项目，我们的学习内容安排是：“项目情境”（以文字和漫画的形式共同呈现）→“学习清单”（以关键词的形式罗列重点内容）→“具体内容”（详细描述每节的内容）。在此后的四个情景中，我们的学习内容安排是：“项目情境”→“项目分析”→“技能目标”→“重点集锦”→“项目详解”（以完成项目为主线展开，穿插相关基础知识）→“提炼升华”（列出需要掌握的知识列表，对已有内容提供索引；对未涉及的内容进行补充）→“拓展练习”。另外，为了加强大家的动手能力，本书还配备了《随堂实训及课外拓展训练指导》，帮助学有余力的同学提高学习水平。

“计算机应用基础”是高等院校为非计算机专业学生开设的一门公共基础课。本书的参考学时为 60 学时，建议采用教学做一体化教学模式。

本书由江西工业工程职业技术学院余毅任主编，廖丽、周谊任副主编。具体分工为：情景一至情景四由余毅编写，情景五由廖丽编写，情景六由周谊编写。吴明发和郭剑也参与了本书的编写工作，并提出了宝贵的建议。全书由余毅统稿，章小印主审。本书在编写过程中还得到了江西工业工程职业技术学院领导的大力支持，在此谨表谢意。

由于时间仓促，编者水平和经验有限，书中难免有欠妥和错误之处，恳请读者批评指正。

编者

2015 年 6 月

CONTENTS
目录

情境一

1 走进计算机的世界

项目一 趣话计算机

项目情境

小Q踏入大学校门后，积极参加学院组织的各类活动。某日，他看到宣传海报中有一则关于计算机知识竞赛的通知，感到非常高兴，急忙前去报名。距离比赛的日子越来越近了，小Q胸有成竹，因为他已经做好了充足的准备，胜利在望。

下面，我们一起来看看小Q都做了哪些准备。

学习清单

埃尼阿克（ENIAC）、冯·诺依曼型计算机、CAD、CAM、CAT、CAI、AI、网络的定义、阿帕网（ARPANET）、ISO、OSI、网络的功能、分类及组成、Internet、IP、DNS、URL、HTTP、DS、IE浏览器、电子邮件（E-mail）、Outlook Express、搜索引擎、下载工具。

具体内容

一、计算机的发展史及分类

1. 计算机的发展史

在了解计算机的发展史之前，有必要先弄清楚什么是计算机。

计算机是一种能按照事先存储的程序，自动、快速、高效地对各种信息进行存储和处理的现代化智能电子设备。

计算机是一种现代化的信息处理工具，它对信息进行处理并提供所需结果，其结果（输出）取决于所接收的信息（输入）及相应的程序。计算机概念图解如图 1-1 所示。

知识扩展

计算机的英文单词为 Computer，原是指从事数据计算的人，而他们往往都需要借助某些机械计算设备或模拟计算机，为此，现在也指计算机。即使在今天，我们也还能在许多地方看到这些早期计算设备的祖先——算盘的身影。有一种看法认为算盘是最早的数字计算机，而珠算口诀则是最早的体系化的算法。

下面，让我们把时钟拨回到 370 多年前，从计算机诞生的源头开始谈起，从一个历史旁观者的角度去观察计算机的发展历程。

（1）第零代：机械式计算机（1642—1945 年）

① 1642 年——齿轮式加减法器。1642 年，法国数学家帕斯卡（B.Pascal）采用与钟表类似的齿轮传动装置，研制出了世界上第一台十进制加减法器（见图 1-2），这是人类历史上的第一台机械式计算机。此后，科学家们在这个领域里继续研究能够完成各种计算的机器，想方设法扩充和完善这些机械装置的功能。

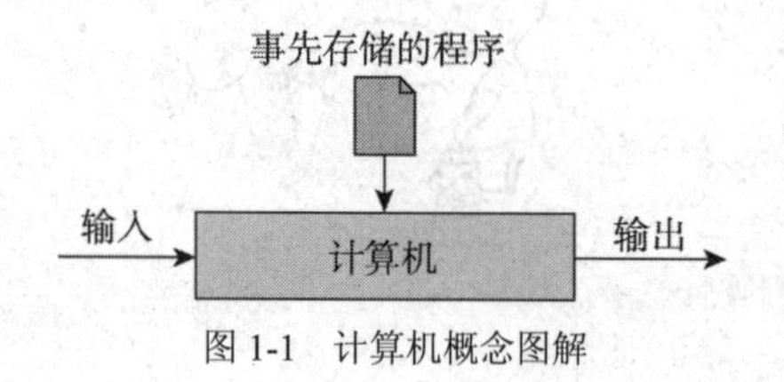

图 1-1　计算机概念图解

图 1-2　齿轮式加减法器

② 1821 年——差分机。1821 年，英国数学家巴贝奇（C.Babbage）构想和设计了第一台完全可编程计算机——差分机，这是第一台可自动进行数学变换的机器。但由于技术条件、经费限制以及巴贝奇无法忍耐对设计的不停修补，这台计算机最终没有问世。

③ 1884 年——制表机。1884 年，美国人口普查局的统计学家霍列瑞斯（H.Hollerith）受到提花织机的启发，想到用穿孔卡片来表示数据，制造出了制表机（见图 1-3），并获得了专利。制表机的发明是机械计算机向电气技术转化的一个里程碑，标志着计算机作为一个产业开始初具雏形。

图 1-3　制表机

（2）20 世纪初，电子技术飞速发展，其代表产物有真空二极管和真空三极管，这些都促成了真正的电子计算机的产生。根据组成电子计算机的基本逻辑组件的不同，我们可以把电子计算机的发展分为 4 个阶段，每一阶段在技术上都是一次新的突破，在性能上都是一次质的飞跃，这 4 个阶段的特点具体如下。

① 第一代：电子管计算机（1946—20 世纪 50 年代后期）

知识扩展

图 1-4 中左侧的是世界上第一只电子管，也就是人们常说的真

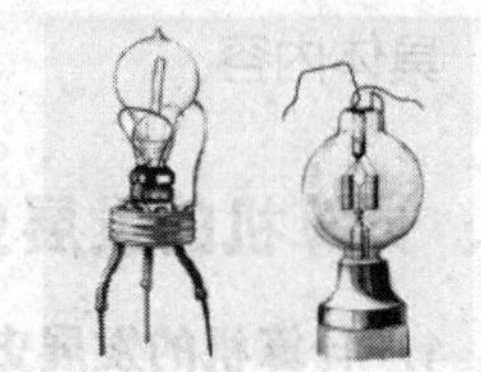
图 1-4　真空二极管和真空三极管

空二极管。直到真空三极管（见图 1-4 右）发明后，电子管才成为实用的器件。后来，人们又发现，真空三极管除了可以处于放大状态外，还可充当开关器件，其速度要比继电器快成千上万倍。于是，电子管很快受到计算机研制者的青睐，计算机的历史也由此跨进电子的纪元。

第一代计算机采用电子真空管及继电器作为逻辑组件构成处理器和存储器，并用绝缘导线将它们连接在一起。电子管计算机相比之前的机电式计算机来讲，无论是运算能力、运算速度还是体积等都有了很大的进步。

知识扩展

计算机的鼻祖：埃尼阿克 ENIAC（Electronic Numerical Integrator AndComputer，电子数值积分计算器，如图 1-5 所示）。1946 年 2 月 5 日，出于美国军方对弹道研究的计算需要，世界上第一台电子计算机埃尼阿克问世。这个重达 30t，由 18 800 个电子管组成的庞然大物就是所有现代计算机的鼻祖。第一台电子计算机诞生的目的是为军事提供服务，但它也和其他军工产品一样，随着技术的成熟逐渐走向民用。

图 1-5　第一台电子计算机 ENIAC

ENIAC 的诞生，宣告了人类从此进入电子计算机时代。从那一天到现在的半个多世纪里，伴随着电子器件的发展，计算机技术有了突飞猛进的发展，造就了如 IBM、SUN、Microsoft 等若干大型计算机软硬件公司，人类开始步入以电子科技为主导的新纪元。

② 第二代：晶体管计算机（20 世纪 50 年代后期～20 世纪 60 年代中期）

晶体管的发明，标志着人类科技史进入了一个新的电子时代。图 1-6 所示为第一只晶体管。与电子管相比，晶体管具有体积小、重量轻、寿命长、发热少、功耗低、速度快等优点。晶体管的发明及其实用性的研究为半导体和微电子产业的发展指明了方向，同时也为计算机的小型化和高速化奠定了基础。采用晶体管组件代替电子管成为第二代计算机的标志。

图 1-6　第一只晶体管

知识扩展

1955 年，贝尔实验室研制出世界上第一台全晶体管计算机 TRADIC（见图 1-7），装有 800 只晶体管，仅 100W 功率，占地也只有 3 立方英尺。

③ 第三代：中、小规模集成电路计算机（20 世纪 60 年代中期～20 世纪 70 年代初）

1958 年，美国物理学家基尔比（J.Kilby）和诺伊斯（N.Noyce）同时发明集成电路，图 1-8 所示为第一个集成电路。集成电路的问世催生了微电子产业，采用集成电路作为逻辑组件成为第三代计算机的最重要特征，微过程控制开始普及。

第三代计算机的杰出代表有 IBM 公司的 IBM 360（见图 1-9）及 CRAY 公司的巨型计算

机 CRAY-1（见图 1-10）等。

图 1-7 TRADIC 计算机

图 1-8 第一个集成电路

图 1-9 IBM 360

图 1-10 CRAY-1

知识扩展

1964 年，英特尔（Intel）创始人之一戈登·摩尔（Gordon Moore）以 3 页纸的短小篇幅，发表了一个奇特的理论。摩尔天才地预言：集成电路上能被集成的晶体管数目每 18～24 个月会翻一番，并在今后数十年内保持着这种势头。

摩尔的这个预言，因集成电路芯片后来的发展曲线得以证实，并在较长时期内保持着有效性，被人们称为“摩尔定律”。

④ 第四代：大规模、超大规模集成电路计算机（20 世纪 70 年代初～现在）

随着集成电路技术的迅速发展，采用大规模和超大规模集成电路及半导体存储器的第四代计算机开始进入社会的各个角落，计算机逐渐开始分化为通用大型机、巨型机、小型机和微型机。

1971，Intel 发布了世界上第一个商业微处理器 4004（其中第一个 4 表示它可以一次处理 4 位数据，第二个 4 代表它是这类芯片的第 4 种型号），如图 1-11 所示，每秒可执行 60 000 次运算。图 1-12 中，一个小于 1/4 平方英寸的集成电路就可以含有超过 100 万个电路元器件。

图 1-11 Intel 4004 外观

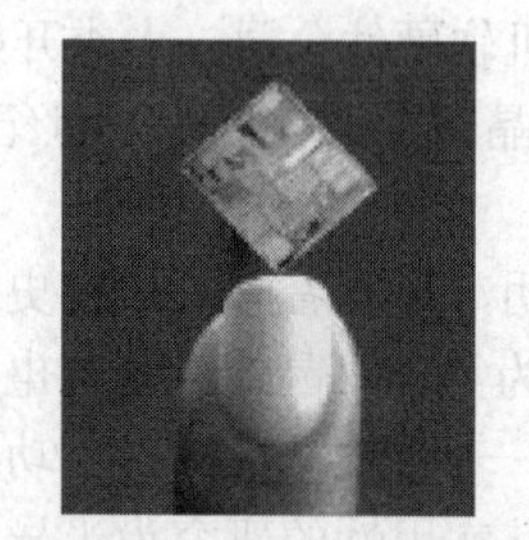
图 1-12 大规模集成电路

（3）新一代计算机：新一代计算机过去习惯上称为第五代计算机，是对第四代计算机以后的各种未来型计算机的总称。它能够最大限度地模拟人类大脑的机制，具有人的智能，能够进行图像识别、研究学习和联想等。

随着计算机科学技术和相关学科的发展，在不远的未来，研制成功新一代计算机的目标必定会实现。

知识扩展

2010 年 1 月 27 日，苹果公司在美国旧金山欧巴布也那艺术中心（Yerba Buena Center for the Arts）发布 iPad 平板电脑，如图 1-13 所示。iPad 的定位介于苹果的智能手机 iPhone 和笔记本电脑产品之间，提供

图 1-13 iPad 平板电脑

浏览互联网、收发电子邮件、观看电子书、播放音频或视频、玩游戏等功能。

阶段总结

计算机发展过程中，各阶段的特点如表 1-1 所示。

表 1-1 计算机发展各阶段的特点

四个阶段	逻辑组件	运行速度	特点
第一代：1946 年至 20 世纪 50 年代后期	电子管	5 000 到 1 万次	体积大，耗电大，速度慢
第二代：20 世纪 50 年代后期至 20 世纪 60 年代中期	晶体管	几万次到十几万次	体积、耗电减小了，速度有所提高
第三代：20 世纪 60 年代中期至 20 世纪 70 年代初	中、小规模集成电路	十几万次到几百万次	体积和功耗减小了，运行速度有所提高
第四代：20 世纪 70 年代初至现在	大规模、超大规模集成电路	几千万次到百亿次	性能大幅度提高，价格大幅度下降，已应用到社会的各个领域

计算机的发展趋势。回顾计算机的发展历程，不难看出计算机的发展趋势：现代计算机的发展正朝着巨型化、微型化的方向发展，计算机的传输和应用正朝着网络化、智能化的方向发展。如今计算机越来越广泛地应用于我们的工作、学习、生活中，对人们的生活起到不可估量的影响。图 1-14 所示为计算机发展的趋势图。

体积由大到小

速度由慢到快

图 1-14 计算机发展趋势

① 巨型化：指具有运算速度高、存储容量大、功能更完善等特点的计算机系统。

② 微型化：基于大规模和超大规模集成电路的飞速发展。

③ 网络化：计算机技术的发展已经离不开网络技术的发展。

④ 智能化：要求计算机具有人的智能，能够进行图像识别、定理证明、研究学习等。

2. 计算机的分类

计算机种类很多，可以从不同的角度对计算机进行分类。按照计算机原理分类，可分为数字式电子计算机、模拟式电子计算机和混合式电子计算机；按照计算机用途分类，可分为通用计算机和专用计算机；按照计算机性能分类，可分为巨型机、小巨型机、大型机、小型机、工作站和个人计算机 6 大类。

二、计算机的特点及应用领域

1. 计算机的主要特点

在人类发展过程中没有一种机器像计算机这样具有如此强劲的渗透力，可以毫不夸张地说，人类现在已离不开计算机。计算机之所以这么重要，与它的强大功能是分不开的，与以往的计算工具相比，它具有以下几个主要特点。

（1）运算速度快。运算速度是计算机的一个重要性能指标。计算机的运算速度通常用每秒钟执行定点加法的次数或平均每秒钟执行指令的条数来衡量。

世界上第一台计算机的运算速度为每秒 5 000 次，目前世界上最快的计算机每秒可运算万兆次，普通 PC 每秒也可处理上百万条指令。这不仅极大地提高了工作效率，而且使时限性强的复杂处理可在限定的时间内完成。

（2）计算精度高。计算机的运算精度随着数字运算设备的技术发展而提高，加上采用了二进制数字进行计算的先进算法，因此可以得到很高的运算精度。

在计算机诞生前 1 500 多年的时间里，虽然人们不懈努力，但也仅能计算到小数点后 500 位，而使用计算机后，目前已可达到小数点后上亿位的精度。

（3）存储容量大，记忆能力强。计算机的存储器类似于人的大脑，可以记忆大量的数据和计算机程序，随时提供信息查询、处理等服务，这使计算机具有了“记忆”功能。目前计算机的存储容量越来越大，已高达吉（千兆）数量级（10^9）的容量。计算机具有“记忆”功能，与传统计算工具有着显著的区别。

（4）具有逻辑判断能力。计算机不仅能进行算术运算，同时也能进行各种逻辑运算，具有逻辑判断能力，这是计算机的又一重要特点。布尔代数是建立计算机的逻辑基础，计算机的逻辑判断能力也是计算机智能化必备的基本条件，是计算机能实现信息处理自动化的重要原因。

冯·诺依曼型计算机的基本思想就是将程序预先存储在计算机中。在程序执行过程中，计算机根据上一步的处理结果，能运用逻辑判断能力自动决定下一步应该执行哪一条指令。这样，计算机的计算能力、逻辑判断能力和记忆能力三者结合，使得计算机远远超过了任何一种工具而成为人类脑力延伸的有力助手。

知识扩展

图 1-15 所示为现代计算机奠基人——冯·诺依曼（John Von Neumann），他 1903 年 12 月 28 日生于匈牙利布达佩斯的一个犹太人家庭，是著名美籍匈牙利数学家。

图 1-15　冯·诺依曼

程序存储在计算机内，计算机再自动地逐步执行程序，这个被称为“存储程序和过程控制”的思想就是由他提出来的。虽然计算机一直在不断地发展，但计算机原理一直沿用该思想，因此我们把迄今为止的计算机称为冯·诺依曼型计算机。

（5）自动化程度高。只要预先把处理要求、处理步骤、处理对象等必备元素存储在计算机系统内，计算机启动工作后就可以在无人参与的条件下自动完成预定的全部处理任务。这是计算机区别于其他工具的本质特点。其中，向计算机提交任务主要是通过程序、数据和控制信息的形式。

计算机中可以存储大量的程序和数据。存储程序是计算机工作的一个重要原则，这是计算机能够自动处理的基础。

(6) 支持人机交互。计算机具有多种输入/输出设备，配上适当的软件后，可支持用户进行简单方便的人机交互。以广泛使用的鼠标为例，用户手握鼠标，只需轻轻单击鼠标，计算机便可随之完成某种操作功能。

随着计算机多媒体技术的发展，人机交互设备的种类也越来越多，如手写板、扫描仪、触摸屏等。这些设备使计算机系统以更接近人类感知外部世界的方式输入或输出信息，使计算机更加人性化。

(7) 通用性强。计算机能够在各行各业得到广泛的应用，原因之一就是具有很强的通用性。计算机采用存储程序原理，程序可以是各个领域中的用户自己编写的应用程序，也可以是厂家提供的供多用户共享的程序；丰富的软件，多样的信息，使计算机具有相当大的通用性。

2. 计算机的应用领域

计算机的高速发展全面促进了计算机的应用。在当今信息社会中，计算机的应用极其广泛，已遍及经济、政治、军事及社会生活的各个领域。计算机的具体应用可以归纳为以下几个方面。

(1) 科学计算。科学计算又称为数值计算，是计算机最早的应用领域。同人工计算相比，计算机不仅速度快，而且精度高。利用计算机的高速运算和大容量存储的能力，可进行人工难以完成或根本无法完成的各种数值计算。

其中一个著名的例子是圆周率值的计算。美国一位数学家在 1873 年宣称，他花了 15 年的时间把圆周率 π 的值计算到小数点后 707 位。111 年之后，日本有人宣称用计算机将 π 值计算到 1 000 万位，却只用了 24 小时。

对要求限时完成的计算，使用计算机可以赢得宝贵时间。以天气预报（见图 1-16）为例，如果用人工进行计算，预报一天的天气情况就需要计算几个星期，这就失去了时效。若改用高性能的计算机系统，取得 10 天的预报数据只需要计算几分钟，这就使中、长期天气预报成为可能。

科学计算是成熟的计算机应用领域，由大量经过“千锤百炼”的实用计算程序组成的软件包早已商品化，成为了计算机应用软件的一部分。

(2) 数据处理。数据处理又称为信息处理（见图 1-17），是目前计算机应用的主要领域。在信息社会中需要对大量的、以各种形式表示的信息资源进行处理，计算机因其具备的种种特点，自然成为处理信息的得力工具。

图 1-16 计算机的传统应用——天气预报　　图 1-17 计算机的传统应用——数据处理

早在 20 世纪 50 年代，人们就开始把登记、统计账目等单调的事务工作交给计算机处理。60 年代初期，大银行、大企业和政府机关纷纷用计算机来处理账册、管理仓库或统计报表，从数据的收集、存储、整理到检索统计，应用的范围日益扩大。数据处理很快就超过了科学计算，成为最广泛的计算机应用领域。

随着数据处理应用的扩大，不仅在硬件上刺激着大容量存储器和高速度、高质量输入/输出设备的发展，同时，也在软件上推动了数据库管理系统、表格处理软件、绘图软件以及用于分析和预测等应用的软件包的开发。

（3）自动控制。自动控制也称为过程控制或实时控制，是指用计算机作为控制部件对生产设备或整个生产过程进行控制。其工作过程是：先用传感器在现场采集受控制对象的数据，求出它们与设定数据的偏差；接着由计算机按控制模型进行计算；最后产生相应的控制信号，驱动伺服装置对受控对象进行控制或调整。

（4）计算机辅助功能。计算机辅助功能是指能够部分或全部代替人完成各项工作的计算机应用系统，目前主要包括计算机辅助设计、计算机辅助制造、计算机辅助测试和计算机辅助教学。

① 计算机辅助设计（Computer Aided Design，CAD）。CAD可以帮助设计人员进行工程或产品的设计工作，采用CAD能够提高工作的自动化程度，缩短设计周期，并达到最佳的设计效果。目前，CAD技术广泛应用于机械、电子、航空、船舶、汽车、纺织、服装、化工、建筑等行业，已成为现代计算机应用中最活跃的领域之一。

② 计算机辅助制造（Computer Aided Manufacturing，CAM）。CAM是指用计算机来管理、计划和控制加工设备的操作。采用CAM技术可以提高产品质量、缩短生产周期、提高生产率、降低劳动强度，并改善生产人员的工作条件。

计算机辅助设计和计算机辅助制造结合产生了CAD/CAM一体化生产系统，再进一步发展，则形成了计算机集成制造系统（Computer Integrated Manufacturing System，CIMS），CIMS是制造业的未来。

③ 计算机辅助测试（Computer Aided Test，CAT）。CAT是指利用计算机协助对学生的学习效果进行测试和学习能力估量。一般分为脱机测试和联机测试两种方法。

脱机测试是由计算机从预置的题目库中按教师规定的要求挑选出一组适当的题目，打印成为试卷，给学生作答后，答案纸卡可通过“光电阅读机”送入计算机，进行评卷和评分。标准答案在计算机中早已存储，以作对照对试卷进行评阅。联机测试是从计算机的题目库中逐个地选出题目，并通过显示器和输出打印机等交互手段向学生提问，学生将自己的回答通过键盘等输入设备送入计算机，由计算机批阅并评分。

④ 计算机辅助教学（Computer Aided Instruction，CAI）。CAI是指利用计算机来辅助教学工作。CAI改变了传统的教学模式，它使用计算机作为教学工具，把教学内容编制成教学软件——课件。学习者可根据自己的需要和爱好选择不同的内容，在计算机的帮助下学习，实现教学内容的多样化和形象化。

随着计算机网络技术的不断发展，特别是全球计算机网络Internet的实现，计算机远程教育已成为当今计算机应用技术发展的主要方向之一，它有助于构建个人的终生教育体系，是现代教育中的一种教学模式。

（5）人工智能。（Artificial Intelligence，AI）。AI是指用计算机来模拟人的智能，代替人的部分脑力劳动。人工智能既是计算机当前的重要应用领域，也是今后计算机发展的主要方向。20余年来，围绕AI的应用主要表现在以下几个方面。

① 机器人。机器人诞生于美国，但发展最快的是日本。机器人可以分为两类，一类叫“工业机器人”，它由事先编制好的过程控制，只能完成规定的重复动作，通常用于车间的生产流水线上；另一类叫“智能机器人”，具有一定的感知和识别能力，能说话和回答一些

简单问题。

② 定理证明。借助计算机来证明数学猜想或定理，这是一项难度极大的人工智能应用。最著名的例子是四色猜想的证明。

知识扩展

四色猜想是图论中的一个世界级难题，它的内容是：任意一张地图只需要4种颜色来着色，就可以使地图上的相邻区域具有不同的颜色。换言之，用4种颜色就可以绘制任何地图，3种颜色不够，而5种颜色多余。

这个猜想的证明不知难倒了多少数学家，虽然经过无数次的验证，但却一直无法在理论上给出证明。1976年，美国数学家哈根和阿贝尔用计算机进行了100亿次逻辑判断，成功地证明了四色猜想。

③ 专家系统。专家系统是一种能够模仿专家的知识、经验、思想，代替专家进行推理和判断，并做出决策处理的人工智能软件。著名的"关幼波肝病诊疗程序"就是根据我国著名中医关幼波的经验制成的一个医疗专家系统。

④ 模式识别。这是AI最早的应用领域之一，是通过抽取被识别对象的特征，与存放在计算机内的已知对象的特征进行比较及判别，从而得出结论的一种人工智能技术。公安机关的指纹分辨、手写汉字识别、语音识别等都是模式识别的应用实例。

（6）网络应用。网络应用是计算机技术与通信技术结合的产物，计算机网络技术的发展将处在不同地域的计算机用通信线路连接起来，配以相应的软件，达到资源共享的目的。

网络应用是当前及今后计算机应用的主要方向。目前Internet的用户遍布全球，计算机网络作为信息社会的重要基础设施，其影响已深入人心，上网已成为人们日常生活中不可或缺的一部分。

总之，在现代生活中，在我们的身边，计算机无处不在，其应用已渗透到社会的各个领域，改变了人们传统的工作、生活方式。并且可以预见的是，它对人类的影响会越来越大。

三、计算机网络概述

1. 计算机网络的发展

计算机网络是计算机技术和通信技术相结合的产物，计算机网络技术得到了飞速的发展和广泛的应用。

（1）计算机网络的定义。计算机网络就是将分布在不同地点的多台独立计算机的系统通过通信线路和通信设备连接起来，由网络操作系统和协议软件进行管理，以实现数据通信与资源共享为目的的系统。简单来说，网络就是通过电缆、电话线或无线通信连接起来的计算机的集合。

实现网络有4个要素，即有独立功能的计算机、通信线路和通信设备、网络软件支持、实现数据通信与资源共享。

（2）网络的发展过程。计算机网络的发展过程是计算机与通信（Computer and Communication，C&C）的结合过程，其发展经历了一个从简单到复杂再到简单（指入网容易、使用简单、网络应用大众化）的过程，共经历了4个阶段。

① 面向终端的计算机网络（20世纪50～60年代）。将地理位置分散的多个终端通信线路连到一台中心计算机上，用户可以在自己办公室内的终端键入程序，通过通信线路传送到中心计算机，分时访问和使用资源进行信息处理，处理结果再通过通信线路回送到用户终端

显示或打印。这种以单个计算机为中心的联机系统被称为面向终端的远程联机系统，这是计算机网络发展的第一阶段，被称为第一代计算机网络，如图 1-18 所示。

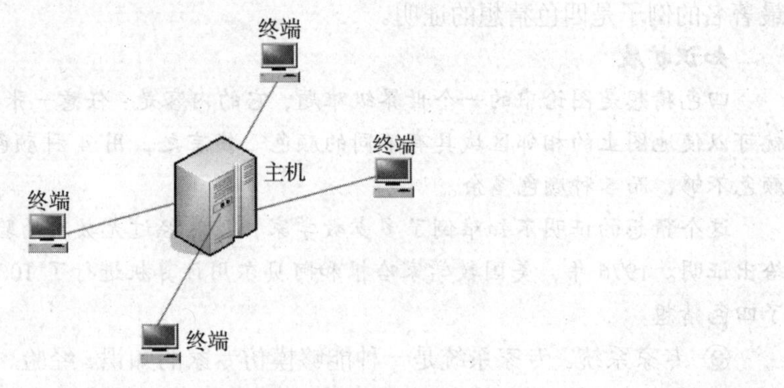

图 1-18　一台主机带若干终端

随着远程终端的增多，主机负荷越来越重，既要承担通信工作，又要承担数据处理任务。另外，通信线路的利用率较低，尤其在远距离时，每个分散的终端都要单独占用一条通信线路，使用费用较高。为了克服以上缺点，出现了前端处理机和终端控制器（集中器）。

在主机前增加一台功能简单的计算机，专门用于处理终端的通信信息和控制通信线路，并对用户的作业进行预处理，这台计算机称为“通信控制处理机”（Communication Control Processor，CCP），也叫前端处理机。它是在终端设备较集中的地方设置一台集中器（Concentrator），终端通过低速线路先汇集到集中器上，再用高速线路将集中器连到主机上。

第一代计算机网络的典型应用有美国半自动地面防空系统 SAGE 和美国飞机售票系统 SABRE-1。

20 世纪 50 年代初，美国为了自身的安全，在美国本土北部和加拿大境内，建立了一个半自动地面防空系统，简称 SAGE（Semi-Automatic Ground Environment）系统，译成中文叫赛其系统（见图 1-19）。

图 1-19　美国半自动地面防空系统 SAGE

20 世纪 60 年代初，美国建成了全国性航空飞机订票系统，用一台中央计算机联结 2 000 多个遍布全国各地的终端，用户通过终端进行操作。这些应用系统的建立，构成了计算机网络的雏形。

② 共享资源的计算机网络（20 世纪 60～70 年代）。随着计算机技术和通信技术的进步，将分布在不同地点的计算机通过通信线路连接起来，使联网用户可以通过计算机使用本地计算机的软件、硬件与数据资源，也可以使用网络中其他计算机的软件、硬件与数据资源，即

每台计算机都具有自主处理能力，这样就形成了以共享资源为目的的第二代计算机网络，如图 1-20 所示。

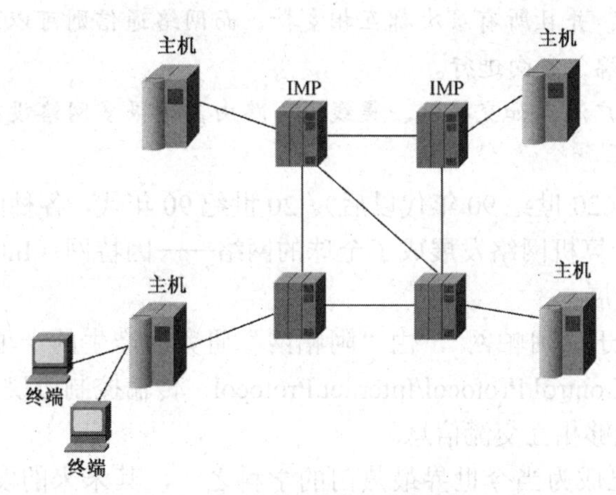

图 1-20 共享资源的计算机网络

提示

主机之间不是直接用线路相连，而是接口经报文处理机（Interface Message Processor，IMP）转接后互连的。IMP 和它们之间互连的通信线路一同负责主机间的通信任务，构成了通信子网。通信子网互连的主机负责运行程序，提供资源共享，组成了资源子网。

第二代计算机网络的典型代表是 ARPA 网络（ARPANET）。ARPA 网络的建成标志着现代计算机网络的诞生。ARPA 网络的试验成功使计算机网络的概念发生了根本性的变化，很多有关计算机网络的基本概念都与 APRA 网的研究成果有关，如分组交换、网络协议、资源共享等。

知识扩展

1969 年 12 月，由美国国防部高级研究计划局（Advanced Research Projects Agency，ARPA）出资兴建的计算机网络“阿帕网”（ARPANET）诞生。1969 年 ARPA 网只有 4 个节点，1973 年发展到 40 个节点，1983 年已经达到 100 多个节点。

ARPA 网通过有线、无线与卫星通信线路，覆盖了从美国本土到欧洲与夏威夷的广阔地域，ARPA 网是计算机网络技术发展的一个重要的里程碑。

③ 计算机网络标准化（20 世纪 70～80 年代）。20 世纪 70 年代以后，局域网得到了迅速发展，人们对组网的技术、方法和理论的研究日趋成熟，为了促进网络产品的开发，各大计算机公司纷纷制定自己的网络技术标准，最终促成国际标准的制定。

1984 年，国际标准化组织（International Standards Organization，ISO）正式颁布了一个使各种计算机互联成网的标准框架——开放系统互联参考模型（Open System Interconnection Reference Model，OSI）。OSI 标准确保了各厂家生产的计算机和网络产品之间的互连，推动了网络技术的应用和发展。

7	应用层
6	表示层
5	会话层
4	传输层
3	网络层
2	数据链路层
1	物理层

图 1-21 OSI 7 层参考模型

知识扩展

OSI 将网络通信工作分为 7 层，由低到高依次为物理层、数据链路层、网络层、传输层、会话层、表示层和应用层，如图 1-21 所示。

OSI 7 层模型的每一层都具有不同的作用。物理层、数据链路层、网络层属于OSI模型的低三层，负责创建网络通信连接的链路；传输层、会话层、表示层和应用层是OSI模型的高四层，具体负责端到端的数据通信。每层完成一定的功能，每层都直接为其上层提供服务，并且所有层次都互相支持，而网络通信则可以自上而下（在发送端）或者自下而上（在接收端）双向进行。

OSI模型用途相当广泛，如交换机、集线器、路由器等很多网络设备的设计都是参照OSI模型设计的。

④ 网络互连阶段（20世纪90年代以后）。20世纪90年代，各种网络进行互连，形成更大规模的互联网络。计算机网络发展成了全球的网络——因特网（Internet），网络技术和网络应用得到了迅猛的发展。

Internet 最初起源于“阿帕网”，由“阿帕网”研究而产生的一项非常重要的成果就是TCP/IP（Transmission Control Protocol/Internet Protocol，传输控制协议/网际协议），使得连接到网上的所有计算机能够相互交流信息。

计算机网络目前已成为当今世界最热门的学科之一，其未来的发展方向正朝着高速网络、多媒体网络、开放性、高效安全的网络管理以及智能化网络方向发展。

2. 计算机网络的功能

不同的计算机网络是为不同的目的和需求而设计与组建的，它们所提供的服务和功能也有所不同。计算机网络所可能提供的功能如下。

（1）资源共享。用户可以共享计算机网络范围内的系统硬件、软件、数据、信息等各种资源。随着计算机网络覆盖区域的扩大，信息交流已越来越不受地理位置、时间的限制，大大提高了资源的利用率和信息的处理能力。

（2）数据通信。网络中的终端与计算机、计算机与计算机之间能够进行通信，交换各种数据和信息，从而方便地进行信息收集、处理、交换。自动定票系统、银行财政及各种金融系统、电子购物、远程教育、电子会议等都具有选择的功能。如图1-22所示。

图1-22　资源共享与数据通信

（3）分布式数据处理。将一个大型复杂的计算问题分配给网络中的多台计算机分工协作来完成。特别是对当前局域网更有意义，利用网络技术可将计算机连成高性能的分布式计算机系统，使它具有解决复杂问题的能力。

（4）提高系统的可靠性和可用性。可以调度另一台计算机来接替完成出现故障的计算机的计算任务，借助冗余和备份的手段提高系统可靠性。

3. 计算机网络的分类

计算机网络可按不同的分类标准进行划分。

（1）按网络的覆盖范围划分。根据计算机网络所覆盖的地理范围，计算机通常可以分为局域网、城域网和广域网。这种分法也是目前较为普遍的一种分类方法。

① 局域网（Local Area Network，LAN）。LAN一般在几百米到10km的范围之内，如一座办公大楼内、大学校园内、几座大楼之间等，局域网简单、灵活、组建方便，网络连接如

图 1-23 所示。

② 城域网（Metropolitan Area Network，MAN）。MAN 的地理范围可以从几十千米到上百千米，通常覆盖一个城市或地区，如城市银行的通存通兑网。

③ 广域网（Wide Area Network，WAN）。WAN 是网络系统中最大型的网络，它是跨地域性的网络系统，大多数的 WAN 是通过各种网络互连而形成的，Internet 就是最典型的广域网。WAN 的连接距离可以是几百千米到几千千米或更多，网络连接如图 1-24 所示。

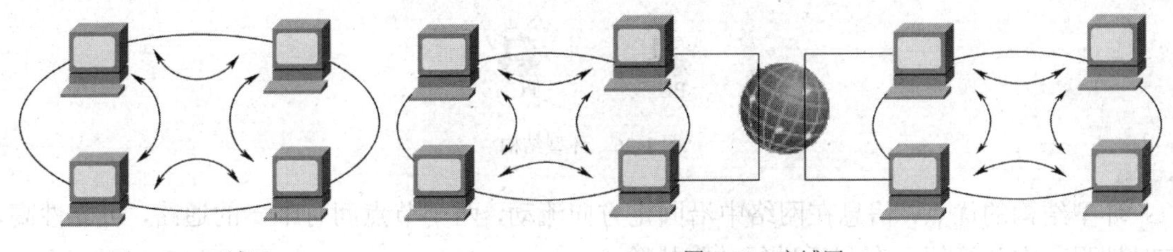

图 1-23 局域网　　图 1-24 广域网

（2）按数据传输方式划分。根据数据传输方式的不同，计算机网络可以分为“广播网络”和“点对点网络”两大类。

① 广播网络（Broadcasting Network）。广播网络中的计算机或设备使用一个共享的通信介质进行数据传播，网络中的所有节点都能收到其他任何节点发出的数据信息。局域网大多数都是广播网络。

② 点对点网络（Point to Point Network）。点对点网络中的计算机或设备以点对点的方式进行数据传输，任意两个节点间都可能有多条单独的链路。这种传播方式常应用于广域网中。

（3）按拓扑结构划分。网络拓扑结构是指网络上的计算机、通信线路和其他设备之间的连接方式，即指网络的物理架设方式。计算机网络中常见的拓扑结构有总线型结构、环型结构、星型结构、树型结构和网状结构等。除这些之外，还有包含了两种以上基本拓扑结构的混合结构。

① 总线型结构。总线型结构的网络使用一根中心传输线作为主干网线（即总线 BUS），所有计算机和其他共享设备都连在这条总线上。其中一个节点发送了信息，该信息会通过总线传送到每一个节点上，属于广播方式的通信，如图 1-25 所示。

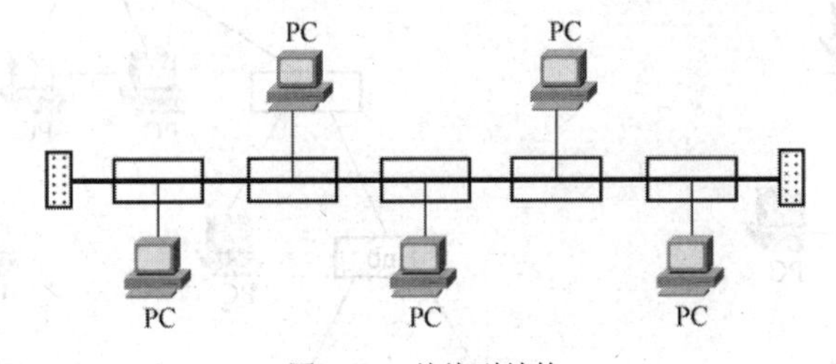

图 1-25 总线型结构

总线型结构的优点：布局非常简单且便于安装，价格相对较低，网络上的计算机可以很容易地增加或减少而不影响整个网络的运行，适用于小型、临时的网络。

总线型结构的缺点：网络稳定性差，如果电缆发生断裂，整个网络将陷于瘫痪，故不适合大规模的网络。

② 环型结构。环型结构是将各台联网的计算机用通信线路连接成一个闭合的环，在环型

结构中，每台计算机都要与另外两台相连，信号可以一圈一圈按照环型传播，如图 1-26 所示。

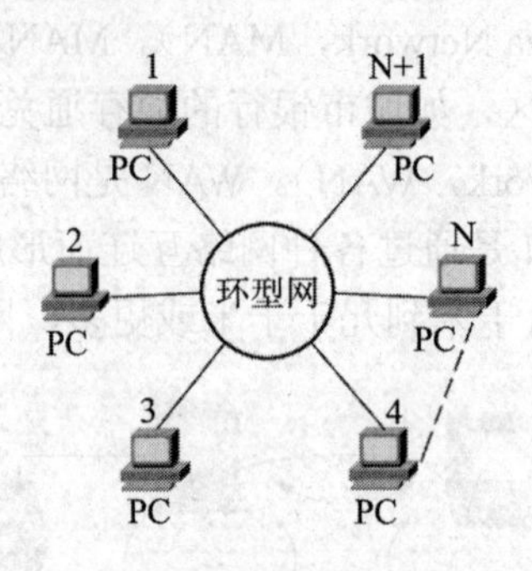

图 1-26 环型结构

环型结构的优点：信息在网络中沿固定方向流动，两个节点间有唯一的通路，可靠性高，实时性强，安装简便，有利于进行故障排除。

环型结构的缺点：网络的吞吐能力差，仅适用于数据信息量小和节点少的情况。此外由于整个网络构成闭合环，所以网络扩充起来不方便。

③ 星型结构。星型结构的每个节点都由一条点到点链路与中心节点相连。信息的传输是通过中心节点的存储转发技术实现的，并且只能通过中心节点与其他站点通信，如图 1-27 所示。

星型结构的优点：系统稳定性好，故障率低，增加新的工作站时成本低，一个工作站出现故障不会影响其他工作站的正常工作。

星型结构的缺点：与总线型和环型结构相比，星型结构的电缆消耗量较大，同时需要一个中心节点（集线器或交换机），而中心节点负担较重，必须具有较高的可靠性。

④ 树型结构。树型结构从总线结构演变而来，形状像一棵倒置的树，如图 1-28 所示。树根接收各站点发送的数据，然后再广播到整个网络。

树型结构的优点：易于扩展，这种结构可以延伸出很多分支和子分支，并且新节点和新分支都能很容易地加入网络中来。此外，如果某一分支的节点或线路发生故障，很容易将故障分支与整个网络隔离开来。

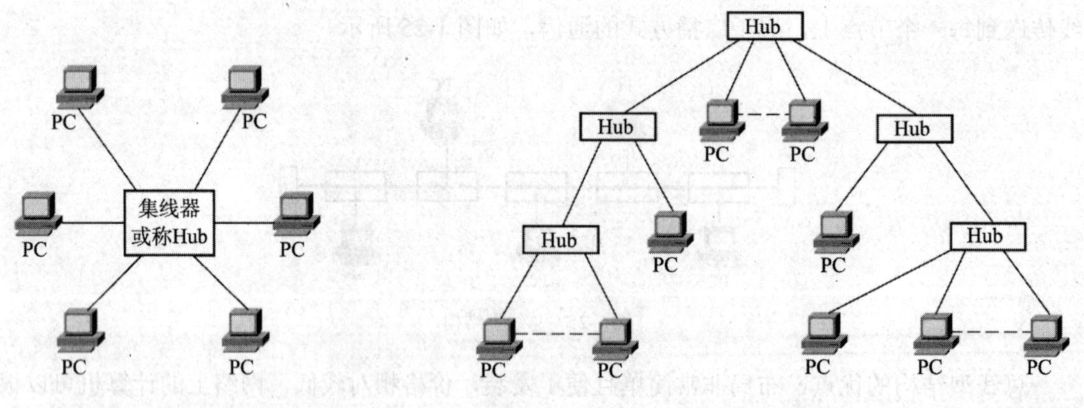

图 1-27 星型结构

图 1-28 树型结构

树型结构的缺点：各个节点对根的依赖性太大，如果根发生故障，则整个网络不能正常工作。树型结构的可靠性类似于星型结构。

⑤ 网状结构。网络中任意一个节点应至少和其他两个节点相连，它是一种不规则的网络

结构，如图 1-29 所示。

网状结构的优点：单个节点及链路的故障不会影响整个网络系统，可靠性最高。主要用于大型的广域网。

网状结构的缺点：结构比较复杂，成本比较高，管理与维护不太方便。

⑥ 混合结构。混合结构泛指一个网络中结合了两种或两种以上标准拓扑形式的拓扑结构。混合结构比较灵活，适用于现实中的多种环境。广域网中通常采用混合拓扑结构。

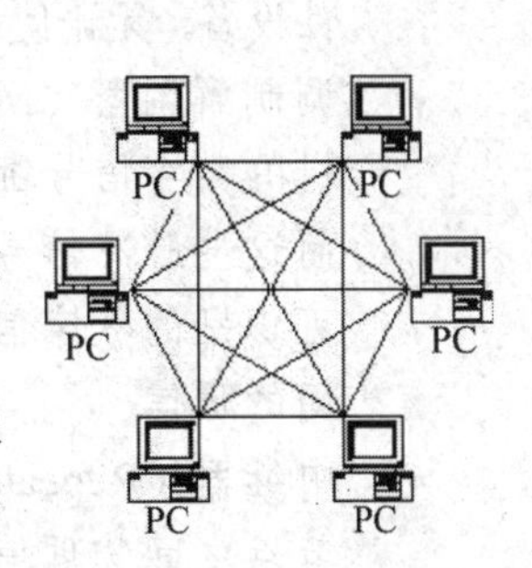

图 1-29 网状结构

（4）按使用网络的对象划分。根据使用网络的对象可分为专用网和公用网。专用网一般由某个单位或部门组建，属于单位或部门内部所有，如银行系统的网络。而公用网由电信部门组建，网络内的传输和交换设备可提供给任何部门和单位使用，如 Internet。

4. 计算机网络的组成

对于计算机网络的组成，一般有两种分法：一种是按照计算机技术的标准，将计算机网络分成硬件和软件两个组成部分；另一种是按照网络中各部分的功能，将网络分成通信子网和资源子网两个部分。

按照计算机技术的标准划分，计算机网络系统和计算机系统一样，也是由硬件和软件两大部分组成的。

（1）网络硬件。网络硬件是计算机网络系统的物质基础。要构成一个计算机网络系统，首先要将计算机及其附属硬件设备与网络中的其他计算机系统连接起来。不同的计算机网络系统在硬件方面是有差别的。

网络硬件包括计算机终端设备、通信介质和网络互连设备等。随着计算机技术和网络技术的发展，网络硬件日趋多样化，功能更加强大，更加复杂。

① 服务器。服务器（见图 1-30）作为硬件来说，通常是指那些具有较高计算能力，能够提供给多个用户使用的计算机。网络服务器分为文件服务器、通信服务器、打印服务器和数据库服务器等。

② 工作站。工作站是连接在局域网上的供用户使用网络的微机。它通过网卡和传输介质连接至文件服务器上。每个工作站一定要有自己独立的操作系统及相应的网络软件。工作站可分为有盘工作站和无盘工作站。图 1-31 所示为一体化工作站。

图 1-30 服务器

图 1-31 一体化工作站

③ 连接设备。网络连接设备有网络适配器——网卡、调制解调器、中继器和集线器、网桥、交换机、路由器、网关、防火墙等。

- 网卡也叫网络适配器，是局域网中最基本的部件之一，它是连接计算机与网络的硬件设备。无论使用什么样的传输介质，都必须借助于网卡才能实现数据的通信。

- 调制解调器（Modem，俗称猫，见图1–32）是一种计算机硬件，它能把计算机的数字信号翻译成可沿普通电话线传送的脉冲信号，这一过程被称为调制。而这些脉冲信号又可被线路另一端的另一个调制解调器接收，并译成计算机可识别的数字信息，这一过程被称为解调。这一简单过程完成了两台计算机间的通信。
- 中继器（Repeater，见图1–33）是连接网络线路的一种装置，常用于两个网络节点之间物理信号的双向转发工作。中继器是一个用来扩展局域网的硬件设备，它把两段局域网连接起来，并把一段局域网上的电信号增强后传输到另一段上，主要起到信号再生放大、延长网络距离的作用。

图 1-32　Modem

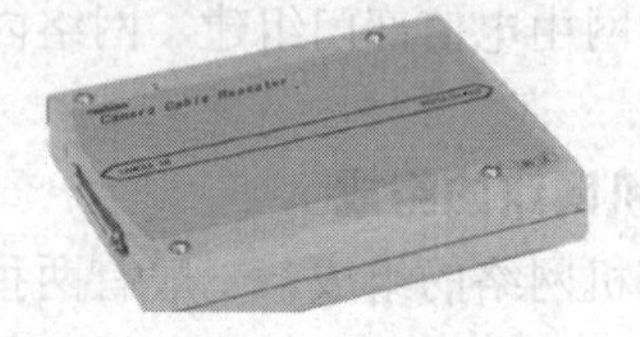

图 1-33　中继器

- 集线器（Hub，见图1–34）是中继器的一种形式，区别在于集线器能够提供多端口服务，也称为多口中继器，它对 LAN 交换机技术的发展产生直接的影响。
- 网桥（Bridge，见图1–35）又称桥接器，工作在数据链路层，将两个局域网（LAN）连起来，根据物理地址来转发帧。网桥通常用于连接数量不多的、同一类型的网段。

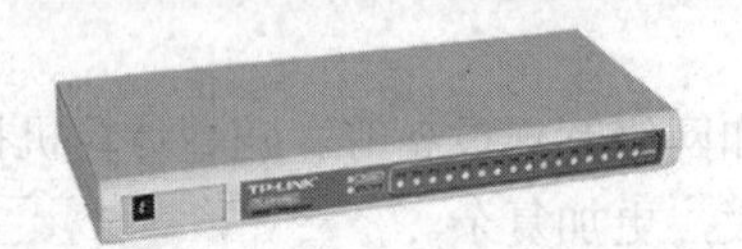

图 1-34　集线器

图 1-35　网桥

- 交换机（Switch，见图1–36）是集线器的升级换代产品。交换机的功能，是按照通信两端传输信息的需要，用人工或设备自动完成的方法把要传输的信息送到符合要求的相应路由上。简单说，交换机就是一种在通信系统中完成信息交换功能的设备。
- 路由器（Router，见图1–37）的功能是在两个局域网之间接收并转发帧数据，转发帧时需要改变帧中的地址。路由器比网桥更复杂，也具有更大的灵活性，它的连接对象可以是局域网或广域网。
- 网关（Gateway，见图1–38）又称为网间连接器、协议转换器。换言之，就是一个网络连接到另一个网络的“关口”。按照不同的分类标准，网关可以分成多种。其中，TCP/IP 里的网关是最常用的。

图 1-36　交换机

图 1-37　路由器

图 1-38　网关

- 防火墙（Firewall）是一种访问控制技术，可以阻止保密信息从受保护的网络上被非法输出。换言之，防火墙是一道门槛，控制进出双方的通信。防火墙由软件和硬件两部分组成，防火墙技术是近年发展起来的一种保护计算机网络安全的技术性措施。图1–39所示为硬件防火墙。

图 1-39　硬件防火墙

④ 传输介质。传输介质是通信网络中发送方和接收方之间的物理通路。

常用的传输介质有双绞线、同轴电缆、光缆、无线传输介质。

双绞线（见图 1-40）是现在最普通的传输介质，它是由两根以螺旋状扭合在一起的绝缘铜导线组成的。两根线扭合在一起，目的在于减少相互间的电磁干扰。双绞线分为两大类，即屏蔽双绞线（Shielded Twisted Pair，STP）和无屏蔽双绞线（Unshielded Twisted Pair，UTP）。

同轴电缆（见图 1-41）分为基带同轴电缆和宽带同轴电缆。基带同轴电缆的阻抗为 50Ω（指沿电缆导体各点的电磁电压对电流之比），通常用于数字信号的传输，有粗缆和细缆之分；宽带同轴电缆的阻抗为 75Ω，用于宽带模拟信号的传输。

通信领域的重大进展是光缆（见图 1-42）的广泛应用。光缆的主要介质是光纤，光纤是软而细的、利用内部全反射原理来传导光束的传输介质，有单模和多模之分。

图 1-40　双绞线

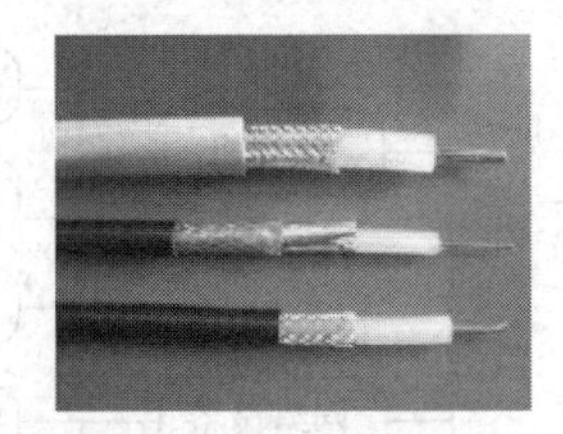

图 1-41　同轴电缆

图 1-42　光缆

与同轴电缆比较，光纤可提供极宽的频带且功率损耗小，传输距离长（2km 以上），传输率高（可达数千 Mbit/s），抗干扰性强（不会受到电子监听），是构建安全性网络的理想选择。

无线传输因不需要架设或铺埋线缆而得到了广泛应用。无线传输介质主要有微波、红外线和激光。

微波通信主要使用的频率范围为 2～40GHz，通信容量很大。

（2）网络软件。网络软件是实现网络功能不可缺少的软环境。网络软件通常包括网络操作系统、网络协议和各种网络应用软件等。

① 网络操作系统。网络操作系统（Web-based Operating System，WebOS）的作用在于实现网络中计算机之间的通信，对网络用户进行必要的管理，提供数据存储和访问的安全性，提供对其他资源的共享和访问，以及提供其他的各种网络服务。

目前，UNIX、Linux、Netware、Windows NT/Server 2000/Server 2003 等网络操作系统都被广泛应用于各类网络环境中，并各自占有一定的市场份额。

② 网络协议。在计算机网络中，两个相互通信的实体处在不同的地理位置，其上的两个进程相互通信，需要通过交换信息来协调它们的动作和达到同步，而信息的交换必须按照预先共同约定好的过程进行。网络协议就是为计算机网络中进行数据交换而建立的规则、标准或约定的集合。

网络协议至少包括 3 个要素，即语法、语义和时序。

- 语法：用来规定信息格式，定义数据及控制信息的格式、编码及信号电平等。
- 语义：用来说明通信双方应当怎么做，用于协调与差错处理的控制信息。
- 时序：详细说明事件的先后顺序，指定速度匹配和排序等。

局域网常用的3种网络协议有 TCP/IP、NetBEUI 和 IPX/SPX。

- TCP/IP 是这3个协议中最重要的一个。作为互联网的基础协议，没有它就根本不可能上网，任何和互联网有关的操作都离不开 TCP/IP。
- NetBEUI 即 NetBios Enhanced Vser Interface，或 NetBios 增强用户接口。它是 NetBIOS 协议的增强版本，曾被许多操作系统采用，如 Windows for Workgroup、Windows 9x 系列、Windows NT 等。
- IPX/SPX 协议本来就是 Novell 开发的专用于 Netware 网络中的协议，但是现在也非常常用，大部分可以联机的游戏（如星际争霸、反恐精英等）都支持 IPX/SPX 协议。

阶段总结

网络硬件是计算机网络系统的物质基础，对网络的运行性能起着决定性的作用；网络软件是支持网络运行、提高效率和开发网络资源的工具，是实现网络功能不可缺少的软件环境。计算机网络系统的组成如图 1-43 所示。

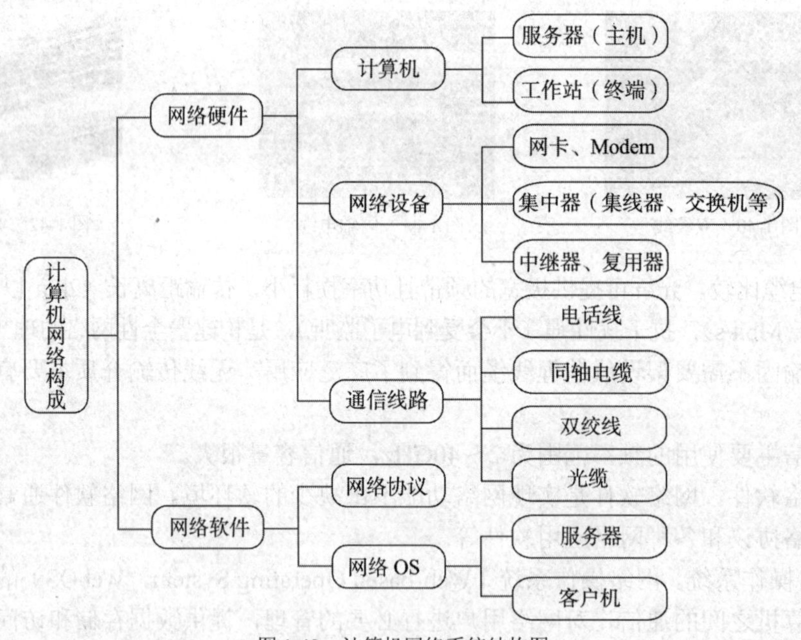

图 1-43 计算机网络系统结构图

按照网络中各部分的功能划分，计算机网络可分成通信子网和资源子网两个部分。

通信子网主要负责整个网络的数据传输、加工、转换等通信处理工作。它主要包括通信线路（传输介质）、网络连接设备、网络通信协议、通信控制软件等。

资源子网的功能是负责整个网络面向应用的数据处理工作，向用户提供数据处理能力、数据存储能力、数据管理能力、数据输入输出能力以及其他的数据资源。它主要是由各计算机系统、终端控制器和终端设备、软件和可供共享的数据库组成的。

将计算机网络分为通信子网和资源子网，简化了网络的设计，如图 1-44 所示。

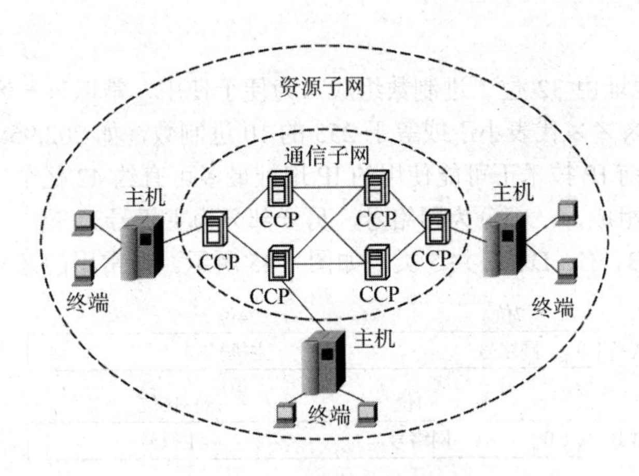

图 1-44　通信子网与资源子网构成计算机网络

四、Internet 基础

1. Internet 的起源和发展

Internet 起源于 20 世纪 60 年代后期，是在美国较早的军用计算机网 ARPANET 的基础上经过不断发展变化而形成的。80 年代初开始在 ARPANET 上全面推广协议 TCP/IP。1990 年，ARPANET 的实验任务完成，在历史上起过重要作用的 ARPANET 宣布关闭。

此后，其他发达国家也相继建立了本国的 TCP/IP 网络，并连接到美国的 Internet。于是，一个覆盖全球的国际互联网迅速形成。

随着商业网络和大量商业公司进入 Internet，网上商业应用取得高速的发展，同时也使 Internet 能为用户提供更多的服务，使 Internet 迅速普及和发展起来。

如今，互联网已经渗透到人类社会生活的方方面面，深刻地改变了人们的生活和工作方式。可以说，互联网是自印刷术以来人类通信方面最大的变革。

知识扩展

中国互联网发展大事记

（1）1987 年，北京大学的钱天白教授向德国发出第一封电子邮件，当时中国还未加入互联网。

（2）1991 年 10 月，在中美高能物理年会上，美方发言人怀特·托基提出把中国纳入互联网络的合作计划。

（3）1994 年 3 月，中国终于获准加入互联网，并在同年 5 月完成全部中国联网工作。

（4）1995 年 5 月，张树新创立第一家互联网服务供应商——瀛海威，中国的普通百姓开始进入互联网络。

（5）2000 年 4～7 月，中国 3 大门户网站搜狐、新浪、网易成功在美国纳斯达克挂牌上市。

（6）2002 年第二季度，搜狐率先宣布盈利，宣布互联网的春天已经来临。

（7）2006 年年底，市值最高的中国互联网公司腾讯的价值已经达到了 60 亿美金。

（8）截至 2010 年 12 月 31 日，中国网民规模达 4.57 亿，其中，手机网民规模达 3.03 亿。IPv4 地址数达 2.78 亿个，域名总数 866 万个，其中 cn 域名数为 435 万个。

2. IP 地址和域名

（1）IP 地址。连在网络上的两台计算机之间在相互通信时，必须给每台计算机都分配一个 IP 地址作为网络标识。为了不造成通信混乱，每台计算机的 IP 地址必须是唯一的，不能有重复。

目前使用的IP地址由32位二进制数组成，为便于使用，常以×××.×××.×××.×××形式表现，每组×××代表小于或等于255的10进制数，如202.96.155.9。Internet中，IP地址是唯一的。目前IP技术下可能使用的IP地址最多可有约42亿个。

IP地址由两部分组成，一部分为网络号，另一部分为主机号。

IP地址分为A、B、C、D、E共5类，如图1-45所示。最常用的是B和C两类。

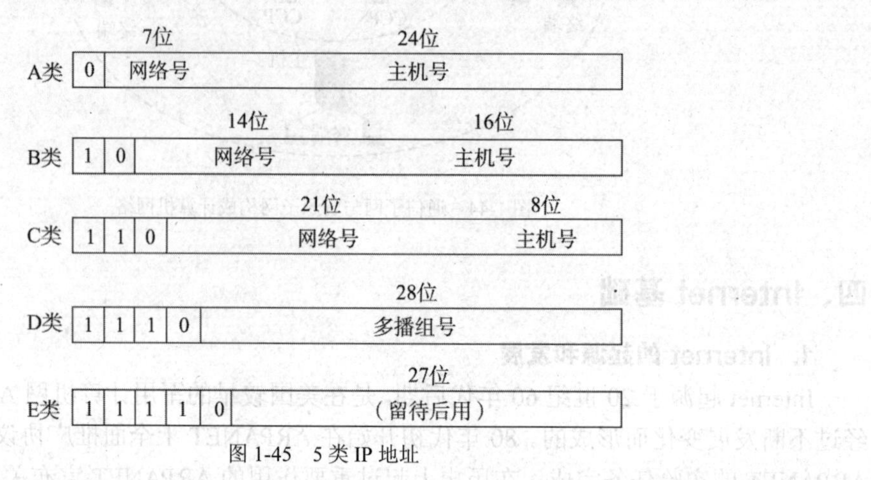

图1-45 5类IP地址

知识扩展

目前使用的互联网为第一代，采用的是IPv4技术。下一代互联网需要使用IPv6技术，其地址空间将由32位扩展到128位，几乎可以给世界上每一样可能的东西分配一个IP地址，真正让数字化生活变为现实。

（2）域名。域名同IP地址一样，都是用来表示一个单位、机构或个人在网络上的一个确定的名称或位置。所不同的是，它与IP地址相比更有亲和力，容易被人们记忆并且乐于使用。

互联网中域名的一般格式为主机名.[二级域名.]一级域名（也叫顶级域名）。例如，域名为www.cctv.com（中央电视台的网站），其中，www.cctv为主机名（www表示提供超文本信息的服务器，cctv表示中央电视台）；com为顶级域名（表示商业机构）。

主机名和顶级域名之间可以根据实际情况进行缺省设置或扩充。

顶级域名有国家、地区代码和组织、机构代码两种表示。常见的代码及对应含义如表1-2所示。

表1-2 常见的代码及含义

国家、地区代码	表示含义	组织、机构代码	表示含义
.au	澳大利亚	.com	商业机构（任何人都可以注册）
.ca	加拿大	.edu	教育机构
.ru	俄罗斯	.gov	政府部门
.fr	法国	.int	国际组织

续表

国家、地区代码	表示含义	组织、机构代码	表示含义
.it	意大利	.int	美国军事部门
.jp	日本	.net	网络组织（现在任何人都可以注册）
.uk	英国	.org	非盈利组织（任何人都可以注册）
.sg	新加坡	.info	网络信息服务组织
缺省	美国	.pro	用于会计、律师和医生

（3）域名解析系统。域名比 IP 地址直观，方便我们的使用，但却不能被计算机所直接读取和识别，必须将域名翻译成 IP 地址，才能访问互联网。域名解析系统（Domain Name System，DNS），就是为解决这一问题而诞生的，它是互联网的一项核心服务，将域名和 IP 地址相互映射为一个分布式数据库，能够使人们更方便地访问互联网，而不用记住能够被机器直接读取的 IP 地址。

例如，www.wikipedia.org 作为一个域名，便和 IP 地址 208.80.152.2 相对应。DNS 就像是一个自动的电话号码簿，我们可以直接拨打 wikipedia 的名字来代替电话号码（IP 地址）。DNS 在我们直接呼叫网站的名字以后，就会将像 www.wikipedia.org 一样便于人类使用的名字转化成像 208.80.152.2 一样能够被机器识别的 IP 地址。

3. URL 地址和 HTTP

（1）URL。URL（Uniform Resoure Locator，统一资源定位器）是用来指示某一信息资源所在的位置及存取的方法，它从左到右分别由下述部分组成。

① 服务类型：指服务器提供的服务类型，如“http://”表示 WWW 服务器，“ftp://”表示 FTP 服务器。

② 服务器地址：指出要访问的网页所在的服务器域名。

③ 端口：对某些资源的访问来说，需给出相应的服务器提供端口号。

④ 路径：指明服务器上某资源的位置（其格式与文件路径中的格式一样，通常由目录/子目录/文件名组成）。与端口一样，路径并非总是需要的。

URL 的一般格式为服务类型://服务器地址（或 IP 地址）[端口][路径]。例如，http://www.cctv.com 就是一个典型的 URL 地址。

WWW 上的服务器都是区分大小写字母的，书写 URL 时需注意大小写。

（2）HTTP。当我们想浏览一个网站的时候，只要在浏览器的地址栏里输入网站的地址就可以了，如 www.baidu.com，但是在浏览器的地址栏里面出现的却是：http://www.baidu.com，为什么会多出一个“http”？

Internet 的基本协议是 TCP/IP，然而在 TCP/IP 模型最上层的是应用层，它包含所有高层的协议。高层协议有文件传输协议 FTP、电子邮件传输协议 SMTP、域名系统服务 DNS、网络新闻传输协议 NNTP 和 HTTP 等。

HTTP（Hypertext Transfer Protocol，超文本传输协议）是用于从 WWW 服务器传输超文本到本地浏览器的传送协议。它可以使浏览器更加高效，使网络传输减少。它不仅能保证计算机正确快速地传输超文本文档，还能决定传输文档中的哪一部分以及哪部分内容首先显示（如文本先于图形）等。这就是为什么在浏览器中看到的网页地址都是以 http:// 开头的原因。

4. Internet 接入

互联网接入技术的发展非常迅速，带宽由最初的 14.4kbit/s 发展到目前的 10Mbit/s 甚至 100Mbit/s 带宽；接入方式由过去单一的电话拨号方式，发展成现在多样的有线和无线接入方式；接入终端开始向移动设备发展。根据接入后数据传输的速度，Internet 的接入方式可分为宽带接入和窄频接入。

宽带接入方式有 ADSL（非对称数字专线）接入、有线电视上网（通过有线电视网络）接入、光纤接入、无线（使用 IEEE 802.11 协议或使用 3G 技术）宽带接入和人造卫星宽带接入等。

窄频接入方式有电话拨号上网（20 世纪 90 年代网络刚兴起时比较普及；因速度较慢，渐被宽带连线所取代）、窄频 ISDN 接入、GPRS 手机上网和 CDMA 手机上网等。

截至 2005 年年底，全球互联网用户中有 56%是通过宽带上网的。下面具体介绍如何在 Windows 7 下设置宽带连接。

操作步骤

【步骤 1】单击“开始”按钮，打开“控制面板”，单击“网络和 Internet”，选中“网络和共享中心”，如图 1-46 所示。

【步骤 2】在“更改网络设置”中选择“设置新的连接或网络”，打开如图 1-47 所示的“设置连接或网络”向导，选择“连接到 Internet”，单击“下一步”按钮。

【步骤 3】在图 1-48 所示的向导中选择“宽带”，单击“下一步”按钮。

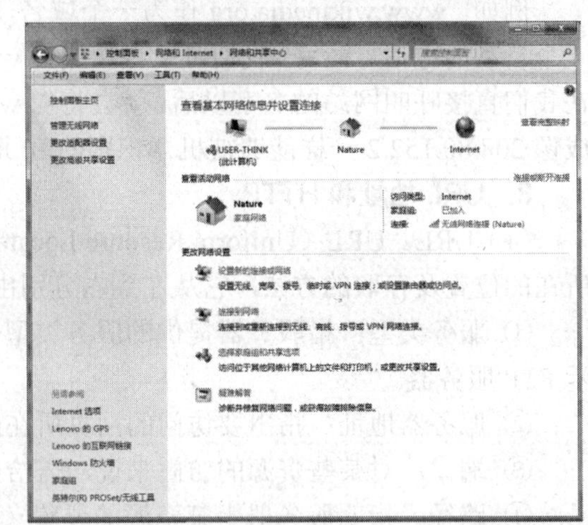

图 1-46 “网络和共享中心”窗口

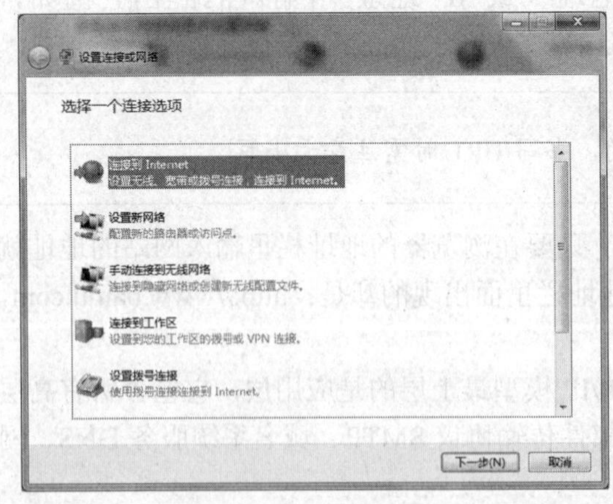

图 1-47 设置连接或网络

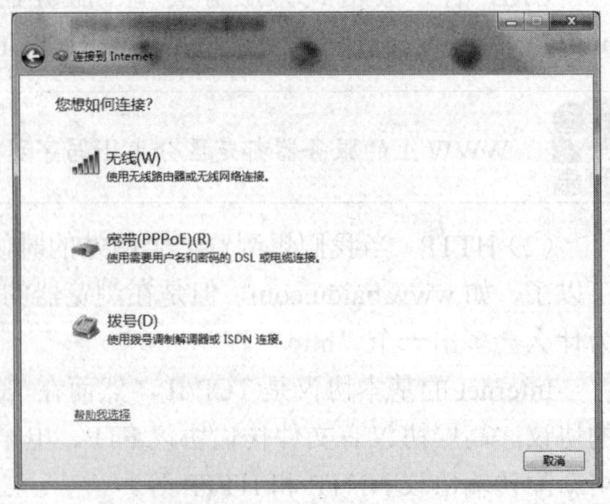

图 1-48 连接到 Internet1

【步骤 4】在图 1-49 所示的向导中输入 ISP 提供的信息（用户名和密码）。

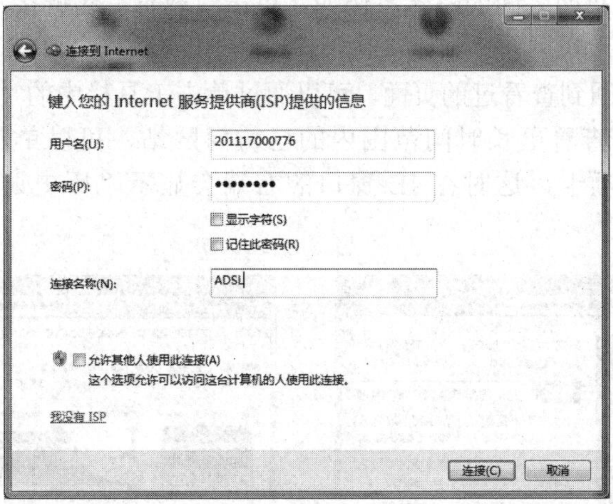

连接到 Internet
键入您的 Internet 服务提供商(ISP)提供的信息
用户名(U): 201117000776
密码(P): ••••••••
显示字符(S)
记住此密码(R)
连接名称(N): ADSL
允许其他人使用此连接(A)
这个选项允许可以访问这台计算机的人使用此连接。
我没有 ISP
连接(C) 取消

图 1-49 连接到 Internet2

【步骤 5】在图 1-49 所示的向导中输入“连接名称”，这里只是一个连接的名称，可以随便输入，如输入“ADSL”，单击“连接”按钮。成功连接后，就可以使用浏览器上网了。

五、计算机网络应用

1. 信息浏览与获取

信息浏览通常是指 WWW（World Wide Web）服务，它是 Internet 信息服务的核心，也是目前 Internet 上使用最广泛的信息服务。WWW 是一种基于超文本文件的交互式多媒体信息检索工具。使用 WWW，只需单击浏览器就可在 Internet 上浏览世界各地的计算机上的各种信息资源。

常用的浏览器有火狐浏览器、IE 浏览器、Opera 浏览器等。下面就以 IE 为例，介绍如何使用浏览器软件来进行信息的浏览和获取。

操作步骤

【步骤 1】单击“开始”按钮→“所有程序”→“Internet Explorer”，打开 IE 浏览器。

【步骤 2】如果我们要访问的网站是新浪网，则在 IE 浏览器窗口的地址栏中输入相应网址 www.sina.com.cn，然后按<Enter>回车键，实现对该网站的浏览，如图 1-50 所示。

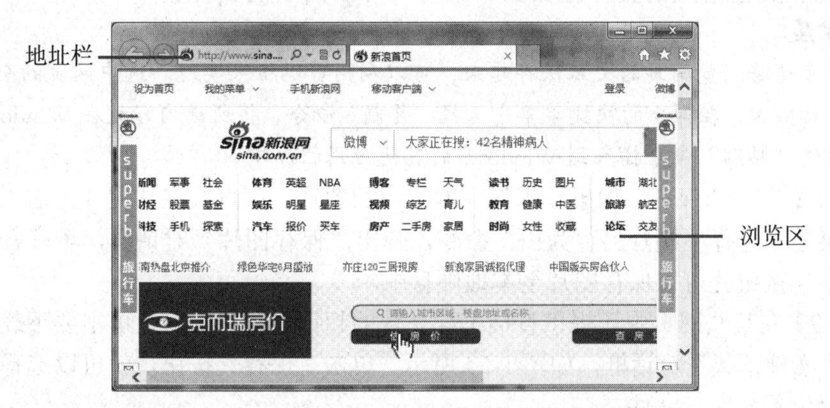

图 1-50 IE 浏览器窗口

【步骤3】 浏览区中显示的是超文本网页，移动鼠标至有超链接的位置，鼠标指针变为“☝”状态，单击可自动实现页面之间的跳转。例如，单击“教育”超链接，就可以使浏览器窗口自动跳转到相应页面，如图1-51所示。

【步骤4】如果要回到查看过的页面，可以通过单击工具栏中的“后退”按钮来实现。

【步骤5】如果要查看更长时间范围内的已访问网站，可以单击工具栏中的按钮，选择“历史记录”选项卡，这时在IE窗口的右端会显示“历史记录”窗格，如图1-52所示。

图1-51 页面之间的跳转

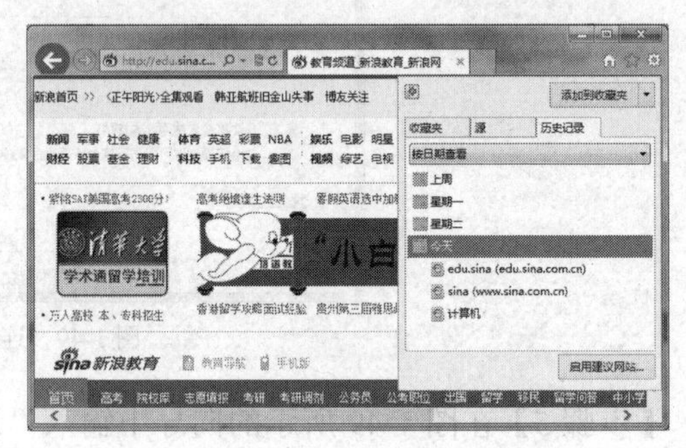

图1-52 “历史记录”窗格

【步骤6】使用收藏夹，将经常访问的Web站点放在便于访问的位置，这样，不必记住或键入网址就可到达该站点。首先打开要访问的页面，单击工具栏中的按钮后选择“添加至收藏夹”命令，弹出“添加收藏”对话框如图1-53所示，单击“添加”按钮。如下次需要进入该网站时，只需单击“收藏夹”选项卡，选择相应要打开的网站即可。

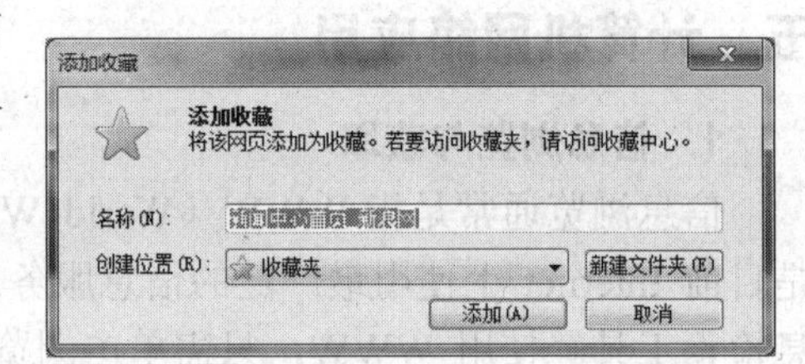

图1-53 “添加到收藏夹”对话框

【步骤7】网页的保存。如果要将当前网页保存下来，可以在浏览器窗口中单击工具栏中的“工具”按钮，在下拉列表中选择“文件”→“另存为…”，弹出“保存网页”对话框。在对话框的“保存类型”下拉列表中选择网页保存的格式，如保存为“网页，全部(*.htm;*.html)”，系统就会自动将这个网页的所有内容下载并存储到本地硬盘，并将其中所带的图片和其他格式的文件存储到一个与文件名同名的文件夹中。

知识扩展

如果只希望将浏览网页的文本保存起来，可以利用剪贴板来实现。选中网页的全部或部分内容后单击鼠标右键，在弹出的快捷菜单中选择“复制”命令，将所选内容放在Windows的剪贴板上，然后通过“粘贴”命令插入到Windows的其他应用程序中。

【步骤8】图片的保存。如果只想保存网页中的图片，可直接在该图片上右击鼠标，在弹出的快捷菜单中选择“图片另存为…”命令，弹出“保存图片”对话框，填好各项内容后，单击“保存”按钮就可以保存图片至本地硬盘中。

【步骤9】在某些网页中还提供直接下载文件的超链接。在页面上单击要下载文件的超链接，弹出“文件下载”对话框，如图1-54所示。单击“保存”按钮，就可以选择文件下载完成后的保存位置并保存文件。

【步骤 10】打印网页内容。在浏览器窗口中单击工具栏中的“工具”按钮，在下拉列表中选择“打印”→“打印…”，在弹出的“打印”对话框（见图 1-55）中设置所需的打印选项，然后单击“打印”按钮，即可完成页面内容的打印。

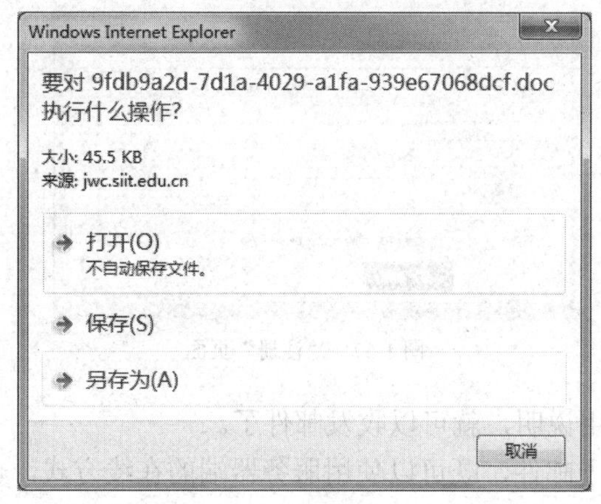

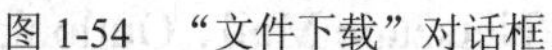
图 1-54 “文件下载”对话框

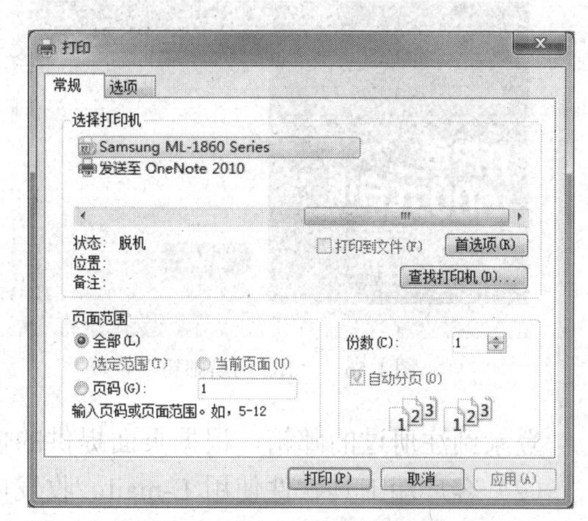

图 1-55 “打印”对话框

2. 电子邮件

电子邮件（Electronic mail，E-mai1）是互联网上使用最为广泛的一种服务，是使用电子手段提供信息交换的通信方式，通过连接全世界的 Internet，实现各类信号的传送、接收、存储等处理，将邮件送到世界的各个角落。E-mai1 不只局限于信件的传递，还可用来传递文件、声音及图形、图像等不同类型的信息。

E-mail 像普通的邮件一样，也需要地址，它与普通邮件的区别在于它是电子地址。所有在 Internet 之上有信箱的用户都有自己的一个或几个电子邮箱地址，并且这些电子邮箱地址都是唯一的。邮件服务器就是根据这些地址，将每封电子邮件传送到各个用户的信箱中。Internet 上的电子邮件的邮箱地址格式为：用户账号@主机地址，如 yuyizzu@126.com。

邮箱地址格式中的“@”符号表示“at”，用户账号需向 ISP（Internet Service Provider，互联网服务提供商）申请，主机地址为提供邮件服务的服务器名。例如，某用户在 ISP 处申请了一个电子邮件账号 yuyizzu，该账号是建立在邮件服务器 126.com 上的，则电子邮件地址为 yuyizzu@126.com。

填写邮箱地址时，不要输入任何空格，不要随便使用大写字符，不要漏掉分隔主机地址各部分的圆点符号。

（1）Web 方式使用 E-mail。在 Internet 上除了可以使用在 ISP 申请的邮箱外，还可以申请免费邮箱。一般的免费电子邮箱要到所在站点登记注册后方可使用，如在 163 邮箱网站（mail.163.com）上申请免费邮箱时可在 163 邮箱网站的首页上（见图 1-56）单击“注册”按钮。

然后在“注册”页面（见图 1-57）中的用户名框中填入自己取的用户名，再根据提示填写相关个人资料，注册成功后便拥有了“用户名@163.com”的邮箱地址。

图 1-56 “163 网易邮箱”首页

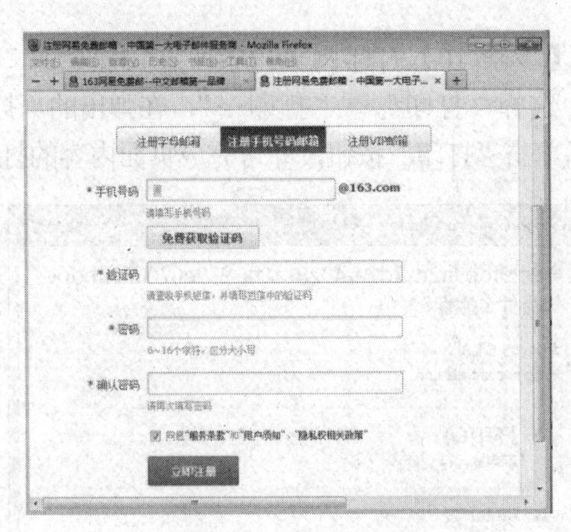

图 1-57 “注册”页面

登录到注册过的邮箱，根据页面提供的使用说明，就可以收发邮件了。

（2）客户端工具软件使用 E-mail。收发电子邮件，既可以使用服务器端的在线方式，也可以使用客户端程序。常用的客户端工具软件有 Eudora、Netscape Mail、Outlook 等。Outlook 是微软自带的一款电子邮件客户端，下面介绍如何利用 Outlook 实现电子邮件功能。

操作步骤

【步骤 1】单击“开始”按钮→“所有程序”→“Microsoft Office”→“Microsoft Outlook 2010”，打开“Microsoft Outlook”窗口，如图 1-58 所示。

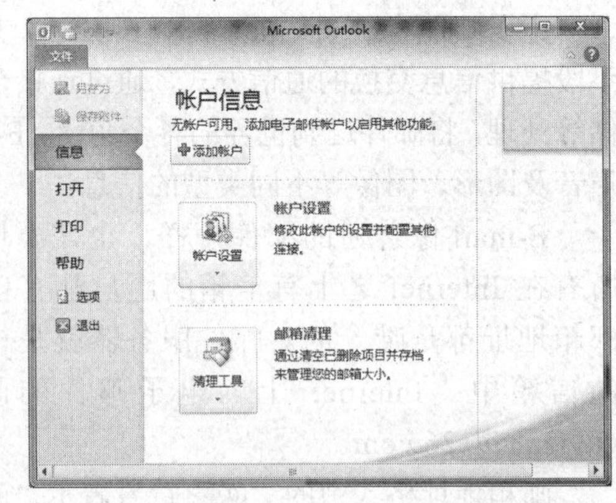

图 1-58 “Microsoft Outlook”窗口

【步骤 2】首次使用 Outlook 前必须先设置收发邮件的服务器和电子邮件账号。在“账户信息”中单击“添加账户”按钮，在“添加新账户”对话框中选择“电子邮件账户”，如图 1-59 所示，单击“下一步”。

【步骤 3】在“电子邮件账户”中输入“姓名”“邮箱地址”“密码”等信息，单击“下一步”（见图 1-60）。

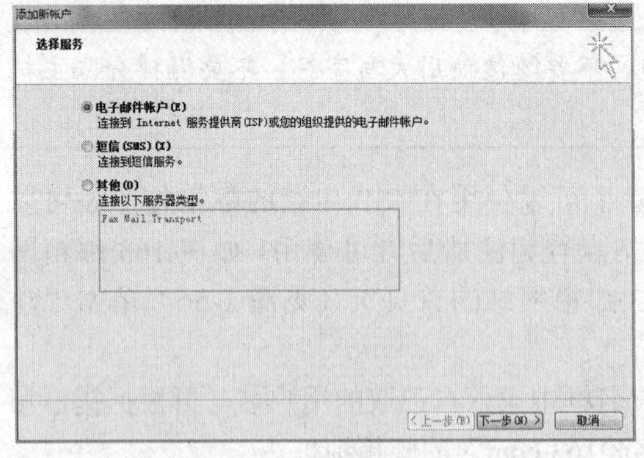

图 1-59 “添加新账户”对话框

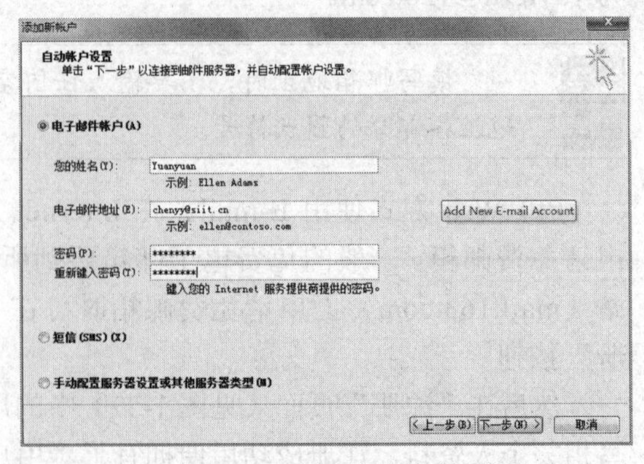

图 1-60 “电子邮件账户”设置

【步骤4】配置成功后即可使用 Outlook 管理邮件。

【步骤5】接收和阅读邮件。电子邮件可以在任何时候发给收件人，即使此时对方的计算机是关闭的，邮件也不会丢失，而是自动保存在 ISP 提供的服务器中，只要对方开机后进行接收，便会收到电子邮件。在 Outlook 窗口中单击“发送/接收”选项卡中的“发送/接收所有文件夹”按钮，新接收的邮件存放在“收件箱”中，同时显示新邮件数量。

【步骤6】发送邮件。在“开始”选项卡中单击“新建电子邮件”按钮，在弹出的“邮件”窗口中输入收件人、主题、邮件内容。图 1-61 所示为已经填写好的邮件。若要将此邮件发给多人，可在抄送栏中输入多个抄送者的地址，多个地址间用逗号分开。单击最左边的“发送”按钮即可完成发送邮件过程。

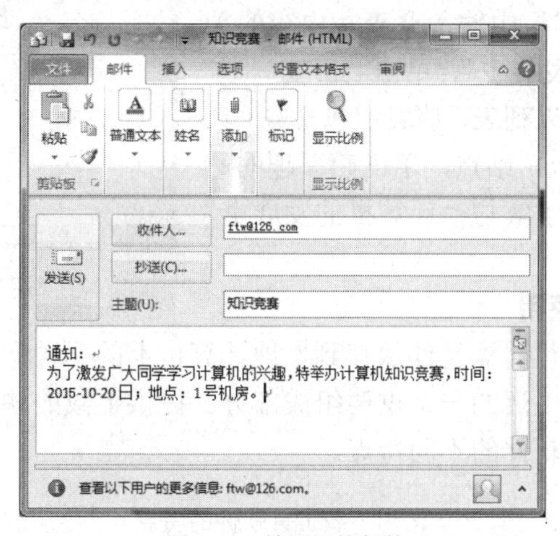

图 1-61　填写好的邮件

知识扩展

如果要发送文件，在 Outlook 窗口中单击工具栏上的“附加文件”按钮。在“插入文件”对话框中选择要发送的文件。

如果要发送多个文件，需要压缩过后再使用“附加文件”按钮进行发送。

常用的压缩软件有：WinZip、WinRAR。

WinZip 网址：http://www.winzip.com

WinRAR 网址：http://www.winrar.com.cn

下面以 WinRAR 为例，简单讲述压缩与解压缩的操作。

压缩的步骤：选择要压缩的文件（或文件夹）→右击→添加到“文件名.rar”→自动压缩；解压缩的步骤：右击压缩文件→选择“解压到当前文件夹”→确定→自动解压。如需设置解压路径，选择“解压文件…”进行具体路径的设置。

3. 信息搜索

互联网是一个信息的海洋，各网页之间互相链接，错综复杂，需要使用一些方法来帮助我们找到所需要的信息，所以掌握网上信息搜索技术非常必要。这些技术可以帮助我们从巨大的资源库中迅速找到需要的网站和信息，从而大大提高上网效率，节约宝贵的时间。

网上有一种叫搜索引擎（Search Engine）的搜索工具，它是某些站点提供的用于网上查询的程序。搜索引擎为用户查找信息提供了极大的方便，用户只需输入几个关键词，任何想要的资料都会从世界各个角落汇集到你的屏幕上。

知识扩展

常用搜索引擎网址：

百度——http://www.baidu .com

谷歌——http://www.google.com

雅虎——http://www.yahoo.com

下面以百度搜索引擎为例，介绍搜索引擎的使用方法。

操作步骤

【步骤 1】在 IE 窗口的地址栏中输入网址：www.baidu.com，按<Enter>回车键，如图 1-62 所示。

【步骤 2】在“搜索框”中输入要查找内容的关键词，如输入“计算机的发展史”，单击“百度一下”按钮后可得到一个搜索结果列表，该表中包含与“计算机的发展史”有关的 Web 站点，单击感兴趣的站点，可进入页面，进一步了解与“计算机的发展史”有关的信息。

图 1-62 “百度”首页

4. 下载工具软件的使用

下载就是通过网络进行传输文件保存到本地计算机上的一种网络活动。随着网络的迅速发展，下载已经成为网络生活的一个重要组成部分。提供下载的软件也层出不穷，表 1-3 中比较了几款常用下载工具软件的不同特点。

表 1-3 常用下载工具软件的特点

常用下载工具软件	特点
快车 FlashGet	具备多线程下载和管理的软件
迅雷	新型的基于 P2SP 技术的下载软件
影音传送带	免费且功能强大的下载工具，支持网络影音下载

下面就以“迅雷”下载软件为例，介绍如何下载文件。

操作步骤

【步骤 1】首先打开下载页面，在下载链接上单击鼠标右键，在弹出的快捷菜单中选择“使用迅雷下载”。

【步骤 2】选择“使用迅雷下载”后会出现如图 1-63 所示的对话框。

【步骤 3】单击“浏览”选择文件存储的目录，如果不选择，文件将会被下载到默认目录。选择好文件存储目录后，单击“立即下载”按钮即可进行下载。

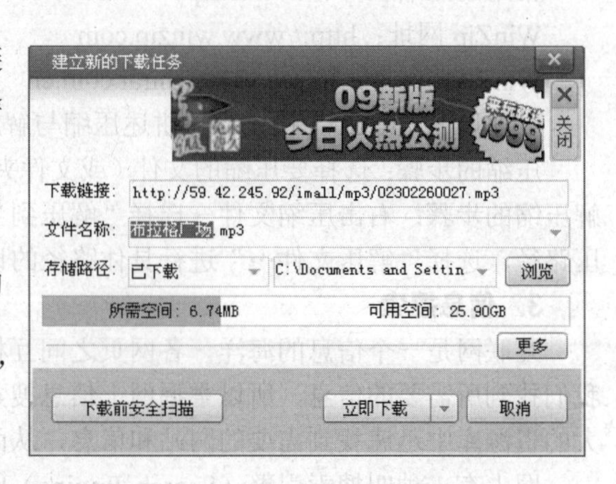

图 1-63 “建立新的下载任务”对话框

项目二 探密计算机系统

项目情境

小 Q 有个学财会的高中同学小 D，最近想 DIY 一台适合自己的组装机，求助小 Q 后，小 Q 很乐意帮忙。为了帮同学组装一台满意的计算机，小 Q 还真下了不少工夫，仔细研究了计算机系统的组成，复习了装机必备的所有知识……

下面我们就跟着小 Q 一起来学习吧！

学习清单

计算机硬件、主板、CPU、内存条、ROM、RAM、Cache、显卡、声卡、网卡、硬盘、光盘、移动硬盘、U 盘、输入设备、输出设备、系统软件、应用软件、工作原理。

计算机系统

软件系统（程序、文档）

硬件系统（设备）

具体内容

计算机系统是由硬件与软件两大部分组成的，有了这两者，计算机才能正常地开机与运行。硬件是计算机系统工作的物理实体，而软件控制硬件的运行。

一、计算机硬件

计算机硬件（computer hardware）是指构成计算机系统的物质元器件、部件、设备以及它们的工程实现（包括设计、制造和检测等技术）。也就是说，凡是看得到、摸得着的计算机设备，都是硬件部分。例如，计算机主机（中央处理器 CPU、内存、网卡、声卡等）及接口

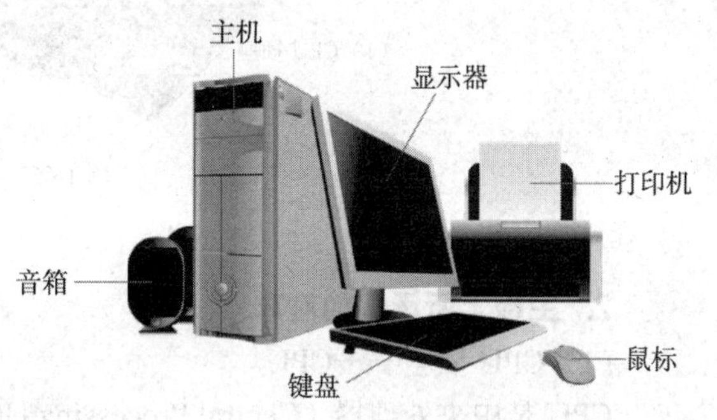

图 1-64　组装好的计算机

设备（键盘、鼠标、显示器、打印机等），它们是组成计算机系统的主要组件。

硬件是计算机的“躯体”，是计算机的物理体现，其发展对计算机的更新换代产生了巨大影响。下面先来看已经组装好的计算机，如图 1-64 所示。

为了更深入地了解计算机硬件，我们充当“疱丁”来“解牛”，一起分析计算机的硬件组成。

1. 主板

主板又叫主机板（Mainboard）、系统板（Systemboard）和母板（Motherboard），它安装在机箱内，是微机最基本的也是最重要的部件之一。主板一般为矩形电路板，上面安装了组成计算机的主要电路系统，一般有 BIOS 芯片、I/O 控制芯片、键盘和面板控制开关接口、指示灯插接件、扩充插槽、主板及插卡的直流电源供电接插件等组件。

简单来说，主板就是一个承载 CPU、显卡、内存、硬盘等全部设备的平台，并负责数据的传输、电源的供应等。主板在计算机中所处位置如图 1-65 所示。

图 1-65　主板在计算机中所处位置

知识扩展

机箱作为计算机配件中的一部分，它起的主要作用是放置和固定各电脑配件，起到一个承托和保护的作用，此外，计算机箱具有屏蔽电磁辐射的重要作用，由于机箱不像 CPU、显卡、主板等配件能迅速提高整机性能，所以在 DIY 中一直不被列为重点考虑对象。但是机箱也并不是毫无作用的，一些用户买了杂牌机箱后，也有因为主板和机箱形成回路，导致短路，使系统变得很不稳定的情况。

主板详解图如图 1-66 所示。

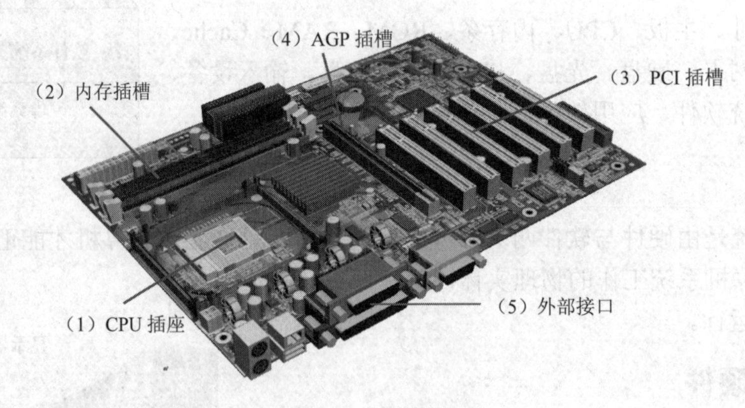

图 1-66　主板详解图

2. 主板上所承载的对象

（1）CPU 插座——CPU。

CPU 是中央处理器（Central Processing Unit）的英文缩写，主要由控制器和运算器组成。虽然只有火柴盒那么大，几十张纸那么厚，但它却是一台计算机的运算核心和控制核心，可以说是计算机的心脏。CPU 被集成在一片超大规模的集成电路芯片上，插在主板的 CPU 插槽中。图 1-67 所示为 CPU 的正面，图 1-68 所示为 CPU 的反面。

图 1-67 CPU 正面　　图 1-68 CPU 反面

CPU 包括运算逻辑部件、寄存器部件和控制部件。

① 运算逻辑部件可以执行定点或浮点的算术运算操作、移位操作以及逻辑操作，也可执行地址的运算和转换。

② 寄存器部件包括通用寄存器、专用寄存器和控制寄存器。

③ 控制部件主要负责对指令译码，并且发出为完成每条指令所要执行的各个操作的控制信号。

由于集成化程度和制造工艺的不断提高，越来越多的功能被集成到 CPU 中去，使 CPU 管脚数量不断增加，因此插座尺寸也越来越大。

知识扩展

双核 CPU 技术（见图 1–69）：在 CPU 内部封装两个处理器内核，双核和多核 CPU 是今后 CPU 的发展方向。

（2）内存插槽——内存条。

内存条是连接 CPU 和其他设备的通道，起到缓冲和数据交换的作用，是计算机工作的基础，位于主板上。在现代计算机的主板上，都安装有若干个内存插槽，只要插入相应的内存条（见图 1-70），就可方便地构成所需容量的内存储器。

图 1-69 双核 CPU

图 1-70 内存条

（3）PCI 插槽——显卡、声卡、网卡。

① 显卡。显卡（Video Card，又称显示适配器）主要用于主机与显示器数据格式的转换，是体现计算机显示效果的必备设备，它不仅把显示器与主机连接起来，而且还起到处理图形数据、加速图形显示等作用，如图 1-71 所示。

② 声卡。声卡（Sound Card）是多媒体技术中最基本的组成部分，是实现声波/数字信号相互转换的一种硬件。声卡的基本功能是把来自话筒、磁带、光盘的原始声音信号加以转换，输出到耳机、扬声器、扩音机、录音机等声响设备，或通过音乐设备数字接口（MIDI）使乐器发出美妙的声音，如图 1-72 所示。

图 1-71 显卡

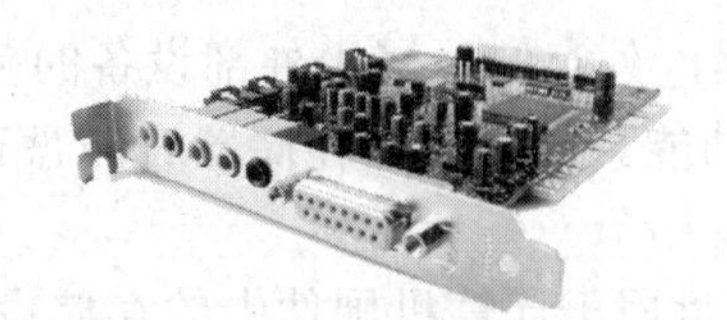
图 1-72 声卡

图 1-73　网卡

③ 网卡。网络接口卡（Network Interface Card，NIC）又称网络适配器（Network Interface Adapter，NIA），简称网卡。用于实现联网计算机和网络电缆之间的物理连接，为计算机之间相互通信提供一条物理通道，并通过这条通道进行高速数据传输，如图 1-73 所示。

3. 存储器

（1）内存储器。计算机的内存储器从使用功能上分为随机存储器（Random Access Memory，RAM，又称读写存储器）、只读存储器（Read Only Memory，ROM）和高速缓冲存储器（Cache）3 种。

① 随机存储器（RAM）。RAM 是计算机工作的存储区，一切要执行的程序和数据都要先装入该存储器内。随机存储器有以下特点：可以读出，也可以写入。读出时并不损坏原来存储的内容，只有写入时才修改原来所存储的内容。断电后，存储内容立即消失，即具有易失性。

通常所说的内存条就是指 RAM，RAM 是计算机处理数据的临时存储区，要想使数据长期保存起来，必须将数据保存在外存中。

② 只读存储器（ROM）。ROM 是只读存储器。顾名思义，它的特点是只能读出原有的内容，不能由用户再写入新内容。ROM 中的数据是由设计者和制造商事先编制好固化在里面的一些程序，使用者不能随意更改。它一般用来存放专用的固定的程序和数据，不会因断电而丢失。

ROM 中的程序主要用于检查计算机系统的配置情况并提供最基本的输入/输出控制程序，如存储 BIOS 参数的 CMOS 芯片。

③ 高速缓冲存储器（Cache）。缓存是位于 CPU 与主存间的一种容量较小但速度很高的存储器。缓存主要是为了解决 CPU 运算速度与内存读写速度不匹配的矛盾。在 CPU 中加入缓存是一种高效的解决方案，这样整个内存储器（缓存+内存）就变成了既有缓存的高速度，又有内存的大容量的存储系统了，如图 1-74 所示。

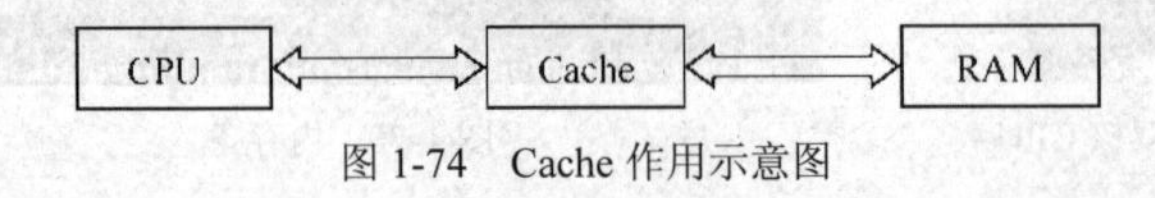

图 1-74　Cache 作用示意图

知识扩展

计算机内外存储器的容量是用字节（B）来计算和表示的，除 B 外，还常用 KB、MB、GB 作为存储容量的单位，其换算关系如下。

B（字节）　　lB=1 个英文字符，1 个中文字占 2 个字节。

KB（千字节）　　1KB=1024B，约是半页至一页的文字。

MB（兆字节）　　lMB=1 024KB=1 048 576B，约是一本 600 页的书。

GB（吉字节）　　1GB=1 024MB=1 073 741 824B，约 1 000 本书的容量。

此外，存储容量的最小单位为位（bit），1B=8bit。

（2）外存储器。外存储器属于外部设备的范畴，它们的共同特点是容量大，速度慢，具有永久性存储功能。常用的外存储器有磁盘存储器（硬盘）、光盘存储器、可移动存储器等。

① 硬盘。硬盘属于计算机硬件中的存储设备，是由若干片硬盘片组成的盘片组，一

般被固定在机箱内，如图 1-75 所示。硬盘是一种主要的计算机存储媒介，由一个或者多个铝制或者玻璃制的盘片组成。这些盘片外覆盖有铁磁性材料。其特点是存储容量大，工作速度较快。

绝大多数硬盘都是固定硬盘，被永久性地密封于硬盘驱动器中固定在机箱支架上。不过，现在可移动硬盘越来越普及，种类也越来越多。

知识扩展

硬盘的保养与维护：硬盘虽然是密闭在主机箱内，但是使用不当时也可能使硬盘受到严重的损坏，尤其是当计算机正在存取硬盘时，千万不能移动计算机或是将电源关掉，否则磁道十分容易受损。

② 光盘。它是一种利用激光将信息写入和读出的高密度存储媒体，如图 1-76 所示。能独立地在光盘上进行信息读出或读、写的装置，称为光盘存储器或光盘驱动器。光盘的特点是存储密度高，容量大，成本低廉，便于携带，保存时间长。衡量光盘驱动器传输数据速率的指标为倍速，1 倍速率=150KB/s。

常见光盘的类型有只读型光盘 CD-ROM、一次性可写入光盘 CD-R（需要光盘刻录机完成数据的写入）、可重复刻录的光盘 CD-RW。

③ 可移动存储器。目前，比较常见的可移动存储器有 U 盘和移动硬盘两种。

U 盘（Flash Disk，又称优盘）采用的存储介质为闪存芯片（Flash Memory），将驱动器及存储介质合二为一。使用时不需要额外的驱动器，只要接至计算机上的 USB 接口就可独立地存储读写数据，可擦写 100 万次以上。U 盘体积很小，仅大拇指般大小，重量极轻，特别适合随身携带。如图 1-77 所示。

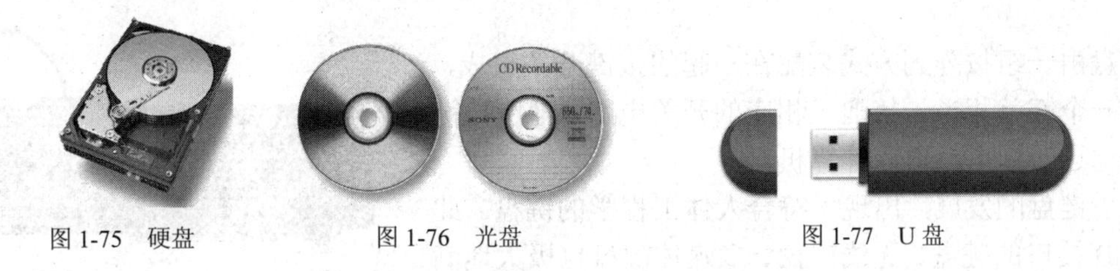

图 1-75 硬盘　　图 1-76 光盘　　图 1-77 U 盘

知识扩展

关于 U 盘的使用

操作系统是 Windows 2000/XP/2003 的话，只需将 U 盘直接插在机箱的 USB 接口上，系统便会自动识别。打开“我的电脑”，会看到一个叫作“可移动磁盘”的图标，同时在屏幕的右下角，会有一个“USB 设备”的小图标。

接下来，可以像平时操作文件一样，在 U 盘上保存、删除文件。注意，U 盘使用完毕，关闭一切窗口后，在拔下 U 盘前，要右击右下角的 USB 设备图标，再单击“安全删除硬件”，最后单击“停止”按钮，当右下角出现“你现在可以安全地移除驱动器了”这句提示后，才能将 U 盘从机箱上拔下。

图 1-78 移动硬盘

虽然 U 盘具有性能高、体积小等优点，但对需要较大数据量存储的情况，其容量就不能满足要求了，这时可以使用移动硬盘（见图 1–78）。

移动硬盘由计算机硬盘改装而成，采用 USB 接口，可移动硬盘的使用方法与 U 盘类似。

阶段总结

存储器容量与访问速度的比较图如图 1-79 所示。

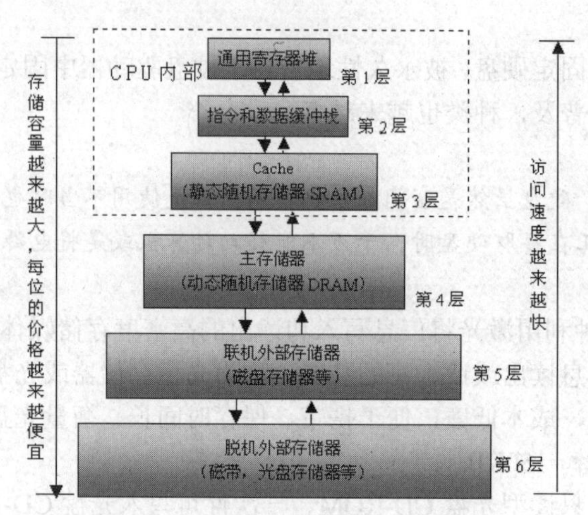

图 1-79 存储器容量与访问速度的比较图

4. 输入设备

输入设备是将系统文件、用户程序及文档、运行程序所需的数据等信息输入到计算机的存储设备中以备使用的设备。常用的输入设备有键盘、鼠标、扫描仪、话筒等。

（1）键盘。键盘（Keyboard）是计算机最常用也是最主要的输入设备，通过键盘，可以将英文字母、数字、标点符号等输入计算机，从而向计算机发出命令、输入数据等，如图 1-80 所示。

键盘由一组按阵列方式装配在一起的按键开关组成，每按下一个键就相当于接通了相应的开关电路，把所按键的代码通过接口电路送入计算机。

图 1-80 键盘

随着键盘的发展，出现了符合人体工程学的键盘。此外，USB 接口的键盘、无线键盘、多媒体键盘也极大地满足了人们多方面的需要。

（2）鼠标、操纵杆。

① 鼠标。鼠标的英文原名是“Mouse”，这是一个很难以翻译的单词，很多人对于这个词有很多的理解，如“鼠标”“电子鼠”等。

鼠标（见图 1-81）是用于图形界面的操作系统和应用系统的快速输入设备，其主要功能用于移动显示器上的光标并通过菜单或按钮向主机发出各种操作命令，但不能输入字符和数据。随着“所见即所得”的环境越来越普及，使用鼠标的场合越来越多。

鼠标的类型、型号很多，根据结构可分为机电式和光电式两类；根据按钮的数目不同可分为两键鼠标、三键鼠标和多键鼠标（目前普遍使用的是滚轮式鼠标，在原有鼠标的两个按键中加了一个滚轮以方便浏览网页）；根据接口可以分为 COM、PS/2、USB 三类；根据连接方式，可以分为有线和无线两类。

② 操纵杆。操纵杆将纯粹的物理动作（手部的运动）完完全全地转换成数学形式（一连串 0 和 1 所组成的计算机语言）。优秀的操纵杆可以完美地实现这种转换，当用户真正投入到游戏中时，会觉得自己完全置身于虚拟世界中，如图 1-82 所示。

（3）扫描仪。扫描仪（Scanner，见图 1-83）是一种高精度的光电一体化的高科技产品，它是将各种形式的图像信息输入计算机的重要工具，是继键盘和鼠标之后的第三代计算机输入设备。它是功能极强的一种输入设备。

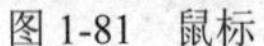
图 1-81　鼠标

图 1-82　操纵杆

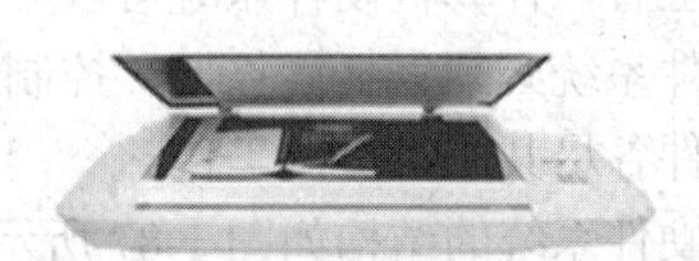
图 1-83　扫描仪

人们通常将扫描仪用于计算机图像的输入，而图像这种信息形式是一种信息量最大的形式。从最直接的图片、照片、胶片到各类图纸图形以及各类文稿都可以用扫描仪输入计算机进而实现对这些图像形式的信息的处理、管理、使用、存储、输出等。

5. 输出设备

输出设备用于输出计算机处理过的结果、用户文档、程序及数据等信息。常用的输出设备有显示器、打印机、绘图仪等。

（1）显示器。显示器是计算机的主要输出设备，用来将系统信息、计算机处理结果、用户程序及文档等信息显示在屏幕上，是人机对话的一个重要工具。

显示器按结构分为两大类：CRT 显示器（见图 1-84）和 LCD 显示器（见图 1-85）。CRT 显示器是一种使用阴极射线管的显示器，其工作原理基本上和一般电视机相同，只是数据接收和控制方式不同。LCD 显示器又称液晶显示器，具有体积小、重量轻、只需要低压直流电源便可工作等特点。

图 1-84　CRT 显示器

图 1-85　LCD 显示器

显示器的主要指标有显示器的屏幕大小、显示分辨率等。屏幕越大，显示的信息越多；显示分辨率越高，显示的图像就越清晰。

提示

显示器与主机相连必须配置适当的显示适配器，即显卡。在前面的计算机解剖图中已有详细介绍。

（2）打印机。打印机（Printer，见图 1-86）也是计算机系统中的标准输出设备之一，与显示器最大的区别是其将信息输出在纸上而非显示屏上。打印机并非是计算机中不可缺少的一部分，它是仅次于显示器的输出设备。用户经常需要用打印机将在计算机中创建的文稿、数据信息打印出来。

图 1-86　打印机

衡量打印机好坏的指标有 3 项即打印分辨率、打印速度和噪声。

提示

将打印机与计算机连接后，必须安装相应的打印机驱动程序才可以使用打印机。

阶段总结

从外观上看，计算机硬件系统可以分为主机和外部设备两大部分；从功能结构上看，一个完整的硬件系统必须包括运算器、控制器、存储器、输入设备和输出设备 5 个核心部分，每个功能部件各尽其职、协调工作。

计算机硬件系统的结构如图 1-87 所示。

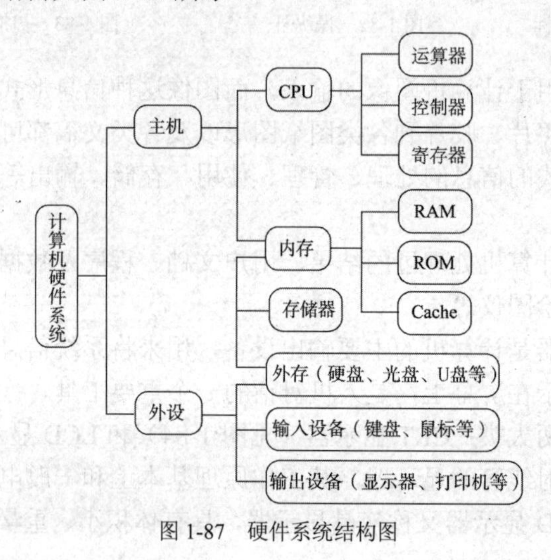

图 1-87　硬件系统结构图

二、计算机软件

一个完整的计算机系统是硬件和软件的有机结合。如果将硬件比作计算机系统的躯体，那么软件就是计算机系统的灵魂。

1. 软件的概念

计算机软件（Computer Software，也称软件）是指能指挥计算机工作的程序与程序运行时所需要的数据，以及与这些程序和数据有关的文字说明和图表资料，其中文字说明和图表资料又称文档。软件是用户与硬件之间的接口界面，用户主要是通过软件与计算机进行交流。

程序是计算任务的处理对象和处理规则的描述；文档是为了便于了解程序所需的阐明性资料。程序必须装入机器内部才能工作，文档一般是给人看的，不一定装入机器。

2. 硬件与软件的关系

硬件和软件是一个完整的计算机系统中互相依存的两大部分，它们的关系主要体现在以下几个方面。

（1）硬件和软件互相依存。硬件是软件赖以工作的物质基础，同时，软件的正常工作是硬件发挥作用的唯一途径。计算机系统必须要配备完善的软件系统才能正常工作，且充分发挥其硬件的各种功能。

（2）硬件和软件无严格界线。随着计算机技术的发展，在许多情况下，计算机的某些功能既可以由硬件实现，也可以由软件来实现。因此，硬件与软件在一定意义上说没有绝对严格的界线。

（3）硬件和软件协同发展。计算机软件随硬件技术的迅速发展而发展，软件的不断发展与完善，又促进了硬件的新发展。

3. 软件的分类

软件内容丰富、种类繁多，通常根据软件的用途可将其分为系统软件和应用软件两类，这些软件都是用程序设计语言编写的程序。系统软件是软件系统的核心，应用软件以系统软件为基础。

（1）系统软件。系统软件是指控制计算机的运行，管理计算机的各种资源，为计算机的使用提供支持和帮助的软件，可分为操作系统、程序设计语言、语言处理程序、数据库管理系统等，其中操作系统是最基本的软件。

① 操作系统（Operating System，OS）。OS 是管理计算机硬件与软件资源的程序，同时也是计算机系统的内核与基石。它的职责包括对硬件的直接监管、对各种计算资源（如内存、处理器时间等）的管理以及提供诸如作业管理之类的面向应用程序的服务等。

操作系统是对计算机硬件的第一级扩充，是对硬件的接口、对其他软件的接口、对用户的接口以及对网络的接口。

目前常用的操作系统有 Windows、Linux、Unix 等。

② 程序设计语言。程序设计语言就是用户用来编写程序的语言，它是人与计算机之间交换信息的工具。程序设计语言是软件系统的重要组成部分，一般可分为机器语言、汇编语言和高级语言 3 类。

- 机器语言。机器语言是一种用二进制代码“0”和“1”形式表示的，能被计算机直接识别和执行的语言。因此，机器语言的执行速度快，但它的二进制代码会随 CPU 型号的不同而不同，且不便于人们的记忆、阅读和书写，所以通常不用机器语言编写程序。
- 汇编语言。汇编语言是一种使用助记符表示的面向机器的程序设计语言。每条汇编语言的指令对应一条机器语言的代码，不同型号的计算机系统一般有不同的汇编语言。

由于计算机硬件只能识别机器指令，用助记符表示的汇编指令是不能执行的。所以要执行汇编语言编写的程序，必须先用一个程序将汇编语言翻译成机器语言程序，用于翻译的程序称为汇编程序。用汇编语言编写的程序称为源程序，翻译后得到的机器语言程序称为目标程序。

- 高级语言。机器语言和汇编语言都是面向机器的语言，一般称为低级语言。由于它们对机器的依赖性大，程序的通用性差，要求程序员必须了解计算机硬件的细节，因此它们只适合计算机专业人员。

为了解决上述问题，满足广大非专业人员的编程需求，高级语言应运而生。高级语言是一种比较接近自然语言（英语）和数学表达式的一种计算机程序设计语言，其与具体的计算机硬件无关，易于人们接受和掌握。常用的高级语言有 C 语言、VC、VB、Java 等。其中，Java 是目前使用最为广泛的网络编程语言之一，它具有简单、面向对象、稳定、与平台无关、多线程、动态等特点。

但是，任何高级语言编写的程序都要翻译成机器语言程序后才能被计算机执行，与低级语言相比，用高级语言编写的程序的执行时间和效率要差一些。

③ 语言处理程序。由于计算机只认识机器语言，所以使用其他语言编写的程序都必须先经过语言处理（也称翻译）程序的翻译，才能使计算机接受并执行。不同的语言有不同的翻译程序。

- 汇编语言的翻译。用汇编语言编写的程序称为汇编语言源程序。必须用相应的翻译程序（称为汇编程序）将汇编语言源程序翻译成机器能够执行的机器语言程序（称为目标程序），这个翻译过程叫作汇编。图1–88所示为具体的汇编运行过程。

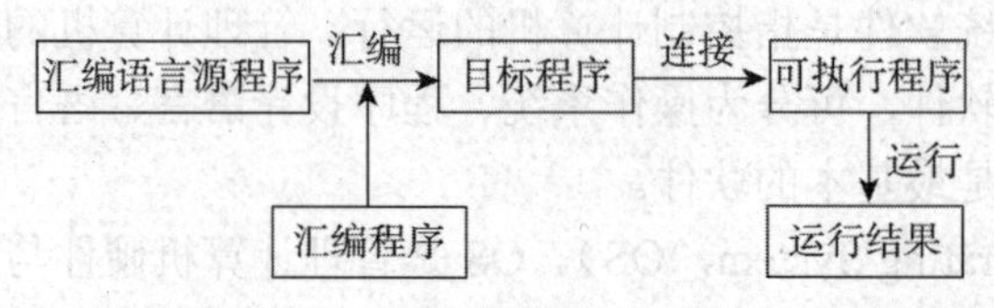

图 1-88　源程序的汇编运行过程

- 高级语言的翻译。用高级语言编写的程序称为高级语言源程序，高级语言源程序也必须先翻译成机器语言目标程序后计算机才能识别和执行。高级语言翻译执行方式有编译方式和解释方式两种。

编译方式是用相应语言的编译程序将源程序翻译成目标程序，再用连接程序将目标程序与函数库连接，最终成为可执行程序即在计算机上运行。其编译运行过程如图 1-89 所示。

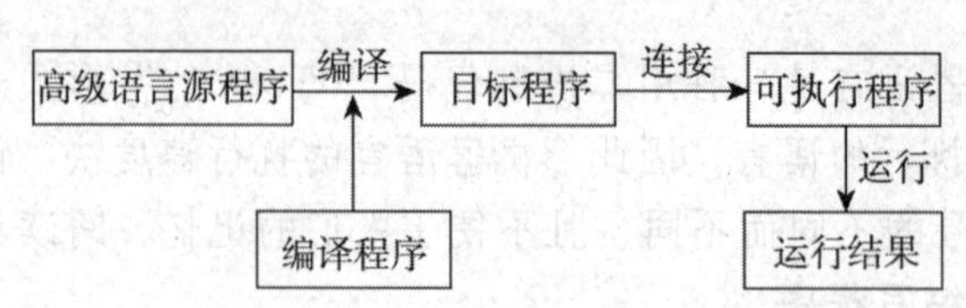

图 1-89　源程序的编译运行过程

解释方式是通过相应的解释程序将源程序逐句翻译成机器指令，并且是每翻译一句就执行一句。解释程序不产生目标程序，执行过程中如果不出现错误，就一直进行到完毕，否则将在错误处停止执行。其解释执行过程如图 1-90 所示。

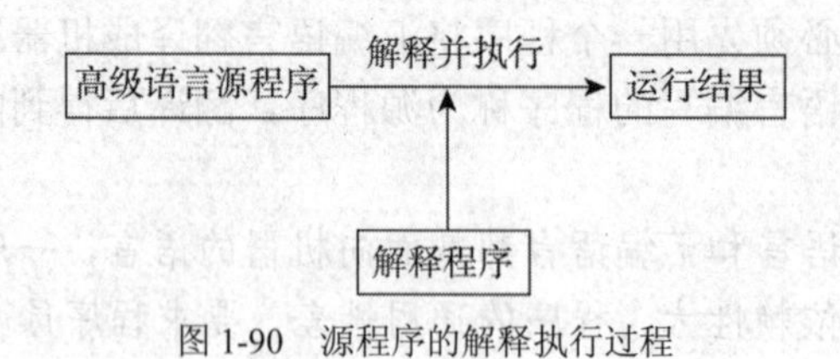

图 1-90　源程序的解释执行过程

同一个程序，如果是解释执行的，那么它的运行速度通常比编译为可执行的机器代码的运行速度慢一些。因此，目前大部分高级语言均采用编译方式。

④数据库管理系统。数据处理是计算机应用的重要方面，为了有效地利用、保存和管理大量数据，在 20 世纪 60 年代末人们开发出了数据库系统（Data Base System，DBS）。

一个完整的数据库系统是由数据库（DB）、数据库管理系统（Data Base Management

System，DBMS）和用户应用程序 3 个部分组成。其中数据库管理系统按照其管理数据库的组织方式分为 3 大类，即关系型数据库、网络型数据库和层次型数据库。

目前，常用的数据库系统有 Access、SQL Server、MySQL、Orcale 等。

（2）应用软件。

计算机之所以能迅速普及，除了因为其硬件性能不断提高、价格不断降低之外，大量实用的应用软件的出现满足了各类用户的需求也是重要原因之一。

除了系统软件以外的所有软件都称为应用软件，是由计算机生产厂家或软件公司为支持某一应用领域、解决某个实际问题而专门研制的应用程序。例如，Office 组件、计算机辅助设计软件、各种图形处理软件、解压缩软件、反病毒软件等。

用户通过这些应用程序完成自己的任务。例如，利用 Office 组件创建文档、利用反病毒软件清理计算机病毒、利用解压缩软件解压缩文件、利用 Outlook 收发电子邮件、利用图形处理软件绘制图形等。

常见的应用软件如下。

- 文字处理软件：Office、WPS 等。
- 辅助设计软件：AvtoCAD、Photoshop、Fireworks 等。
- 媒体播放软件：暴风影音、豪杰超级解霸、Windows Media Player、Realplayer 等。
- 图形图像软件：Core/Draw、Painter、3DSMAX、MAYA 等。
- 网络聊天软件：QQ、MSN 等。
- 音乐播放软件：酷我音乐、酷狗音乐等。
- 下载管理软件：迅雷、网际快车、超级旋风等。
- 杀毒软件：瑞星、金山毒霸、卡巴斯基等。

阶段总结

计算机软件系统组成如图 1-91 所示，计算机系统结构关系如图 1-92 所示。

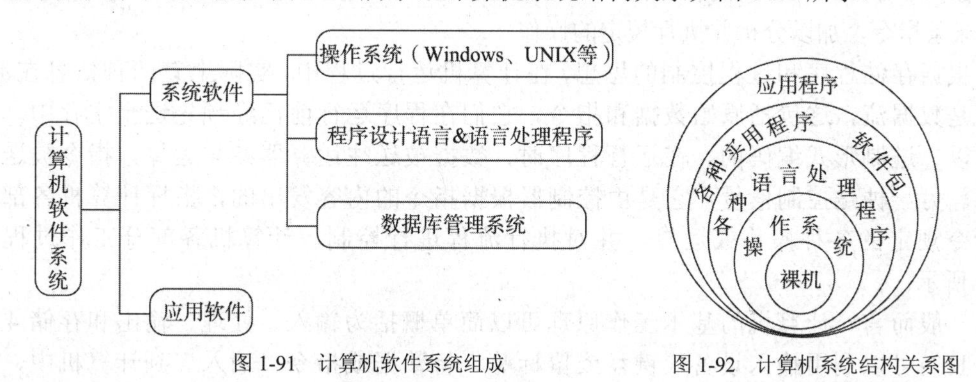

图 1-91 计算机软件系统组成　　图 1-92 计算机系统结构关系图

计算机系统包含硬件系统和软件系统，硬件系统是计算机的基础，软件系统是计算机的上层建筑。一个完整的计算机系统必须包含硬件系统和软件系统，只有硬件系统没有软件系统的机器叫裸机。

三、计算机系统的主要性能指标

对计算机进行系统配置时，首先要了解计算机系统的主要技术指标。衡量计算机性能的指标主要有以下几个。

① 字长：字长是 CPU 能够直接处理的二进制数据位数，它直接关系到计算机的计算精度、功能和速度。字长越长，处理能力就越强，精度就越高，速度也就越快。

② 运算速度：运算速度是指计算机每秒中所能执行的指令条数，一般用 MIPS（Million Instructions Per Second，每秒百万条指令）为单位。

③ 主频：主频是指计算机的时钟频率，单位用兆赫兹（MHz）或吉赫兹（GHz）表示。

④ 内存容量：内存容量是指内存储器中能够存储信息的总字节数，一般以 MB、GB 为单位。

⑤ 外设配置：外设是指计算机的输入/输出设备。

⑥ 软件配置：包括操作系统、计算机语言、数据库语言、数据库管理系统、网络通信软件、汉字支持软件及其他各种应用软件。

四、计算机的基本工作原理

计算机之所以能高速、自动地进行各种操作，一个重要的原因就是采用了冯·诺依曼提出的存储程序和过程控制的思想。虽然计算机的制造技术从计算机出现到今天已经发生了翻天覆地的变化，但迄今为止所有进入实用的电子计算机都是按冯·诺依曼提出的结构体系和工作原理设计制造的，故又称为“冯·诺依曼型计算机”。

1. 结构体系

计算机由 5 个基本部分组成，即运算器、控制器、存储器、输入设备和输出设备。各基本部分的功能是：存储器能存储数据和指令；控制器能自动执行指令；运算器可以进行加、减、乘、除等基本运算；操作人员可以通过输入/输出设备与主机进行通信。

2. 工作原理

存储程序是指必须事先把计算机的执行步骤（即程序）及运行中所需的数据，通过输入设备输入并存储在计算机的存储器中。过程控制是指计算机运行时能自动地逐一取出程序中的一条条指令，加以分析并执行规定的操作。

根据存储程序和过程控制的思想，在计算机运行过程中，实际上有两种信息在流动。一种是数据流，这包括原始数据和指令，它们在程序运行前已经预先送至主存中，而且都是以二进制形式编码的。在运行程序时，数据被送往运算器参与运算，指令被送往控制器。另一种是控制信号，它是由控制器根据指令的内容发出的，指挥计算机各部件执行指令规定的各种操作或运算，并对执行流程进行控制。计算机各部分工作过程如图 1-93 所示。

一般而言，计算机的基本工作原理可以简单概括为输入、处理、输出和存储 4 个步骤。我们可以利用输入设备（键盘或鼠标等）将数据或指令“输入”到计算机中，然后再由中央处理器（CPU）发出命令进行数据的“处理”工作，最后计算机会把处理的结果“输出”至屏幕、音箱或打印机等输出设备。而且，由 CPU 处理的结果也可送到储存设备中进行“存储”，以便日后再次使用它们。这 4 个步骤组成一个循环过程，输入、处理、输出和存储并不一定按照上述的顺序操作。在程序的指挥下，计算机根据需要而决定采取哪一个步骤。

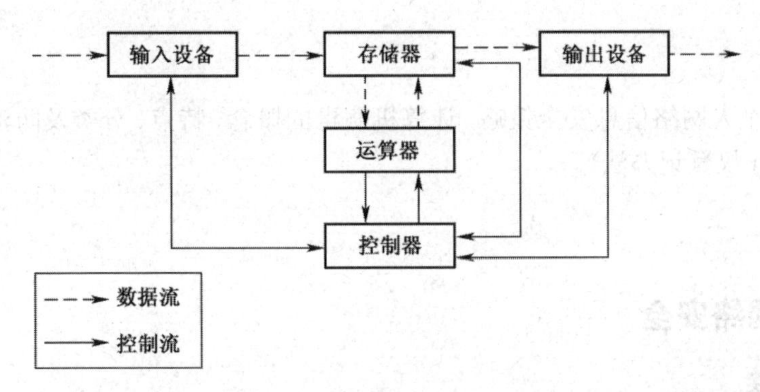

图 1-93　计算机各部分工作过程

阶段总结

（1）计算机完成任务是由事先编写的程序完成的。

（2）计算机的程序被事先输入到存储器中，程序运算的结果也被存放在存储器中。

（3）计算机能自动连续地完成程序。

（4）程序运行所需要的信息和结果可以通输入/输出设备完成。

（5）计算机内部采用二进制来表示指令和数据。

（6）计算机由运算器、控制器、存储器、输入设备、输出设备所组成。

项目三　保护计算机系统安全

项目情境

小 D 面对刚刚配置好的计算机兴奋不已，每天都花很多时间从网站上下载各式各样好玩的程序。好景不长，不到一周时间，计算机就罢工了。于是小 D 又找到小 Q 请求帮忙。小 Q 通过看书和到网上看求助贴，终于帮小 Q 修好了计算机。小 Q 语重心长地对小 D 说：“一定要注意保护计算机系统安全”，并列了一份学习清单让小 D 好好研究。

学习清单

网络安全，个人网络信息安全策略，计算机病毒的概念、特点、分类及防治，“欢乐时光”，《计算机软件著作权登记办法》。

具体内容

一、计算机网络安全

1. 网络安全

当整个国家、社会乃至全人类赖以生存的空间都是建立在网络的基础之上时，网络安全问题就变成无论如何强调都不为过的大问题了。

在网络应用日益广泛和频繁的今天，了解网络在安全方面的脆弱性，掌握抵御网络入侵的基本知识，已经具有非常重要的现实意义。

网络安全问题主要有以下几个方面。

（1）网络运行系统安全。包括系统处理安全和传输系统安全。系统处理安全是指避免因系统崩溃或损坏对系统存储、处理和传输的信息造成破坏和损失。传输系统安全是指避免由于电磁泄漏，产生信息泄露所造成的损失和危害。

（2）网络系统信息安全。包括身份验证、用户存取权限控制、数据访问权限和方式控制、计算机病毒防治和数据加密等。

（3）网络信息传播安全。指网络上信息传播后果的安全，包括信息过滤、防止大量自由传输的信息失控、非法窃听等。

（4）网络信息内容安全。主要是保证信息的保密性、真实性和完整性。本质上是保护用户的利益和隐私。

任何网络信息系统必须实质性地解决以上4个方面的技术实现问题，其安全解决方案才是可行的。

2. 网络安全实用技术

网络信息系统的解决方案必须综合考虑网络安全、数据安全、数据传输安全、安全服务、安全目标等问题，包括政策上的措施、物理上的措施、逻辑上的措施。常用的网络安全技术有如下几个。

（1）网络隔离技术。网络隔离英文名为Network Isolation，主要是指把两个或两个以上可路由的网络（如TCP/IP）通过不可路由的协议（如IPX/SPX、NetBEUI等）进行数据交换而达到隔离目的。由于其原理主要是采用了不同的协议，所以通常也叫协议隔离（Protocol Isolation）。1997年，信息安全专家Mark Joseph Edwards在他编写的《Understanding Network Security》一书中，就对协议隔离进行了归类。在书中他明确地指出了协议隔离和防火墙不属于同类产品。

（2）防火墙技术。防火墙就是在可信网络（用户的内部网）和非可信网络（Internet、外部网）之间建立和实施特定的访问控制策略的系统。

防火墙可以由一个硬件、软件组成，也可以是一组硬件和软件构成。它是阻止Internet网络“黑客”攻击的一种有效手段。

（3）身份验证技术。系统的安全性常常依赖于对终端用户身份的正确识别与检验，以防止用户的欺诈行为。身份验证一般包括两个方面，一个是识别，另一个是验证。识别是指系统中的每个合法用户都有识别的能力；验证是指系统对访问者自称的身份进行验证，以防假冒，如用户登录。

（4）数据加密技术。采用数据加密技术，对通信数据进行加密，在网络中包括节点加密、链路加密、端对端加密。

（5）数字签名技术。如要求系统在通信双方发生伪造、冒充、否认和篡改等情况下仍能保持安全性，在计算机信息系统中就需要采用一种电子形式的签名——数字签名。

数字签名有两种方法，分别为利用传统密码和利用公开密钥。

3. 个人网络信息安全策略

个人网络信息安全只要采取下列安全措施就能解决部分网络安全问题。

（1）个人信息定期备份，以尽量避免损失有用信息。

（2）谨防病毒攻击，不要轻易下载来路不明的软件；安装的杀毒软件要定期进行升级。

（3）上网过程中发现任何异常情况，应立即断开网络，并对系统进行杀毒处理。

（4）借助防火墙功能。在专业技术人员或厂家的帮助下安装并设置合适参数，以达到网络安全的目的。

（5）关闭“共享”功能。

（6）及时安装补丁程序，使系统在防范恶意攻击方面的功能更加完善。

二、计算机病毒及其防治

几乎所有上网用户都经历过网上冲浪的喜悦，也同时经受过病毒袭击的烦恼。辛苦完成的电子稿件顷刻之间全没有了，刚才还好端端的机器突然不能正常运行了，程序正运行在关键时刻，系统莫名其妙地重新启动……所有这些意想不到的情况都是计算机病毒惹的祸。

1. 计算机病毒的概念

计算机病毒是人为编制的一种计算机程序，能够在计算机系统中生存并通过自我复制进行传播，在一定条件下被激活发作，从而给计算机系统造成一定的破坏。

知识扩展

在《中华人民共和国计算机信息系统安全保护条例》中明确将计算机病毒定义为“编制或者在计算机程序中插入的破坏计算机功能、数据，影响计算机使用并且能够自我复制的一组计算机指令、程序代码。”

2. 计算机病毒的特点

计算机病毒的特点有很多，可以归纳为以下几点。

（1）潜伏性。计算机病毒具有依附于其他媒体而寄生的能力，依靠其寄生能力，将病毒传染给合法程序和系统后，不会立即发作，而是悄悄地隐藏起来，在用户不知不觉的情况下进行传播。病毒的潜伏性越好，它在系统中存在的时间就越长，传染的范围也就越广，其危害性也就越大。

（2）隐藏性。隐藏是病毒的本能特性，为了避免被察觉，病毒制造者总是想方设法地使用各种隐藏术。病毒通常依附于其他可执行程序或磁盘中比较隐蔽的地方，因此用户很难发现它们，而发现它们的时候往往正是病毒发作的时候。

（3）传染性。传染是计算机病毒的重要特征，病毒为了要继续生存，唯一的方法就是要不断地、传递性地感染其他文件。病毒传播的速度极快，范围很广，一旦入侵计算机系统就可通过自我复制的方式迅速传播。

（4）可激发性。当病毒的触发机制或条件满足时，就会以各自的方式对系统发起攻击。

病毒触发机制和条件有很多种，如指定的日期或时间、文件类型或指定文件名或是病毒内置的计数器达到一定次数等。例如，CIH病毒V1.2发作日期为每年的4月26日。

（5）破坏性。无论何种病毒程序，一旦侵入系统就会对操作系统的运行造成不同程度的影响。至于破坏程度的大小主要取决于病毒制造者的目的，常见的有删除文件、破坏数据、格式化磁盘、甚至破坏主板。

（6）攻击的主动性。病毒对系统的攻击是主动的，是不以人的意志为转移的。换句话说，计算机系统无论采取多么严密的保护措施都不可能彻底地排除病毒对系统的攻击，保护措施只是一种预防的手段而已。

（7）病毒的不可预见性。从病毒的检测方面来看，病毒还有不可预见性。病毒对反病毒软件永远都是超前的。

3. 计算机病毒的分类

计算机病毒根据不同的内容可以分为不同的种类。

（1）根据计算机病毒产生的后果划分。

① 良性病毒：减少磁盘的可用空间，不影响系统。入侵目的不是破坏系统，只是发出某种声音或提示。

② 恶性病毒：造成干扰，但不会造成数据丢失和硬件损坏。只对软件系统造成干扰、窃取、修改系统信息。

③ 极恶性病毒：造成系统崩溃或数据丢失。感染后系统彻底崩溃，根本无法正常启动，硬盘数据损坏。

④ 灾难性病毒：系统很难恢复，数据完全丢失。破坏磁盘的引导扇区、修改文件分配表和硬盘分区表，系统无法启动。

（2）根据病毒入侵系统的途径划分。

① 源码型病毒：主要入侵高级语言的源程序，病毒在源程序编译之前插入病毒代码，最后随源程序一起被编译成可执行文件。

② 入侵型病毒：主要利用自身的病毒代码取代某个被入侵程序的整个或部分模块，以攻击特定的程序，这类病毒针对性强，但是不易被发现，清除起来比较困难。

③ 操作型病毒：主要用自身程序覆盖或修改系统中的某些文件来达到调用或替代操作系统中的部分功能，直接感染系统，危害较大，多为文件型病毒。

（3）根据病毒的传染方式划分。

① 引导区型病毒：病毒通过攻击磁盘的引导扇区，从而达到控制整个系统的目的，如大麻病毒。

② 文件型病毒：一般是感染扩展名为“.exe”“.com”等执行文件，如CIH病毒。

③ 网络型病毒：感染的对象不再局限于单一的模式和可执行文件，而是更加综合、隐蔽，如Worm.Blaster病毒。

④ 混合型病毒：同时具备了引导型病毒和文件型病毒的某些特点。

（4）根据病毒激活的时间划分。

根据病毒激活的时间，分为定时的和随机的。

知识扩展

常见病毒及防治

① 欢乐时光。“欢乐时光”是一个VB源程序病毒，专门感染.htm、.html、.vbs、.asp和.htt

文件。它作为电子邮件的附件，利用 Outlook Express 软件的缺陷把自己传播出去，可以在你没有运行任何附件时就运行自己。此外还会利用 Outlook Express 的信纸功能，使自己复制在信纸的 Html 模板上，以便传播。只要你在 Outlook Express 上预览了隐藏有病毒的 HTML 文件，甚至你都不用打开它，它就能感染你的计算机。

② 冲击波。"冲击波"是一种利用 Windows 系统的 RPC 漏洞进行传播、随机发作、破坏力强的蠕虫病毒。它不需要通过电子邮件（或附件）来传播，更加隐蔽，更不易察觉。它使用 IP 扫描技术来查找网络上操作系统为 Windows 2000/XP/2003 的计算机，一旦找到有漏洞的计算机，它就会利用 DCOM（分布式对象模型，一种协议，能够使软件组件通过网络直接进行通信）RPC 缓冲区漏洞植入病毒体以控制和攻击该系统。

③ 熊猫烧香。其实它是一种蠕虫病毒的变种，而且是经过多次变种而来的。由于中毒计算机的可执行文件会出现"熊猫烧香"图案，所以也被称为"熊猫烧香"病毒。用户计算机中毒后可能会出现蓝屏、频繁重启以及系统硬盘中数据文件被破坏等现象。同时，该病毒的某些变种可以通过局域网进行传播，进而感染局域网内所有计算机系统，最终导致企业局域网瘫痪，无法正常使用。它能感染系统中的.exe、.com、.pif、.src、.html、.asp 等文件，它还能中止大量的反病毒软件进程并且会删除扩展名为"gho"的文件。该文件是一系统备份工具 GHOST 的备份文件，使用户的系统备份文件丢失。被感染的用户系统中所有.exe 可执行文件全部被改成熊猫举着三根香的模样。

④ "U 盘寄生虫"变种 sa。"U 盘寄生虫"变种 sa 是"U 盘寄生虫"蠕虫家族中的最新成员之一，采用"Microsoft Visual C++"编写，并且经过加壳保护处理。"U 盘寄生虫"变种 sa 运行时，在被感染计算机的后台秘密监视正在运行的所有窗口标题，一旦发现标题中存在与安全相关的字符串（如"专杀""防火墙""杀毒"等）的窗口，便会强行向其进程循环发送垃圾消息，试图使其出错关闭或自动退出。

"U 盘寄生虫"变种 sa 会在被感染计算机系统中的所有盘符根目录下创建磁盘映像劫持文件"autorun.inf "（自动播放配置文件）和病毒主程序文件"svs.pif"（"U 盘寄生虫"变种 sa），实现双击盘符启动"U 盘寄生虫"变种 sa 的目的，从而利用 U 盘、移动硬盘、SD 卡等移动存储设备进行自我传播，给计算机用户带来潜在的威胁。

另外，"U 盘寄生虫"变种 sa 还会通过在系统"启动"文件夹中创建病毒主程序文件的方式来实现蠕虫开机自启动。

4. 防治病毒

防治病毒要采取"预防为主，防治结合"的方针。由于计算机病毒的隐蔽性和主动攻击性，要杜绝病毒的传染，在目前情况下，特别是对网络系统和开放式系统而言，几乎是不可能的。因此，要采用以预防为主，防治结合的防治策略，以尽量降低病毒感染、传播的概率。

（1）病毒的预防。

采用技术手段预防病毒主要包括以下措施。

① 安装、设置防火墙，对内部网络实行安全保护。

② 安装实时监测的杀病毒软件，定期更新软件版本。

③ 不要随意下载来路不明的可执行文件（*.exe 等）或 E-mail 附件中可执行文件。

④ 使用聊天软件时，不要轻易打开陌生人传来的页面链接，以防遇到网页陷阱。

⑤ 不用盗版软件和来历不明的磁盘。

⑥ 经常对系统和重要的数据进行备份。

⑦ 保存一份硬盘的主引导记录文档。

（2）病毒的清除。

在检测出系统感染了病毒或确定了病毒种类后，就要设法消除病毒。消除病毒可采用手工消除和自动消除两种。

① 手工消除病毒。手工消除方法是借助工具软件对病毒进行手工清除。用手工清除病毒要求用户具有较高的计算机病毒知识，这种方法容易出错，如不慎有错误操作将会造成系统数据丢失，造成严重后果。所以，采用手工检测和清除的方法并不十分安全，反而使用计算机反病毒工具，对计算机病毒进行自动化预防、检测和消除，是一种快速、高效、准确的方法。

② 自动消除病毒。自动消除方法是使用杀毒软件来清除病毒。用杀毒软件进行杀毒，操作简单，用户只需按照菜单提示和联机帮助（按<F1>键）去操作即可。

目前常用的杀毒软件有瑞星、金山、卡巴斯基、诺顿等。

三、计算机信息系统安全法规

Internet 把全世界连接成了一个“地球村”，互联网上的网民是地球村的村民，他们共同拥有这个由“比特”组成的数字空间。

为维护每个网民的合法权益，必须有网络公共行为规范来约束每个人。

1. 行为守则

（1）不发送垃圾邮件。

（2）不在网上进行人身攻击。

（3）不能未经许可就进入非开放的信息服务器。

（4）不可以企图侵入他人的系统。

（5）不应将私人广告信件用 E-mail 发送给所有人。

（6）不在网上任意修改不属于自己的信息。

（7）不在网上结交身份不详的朋友。

2. 计算机软件的法律保护

（1）计算机软件受著作权保护。

计算机软件作为作品形式之一，根据国家颁布的软件著作权法规获得保护。计算机的工作离不开软件的控制指挥。软件具有开发工作量大、开发投资高，而复制容易、复制费用极低的特点，为了保护软件开发者的合理权益，鼓励软件的开发与流通，广泛持久地推动计算机的应用，需要对软件实施法律保护，禁止未经软件著作权人的许可而擅自复制、销售其软件的行为。许多国家都制定有保护计算机软件著作权的法规。我国 1990 年颁布的《著作权法》规定，计算机软件是受法律保护的作品形式之一。1991 年，我国颁布了《计算机软件保护条例》，对针对软件实施著作权法律保护作了具体规定。

（2）软件著作人享有权力。

① 发言权，即决定软件是否公之于众的权力。

② 署名权，即表明开发者身份，在软件上署名的权力。

③ 修改权，即对软件进行增补、删节，或者改变指令、语句顺序的权力。

④ 复制权，即将软件制作一份或者多份的权力。

⑤ 发行权，即以出售或赠与的方式向公众提供软件的原件或者复制件的权力。

⑥ 出租权，即有偿许可他人临时使用软件的权力。

⑦ 信息网络转播权，即以有线或者无线方式向公众提供软件，使公众可以在其个人选定的时间或地点获得软件的权力。

⑧ 翻译权，即将原软件从一种自然语言文字转换成另一种自然语言文字的权力。

⑨ 应当由软件著作权人享有的其他权力。（资料来源：中国保护知识产权网）

（3）相关法律法规。

① 《中华人民共和国计算机信息系统安全保护条例》。

② 《计算机软件著作权登记办法》。

③ 《计算机软件保护条例》。

④《中华人民共和国标准化法》。

⑤ 《中华人民共和国保守国家秘密法》。

⑥ 《计算机机房用活动地板技术条件》。

⑦ 《计算机信息系统国际联网保密管理规定》。

项目四 隐匿在计算机软硬件背后的语言

项目情境

小 Q 所在的系部组织了各种各样的培训班，小 Q 是个计算机爱好者，希望好好学学编程语言方面的相关内容，可一看名称，如 C 语言、C++、C#、VB、Java，这些名字可把小 Q 搞糊涂了，不知道该学哪一门。这些语言具体是些什么呢？

学习清单

机器语言、汇编语言、高级语言、数制、基数、位权、数值、二进制（B）、八进制（O）、十六进制（H）、ASCII 码、国标码、机外码、机内码、字形码。

具体内容

一、计算机语言发展史

和人类语言发展史一样，计算机语言也经历了一个从最开始的机器语言到汇编语言到各种结构化高级语言，最后到支持面向对象技术的面向对象语言的演化过程。

1. 机器语言

20 世纪 40 年代，计算机刚刚问世的时候，程序员必须手动控制计算机，但这项工作过于复杂，很少有人能掌握。加上当时的计算机十分昂贵，主要还是用于军事方面。

随着计算机的价格大幅度下跌，为了让更多人也能控制计算机，科学家发明了机器语言，就是用一组 0 和 1 组成的代码符号替代手工拨动开关来控制计算机。

2. 汇编语言

由于机器语言枯燥难以理解，人们便用英文字母代替特定的 01 代码，形成了汇编语言，相比于 01 代码，汇编代码更容易学习。

汇编语言的实质和机器语言是相同的，都是直接对硬件操作，只不过指令采用了英文缩写的标识符，更容易识别和记忆。用汇编语言所能完成的操作不是一般高级语言所能实现的，而且源程序经汇编生成的可执行文件不仅比较小，执行速度也很快。

3. 高级语言

虽然汇编语言有无法比拟的优点，但它的逻辑不符合人们的思维习惯，为了让编程更容易，人们发明了高级语言，用英语单词和符合人们思维习惯的逻辑来进行编程。

高级语言主要是相对于汇编语言而言的，它并不是特指某一种具体的语言，而是包括了很多编程语言，如常用的 C++、Java、C#、VB、Pascal 等，这些语言的语法、命令格式都各不相同。

高级语言所编制的程序不能直接被计算机识别，必须经过转换才能被执行，按转换方式可将它们分为两类，即解释类和编译类。

随着计算机程序的复杂度越来越高，新的集成、可视的开发环境越来越流行。它们减少了用户所付出的时间、精力和金钱。只要轻敲几个键，一整段代码就可以使用了。

4. 计算机语言的发展趋势

面向对象程序设计以及数据抽象在现代程序设计思想中的地位越来越重要，未来语言的发展将不再是一种单纯的语言标准，将会完全面向对象，更易表达现实世界，更易为人编写。

计算机语言的未来可以描述为：只需要告诉程序你要干什么，程序就能自动生成算法，自动进行处理，这就是非过程化的程序语言。

知识扩展

计算机语言之父——尼盖德于 1926 年在挪威奥斯陆出生，1956 年毕业于奥斯陆大学并取得数学硕士学位，此后致力于计算机计算与编程研究，并且发展了 Simula 编程语言，为 MS－DOS 和因特网打下了基础而享誉国际。

1961 年～1967 年，尼盖德在挪威计算机中心工作，参与开发了面向对象的编程语言。因为表现出色，2001 年，尼盖德和同事奥尔·约安·达尔获得了 2001 年 a.m.图灵机奖及其他多个奖项。

尼盖德因其卓越的贡献，而被誉为“计算机语言之父”，其对计算机语言发展趋势的掌握和认识，以及投身于计算机语言事业发展的精神都将激励我们向着计算机语言无比灿烂的明天前进。

阶段总结

计算机语言不断发展的动力就是不断地把机器仅仅能够理解的语言最大限度地提升到能模仿人类思考问题的形式。计算机语言的发展就是从最开始的机器语言到汇编语言，再到高级语言的演变，如图 1-94 所示。

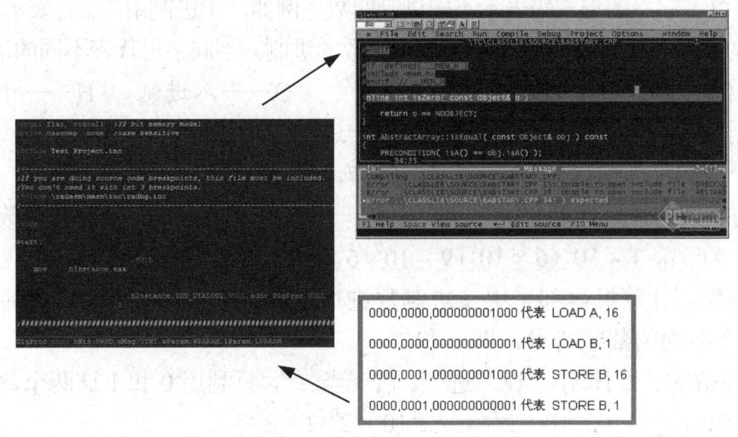

图 1-94 计算机语言发展示意图

二、计算机中数据的表示

1. 数制的基本概念

按进位的原则进行计数称为进位计数制，简称“数制”。其特点有以下两个。

（1）逢 N 进 1。N 是指数制中所需要的数字字符的总个数，称为基数。例如，人们日常生活中常用 0、1、2、3、4、5、6、7、8、9 这 10 个不同的符号来表示十进制数值，即数字字符的总个数有 10 个，基数为 10，表示逢十进一。二进制数，逢二进一，它由 0、1 两个数字符号组成，基数为 2。

（2）采用位权表示法。处在不同位置上的数字所代表的值不同，一个数字在某个固定位置上所代表的值是确定的，这个固定位置上的值称为位权，简称权。

位权与基数的关系是：各进制中位权的值是基数的若干次幂，任何一种数制表示的数都可以写成按位权展开的多项式之和。

例如，我们习惯使用的十进制数，是由 0、1、2、3、4、5、6、7、8、9 这 10 个不同的数字符号组成，基数为 10。每一个数字处于十进制数中不同的位置时，它所代表的实际数值是不一样的，这就是经常所说的个位、十位、百位、千位……的意思。

【例 1.1】2 009.7 可表示成：

$$2\times1\,000+0\times100+0\times10+9\times1+7\times0.1$$
$$=2\times10^3+0\times10^2+0\times10^1+9\times10^0+7\times10^{-1}$$

位权的值是基数的若干次幂，其排列方式是以小数点为界，整数自右向左 0 次幂、1 次幂、2 次幂，小数自左向右负 1 次幂、负 2 次幂、负 3 次幂，依此类推。

2. 计算机中采用的数制

所有信息在计算机中都是使用二进制的形式来表示的，这是由计算机所使用的逻辑器件决定的。这种逻辑器件是具有两种状态的电路（触发器），其好处是运算简单，实现方便，成本低。二进制数只有 0 和 1 两个基本数字，它很容易在电路中利用器件的电平高低来表示。

计算机采用二进制数进行运算，可通过进制的转换将二进制数转换成人们熟悉的十进制数，在常用的转换中为了计算方便，还会用到八进制和十六进制的计数方法。

一般我们用“$()_{下标}$”的形式来表示不同进制的数。例如，十进制用 $()_{10}$ 表示，二进制数用 $()_{2}$ 表示。也有在数字的后面，用特定字母表示该数的进制。不同字母代表不同的进制，具体如下。

B——二进制　D——十进制（D 可省略）　O——八进制　H——十六进制

（1）十进制数。日常生活中人们普遍采用十进制，十进制的特点如下。

① 有 10 个数码：0，1，2，3，4，5，6，7，8，9。

② 以 10 为基数的计数体制。“逢十进一、借一当十”，利用 0 到 9 这 10 个数字来表示数据。

例如：$(169.6)_{10}=1\times10^2+6\times10^1+9\times10^0+6\times10^{-1}$。

（2）二进制数。计算机内部采用二进制数进行运算、存储和控制。二进制的特点如下。

① 只有两个不同的数字符号，即 0 和 1。

② 以 2 为基数的计数体制。“逢二进一、借一当二”，只利用 0 和 1 这两个数字来表示数据。

例如：$(1010.1)_2=1\times2^3+0\times2^2+1\times2^1+0\times2^0+1\times2^{-1}$

（3）八进制数。八进制数的特点如下。

① 有 8 个数码：0，1，2，3，4，5，6，7。

② 以 8 为基数的计数体制。“逢八进一、借一当八”，只利用 0 到 7 这 8 个数字来表示数据。

例如：$(133.3)_8=1\times8^2+3\times8^1+3\times8^0+3\times8^{-1}$

（4）十六进制数。十六进制数的特点如下。

① 有 16 个数码：0，1，2，3，4，5，6，7，8，9，A，B，C，D，E，F。

② 以 16 为基数的计数体制。“逢十六进一、借一当十六”，除利用 0 到 9 这 10 个数字之外还要用 A、B、C、D、E、F 代表 10、11、12、13、14、15 来表示数据。

例如：$(2A3.F)_{16}=2\times16^2+10\times16^1+3\times16^0+15\times16^{-1}$

计算机中采用二进制数，二进制数书写时位数较长，容易出错。所以常用八进制、十六进制来书写。表 1-4 所示为常用整数各数制间的对应关系。

表 1-4　常用整数各数制间的对应关系

十进制	二进制	八进制	十六进制	十进制	二进制	八进制	十六进制
0	0000	0	0	8	1000	10	8
1	0001	1	1	9	1001	11	9
2	0010	2	2	10	1010	12	A
3	0011	3	3	11	1011	13	B
4	0100	4	4	12	1100	14	C
5	0101	5	5	13	1101	15	D
6	0110	6	6	14	1110	16	E
7	0111	7	7	15	1111	17	F

3. 常用进制数之间的转换

（1）十进制数转换成二进制数。将十进制整数转换成二进制整数时，只要将它一次一次地被 2 除，得到的余数由下而上排列就是二进制表示的数。

【例 1.2】将十进制整数（109）$_{10}$ 转换成二进制整数。

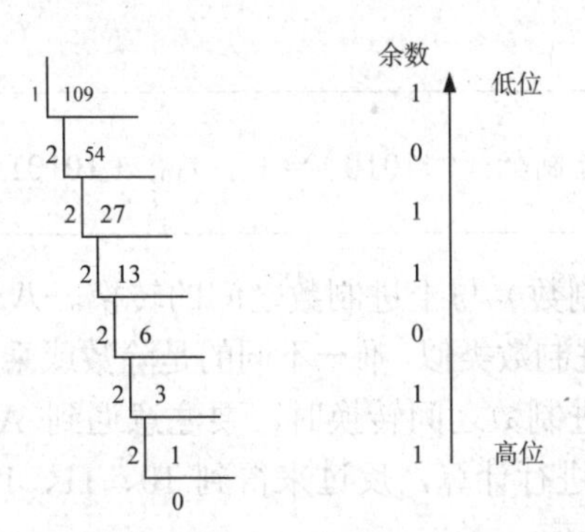

余数由下而上排列得到：1101101，于是，（109）$_{10}$＝（1101101）$_2$。

如转换的十进制数有小数部分，则将十进制小数部分乘基数取整数，直到小数部分的当前值为 0，或者满足精度要求为止，将每次取得的整数由上而下排列就是二进制小数部分。

【例 1.3】将十进制数（109.6875）$_{10}$ 转换成二进制数。

首先对整数部分进行转换。整数部分（109）$_{10}$ 转换成二进制数的方法与【例 1.2】一样，得到（1101101）$_2$。

然后对小数部分进行转换。小数部分（0.6875）$_{10}$ 转换成二进制数的方法如下：

	取整数	
0.6875 × 2 = 1.3750	1	高位
0.3750 × 2 = 0.7500	0	
0.7500 × 2 = 1.5000	1	
0.5000 × 2 = 1.0000	1	低位

每次取得的整数由上而下排列得到 1011，于是，（0.6875）$_{10}$＝（0.1011）$_2$。

整数、小数两个部分分别转换后，将得到的两个部分合并得出（109.6875）$_{10}$＝（1101101.1011）$_2$。

将十进制数转化成二进制数：（15）$_{10}$=（　）$_2$；（13.3）$_{10}$=（　）$_2$。

（2）二进制数转换成十进制数。将一个二进制整数转换成十进制整数，只要将它的最后一位乘以 2^0，最后第二位乘以 2^{-1}，依此类推，然后将各项相加，就得到用十进制表示的数。如果有小数部分，则小数点后第一位乘以 2^{-1}，第二位乘以 2^{-2}，依此类推，然后将各项相加。

【例 1.4】二进制数（ 1101 ）$_2$ 用十进制数表示则为 13，如下所示：

$(1101)_2 = 1 \times 2^3 + 1 \times 2^2 + 0 \times 2^1 + 1 \times 2^0$

$= 8 + 4 + 0 + 1$

$= 13$

【例 1.5】二进制数（1101.1）$_2$ 用十进制数表示则为 13.5，如下所示：

$(1101.1)_2=1\times2^3+1\times2^2+0\times2^1+1\times2^0+1\times2^{-1}$

$=8+4+0+1+0.5$

$=13.5$

将二进制数转化成十进制数：$(11010)_2=(\quad)_{10}$；$(10101.11)_2=(\quad)_{10}$。

（3）八进制数（十六进制数）与十进制数之间的转换。八进制数（十六进制数）与十进制数之间的转换的方法与二进制数类似，唯一不同的是除数或乘数要换成相应的基数：8 或 16。

此外，十六进制数与十进制数之间转换时，要注意遇到 A、B、C、D、E、F 时要使用 10、11、12、13、14、15 来进行计算，反过来得到 10、11、12、13、14、15 数码时，也要用 A、B、C、D、E、F 来表示。

下面以一个具体例子来进行详细说明。

【例 1.6】十六进制数 $(AE.9)_{16}$ 用十进制数表示则为 174.5625，如下所示：

$(AE.9)_{16}=A\times16^1+E\times16^0+9\times16^{-1}$

$=10\times16^1+14\times16^0+9\times16^{-1}$

$=160+14+0.562\,5$

$=174.562\,5$

（4）二进制数与八进制数之间的转换。由于二进制数和八进制数之间存在的特殊关系，即 $8=2^3$，因此转换方法比较容易。二进制数转换成八进制数时，只要从小数点位置开始，向左或向右每 3 位二进制划分为一组（不足 3 位用 0 补足），然后写出每一组二进制数所对应的八进制数码即可。

【例 1.7】将二进制数 $(10110001.111)_2$ 转换成八进制数。

向左划分　向右划分

010 110 001 .　111

2　6　1　　7

使用二进制转换为八进制的方法，得到八进制数是 $(261.7)_8$。

反过来，将每位八进制数分别用 3 位二进制数表示，就可完成八进制数和二进制数的转换。

【例 1.8】将八进制数 $(237.4)_8$ 转换成二进制数。

2　　3　　7 .　　4

010　　011　　111 .　　100

使用八进制转换为二进制的方法，得到二进制数是 $(10011111.1)_2$。

二进制转换成八进制时，不足 3 位用 0 补足时要注意补 0 的位置，对于整数部分，如最左边一组不足 3 位时，补 0 是在最高位补充的；对于小数部分，最右边一组如不足 3 位时，补 0 是在最低位补充的。反过来，八进制转换成二进制时，整数部分的最高位或小数部分的最低位有 0 时可以省略不写。

（5）二进制数与十六进制数之间的转换。二进制数转换成十六进制数时，只要从小数点位置开始，向左或向右每 4 位（$2^4=16$）二进制数划分为一组（不足 4 位时可补 0），然后写出每一组二进制数所对应的十六进制数码即可。

【例 1.9】将二进制数 $(11011100110.1101)_2$ 转换成十六进制数。

0110 1110 0110. 1101

6 E 6 D

即二进制数（11011100110.1101）$_2$ 转换成十六进制数是（6E6.D）$_{16}$。反之，将每位十六进制数分别用 4 位二进制数表示，就可完成十六进制数和二进制数的转换。

（6）八进制数与十六进制数之间的转换。这两者转换时，可把二进制数作为媒介，先把待转换的数转换成二进制（或十进制）数，然后将二进制（或十进制）数转换成要求转换的数制形式。

阶段总结

数制之间的相互转换，可以归纳为两大类，即非十进制（二、八、十六进制）与十进制之间的相互转换和非十进制之间的相互转换。具体转换方法如图 1-95 所示。

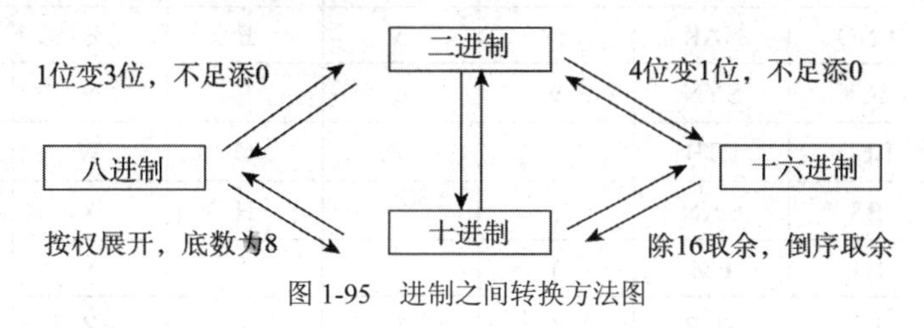

图 1-95 进制之间转换方法图

三、字符与汉字编码

1. 字符编码

在计算机中不能直接存储英文字母或其他字符。要将一个字符存放到计算机内存中，就必须用二进制代码来表示，也就是需要将字符和二进制内码对应起来，这种对应关系就是字符编码（Encoding）。由于这些字符编码涉及世界范围内的有关信息表示、交换、存储的基本问题，因此必须有一个标准。

目前，计算机中用得最广泛的字符编码是由美国国家标准局（ANSI）制定的 ASCII 码（American Standard Code for Information Interchange，美国信息交换标准码），它已被国际标准化组织（ISO）定为国际标准，有 7 位码和 8 位码两种形式。

7 位 ASCII 码一共可以表示 128 个字符，具体包括 10 个阿拉伯数字 0～9、52 个大小写英文字母、32 个标点符号和运算符以及 34 个控制符。其中，0～9 的 ASCII 码为 48～57，A～Z 为 65～90，a～z，为 97～122。

在计算机的存储单元中，一个 ASCII 码值占一个字节（8 个二进制位），其最高位（b_7）用作奇偶校验位，如图 1-96 所示。所谓奇偶校验，是指在代码传送过程中用来检验是否出现错误的一种方法，一般分奇校验和偶校验两种。

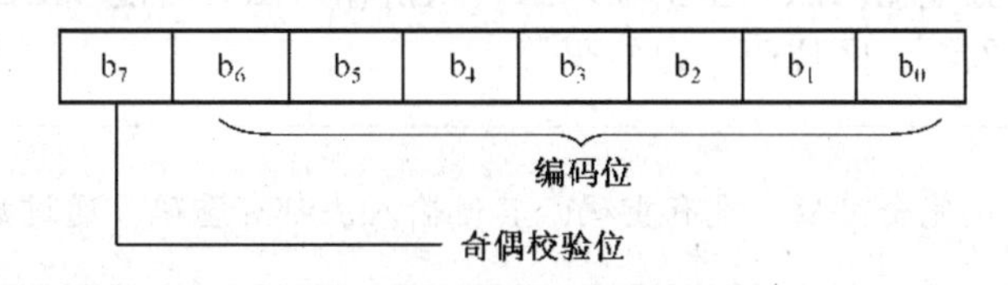

图 1-96 ASCII 编码位

ASCII 码的字符编码表一共有 2^4=16 行，2^3=8 列。低 4 位编码 $b_3b_2b_1b_0$ 用作行编码，而

高 3 位 $b_7b_6b_5$ 用作列编码，如表 1-5 所示。

表 1-5　　　　　　　　　　　　ASCII 码表

$b_6b_5b_4$ / $b_3b_2b_1b_0$	000	001	010	011	100	101	110	111
0000	NUL	DLE	SP	0	@	P	`	p
0001	SOH	DC1	!	1	A	Q	a	q
0010	STX	DC2	“	2	B	R	b	r
0011	ETX	DC3	#	3	C	S	c	s
0100	EOT	DC4	$	4	D	T	d	t
0101	ENQ	NAK	%	5	E	U	e	u
0110	ACK	SYN	&	6	F	V	f	v
0111	BEL	ETB	‘	7	G	W	g	w
1000	BS	CAN	(	8	H	X	h	x
1001	HT	EM	)	9	I	Y	i	y
1010	LF	SUB	*	:	J	Z	j	z
1011	VT	ESC	+	;	K	[	k	{
1100	FF	FS	,	<	L	\	l	|
1101	CR	GS	-	=	M	]	m	}
1110	SO	RS	.	>	N	^	n	~
1111	SI	US	/	?	O	_	o	DEL

2. 汉字编码

汉字编码是指将汉字转换成二进制代码的过程。一套汉字根据其计算机操作不同，一般应有 4 套编码：国标码（交换码）、机外码（输入码）、机内码和字形码。

（1）国标码。1980 年颁布的国家标准 GB2312—80，即《中华人民共和国国家标准信息交换汉字编码》，简称国标码。国标码中共收录一、二级汉字和图形符号 7 445 个。国标码中的每个字符用两个字节表示，第一个字节为“区”，第二个字节为“位”，总共可以表示的字符（汉字）有 94 × 94 = 8 836 个。为表示更多汉字以及少数民族文字，国家标准于 2000 年进行了扩充，共收录了 27 000 多个汉字字符，采用单、双、四字节混合编码表示。

（2）机外码。机外码是指汉字通过键盘输入的汉字信息编码，就是我们常说的汉字输入法。常用的输入法有五笔输入法、全拼输入法、双拼输入法、智能 ABC 输入法、紫光拼音输入法、微软拼音输入法、区位码、自然码等。

区位码与国标码完全对应，没有重码；其他输入法都有重码，通过数字选择。

（3）机内码。计算机内部存储、处理汉字所用的编码，通过汉字操作系统转换为机内码；每个汉字的机内码用 2 个字节表示，为与 ASCII 有所区别，通常将第二个字节的最高位置

“1”，可表示 16 000 多个汉字。尽管汉字的输入法不同，但机内码是一致的。

（4）字形码。汉字经过字形编码才能够正确显示，一般采用点阵形式（又称字模码），每一个点用“1”或“0”表示，“1”表示有，“0”表示无；一个汉字可以有 16 × 16、24 × 24、32 × 32、128 × 128 等点阵表示；点阵越大，汉字显示越清楚。

字形码所占内存比其机内码大得多，如 16 × 16 点阵汉字需要 16 × 16/8=32（字节），如图 1-97 所示。

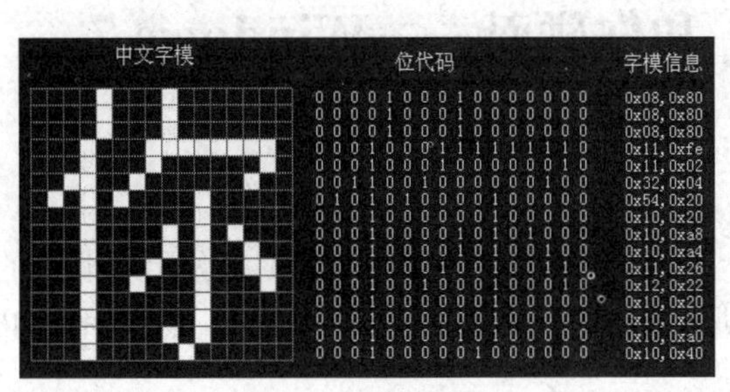

图 1-97 点阵形式

机外码、机内码与字形码三者之间的关系如图 1-98 所示。

计算机在汉字处理的整个过程中都离不开汉字编码。输入汉字可以通过输入汉字的机外码（即各种输入法）来实现；存储汉字则是将各种汉字机外码统一转换成汉字机内码进行存储，以便于计算机内部对汉字进行处理；输出汉字则是利用汉字库将汉字机内码转换成对应的字形码，再输出至各种输出设备中。

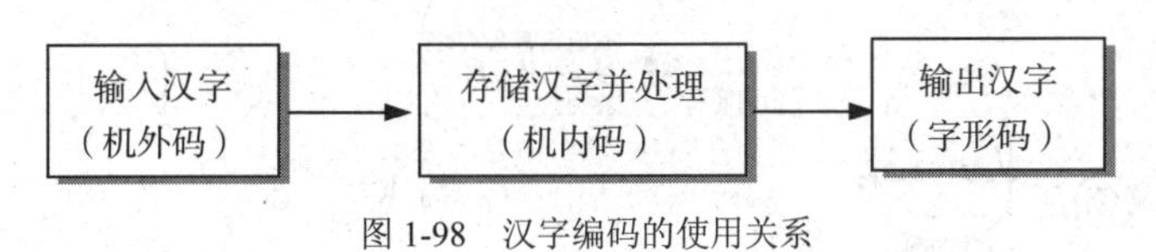

图 1-98 汉字编码的使用关系

Windows 7 轻松玩转

项目一 和你碰面——Windows 7

项目情境

为了丰富寒假生活，学校组织同学们参加社区服务，分配给小 Q 的任务是为社区里的老年居民进行计算机入门培训。面对爷爷奶奶辈的学生，小 Q 要讲些什么内容，做些什么准备呢？

学习清单

桌面、鼠标操作、窗口、菜单、对话框、计算机重启、英文打字。

具体内容

一、初识 Windows 7

操作系统是现代计算机必须配备的系统软件，是计算机正常运行的指挥中心。它能有效管理计算机系统的所有软硬件资源，能合理组织整个计算机的工作流程，为用户提供高效、方便、灵活的使用环境，共包括 5 大管理功能，即处理器功能、存储功能、设备管理、文件管理、作业管理。

图 2-1 Windows 7 启动画面

操作系统种类繁多，按照操作系统的使用环境及处理方式的不同，可划分为批处理操作系统、分时操作系统、实时操作系统、个人计算机操作系统、网络操作系统和分布式操作系统。

目前，常用的微机操作系统有 Windows 操作系统、OS/2 操作系统等。Windows 操作系统是在微机上最为流行的操作系统。它采用图形用户界面，提供了多种窗口。最常用的是资源管理器窗口和对话框窗口，利用鼠标和键盘通过窗口可以完成对文件、文件夹、磁盘的操作以及对系统的设置等。图 2-1 所示为 Windows 7 的启动画面。

Windows 7 是微软公司推出的新一代操作系统平台，于 2009 年 10 月正式发布并投入市场。它继承了 Windows XP 的实用与 Windows Vista 的华丽，同时进行了一次大的升华。从基于 DOS 的 Windows 1 到现在的 Windows 7，Windows 已经经历了 14 个版本，具体如下。

基于 DOS 的 Windows 版本	核心版本号
Windows 1	1.0
Windows 2	2.0
Windows 3	3.0
Windows 95	4.0
Windows 98	4.0.1998
Windows 98 SE	4.0.2222
Windows Me	4.90.3000
基于 NT 的 Windows 版本	**核心版本号**
Windows NT 3.5	3.5
Windows NT 3.51	3.51
Windows NT 4	4.0
Windows 2000	5.0
Windows XP	5.1
Windows Vista	6.0
Windows 7	6.1

Windows 7 是 Windows 操作系统的 7.0 版本，但是它的核心版本号是 Windows 6.1。Windows XP 的核心版本号是 windows 5.1，尽管 Windows XP 是一次重大的升级，但是为了保持应用程序的兼容性，它并没有改变主要的版本号。Windows Vista 作为另一个重大的变革，将版本号定义为 6.0，但 Windows 7 并不是 Windows Vista 的一个升级版，而是一次重大的创新，Windows 7 可以让用户更加快捷、简单地使用计算机。

Windows 7 主要围绕用户个性化的设计、娱乐视听的设计、用户易用性的设计以及笔记本电脑的特有设计等几方面进行改进，并新增了很多特色功能，其中最具特色的是“跳转列表”、Windows LiveEssentials、轻松实现无线联网、轻松创建家庭网络以及 Windows 触控技术等。

1. “跳转列表”

“跳转列表”可以帮助用户快速访问常用的文档、图片、歌曲或网站。在“开始”菜单和任务栏中都能找到“跳转列表”。用户在“跳转列表”中看到的内容完全取决于程序本身，如 Word 程序的“跳转列表”显示的是用户最近打开的 Word 文件。

2. Windows LiveEssentials

Windows Live Essentials 是微软提供的一个服务，Windows 7 用户可以免费下载 7 款功能强大的程序，包括 Messenger、照片库、Mail、Writer、Movie Maker、家庭安全以及工具栏。

Windows Live Essentials 可通过 Windows Live 网站获得。

3. 轻松实现无线联网

通过 Windows 7 系统，用户可以随时轻松地使用便携式电脑和连接网络。Windows 7 精彩的无线连接给用户带来了更加自由自在的网络体验。

4. 轻松创建家庭网络

在 Windows 7 系统中加入了一项名为家庭组（Home Group）的家庭网络辅助功能，通过这项功能用户可以更轻松地在家庭计算机之间共享文档、音乐、照片及其他资源，也可以对打印机进行更加方便的共享。

5. Windows 触控技术

触控功能已在 Windows 系统中应用多年，只是功能相对有限。在 Windows 7 中首次全面支持多点触控技术。如今，用户可以丢掉鼠标，将 Windows 7 与触摸屏电脑配套使用，只需使用手指即可浏览在线报纸、翻阅相册，以及拖曳文件和文件夹等。Windows 触控功能仅适用于家庭高级版、专业版和旗舰版版本的 Windows 7 系统。通过多点触控将令日常的工作更加容易，让用户可以享受到更多操作的乐趣。

二、Windows 7 的使用

1. Windows 7 的启动和退出

Windows 7 的启动和退出操作比较简单，但是对系统来说却是非常重要的。

（1）启动 Windows 7。对于安装了 Windows 7 的计算机，只要按下电源开关，经过一段时间的启动过程，系统就会显示用户的登录界面。对于没有设置密码的用户，只需要单击相应的用户图标，即可顺利登录；对于设置了密码的用户，单击相应的用户图标时，会弹出密码框，输入正确密码后按<Enter>回车键确认，方可进行登录。

登录后，Windows 7 将进入 Windows 桌面。

（2）退出 Windows 7。如果用户需要退出 Windows 7 操作系统，可执行以下步骤。

① 关闭所有正在运行的应用程序。

② 单击“开始”按钮，在“开始”菜单中单击“关机”按钮。如果有文件尚未保存，系统会提示用户保存后再进行关机操作。

③ 如果用户在使用计算机过程中出现“死机”“蓝屏”“花屏”等情况，需要按下主机电源开关不放，直至计算机关闭主机。

（3）切换用户。Windows 7 支持多用户管理，如果要从当前用户切换到另一个用户，可以单击“开始”按钮，在“关机”按钮的关闭选项列表中单击“切换用户”选项，选择其他用户即可。

在关闭选项列表中还有一项“睡眠”选项，与“休眠”类似，能够以最小的能耗保证计算机处于锁定状态。“睡眠”和“休眠”的不同在于：当启用“睡眠”功能再次使用计算机的时候不需要按下主机电源键；而启用“休眠”功能再次使用计算机时，需要按下主机电源键，系统才会恢复到休眠之前的状态。

2. Windows 7 桌面布局

启动 Windows 7 后，屏幕显示如图 2-2 所示，Windows 的屏幕被形象地称为桌面，就像办公桌的桌面一样，启动一个应用程序就好像从抽屉中把文件夹取出来放在桌面上。

初次启动 Windows 7 时，桌面的左下角只有一个“回收站”图标，以后根据用户的使用习惯和需要，也可以将一些常用的图标放在桌面上，以便快速启动相应的程序或打开常用文件。

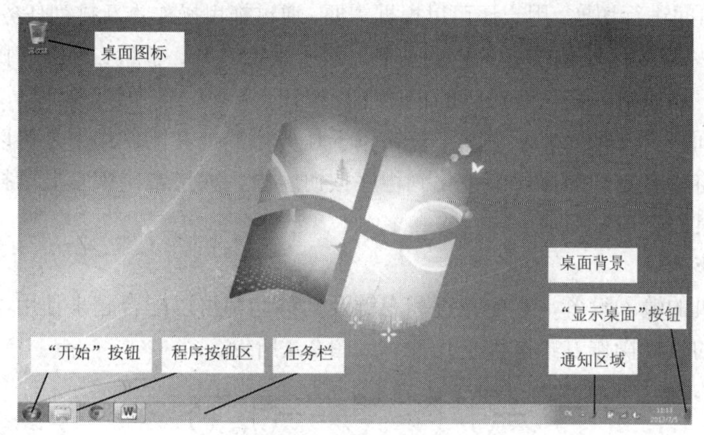

图 2-2　Windows 桌面

（1）桌面背景。桌面背景是指 Windows 7 桌面的背景图案，又称为桌布或墙纸，用户可以根据自己的喜好更改桌面的背景图案。

（2）桌面图标。桌面图标是由一个形象的小图标和说明文字组成，图标作为它的标识，文字则表示它的名称或功能。在 Windows 7 中，各种程序、文件、文件夹以及应用程序的快捷方式等都用图标来形象地表示，双击这些图标就可以快速地打开文件、文件夹或者应用程序。

（3）任务栏。任务栏是桌面最下方的水平长条，它主要由“开始”按钮、程序按钮区、通知区域和“显示桌面”按钮 4 个部分组成。

① 开始按钮。单击任务栏最左侧的“开始”按钮可以弹出“开始”菜单。“开始”菜单是 Windows 7 系统中最常用的组件之一，由“固定程序”列表、“常用程序”列表、“所有程序”菜单、“启动”菜单、“搜索”框和“关闭选项”按钮区组成，如图 2-3 所示。“开始”菜单中几乎包含了计算机中所有的应用程序，是启动程序的快捷通道。

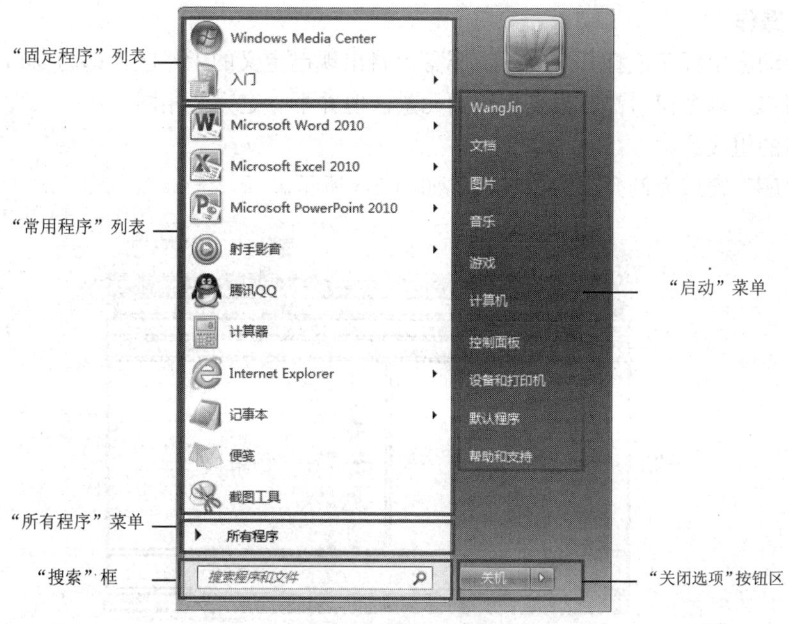

图 2-3　“开始”菜单

② 程序按钮区。程序按钮区主要放置的是已打开窗口的最小化图标按钮，单击这些图标按钮就可以在不同窗口间进行切换。用户还可以根据需要，通过拖曳操作重新排列任务栏上的程序按钮。

③ 通知区域。通知区域位于任务栏的右侧，除了系统时钟、音量、网络和操作中心等一组系统图标按钮之外，还包括一些正在运行的程序图标按钮。

④ “显示桌面”按钮。“显示桌面”按钮位于任务栏的最右侧，作用是可以快速显示桌面，单击该按钮可以将所有打开的窗口最小化到程序按钮区中。如果希望恢复显示打开的窗口，只需再次打击“显示桌面”按钮即可。

3. 鼠标操作

鼠标是计算机的输入设备，它的左键和右键及其移动都可以配合起来使用，以完成一些特定的操作。最基本的鼠标操作方式有以下几种，如图 2-4 所示。

图 2-4　基本鼠标操作方式

（1）移动：不按键移动鼠标。

作用：指向将要操作的对象。

（2）单击：单击鼠标左键。

作用：选定对象或进行操作确认。

（3）双击：快速连续地按两下鼠标左键。

作用：启动程序或打开窗口。

（4）拖放：按住鼠标左键或右键不放并同时移动鼠标。

作用：移动对象的位置或弹出对象的快捷菜单以供选择操作。

（5）右击：单击鼠标右键。

作用：弹出对象的快捷菜单。

4. 窗口操作

当用户启动应用程序或打开文档时，屏幕上将出现已定义的工作区，即为窗口。每个应用程序都有一个窗口，每个窗口都有很多相同的元素，但并不一定完全相同。

（1）窗口的组成。

下面以“库”窗口为例介绍窗口组成，如图 2-5 所示。

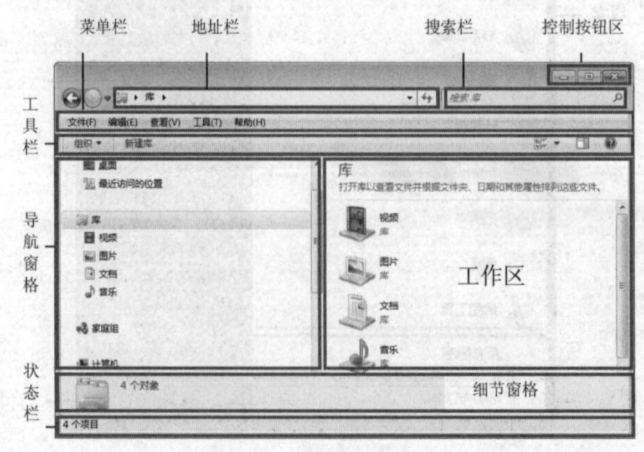

图 2-5　窗口界面

① 菜单栏。菜单栏默认状态下是隐藏的，用户可以通过单击“组织”下拉菜单中“布局”下的“标题栏”选项将其显示出来，如图 2-6 所示。菜单栏由多个包含命令的菜单组成，每个菜单又由多个菜单项组成。单击某个菜单按钮便会弹出相应的菜单，用户从中可以选择相应的菜单项完成需要的操作。大多数应用程序菜单都包含“文件”“编辑”以及“帮助”等菜单。

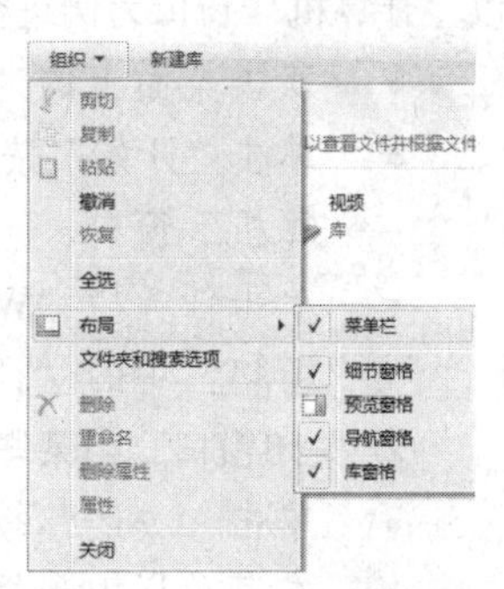

图 2-6　“组织”下拉菜单

② 地址栏。显示文件和文件夹所在的路径，通过它还可以访问因特网中的资源。

③ 搜索栏。将所要查找的目标名称输入“搜索”文本框中，按回车键或者单击“搜索”按钮进行查找。

④ 控制按钮区。控制按钮区有 3 个控制按钮，分别为“最小化”按钮、“最大化”按钮（当窗口最大化时，该按钮变为“向下还原”按钮）和“关闭”按钮。

- 单击“最小化”按钮，窗口以图标按钮的形式缩放到任务栏的程序按钮区中。窗口“最小化”后，程序仍继续运行，单击程序按钮区的图标按钮可以将窗口恢复到原始大小。
- 单击“最大化”按钮，窗口将放大到整个屏幕大小，可以看到窗口中更多的内容，此时“最大化”按钮变为“向下还原”按钮，单击“向下还原”按钮，窗口恢复成为最大化之前的大小。
- 单击“关闭”按钮，将关闭窗口或退出程序。

⑤ 工具栏。工具栏由常用的命令按钮组成，单击相应的按钮可以执行相应的操作。当鼠标指针停留在工具栏的某个按钮上时，会在旁边显示该按钮的功能提示，如图 2-7 所示。有些工具按钮的右侧有一个下箭头按钮▼，说明单击该工具按钮可以弹出下拉列表。

图 2-7　鼠标指针停留显示按钮的功能提示

⑥ 导航窗格。导航窗格位于窗口工作区的左侧，用户可以使用导航窗格查找文件或文件夹，还可以在导航窗格中将项目直接移动或复制到新的位置。

⑦ 工作区。工作区是整个窗口中最大的矩形区域，用于显示窗口中的操作对象和操作结果。另外，双击窗口中的对象图标也可以打开相应的窗口。当窗口中显示的内容太多时，就会在窗口的右侧出现垂直滚动条，单击滚动条两端的向上/向下按钮，或者拖动滚动条都可以使窗口中的内容垂直滚动。

⑧ 细节窗格。细节窗格位于窗口的下方，用来显示窗口的状态信息或被选中对象的详细信息。

⑨ 状态栏。状态栏位于窗口的最下方，主要用于显示当前窗口的相关信息或被选中对象的状态信息。可以通过选择“查看”菜单下的“状态栏”菜单项来控制状态栏的显示和隐藏，如图 2-8 所示。

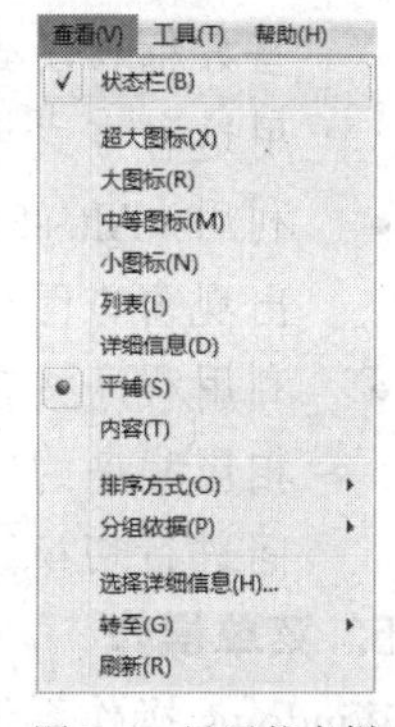

图 2-8　显示状态栏

（2）窗口的基本操作。

熟悉窗口的基本操作对于操控计算机来说是非常重要的，窗口的基本操作主要包括打开窗口、关闭窗口、调整窗口的大小、移动窗口及切换窗口等。

① 打开窗口。在 Windows 7 系统中，打开窗口的方法有很多种，

以“计算机”窗口为例进行介绍。

- 双击桌面上的“计算机”图标，打开“计算机”窗口。
- 单击“开始”按钮，从弹出的“开始”菜单中选择“计算机”菜单项，打开“计算机”窗口。
- 单击任务栏“Windows资源管理器”图标，打开“库”窗口，单击左侧“细节窗格”中的“计算机”按钮，打开“计算机”窗口。

② 关闭窗口。当某些窗口不再使用时，可以及时关闭这些窗口，以免占用系统资源。

- 单击“关闭”按钮。
- 在菜单栏中选择“文件”菜单下的“关闭”菜单项。
- 在窗口标题栏的空白区域单击鼠标右键，从弹出的快捷菜单中选择“关闭”菜单项，如图2–9所示。

③ 调整窗口的大小。在对窗口进行操作的过程中，用户可以根据需要对窗口的大小进行调整。除了使用上文介绍的控制按钮之外，还可以通过手动调整。当窗口没有处于最大化或者最小化状态时，用户可以通过手动的方式随意地调整窗口的大小，将鼠标指针移至窗口四周的边框，当指针呈现双向箭头显示时，用鼠标拖动上下左右4条边界的任意一条，可以随意改变窗口及工作区的大小；鼠标拖动4个窗口对角中的任意一个，可以同时改变窗口的两条邻边的大小。

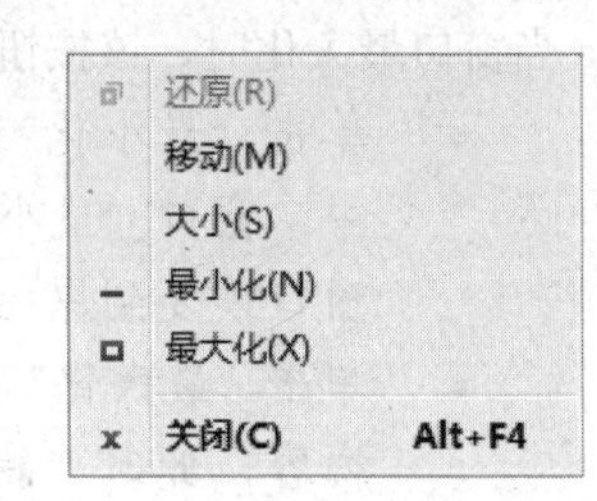

图2-9 快捷菜单

双击标题栏，可以使窗口在“最大化”与“还原”之间转换。

④ 移动窗口。窗口的位置是可以根据需要随意移动的，当用户要移动窗口的位置时，只需将鼠标指针移至窗口的标题栏上，按住鼠标左键并拖曳到合适的位置再松开鼠标即可。

除了可以使用调整和移动的方法来排列窗口之外，用户也可以使用命令排列窗口：在任务栏的空白处单击鼠标右键，在弹出的快捷菜单中选择符合用户需求的“层叠窗口”“堆叠显示窗口”或“并排显示窗口”其中之一的排列方式即可，最小化的窗口是不参与排列的。

⑤ 切换窗口。虽然在Windows 7中可以同时打开多个窗口，但是当前活动窗口只能有一个。因此用户在操作过程中经常需要在当前活动窗口和非活动窗口之间进行切换。

- 利用<Alt+Tab>组合键。按住< Alt >键，再按< Tab >键逐一挑选窗口图标方块，当方框移动到需要使用的窗口图标方块时松开按键，即可打开相应的窗口，使用这种方式可以在众多程序窗口中快速地切换到需要的窗口。
- 利用< Alt +Esc>组合键。使用这种方法可以直接在各个窗口之间切换，但不会出现窗口图标方块。
- 利用程序按钮区。每运行一个程序，就会在任务栏上的程序按钮区中出现一个相应程序的图标按钮。通过单击其中的程序图标按钮，即可在各个程序窗口之间进行切换。

5. 菜单操作

Windows操作系统的功能和操作基本上体现在菜单中，只有正确地使用菜单才能用好计算机。菜单有 4 种类型：开始菜单、标准菜单（指菜单栏中的菜单）、控制菜单和快捷菜单。“开始菜单”和“控制菜单”在前面已经介绍过，“标准菜单”是按照菜单命令的功能进行分类组织并分列在菜单栏中的项目，包括了应用程序所有可以执行的命令；“快捷菜单”是针对不同的操作对象进行分类组织的项目，包含了操作该对象的常用命令。

下面介绍一些有关菜单的约定。

（1）灰色的菜单项表示当前菜单命令不可用。

（2）后面有三角形的菜单表示该菜单后还有子菜单。

（3）后面有“…”的菜单表示单击它会弹出一个对话框。

（4）后面有组合键的菜单表示可以用键盘按组合键来完成相应的操作。

（5）菜单项之间的分组线表示这些命令属于不同类型的菜单组。

（6）前面有“√”的菜单表示该选项已被选中，又称多选项，可以同时选择多项也可以不选。

（7）前面有“•”的菜单表示该选项已被选中，又称单选项，只能选择且必须选中一项。

（8）变化的菜单是指因操作情况不同而出现不同的菜单选项。

6. 对话框

在 Windows 中，当选择后面带有“…”的菜单命令时，会打开一个对话框。“对话框”是由 Windows 和用户进行信息交流的一个界面，用于提示用户输入执行操作命令所需要的更详细的信息以及确认信息，也用来显示程序运行中的提示信息、警告信息或解释无法完成任务的原因。对话框与普通的 Windows 窗口具有相似之处，但是它比一般的窗口更简洁、直观。对话框有很多形式，主要包括的组件有以下几种。

（1）选项卡。把相关功能的对话框结合在一起形成一个多功能对话框，通常将每项功能的对话框称为一个“选项卡”，单击选项卡标签可以显示相应的选项卡页面。

（2）组合框。在选项卡中通常会有不同的组合框，用户可以根据这些组合框完成一些操作。

（3）文本框。需要用户输入信息的方框。

（4）下拉列表框。带下拉箭头的矩形框，其中显示的是当前选项，用鼠标单击右端的下拉箭头，可以打开供选择的选项清单。

（5）列表框。显示一组可用的选项，如果列表框中不能列出全部选项，可通过滚动条使其滚动显示。

（6）微调框。文本框与调整按钮组合在一起组成了微调框 0.75 厘米，用户既可以输入数值，也可以通过调整按钮来设置需要的数值。

（7）单选钮。即经常在组合框中出现的小圆圈，通常会有多个，但是用户只能选择其中的某一个，通过鼠标单击就可以在选中、非选中状态之间进行切换，被选中的单选钮中间会出现一个实心的小圆点。

（8）复选框。即经常在组合框中出现的小正方形，与单选钮不同的是，在一个组合框中用户可以同时选中多个复选框，各个复选框的功能是叠加的，当某个复选框被选中时，在其对应的小正方形中会显示一个勾。

（9）命令按钮。单击对话框中的命令按钮将执行一个命令。单击“确定”或“保存”按钮，执行在对话框中设定的内容然后关闭对话框；单击“取消”按钮表示放弃所设定的选项并关闭对话框；单击带省略号的命令按钮表示将打开一个新的对话框。

1. 窗口操作

（1）打开“库”窗口，熟悉窗口各组成部分。

（2）练习“最小化”“最大化”和“还原”按钮的使用。将“库”窗口拖放成最小窗口和同时含有水平、垂直滚动条的窗口。

（3）练习菜单栏的显示/取消，熟悉工具栏中各图标按钮的名称。

（4）观察窗口控制菜单，然后取消该菜单。

（5）再打开“计算机”“控制面板”窗口。

（6）用两种方式将“库”和“计算机”切换成当前窗口。

（7）将上述3个窗口分别以层叠、横向平铺、纵向平铺的方式排列。

（8）移动“控制面板”窗口到屏幕中间。

练习

（9）以3种不同的方法关闭上述3个窗口。

（10）打开“开始”菜单，再打开“所有程序”菜单，再选择“附件”菜单，单击“Windows 资源管理器”，练习滚动条的几种使用方法。

2. 菜单操作

在“查看”菜单中，练习多选项和单选项的使用，并观察窗口变化。

3. 对话框操作

（1）打开“工具”中的“文件夹选项”，分别观察其中“常规”和“查看”两个选项卡的内容，然后关闭该对话框并关闭“资源管理器”。

（2）打开“控制面板”中的“鼠标”选项，练习相关属性设置。

4. 提高篇

将“计算器”程序锁定到任务栏。

三、运指如飞——键盘与指法

键盘是计算机的主要输入设备，计算机中的大部分文字都是利用键盘输入的，快速、准确、有节奏地敲击计算机键盘上的每一个键，不但是一种技巧性很强的技能，同时也是每一个学习计算机的人应该掌握的基本功。

1. 键盘结构

按功能划分，键盘总体上可分为4个大区，分别为功能键区、主键盘区、编辑控制键区和数字键区，如图2-10所示。

（1）主键盘区。主键盘区是平时最为常用的键区，通过它，可实现各种文字和控制信息的录入。主键盘区的正中央有8个基本键，即左边的“A”“S”“D”“F”键和右边的“J”“K”“L”“;”键，其中的“F”“J”两个键上都有一个凸起的小横杠，以便于盲打时手指能通过触觉进行定位。

（2）编辑控制键区。该键区的键是起编辑控制作用的，其中：

① <Ins>键可以在文字输入时控制插入和改写状态的改变；

② <Home>键可以在编辑状态下使光标移到行首；

③ <End>键可以在编辑状态下使光标移到行尾；

④ <Page Up>键可以在编辑或浏览状态下向上翻一页；

⑤ <Page Down>键可以在编辑或浏览状态下向下翻一页；

⑥ <Del>键用于在编辑状态下删除光标后的第一字符。

（3）功能键区。一般键盘上都有<F1>～<F12>这 12 个功能键，有的键盘可能有 14 个，它们最大的一个特点是单击即可完成一定的功能，如<F1>键往往被设置为当前运行程序的帮助键。现在有些计算机厂商为了进一步方便用户，还设置了一些特定的功能键，如单键上网、收发电子邮件、播放 VCD 等。

（4）数字键区。数字键区的键和主键盘区、编辑控制键区的某些键是重复的，主要是为了方便集中输入数据，因为主键盘区的数字键一字排开，大量输入数据很不方便，而数字键区的数字键是集中放置的，可以很好地解决这个问题。数字键的基本指法为将右手的食指、中指、无名指分别放在标有 4、5、6 的数字键上，打字的时候，0、1、4、7、<Num Lock>键由食指负责；/、8、5、2 键由中指负责；*、9、6、3、<Del>键由无名指负责；-、+、<Enter>键由小指负责。需要注意的是，数字键区的数字只有在其上方的 Num Lock 指示灯亮时才能输入，这个指示灯是由<Num Lock>键控制的，当 Num Lock 指示灯不亮的时候，数字键区的作用变为对应的编辑键区的按键功能。

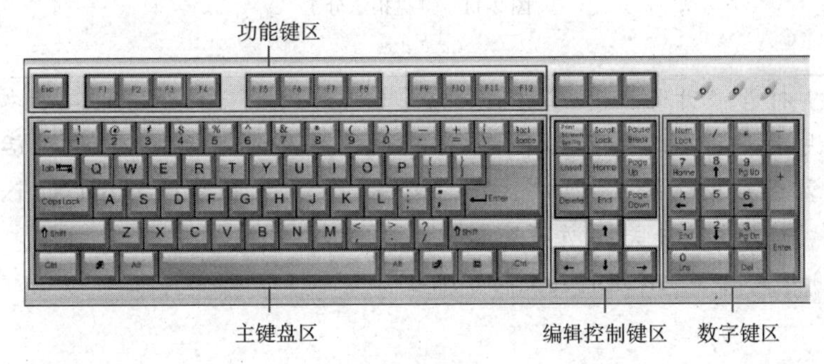

图 2-10 键盘分区

2. 键盘操作指法

（1）正确坐姿。打字时，全身要自然放松，胸部挺起略微前倾，双臂自然靠近身体两侧，两手位于键盘的上方，与键盘横向垂直，手腕抬起，十指略向内弯曲，自然地虚放在对应的键位上面。

打字时不要看键盘，特别是不能边看键盘边打字，而要学会盲打，这一点非常重要。初学者因记不住键位，往往忍不住要看着键盘打字。一定要避免这种情况，实在记不住，可以先看一下，然后移开眼睛，再按指法要求键入。只有这样，才能逐渐做到凭手感而不是凭记忆去体会每一个键的准确位置。

严格按规范运指，既然各个手指已分工明确，就得各司其职，不要越权代劳，一旦敲错了键，或是用错了手指，一定要用右手小指击打<Back space>退格键，重新按指法输入正确的字符。

（2）键盘指法。

① 基本键指法。开始打字前，左手小指、无名指、中指和食指应分别虚放在“A”“S”“D”“F”键上，右手的食指、中指、无名指和小指应分别虚放在 J、K、L、; 键上，两个大拇指则虚放在空格键上。基本键是打字时手指所处的基准位置，击打其他任何键，手指都是从这里出发，而且打完后又应立即退回到对应的基本键位上。

② 其他键的手指分工。左手食指负责的键位有“4”“5”“R”“T”“F”“G”“V”“B”共 8 个键，中指负责“3”“E”“D”“C”共 4 个键，无名指负责 2、W、S、X 键，小指负责 1、Q、A、Z 及其左边的所有键位。

右左手食指负责 6、7、Y、U、H、J、N、M 8 个键，中指负责 8、I、K、, 4 个键，无名指负责 9、O、L、.4 个键，小指负责 0、P、;、/及其右边的所有键位。

如此划分，整个键盘的手指分工就一清二楚了，如图 2-11 所示，击打任何键，只需把手指从基本键位移到相应的键上，正确输入后，再返回基本键位即可。

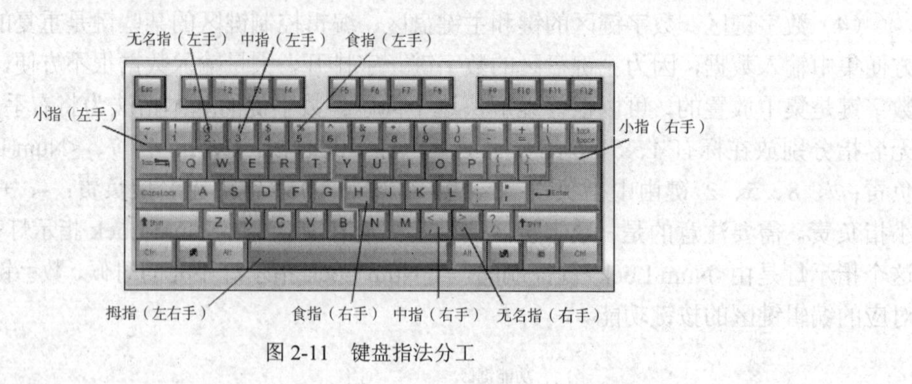

图 2-11　键盘指法分工

（1）打开“开始”→“所有程序”→“附件”→“记事本”，按顺序输入 26 个英文字母后，再选择“文件”菜单中的“另存为”命令，出现对话框后，在“保存在”列表框中选择“桌面”，在“文件名”文本框中输入“LX1.txt”，然后单击“保存”命令按钮并关闭所有窗口。

（2）使用打字软件进行英文打字练习。

项目二　个性化突出计算机

项目情境

过完充实的寒假，大一下学期的生活拉开了序幕。小 Q 带着寒假新置办的笔记本电脑来到学校。学生会办公室里，其他同学非常羡慕小 Q 笔记本的个性化设置，纷纷向小 Q 请教起来。

学习清单

控制面板、显示属性、墙纸、屏幕保护程序、打印机、中文输入。

具体内容

一、个性设置我做主——控制面板

要个性化设置计算机，主要使用的是“控制面板”。“控制面板”提供了丰富的专门用于更改 Windows 的外观和行为方式的工具。有些工具可以用来调整计算机设置，从而使操作计算机变得更加有趣或更容易使用。例如，可以通过“鼠标”设置将标准鼠标指针替换为可以在屏幕上移动的动画图标，或者通过“声音和音频设备”设置将标准的系统声音替换为自己选择的声音；如果习惯用左手使用鼠标，也可以更改鼠标按钮，用右侧按钮执行选择和拖放等主要功能。

打开“控制面板”，可以单击“开始”按钮，在弹出的“开始”菜单中单击“控制面板”菜单项。如果打开“控制面板”时没有看到所需的项目，可将窗口右上角的查看方式切换为“图标”，如图 2-12 所示。

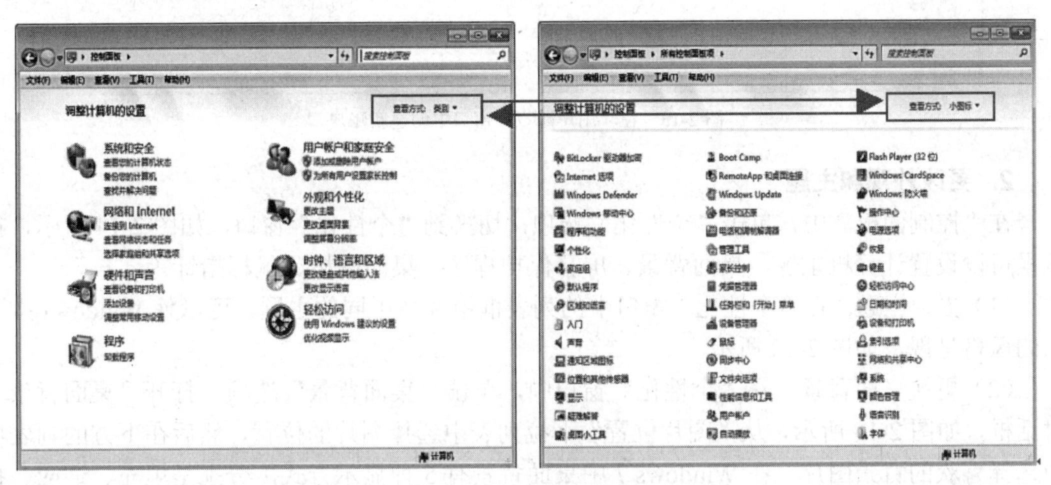

图 2-12 控制面板“类别”和“小图标”的切换

1. 用户账户设置

Windows 支持多用户，即允许多个用户使用同一台计算机，每个用户只拥有对自己建立的文件或共享文件的读写权利，而对于其他用户的文件资料则无权访问。可以通过如下步骤在一台计算机上创建新的账户。

（1）在“控制面板”中单击“用户账户”，切换到“用户账户”窗口。

（2）单击“管理其他账户”选项，打开“管理账户”窗口。

（3）单击“创建一个新账户”选项，为新账户键入一个名字，选择“管理员”或“标准用户”账户类型，“管理员”账户拥有最高权限，可以查看计算机中的所有内容，如果设置为“标准用户”账户，有些功能将限制使用。

（4）单击“创建账户”按钮即可完成账户设置，如图 2-13 所示。

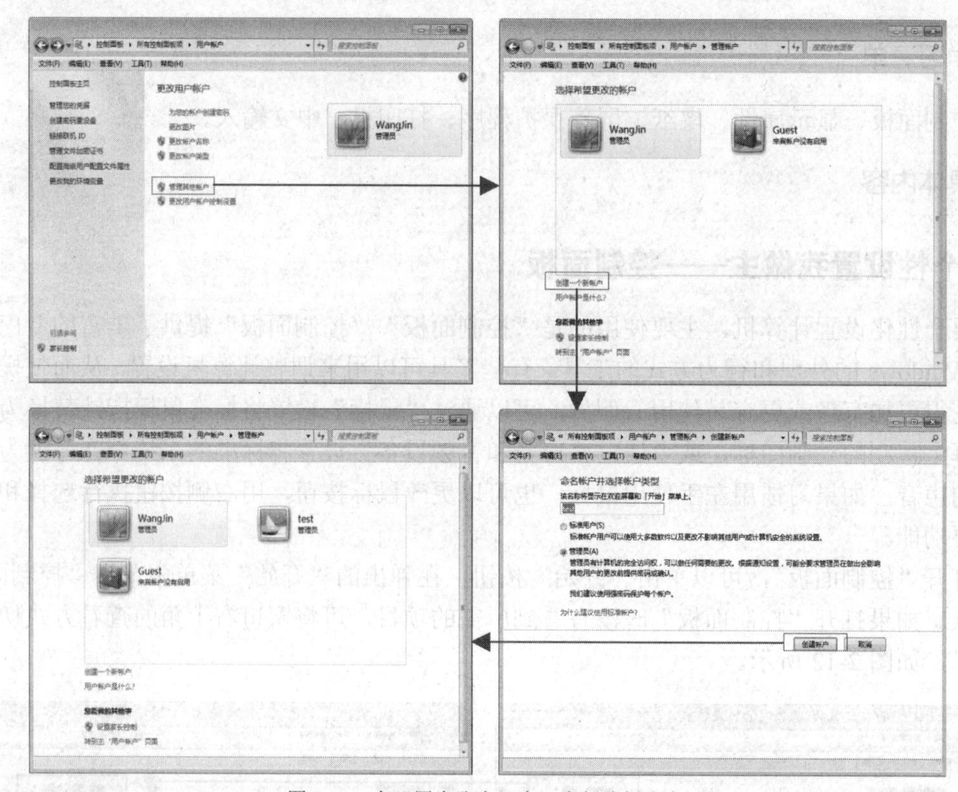

图 2-13　在“用户账户”窗口中创建新账户

2. 更改外观和主题

在“控制面板”中，单击“个性化”选项，切换到“个性化”窗口，如图 2-14 所示，在这里可以设置计算机主题、桌面背景、屏幕保护程序、桌面图标、鼠标指针等。

（1）更换主题。在“个性化”窗口中的列表框中选择不同的主题，可以使 Windows 按不同的风格呈现，如图 2-14 所示。

（2）更换桌面背景。在“个性化”窗口中，单击“桌面背景”选项，打开“桌面背景”对话框，如图 2-15 所示，从“图片位置”下拉列表中选择图片的位置，然后在下方的列表框中选择喜欢的背景图片。在 Windows 7 中桌面背景有 5 种显示方式，分别是填充、适应、拉伸、平铺和居中，用户可以在窗口左下角的“图片位置”下拉列表中选择合适的选项，设置完成后单击“保存修改”按钮进行保存。

图 2-14　在“个性化”窗口的列表框中更换主题

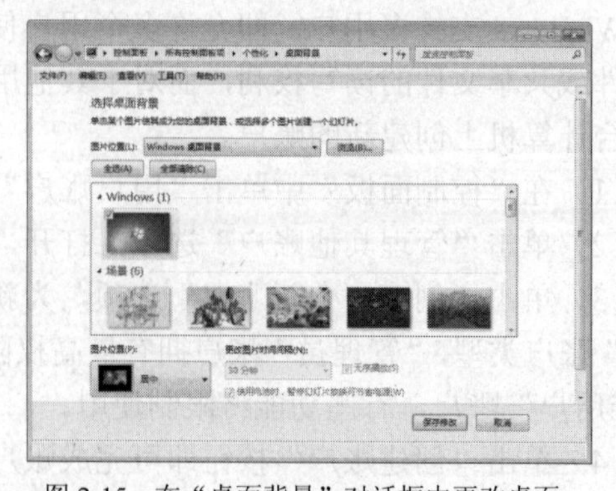

图 2-15　在“桌面背景”对话框中更改桌面

在还有一种更加方便的设置桌面背景的方法，选择自己喜欢的图片，在图片上单击鼠标右键，从弹出的快捷菜单中选择“设置为桌面背景”命令。

（3）设置屏幕保护程序。如果在较长时间内不对计算机进行任何操作，屏幕上显示的内容没有任何变化，会使显示器局部持续显示强光造成屏幕的损坏，使用屏幕保护程序可以避免这类情况的发生。屏幕保护程序是在一个设定的时间内，当屏幕没有发生任何变化时，计算机自动启动一段程序来使屏幕不断变化或仅显示黑色。当用户需要使用计算机时，只需要单击鼠标或按任意键就可以恢复正常使用。

在“个性化”窗口中，选择“屏幕保护程序”选项，如图 2-16 所示，单击“屏幕保护程序”下方的下拉列表框箭头，选择一种屏幕保护程序，在“等待”框中键入或选择用户停止操作后经过多长时间激活屏幕保护程序，然后单击“确定”按钮。

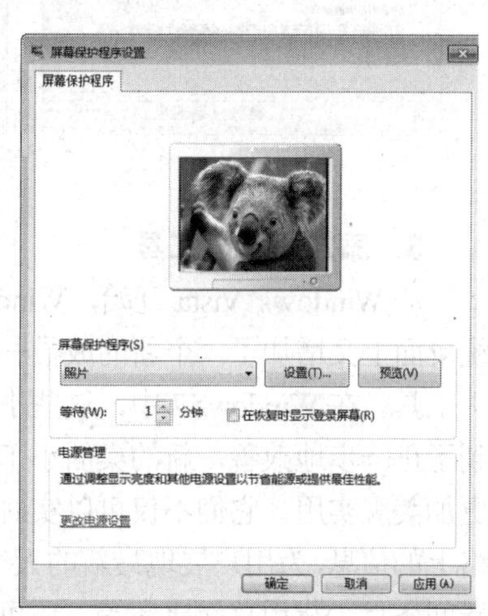

图 2-16 “屏幕保护程序设置”对话框

（4）设置桌面图标。在“个性化”对话框中，单击左侧的“更改桌面图标”链接，打开“桌面图标设置”对话框，如图 2-17 所示，在“桌面图标”组合框中选中相应的复选框，可以将该复选框对应的图标在桌面上显示出来。如果对系统默认的图标样式不满意，还可以进行更改，选择想要修改的图标，单击“桌面图标设置”对话框中的“更改图标”按钮，打开“更改图标”对话框，如图 2-18 所示，在列表中选择喜欢的图标或者单击“浏览”按钮，重新选择图标。

图 2-17 “桌面图标设置”对话框

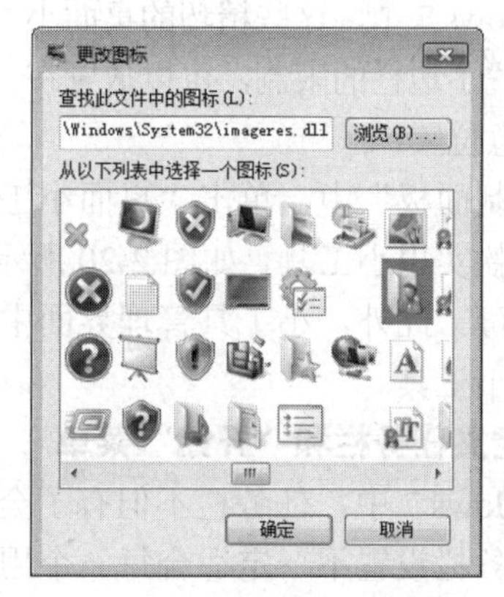

图 2-18 “更改图标”对话框

在桌面单击鼠标右键，在弹出的快捷菜单中选择“个性化”命令，也可以打开“个性化”窗口进行以上各项设置。

（5）设置鼠标。在 Windows 中，鼠标是一种极其重要的设备，鼠标性能的好坏直接影响工作效率，用户可以根据自己的需要对鼠标进行相应的设置。在“个性化”对话框中，单击左侧的“更改鼠标指针”链接，打开“鼠标属性”对话框，如图 2-19 所示。选择不同的选项卡，可以分别设置双击鼠标的速度、左手型或右手型鼠标、指针的大小形状、鼠标滑轮的滚动幅度等。

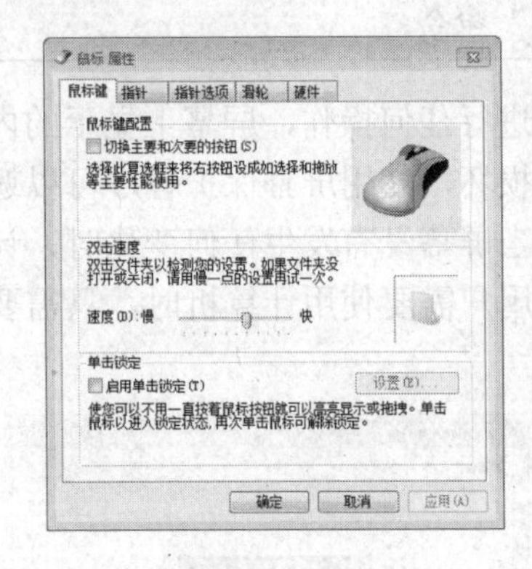
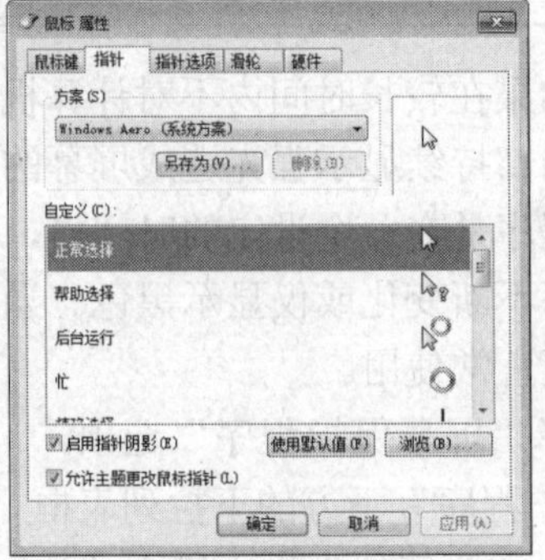
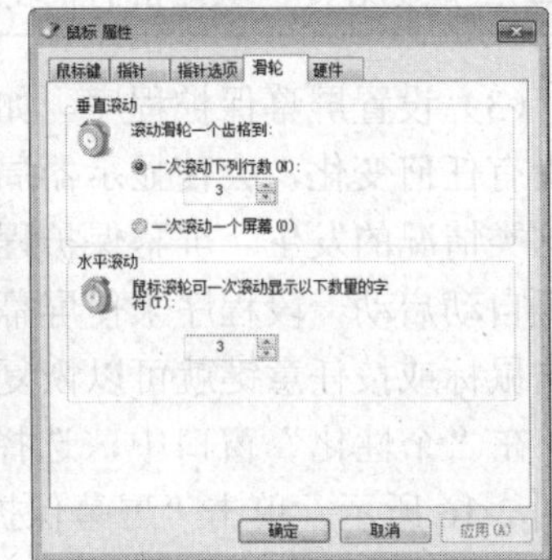

图 2-19 设置鼠标

3. 添加桌面小工具

从 Windows Vista 开始，Windows 系统桌面上又增加了一个新的成员——桌面小工具。在 Windows 7 中，这些小工具得到了进一步地改善，新的桌面小工具变得更加美观实用。它们不仅可以实时显示网络上的信息，为用户展现最新的天气状况、新闻条目、货币兑换比率等，还可以实时显示用户计算机中的信息，为用户的日常使用带来各种便利和更多的休闲娱乐功能。在 Windows 7 中，这些精巧的桌面小工具已经摆脱了边栏的限制，可以放置在桌面上的任意位置。

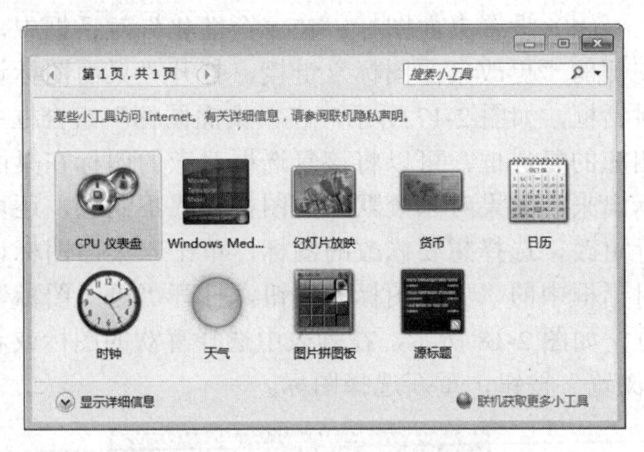

图 2-20 桌面小工具的管理界面

在“控制面板”中，单击“桌面小工具”选项，打开小工具的管理界面，其中列出了系统自带的几款实用小工具，如图 2-20 所示，选择需要显示在桌面上的小工具，将其直接拖曳到桌面上即可。此外，小工具管理界面中的“联机获取更多小工具”链接，可以从网上下载更多实用的小工具。

4. 自定义任务栏和“开始”菜单

在 Windows 7 中，任务栏不但有了全新的外观，而且还增加了许多令人惊叹的功能，系统默认的任务栏设置不一定适合每一个用户，用户可以对任务栏进行个性化设置。

（1）设置任务栏外观。在“控制面板”中，单击“任务栏和「开始」菜单”选项，打开“任务栏和「开始」菜单属性”对话框，切换到“任务栏”选项卡，如图 2-21 所示，在“任务栏外观”组合框中可以对是否锁定任务栏、是否自动隐藏任务栏、是否在任务栏中使用小图标、任务栏显示的位置和任务栏程序按钮区中按钮的模式进行设置。

（2）自定义通知区域。当通知区域显示出的图标很多时，用户可以选择将一些常用图标设置为始终保持可见状态，另一些图标则保留在溢出区。

在“控制面板”中，单击“任务栏和开始菜单”选项，打开“任务栏和开始菜单属性”

对话框，切换到“任务栏”选项卡，单击“通知区域”组合框中的“自定义”按钮，打开“通知区域图标”窗口，如图2-22所示，在“选择在任务栏上出现的图标和通知”列表框中设置通知区域内的图标及其行为。

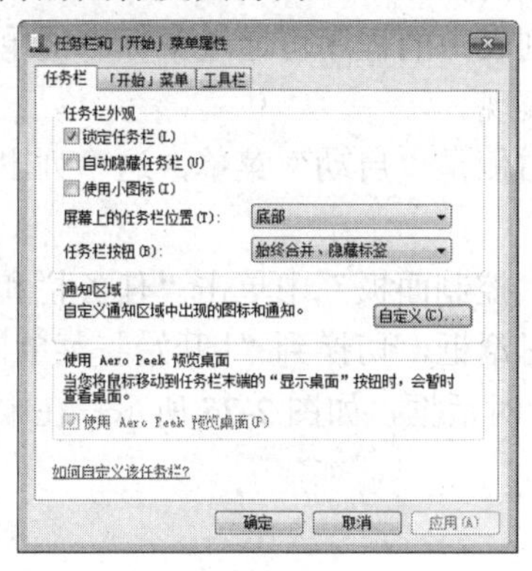

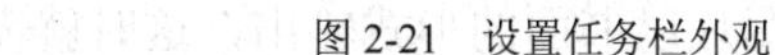

图2-21 设置任务栏外观

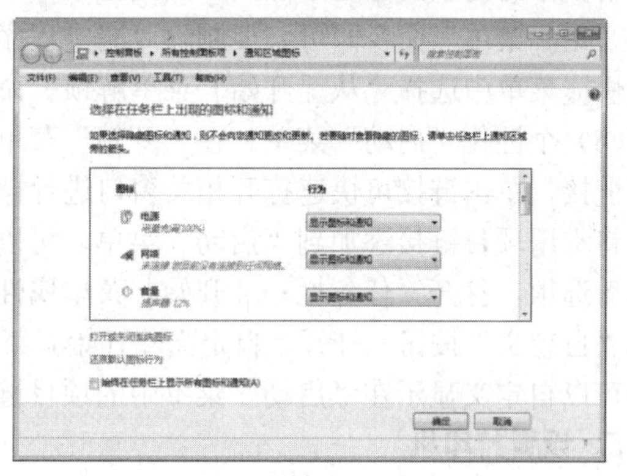

图2-22 设置通知区域内的图标

（3）设置工具栏。用户可以将工具栏中的一些菜单项添加到任务栏中。

在“控制面板”中，单击“任务栏和开始菜单”选项，打开“任务栏和开始菜单属性”对话框，切换到“工具栏”选项卡，如图2-23所示，选择要添加的选项，单击“确定”按钮，将相关选项添加到任务栏的通知区域中。

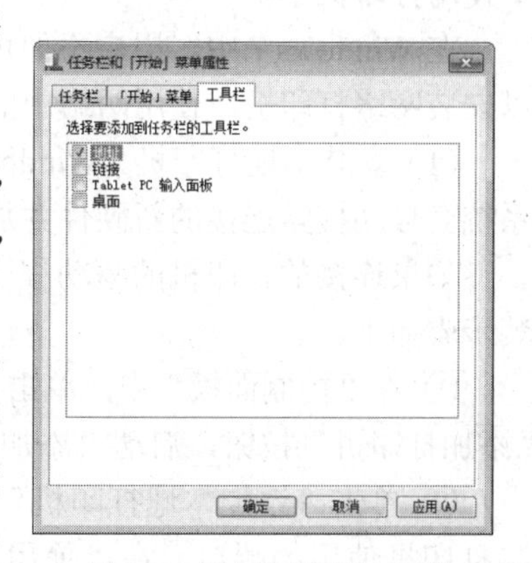

图2-23 添加选项到通知区域

（4）个性化“常用程序”列表。用户平常使用的程序会在“常用程序”列表中显示出来，默认的设置为在该列表中最多显示10个常用程序，用户可以根据需要设置在该列表中显示的程序数量。

在“控制面板”中，单击“任务栏和「开始」菜单”选项，打开“任务栏和「开始」菜单属性”对话框，切换到“「开始」菜单”选项卡，如图2-24所示，在“隐私”组合框中，可以设置是否要存储并显示最近在“开始”菜单中打开的程序。单击“自定义”按钮，打开“自定义「开始」菜单”对话框，如图2-25所示，在“「开始」菜单大小”组合框中可以设置显示程序的数目以及跳转列表中显示的项目数。

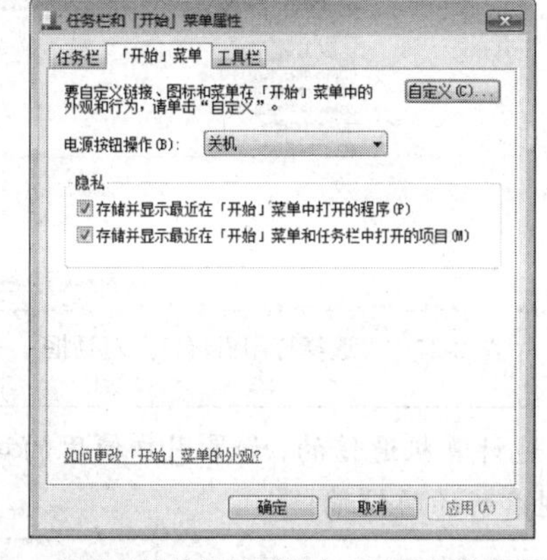

图2-24 是否存储并显示最近在“开始”菜单中打开的程序

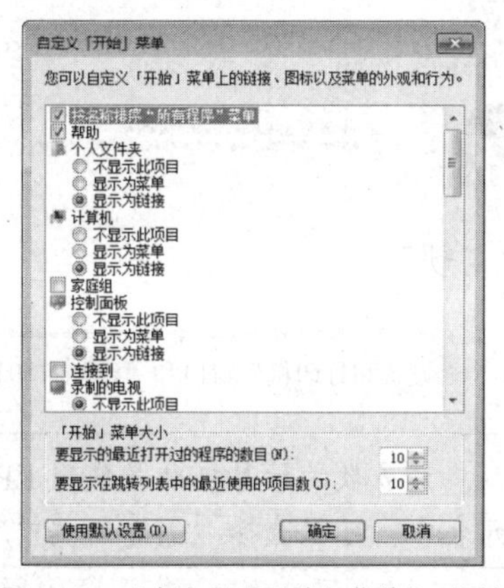

图2-25 “自定义「开始」菜单”对话框

（5）个性化“固定程序”列表。“固定程序”列表会固定地显示在“开始”菜单中，用户可以快速打开其中的应用程序。系统允许用户向“固定程序”列表中添加程序，以方便使用。

用鼠标右键单击想要添加到“固定程序”列表中的程序，在弹出的快捷菜单中选择“附到「开始」菜单”命令即可。要删除“固定程序”列表中的程序可通过鼠标右键单击，在弹出的快捷菜单中选择“从「开始」菜单解锁”命令实现。

（6）个性化“启动”菜单。在“开始”菜单的右侧是“启动”菜单，这里列出了常用的项目链接，单击链接可快速打开相关窗口进行操作。

将常用项目链接添加到“启动”菜单，可以在“控制面板”中单击“任务栏和「开始」菜单”选项，打开“任务栏和「开始」菜单属性”对话框，切换到“「开始」菜单”选项卡，单击“自定义”按钮，打开“自定义「开始」菜单”对话框，如图 2-25 所示，在中间的列表框中可以自定义显示在“启动”菜单中的项目链接。

5. 设置打印机

在用户使用计算机的过程中，有时需要将一些文档或图片以书面的形式输出，这时就需要使用打印机了。

在 Windows 7 中，用户不但可以在本地计算机上安装打印机，如果用户连入网络，还可以安装网络打印机，使用网络中的共享打印机来完成打印。

（1）安装本地打印机。Windows 7 自带了一些硬件的驱动程序，在启动计算机的过程中，系统会自动搜索连接的新硬件并加载其驱动程序。

如果连接的打印机的驱动程序没有在系统的硬件列表中显示，就需要进行手动安装，安装步骤如下。

① 在“控制面板”中，单击“设备和打印机”选项，打开“设备和打印机”窗口，单击“添加打印机”按钮，启动“添加打印机”向导，如图 2-26 所示。

② 单击“添加本地打印机”选项，打开“选择打印机端口”对话框，要求用户选择安装打印机使用的端口，在“使用现有的端口”下拉列表中提供了多种端口，系统推荐的打印机端口是 LPT1，如图 2-27 所示。

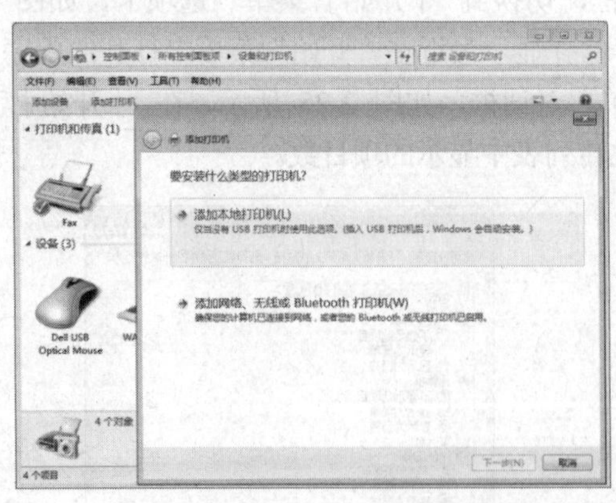

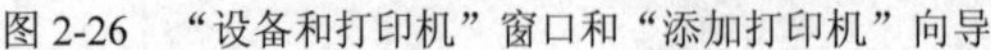

图 2-26 “设备和打印机”窗口和“添加打印机”向导

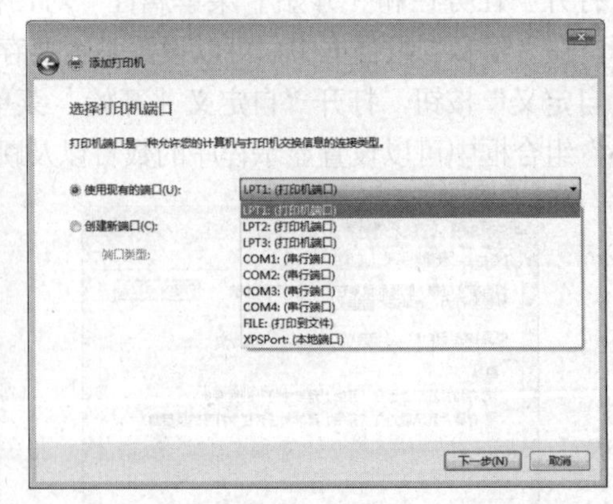

图 2-27 “选择打印机端口”对话框

大多数的计算机也是使用 LPT1 端口与本地计算机通信的，如果用户使用的端口不在列表中，可以选择“创建新端口”单选钮来创建新的通信端口。

③ 选定端口后，单击“下一步”按钮，打开“安装打印机驱动程序”对话框，在左侧的

“厂商”列表中罗列了打印机的生产厂商，选择某厂商时，在右侧的“打印机”列表中会显示该生产厂相应的产品型号，如图 2-28 所示。

④ 如果用户安装的打印机厂商和型号未在列表中显示，可以使用打印机附带的安装光盘进行安装，单击“从磁盘安装”按钮，输入驱动程序文件的正确路径，返回到“安装打印机软件”对话框。

⑤ 确定驱动程序文件的位置后，单击“下一步”按钮打开“输入打印机名称”对话框，在“打印机名称”文本框中给打印机重新命名，如图 2-29 所示。

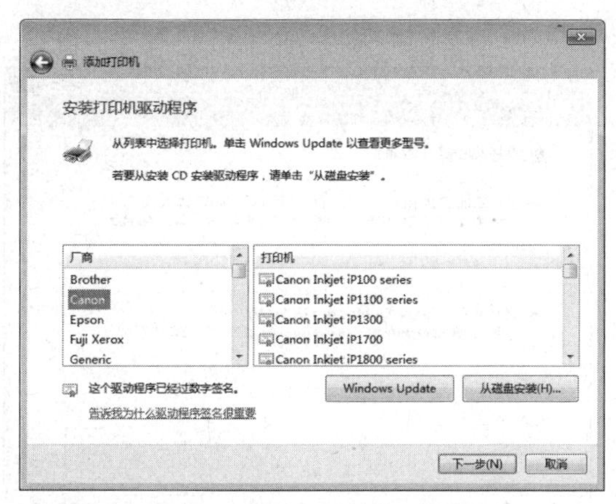

图 2-28 “安装打印机驱动程序”对话框

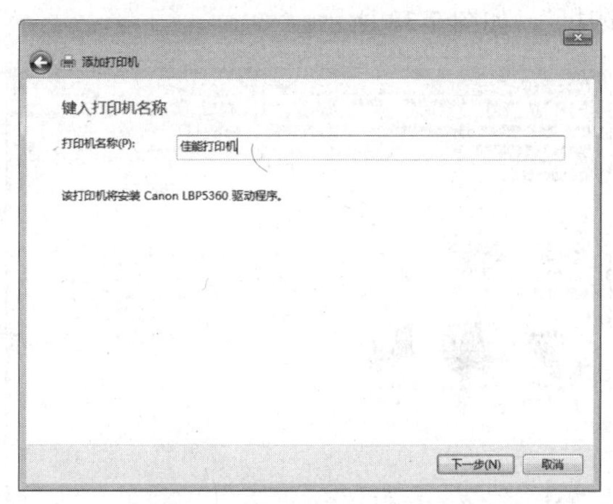

图 2-29 “输入打印机名称”对话框

⑥ 单击“下一步”按钮，屏幕上会出现“正在安装打印机”对话框，它显示了安装进度，如图 2-30 所示。当安装完成后，对话框会提示安装成功，在该对话框中，用户可以将该打印机设置为默认的打印机，如果用户要确认打印机是否连接正确，且顺利安装驱动，可以单击“打印测试页”按钮，如图 2-31 所示，这时打印机会进行测试页的打印。

当用户处于有多台共享打印机的网络中时，如果打印作业未指定打印机，将在默认的打印机上进行打印。

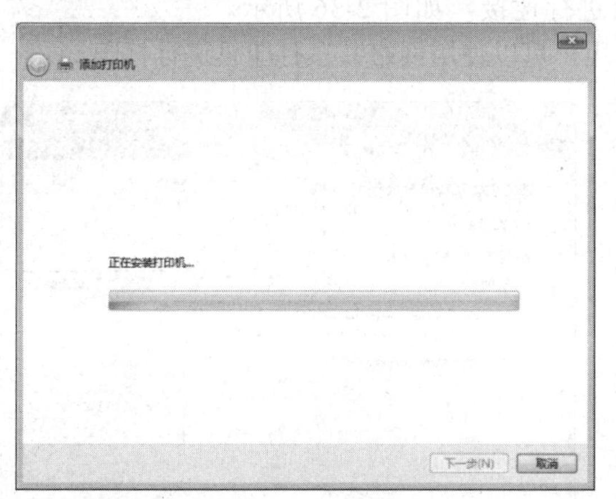

图 2-30 打印机安装进度

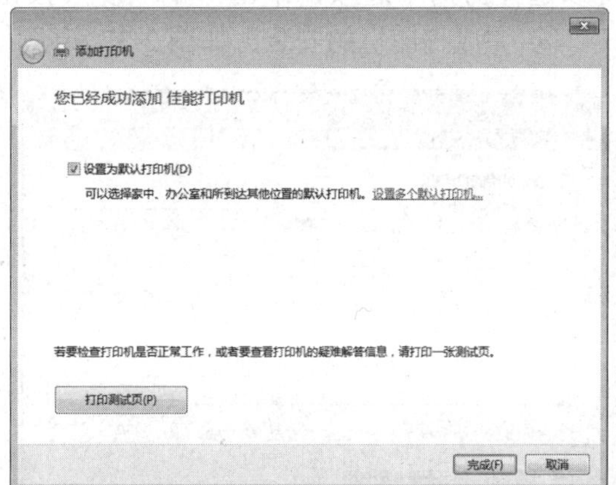

图 2-31 设置默认打印机和打印测试页

⑦ 这时已完成添加打印机的工作，可单击“完成”按钮，在“设备和打印机”窗口中会

出现刚刚添加的打印机的图标，如果用户将其设置为默认打印机，则在图标旁边会有一个带“√”标志的绿色小圆，如图 2-32 所示。

（2）安装网络打印机。如果用户是处于网络中的，而网络中有已共享的打印机，那么用户也可以添加网络打印机驱动程序来使用网络中的共享打印机进行打印。

网络打印机的安装与本地打印机的安装过程是类似的，前两步的操作完全相同，从第三步开始操作步骤如下。

① 在“要安装什么类型的打印机”对话框中选择安装“添加网络、无线或 Bluetooth 打印机”，如图 2-33 所示。

图 2-32 成功添加打印机和“默认打印机”图标

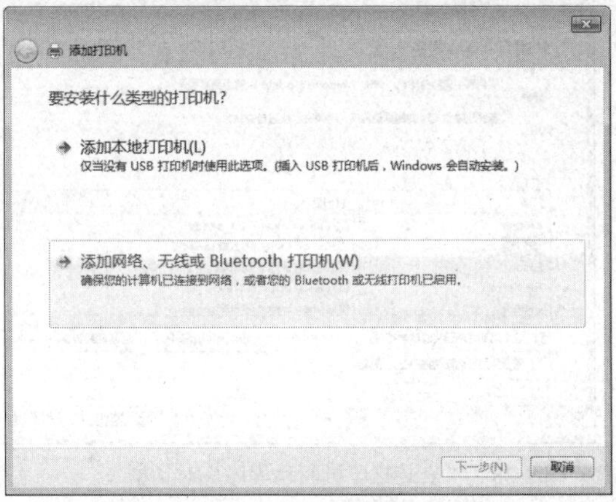

图 2-33 选择安装网络打印机

② 在“正在搜索可用的打印机”对话框中，用户可以在搜索框中指定要连接的网络共享打印机，或者单击“我需要的打印机不在列表中”选项，如图 2-34 所示，打开“按名称或 TCP/IP 地址查找打印机”对话框，通过“浏览打印机”或“按名称选择共享打印机”或“使用 TCP/IP 地址或主机名添加打印机”的方式进行连接，如图 2-35 所示。如果不清楚网络中共享打印机的位置等相关信息，可以选择“浏览打印机”单选钮，让系统搜索网络中可用的共享打印机，如果要使用 Internet、家庭或办公网络中的打印机，可以选择另两个选项，单击“下一步”按钮进行连接，如图 2-36 所示。

③ 完成打印机的安装，如图 2-37 所示，用户可以使用网络共享打印机进行打印。

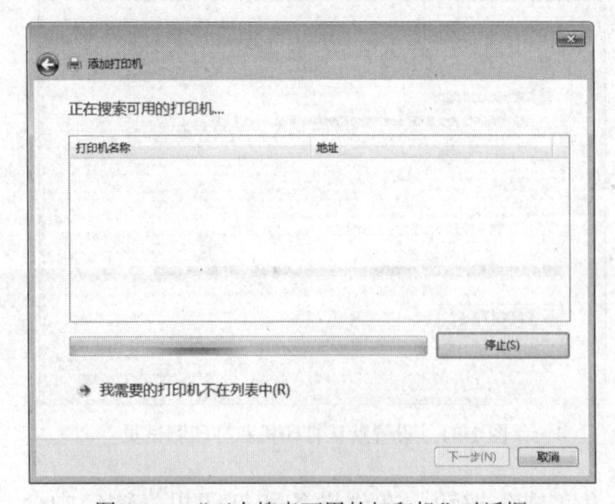

图 2-34 “正在搜索可用的打印机”对话框

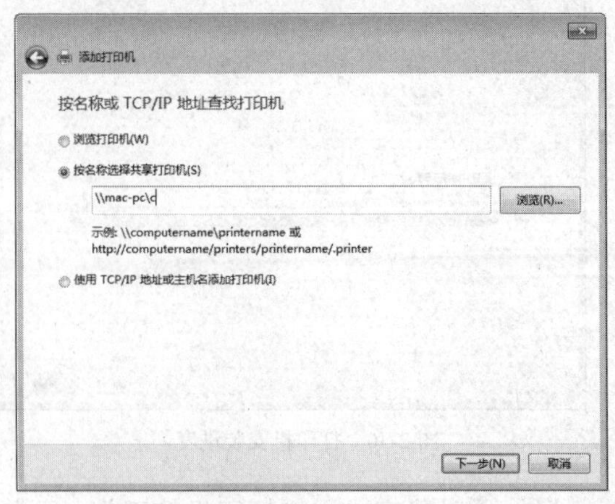

图 2-35 “按名称或 TCP/IP 地址查找打印机”对话框

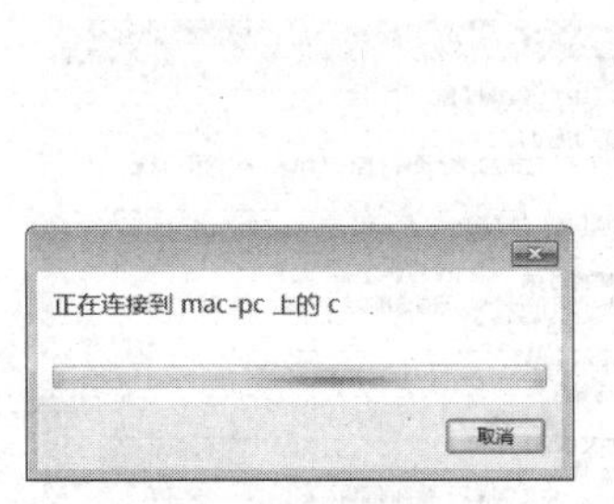

图 2-36 连接到打印机

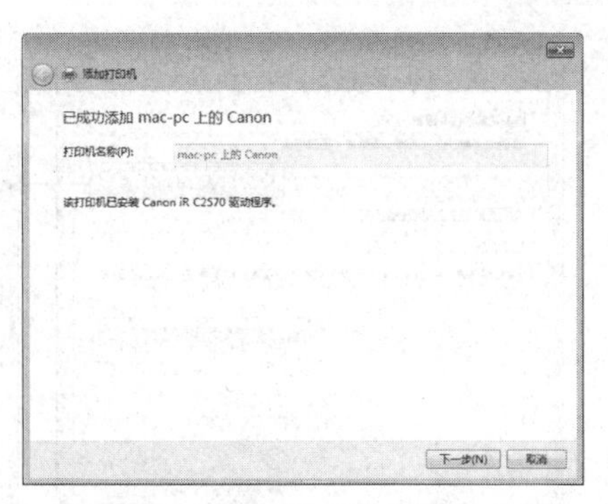

图 2-37 成功添加网络打印机

（3）打印文档。打印机安装完成后，就可以进行文档的打印了。打印文档比较常用的方法是选择文档对应的应用程序的“文件”菜单中的“打印”命令进行打印。

除常规方法之外，也可以把要打印的文件拖曳到默认打印机图标上进行打印，或者直接右击需要打印的文档，选择“打印”命令。

6. 添加或删除程序

应用软件的安装和卸载可以通过双击安装程序和使用软件自带的卸载程序完成。“控制面板”也提供了“卸载程序”功能。

在“控制面板”中，单击“程序和功能”选项，打开“程序和功能”窗口，在“卸载或更改程序”列表中会列出当前安装的所有程序，如图 2-38 所示，选中某一程序后，单击“卸载”或“修复”按钮可以卸载或修复该程序。

7. 设置日期和时间

单击“控制面板”中的“日期和时间”选项，打开“日期和时间”对话框，如图 2-39 所示，单击“更改日期和时间”按钮，可以设置日期和时间。

图 2-38 在“程序和功能”窗口中卸载或修复程序

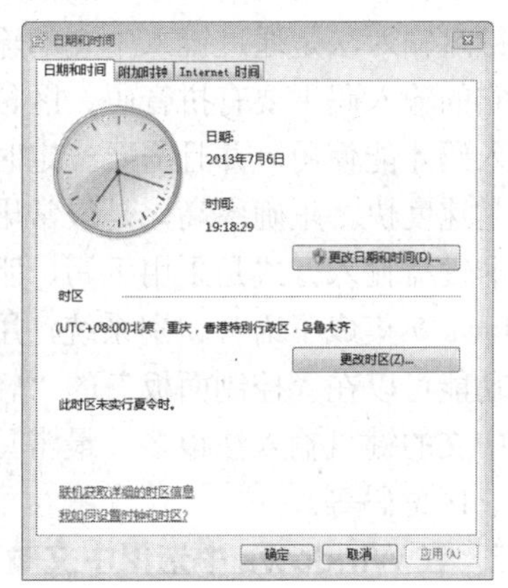

图 2-39 设置日期和时间

8. 设置区域和语言选项

单击“控制面板”中的“区域和语言”选项，打开“区域和语言”对话框，如图 2-40 所示。选择“键盘和语言”选项卡，在“键盘和其他输入语言”区域中，单击“更改键盘”按钮，打开“文本服务和输入语言”对话框，可以根据需要安装或卸载输入法。

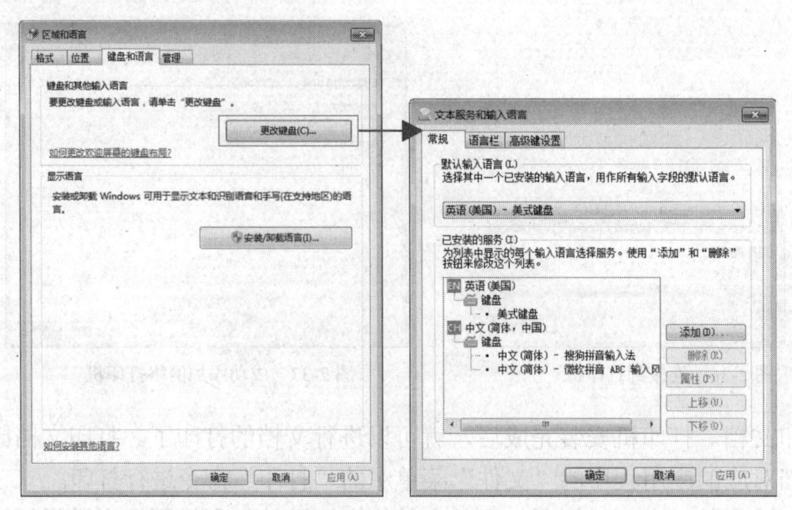

图 2-40　在“区域和语言”和“文本服务和输入语言”对话框中安装或卸载输入法

（1）查看并设置日期和时间。

（2）查看并设置鼠标属性。

（3）将桌面墙纸设置为“Windows”，设置屏幕保护程序为“三维文字”，将文字设置为“计算机应用基础”，字体设为“微软雅黑”并将旋转类型设置为“摇摆式”。

（4）安装打印机“Canon LBP5910”，设置为默认打印机，并在桌面上创建该打印机的快捷方式，取名“佳能打印”。

二、中文输入法的设置

1. 中文输入法分类

计算机上使用的中文输入法很多，可以分为键盘输入法和非键盘输入法两大类。

键盘输入法是通过键入中文的输入码方式输入中文，通常要敲击 1～4 个键来输入一个中文，它的输入码主要有拼音码、区位码、纯形码、音型码和形音码等，用户需要会拼音或记忆输入码才能使用，并且需要一定时间的练习才能达到令人满意的输入速度。键盘输入法的特点是速度快、正确率高，是最常用的一种中文输入方法。

非键盘输入方式是采用手写、听写等进行中文输入的一种方式，如手写笔、语音识别。Windows 7 集成了语音识别系统，用户可以使用它来代替鼠标和键盘操作计算机，启动语音识别功能可以在“控制面板”的“轻松访问中心”中进行设置。

中文的键盘输入法很多，最常见的输入法有五笔字型、搜狗拼音、中文双拼、微软拼音 ABC、区位码等。

2. 在 Windows 中选用中文输入法

（1）使用键盘操作。

按<Ctrl+空格>组合键，可在当前中文输入法与英文输入法之间切换。

<Ctrl+空格>表示同时按下<Ctrl>键和空格键。

（2）使用鼠标操作。

① 单击输入法提示图标，单击选择相应输入法。

② 单击中/西文切换按钮。

3. 微软拼音 ABC 中文输入法的使用

“微软拼音 ABC”是一种易学易用的中文输入法，只要会拼音就能进行中文输入。下面将以“微软拼音 ABC”为例来介绍中文输入法的使用。

（1）微软拼音 ABC 的状态条。选用了微软拼音 ABC 输入法后，屏幕左下方会出现一个“微软拼音 ABC”输入法的状态条，如图 2-41 所示。

图 2-41 “微软拼音 ABC”输入法的状态条

输入法状态条表示当前的输入状态，可以通过单击对应的按钮来切换不同的状态，按钮对应的含义如下。

① 中英文切换按钮：用来表示当前是否是中文输入状态。单击该按钮，在弹出的快捷菜单中选择“英语”，按钮变为，表示当前可进行英文输入，再单击该按钮一次，在弹出的快捷菜单中选择“中文”，按钮变为，表示当前可进行中文输入。

② 输入法提示图标：单击该按钮，可以在弹出的快捷菜单中选择本机已安装的各种输入法。

③ 全角/半角切换按钮：用于输入全角/半角字符，单击该按钮一次可进入全角字符输入状态，全角字符即中文的显示形式，再单击按钮一次即可回到半角字符状态。

④ 中英文标点切换按钮：表示当前输入的是中文标点还是英文标点。

⑤ 软键盘按钮：单击该按钮打开软键盘，可以通过软键盘输入字符，还可以输入许多键盘上没有的符号。再单击软键盘按钮，则关闭软键盘。

⑥ 功能菜单：单击功能菜单，在弹出的快捷菜单上可以选择不同的软键盘，不同的软键盘提供了不同的键盘符号。选择相应的键盘类型后键盘在屏幕上显示，如图 2-42 所示。

（2）微软拼音 ABC 的使用方法。

① 中文输入界面。“候选”窗口提供选择的中文，按<+>键和<->键（或<Page Up>和<Page Down>）可前后翻页，如图 2-43 所示。

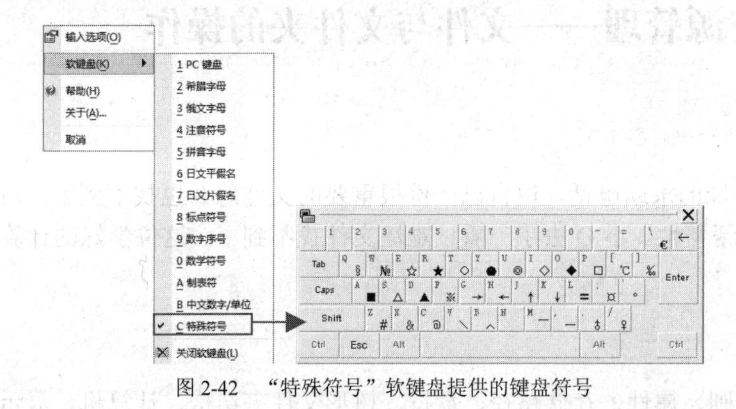

图 2-42 “特殊符号”软键盘提供的键盘符号

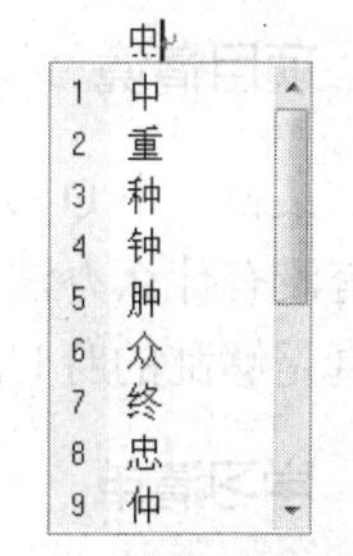

图 2-43 “微软拼音 ABC”输入中文时的“候选”窗口

用<Esc>键可关闭“候选”窗口，取消当前输入。

② 大小写切换。在输入中文时，应将键盘处于小写状态，并且确保输入法状态框处于中文输入状态。在大写状态下不能输入中文，利用<Caps Lock>键可以切换到小写状态。

③ 全角/半角切换。单击全角/半角切换按钮或按<Shift+空格>组合键。

④ 中/英文标点切换。单击中/英文标点切换按钮或按<Ctrl+•>组合键。图 2-44 所示为中文标点对应的键位表。

中文标点	键位	说 明	中文标点	键位	说 明
。句号	.		）右括号	)	
，逗号	,		《单双书名号	<	自动嵌套
；分号	;		》单双书名号	>	自动嵌套
：冒号	:		……省略号	^	双符处理
？问号	?		——破折号	-	双符处理
！叹号	!		、顿号	\	
“”双引号	"	自动配对	间隔号	@	
‘’单引号	'	自动配对	—联接号	&	
（ 左括号	(		￥人民币符号	$	

图 2-44　中文标点键位表

（1）添加/删除输入法。

（2）用 Windows 的记事本在桌面上建立“打字练习.txt”，在该文件中正确输入以下文字信息（英文字母和数字采用半角，其他符号采用全角，空格全角、半角均可）。

在人口密集的地区，由于很多用户有可能共用同一无线信道，因此数据流量会低于其他种类的宽带无线服务。它的实际数据流量为 500KB 至 1Mbit/s，这对于中小客户来说已经比较理想了。虽然这项服务的使用方法非常简单，但是网络管理员必须做到对许多因素，包括服务的可用性，网络性能和 QoS 等心中有数。

项目三　资源管理——文件与文件夹的操作

项目情境

某日，小 Q 接到一位学妹的求助电话，说自己一份很重要的文件怎么也找不到了，问小 Q 有没有什么办法，请他来帮帮忙。小 Q 去了一看，难怪文件找不到了，这位学妹的计算机还真是够乱的呀！

学习清单

文件、文件夹、命名规则、属性、存储路径、盘符、树形文件夹结构、计算机、显示方式、排列方式、磁盘属性、Windows 资源管理器、选定、新建、复制、移动、删除、还原、重命名、搜索、通配符。

具体内容

一、计算机里的信息规划

用户存储的信息是以文件的形式存放在磁盘上的，计算机中的文件非常多，如果将这些文件统统放到一个地方，查找、添加、删除、重命名等操作都会非常麻烦，只有将磁盘上的这些文件合理地放入文件夹中，操作时才能快速找到文件的位置，因此建议用户将文件分门别类地存储。

1. 文件和文件夹

文件是具有名字的相关联的一组信息的集合，任何信息（如声音、文字、影像、程序等）都是以文件的形式存放在计算机的外存储器上的，每一个磁盘上的文件都有自己的属性，如文件的名字、大小、创建或修改时间等。

磁盘中可以存放很多不同的文件，为了便于管理，一般把文件存放在不同的“文件夹”里，就像在日常工作中把不同的文件资料保存在不同的文件夹中一样。在计算机中，文件夹是放置文件的一个逻辑空间，文件夹里除了可以存放文件也可以存放文件夹，存放的文件夹称为“子文件夹”，而存放子文件夹的文件夹则叫作“父文件夹”，磁盘最顶层的文件夹称为“根文件夹”。

2. 文件和文件夹的命名规则

（1）文件名由主文件名和扩展名组成，形式为“主文件名.扩展名”。

（2）文件类型由不同的扩展名来表示，分为程序文件（.COM、.EXE、.BAT）和数据文件。

（3）文件名允许长达 255 个字符，可用汉字、字母、数字和其他特殊符号，但不能用\、/、:、*、?、"、<、>、|，如图 2-45 所示。

（4）保留用户指定的大小写格式，但不能利用大小写区分文件名，如 ABC.DOC 与 abc.doc 表示同一个文件。

（5）文件夹与文件的命名规则类似， 但是文件夹没有扩展名。

图 2-45 文件名不能包含的字符

提示

不同类型的文件规定了不同的扩展名，如文本文件的扩展名为.txt，声音文件的扩展名为.wav、.mp3、.mid 等，图形文件的扩展名为.bmp、.jpg、.gif 等，视频文件的扩展名为.rm、.avi、.mpg、.mp4 等，压缩包文件的扩展名为.rar、.zip 等，网页文件的扩展名为.htm、.html 等，Word 文档的扩展名为.docx，Excel 工作表的扩展名为.xlsx，PowerPoint 演示文档的扩展名为.pptx。

3. 文件和文件夹的属性

在 Windows 环境下，文件和文件夹都有其自身特有的信息，包括文件的类型、在磁盘上的位置、所占空间的大小、创建和修改时间，以及文件在磁盘中存在的方式等，这些信息统称为文件的属性。

一般文件在磁盘中存在的方式有只读、存档和隐藏等属性："只读"指文件只允许读，不允许写；"存档"指普通的文件；"隐藏"指将文件隐藏起来，在一般的文件操作中不显示被隐藏的文件。

用鼠标右键单击文件或文件夹，在弹出的快捷菜单中选择"属性"命令，打开"属性"对话框，可以改变文件的属性。

在 Windows 中，如果隐藏的文件和文件夹以及文件扩展名没有显示出来，可以选择"Windows 资源管理器"的"工具"菜单中的"文件夹选项"命令，打开"文件夹选项"对话框，在"查看"选项卡中，选中"隐藏文件和文件夹"选项中的"显示隐藏的文件、文件夹和驱动器"单选钮和取消选择"隐藏已知文件类型的扩展名"复选框。

4. 文件夹的树形结构和文件的存储路径

对于磁盘上存储的文件，Windows 是通过文件夹进行管理的。Windows 采用了多级层次的文件夹结构。前面已经讲过，对于同一个磁盘而言，它的最高级文件夹被称为根文件夹。根文件夹的名称是系统规定的，统一用反斜杠"\"表示。根文件夹中可以存放文件，也可以建立子文件夹。子文件夹的名称由用户指定，子文件夹下又可以存放文件和再建立子文件夹。这就像一棵倒置的树，根文件夹是树根，各个子文件夹是树的枝杈，而文件则是树的叶子，叶子上是不能再长出枝杈来的。这种多级层次文件夹结构被称为"树形文件夹结构"，如图 2-46 所示。

访问一个文件时，必须要有 3 个要素，即文件所在的驱动器、文件在树形文件夹结构中的位置和文件的名字。文件在树形文件夹中的位置可以从根文件夹出发，到达该文件所在的子文件夹之间依次经过一连串用反斜线隔开的文件夹名的序列来表示，这个序列称为"路径"。

（1）磁盘驱动器名（盘符）。磁盘驱动器名是 DOS 分配给驱动器的符号，用于指明文件的位置。"A:"和"B:"是软盘驱动器名称，表示 A 盘和 B 盘；"C:"和"D:"……"Z:"是硬盘驱动器和光盘驱动器名称，表示 C 盘、D 盘、……、Z 盘。

（2）路径。路径是用反斜杠"\"隔开的一组文件夹的名称，用来指明文件所在位置。例如，C:\WINDOWS\Help\apps.chm 表示在 C 盘根文件夹下有一个"WINDOWS"子文件夹，在"WINDOWS"子文件夹中有一个"Help"子文件夹，在"Help"子文件夹中存放着一个"apps.chm"文件。

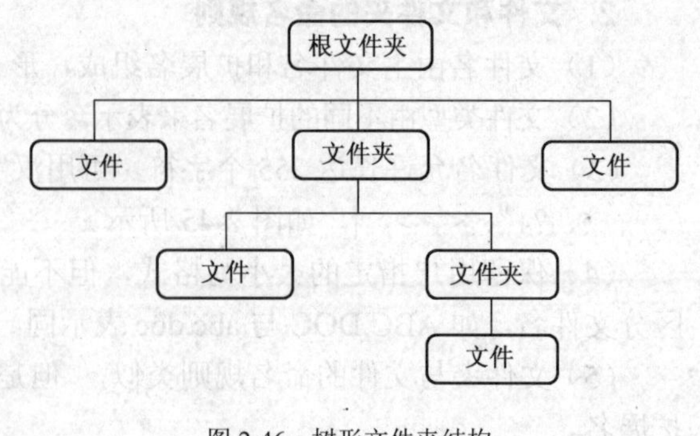

图 2-46 树形文件夹结构

二、计算机里的信息管家

Windows 7 主要是通过"计算机"和"资源管理器"来管理文件和文件夹。

1. 计算机

要使用磁盘和文件等资源，最方便的方法就是双击桌面上“计算机”图标，打开“计算机”窗口，如图 2-47 所示。

“计算机”的窗口组成，在 Windows 7 使用中的“窗口操作”部分已详细介绍，主要包括菜单栏、工具栏、地址栏、导航窗格、细节窗格、状态栏、工作区等部分。

Windows 7 在窗口工作区域列出了计算机中各个磁盘的图标。下面以 C 盘为例说明磁盘的基本操作。

（1）查看磁盘中的内容。在“计算机”窗口中双击 C 盘图标，打开 C 盘窗口，如图 2-48 所示。窗口的状态栏上显示出该磁盘中共有 9 个项目，如果要打开某一个文件或文件夹，只要双击该文件或文件夹的图标即可。

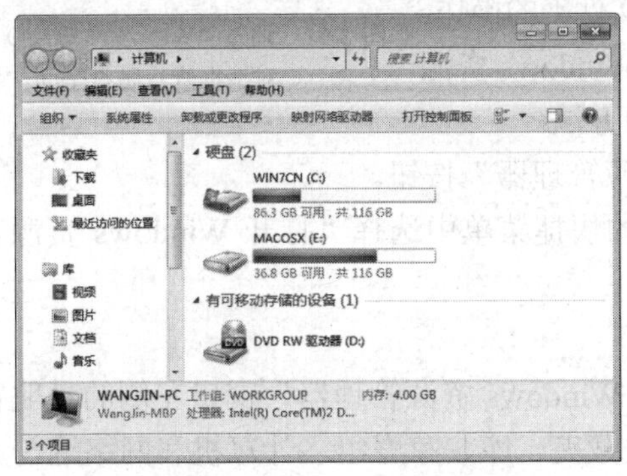

图 2-47 “计算机”窗口界面

图 2-48 C 盘窗口

① 改变显示方式。可以根据需要使用几种不同的图标方式显示磁盘内容，单击 “查看”菜单中的“超大图标”“大图标”“中等图标”“小图标”“列表”“详细资料”“平铺”“内容”命令，可以切换不同的显示方式，也可以通过单击工具栏上的“查看”按钮，在弹出菜单中选择相应的显示方式，如图 2-49 所示。

② 改变排列方式。为了方便地查看磁盘上的文件，可以对窗口中显示的文件和文件夹按照一定的方式进行排序。单击 “查看”菜单中“排列方式”下的“名称”“修改日期”“类型”或“大小”等进行设置，如图 2-50 所示。

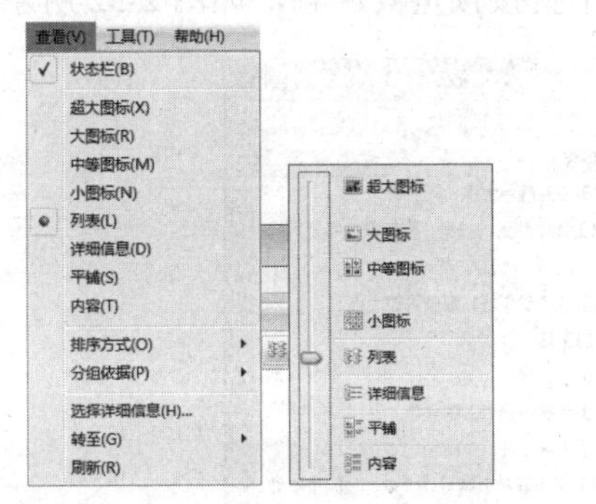

图 2-49 通过“查看”菜单和“查看”按钮改变显示方式

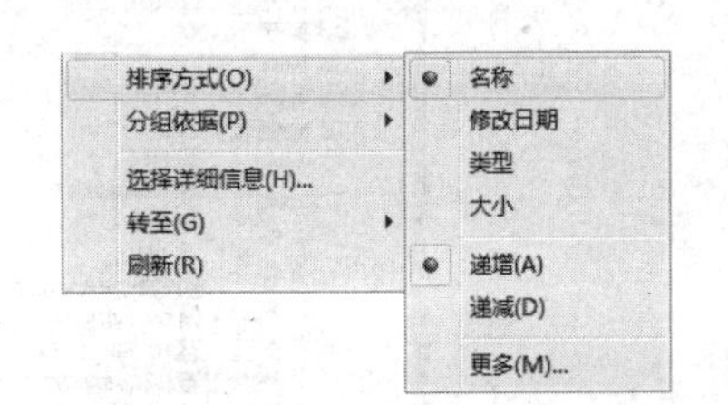

图 2-50 通过“查看”菜单改变排列方式

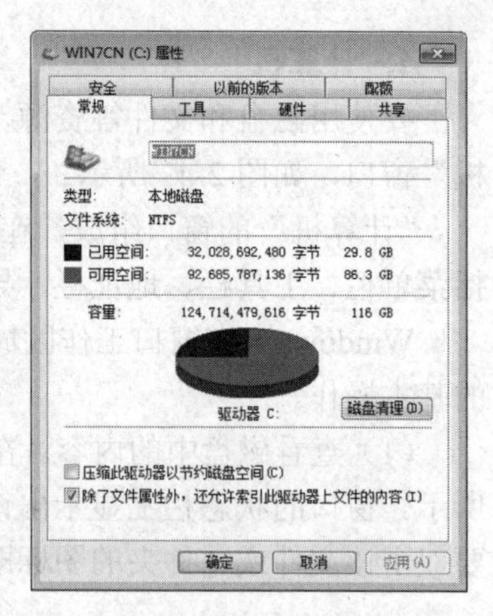

图 2-51 通过“WIN7CN（C：）属性”对话框查看磁盘空间

（2）查看磁盘属性。在“计算机”窗口中，磁盘下方显示磁盘的可用空间和总容量。

如果要更加详细地查看磁盘属性，可以用鼠标右键单击该磁盘的图标，在弹出的快捷菜单中选择“属性”命令，打开“WIN7CN（C：）属性”对话框，如图 2-51 所示，选择“常规”选项卡，就能够详细了解该磁盘的类型、已用空间和可用空间、总容量等属性，同时还可以设置磁盘卷标。

2. Windows 资源管理器

Windows 的资源管理器一直是用户使用计算机的时候和文件打交道的重要工具。在 Windows 7 中，新的资源管理器可以使用户更容易地完成浏览、查看、移动和复制文件和文件夹的操作。

（1）启动“Windows 资源管理器”。启动“Windows 资源管理器”的方法很多，下面列举说明几种常用的方法。

① 单击任务栏程序按钮区的“Windows 资源管理器”按钮。

② 用鼠标右键单击“开始”按钮，在弹出的快捷菜单中选择“打开 Windows 资源管理器”命令。

③ 使用<Windows+E>组合键。

（2）“Windows 资源管理器”窗口及操作。“Windows 资源管理器”窗口左侧的导航窗格用于显示磁盘和文件夹的树型分层结构，包含收藏夹、库、家庭组、计算机和网络这 5 大类资源。

在导航窗格中，如果磁盘或文件夹前面有“▷”号，表明该磁盘或文件夹下有子文件夹，单击该“▷”号可以展开其中包含的子文件夹，展开磁盘或文件夹后，“▷”号会变成“◢”号，表明该磁盘或文件夹已经展开，单击“◢”号，可以折叠已经展开的内容。

右侧工作区用于显示导航窗格选中的磁盘或文件夹所包含的子文件夹及文件，双击其中的文件或文件夹可以打开相关内容。

用鼠标拖动导航窗格和工作区之间的分隔条，可以调整两个窗格的大小。

在资源管理器中单击右上角的“显示预览窗格”按钮时，在资源管理器中浏览文件，如文本文件、图片和视频等，都可以在资源管理器中直接预览其内容，如图 2-52 所示。

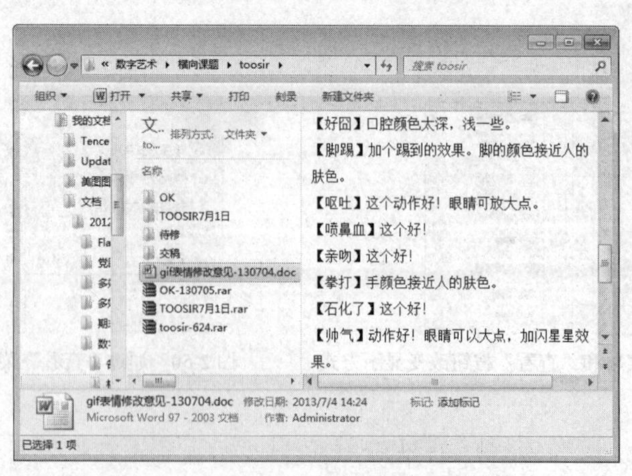

图 2-52 Windows 资源管理器的预览功能

3. 管理方式——文件或文件夹的操作

（1）选择文件或文件夹。

① 选定单个文件或文件夹。单击所要选定的文件或文件夹。

② 选定多个连续排列的文件或文件夹。单击所要选定的第一个文件或文件夹，按住<Shift>键的同时，用鼠标单击最后一个文件或文件夹。

选定多个连续排列的文件或文件夹也可以使用拖曳鼠标进行框选的方法选定多个连续的文件或文件夹。

③ 选定多个不连续排列的文件或文件夹。单击所要选定的第一个文件或文件夹，按住<Ctrl>键的同时，用鼠标逐个单击要选取的每一个文件或文件夹。

④ 全选定文件或文件夹。选择“编辑”菜单中的“全部选定”命令，或者使用快捷键<Ctrl+A>。

有时候需要选定的内容是窗口中的大多数文件或文件夹，此时也可以先全部选定，再取消个别不需要选定的内容；或者灵活使用“编辑”菜单中的“反向选择”命令。

⑤ 取消已选择的文件或文件夹。按住<Ctrl>键的同时，单击该文件或文件夹即可。如果要取消全部文件或文件夹的选定，可以在非文件名或文件夹名的空白区域中单击鼠标左键即可。

（2）管理文件或文件夹。

① 新建文件夹。用户可以创建新的文件夹来存放相同类型的文件。新建文件夹可以执行以下操作。

在目标区域右击空白区域，在弹出的快捷菜单中选择“新建”中的“文件夹”命令，这时在目标位置会出现一个文件夹图标，默认名称为“新建文件夹”，且文件名处于选中的编辑状态，如图 2-53 所示，输入文件夹名，按回车键或单击空白处确认。

② 复制文件或文件夹。在实际应用中，用户有时需要将某个文件或文件夹复制或移动到其他地方以方便使用，这时候就需要通过复制或移动来进行操作。

复制文件或文件夹是指把一个文件夹中的一些文件或文件夹复制到另一个文件夹中，执行复制命令后，原文件夹中的内容仍然存在，而新文件夹中拥有与原文件夹中完全相同的这些文件或文件夹。

实现复制文件或文件夹的方法有很多，下面介绍几种常用操作。

- 使用剪贴板：选定要复制的文件或文件夹，在“编辑”菜单中选择“复制”命令，打开目标文件夹，选择“编辑”菜单中的“粘贴”命令，实现复制操作；也可以使用<Ctrl+C>组合键（复制）配合< Ctrl+V>组合键（粘贴）来完成操作。
- 使用拖动：选定要复制的文件或文件夹，按住< Ctrl>键，用鼠标将选定的文件或文件夹拖动到目标文件夹上，此时目标文件夹会处于蓝色的选中状态，并且鼠标指针旁出现“+复制到”提示，如图2–54所示，松开鼠标左键即可实现复制。

③ 移动文件或文件夹。移动文件或文件夹是指把一个文件夹中的一些文件或文件夹移动到另一个文件夹中，执行移动命令后，原文件夹中的内容都转移到新文件夹中，原文件夹中的这些文件或文件夹将不再存在。

移动操作与复制操作有一些类似。使用剪贴板操作时，将“编辑”菜单中的“复制”命令替换为“剪切”命令，或者将<Ctrl+C>组合键（复制）替换为<Ctrl+X>组合键（剪切）即可。使用拖动操作时，不按住<Ctrl>键完成的操作就是移动，如图 2-55 所示。

图 2-53 “新建文件夹”图标

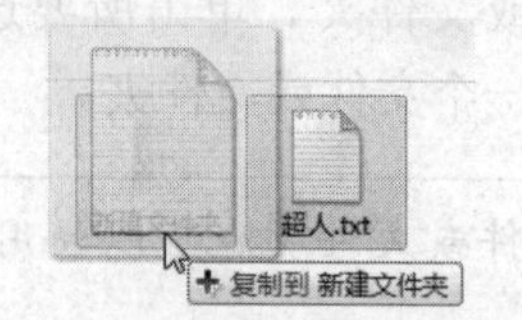

图 2-54 将选定文件拖动到目标文件夹进行复制

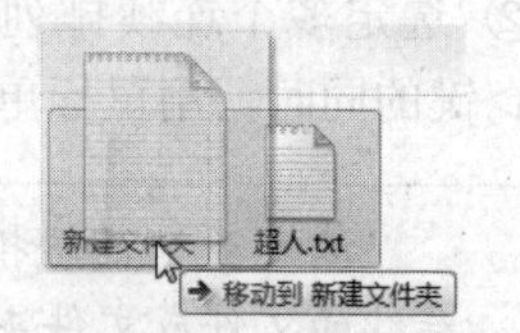

图 2-55 将选定文件拖动到目标文件夹进行移动

提示 在同一磁盘的各个文件夹之间使用鼠标左键拖动文件或文件夹时，Windows 默认的操作是移动操作，在不同磁盘之间拖动文件或文件夹时，Windows 默认的操作为复制操作。如果要在不同磁盘之间实现移动操作，可以按住<Shift>键，再进行拖动。

④ 删除文件或文件夹。用户根据需要可以删除一些不再需要的文件或文件夹，以便对文件或文件夹的管理。删除后的文件或文件夹被放到“回收站”中，用户可以选择将其彻底删除或还原到原来的位置。

删除操作有 3 种方法。

- 右击要删除的文件或文件夹，在弹出的快捷菜单中选择“删除”命令。
- 选中要删除的文件或文件夹，在“文件”菜单中选择“删除”命令，或者按键盘上的<Delete>键进行删除。
- 将要删除的文件或文件夹直接拖曳到桌面上的“回收站”中。

执行上述任一操作后，都会弹出“确认文件删除”对话框，如图 2-56 所示，单击“是”按钮，则将文件删除到回收站中，单击“否”按钮，将取消删除操作。

提示 如果在右键选择快捷菜单中的“删除”命令的同时按住<Shift>键，或者同时按下<Shift+Delete>组合键，将弹出如图 2−57 所示的对话框，实现永久性删除，被删除的文件或文件夹将被彻底删除，不能还原。移动介质中的删除操作无论是否使用<Shift>键，都将执行彻底删除。

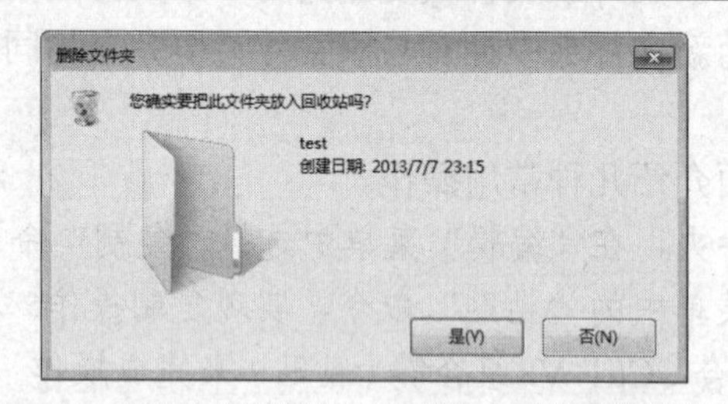

图 2-56 “确认文件删除”对话框——删除到回收站

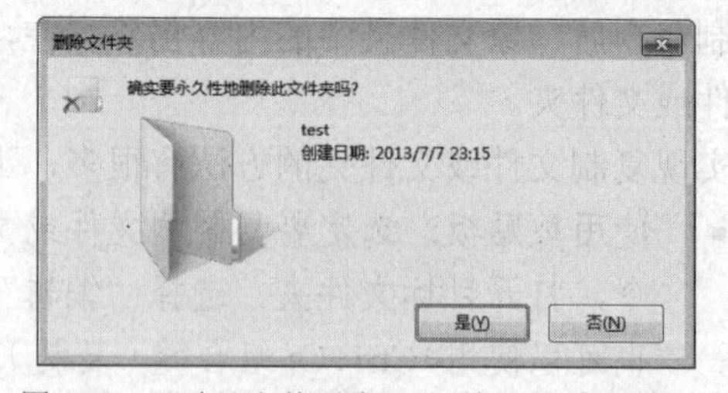

图 2-57 “确认文件删除”对话框——永久性删除

⑤ 删除或还原回收站中的文件或文件夹。“回收站”提供了一个安全的删除文件或文件夹的解决方案，如果想恢复已经删除的文件，可以在回收站中查找；如果磁盘空间不够，也可以通过清空回收站来释放更多的磁盘空间。删除或还原回收站中的文件或文件夹可以执行以下操作。

双击桌面上的“回收站”图标，打开“回收站”窗口，如图 2-58 所示。单击“回收站”工具栏中的“清空回收站”按钮，可以删除“回收站”中所有的文件和文件夹；单击“回收站”工具栏中的“还原所有项目”按钮，可以还原所有的文件和文件夹，若要还原某个或某些文件和文件夹，可以先选中这些对象，再进行还原操作。

图 2-58 “回收站”窗口

⑥ 重命名文件或文件夹。重命名文件或文件夹可以让文件或文件夹更符合用户的认知习惯。具体操作方法如下。

选中需要重命名的文件或文件夹，右键选择“重命名”命令，这时文件或文件夹的名称将处于蓝底白字的编辑状态，输入新的名称，回车或单击空白处确认即可。也可以在选中的文件或文件夹名称处单击一次，使其处于编辑状态。

⑦ 搜索文件或文件夹。如果用户想查找某个文件夹或某种类型的文件时，不记得文件或文件夹的完整名称或者存放的位置，可以使用 Windows 提供的搜索功能进行查找，搜索步骤如下：

单击“开始”按钮，在“开始”菜单的“搜索”框中输入想要查找的内容，在“开始”菜单的上方将显示出所有符合条件的信息。

如果用户知道要查找的文件或文件夹可能位于某个文件夹中，可以使用位于窗口顶部的“搜索”框进行搜索，它将根据输入的内容搜索当前窗口。

在不确定文件或文件夹名称时，可使用通配符协助搜索。通配符有两种：星号（*）代表零个或多个字符，如要查找主文件名以 A 开头，扩展名为 docx 的所有文件，可以输入 A*.docx；问号（?）代表单个字符，如要查找主文件名由 2 个字符组成，第 2 个字符为 A，扩展名为 txt 的所有文件，可以输入？A.txt。

（1）在桌面创建文件夹“fileset”，在“fileset”文件夹中新建文件“a.txt”“b.docx”“c.bmp”“d.xlsx”，并设置“a.txt”和“b.docx”文件属性为隐藏，设置“c.bmp”和“d.xlsx”文件属性为只读，并将扩展名为“.txt”文件的扩展名改为“.html”。

（2）将桌面上的文件夹“fileset”改名为“fileseta”，并删除其中所有只读属性的文件。

（3）在桌面新建文件夹“filesetb”，并将文件夹“fileseta”中所有隐藏属性的文件复制到新建的文件夹中。

（4）在桌面上查找文件“calc.exe”，并将它复制到桌面上。

（5）在 C 盘上查找文件夹“Font”，将该文件夹中文件“华文黑体.ttf”复制到文件夹“C:\Windows”中。

（6）将 C 盘卷标设为“系统盘”。

项目四 玩转软硬件资源

项目情境

学生会各部门的工作都挺多的，但办公设备有限，一直是几个部门共用一台计算机，为了让各部门的干事都能方便。迅速地找到本部门的文件存放位置，提高工作效率，学生会主席让小 Q 在桌面上创建好各部门文件夹的快捷方式，并顺便整理一下磁盘。

学习清单

快捷方式、磁盘清理、磁盘碎片整理、磁盘查错、U 盘、写字板、记事本、计算器、画图。

具体内容

一、条条大道通罗马——快捷方式

快捷方式是 Windows 提供的一种快速启动程序、打开文件或文件夹的方法，是应用程序或文件、文件夹的快速链接。建立经常使用的程序、文件和文件夹的快捷方式可以节省不少操作时间。

快捷方式的显著标志是在图标的左下角有一个向右上弯曲的小箭头。它一般存放在桌面、“开始”菜单和任务栏这 3 个地方，当然用户也可以在任意位置建立快捷方式。

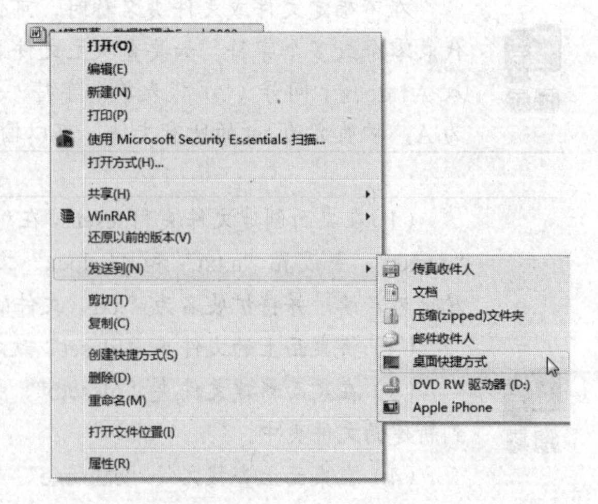

图 2-59　在桌面上创建快捷方式

1. 在桌面上创建快捷方式

在桌面上创建快捷方式的方法如下。

右击要创建快捷方式的程序、文件或文件夹，在弹出的快捷菜单中选择“发送到”下的“桌面快捷方式”命令，如图 2-59 所示，即可完成桌面快捷方式的创建。

2. 在“开始”菜单中创建快捷方式

在“开始”菜单中创建快捷方式的方法如下。

直接将要创建快捷方式的程序、文件或文件夹拖入“开始”菜单中，如图 2-60 所示，完成快捷方式的创建。

3. 在任务栏中创建快捷方式

在任务栏中创建快捷方式的方法如下。

直接将要创建快捷方式的程序、文件或文件夹拖入任务栏，如图 2-61 所示，完成快捷方式的创建。

图 2-60　直接将目标文件或文件夹拖入到“开始”菜单

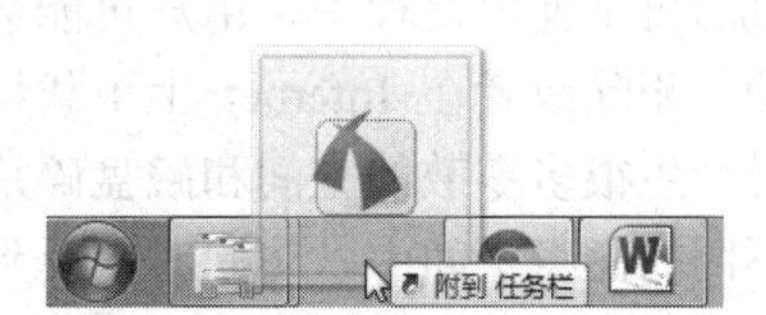

图 2-61　直接将目标文件或文件夹拖入到任务栏

4. 在任意位置创建快捷方式

在任意位置创建快捷方式的方法如下。

（1）右击存放快捷方式的目标文件夹的空白处，在弹出的快捷菜单中选择“新建”下的“快捷方式”命令，打开“创建快捷方式”对话框。

（2）单击“浏览”按钮，在弹出的“浏览文件或文件夹”对话框中，选择要创建快捷方式的程序、文件或文件夹，单击“确定”按钮，回到“创建快捷方式”对话框，单击“下一步”按钮，进入“快捷方式命名”对话框。

（3）输入快捷方式名称，单击“完成”按钮创建快捷方式。

除了使用菜单命令在任意位置创建快捷方式之外，也可以使用鼠标拖动的方式进行创建，但拖动方式与常用的左键拖动不同，需要在拖动对象时按住鼠标右键，在将要创建快捷方式的对象拖动到目标位置时，放开鼠标右键会弹出快捷菜单，如图 2-62 所示，选择“在当前位置创建快捷方式”，即可完成快捷方式的创建。同样，复制和移动对象也可以采取这种方式。

删除快捷方式跟删除文件或文件夹的方式一样，需要注意的是即使删除了快捷方式，用户还可以通过“资源管理器”找到目标程序或文件、文件夹并运行它们，但如果是程序或文件、文件夹被删除，跟它们对应的快捷方式就会失去作用，变得毫无意义。

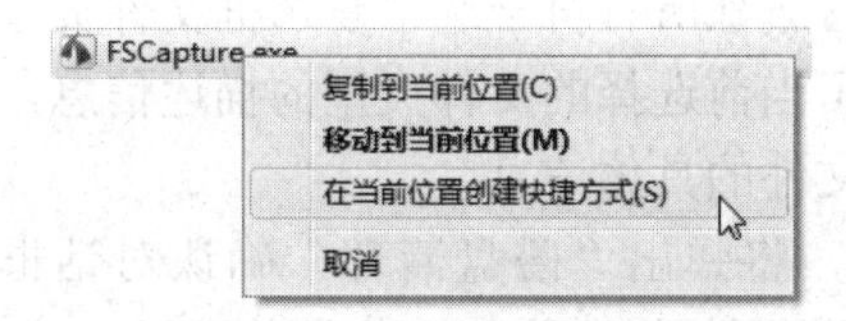

图 2-62　通过鼠标右键拖动方式创建快捷方式

（1）在任务栏中创建一个快捷方式，指向“C:\Program Files\Windows NT\Accessories\wordpad.exe”，取名“写字板”。

（2）将 C:\WINDOWS 下的“explorer.exe”的快捷方式添加到开始菜单的“所有程序\附件”下，取名为“资源管理器”。

（3）在“下载”文件夹中创建一个快捷方式，指向“C:\Program Files\Common Files\Microsoft Shared\MSInfo\Msinfo32.exe”取名为“系统信息”。

（4）在桌面上创建一个快捷方式，指向“C:\WINDOWS\regedit.exe”，取名为“注册表”。

二、提升效率——磁盘优化

在计算机的日常使用过程中，用户可能会非常频繁地进行应用程序的安装、卸载，文件的复制、移动、删除或者在 Internet 上下载程序、文件等各类操作，这样一段时间过后，计算机硬盘上会产生很多零散的空间和磁盘碎片以及大量的临时文件，这样文件在存储时可能会被存放在不同的磁盘空间中，访问时需要到不同的磁盘空间去寻找该文件的各个部分，从而影响了计算机的运行速度，性能明显下降。因此，用户需要定期对磁盘进行管理，让计算机始终处于较好的运行状态。

1. 磁盘清理

使用磁盘清理程序可以删除临时文件、Internet 缓存文件和可以安全删除的不需要的文件，腾出它们占用的系统资源，提高系统性能。运行磁盘清理程序的方法如下。

（1）单击“开始”按钮，在弹出的“开始”菜单中选择“所有程序”→“附件”→“系统工具”→“磁盘清理”命令，打开“选择驱动器”对话框。

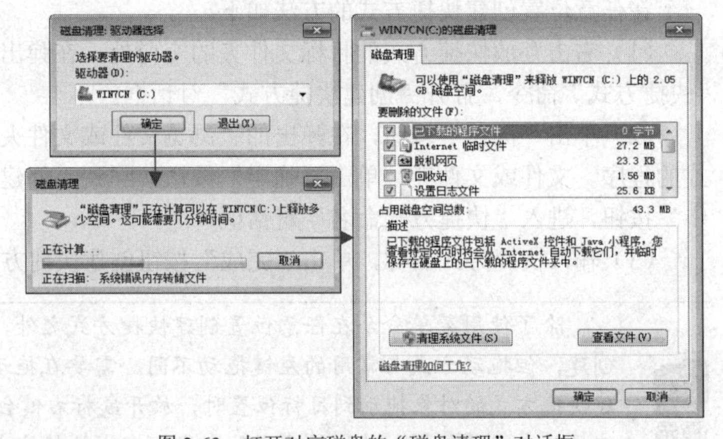

图 2-63　打开对应磁盘的“磁盘清理”对话框

（2）在对话框中选择要进行清理的磁盘，单击“确定”按钮，经过扫描后，打开对应磁盘的“磁盘清理”对话框，如图 2-63 所示。

（3）在“磁盘清理”选项卡中的“要删除的文件”列表框中列出了可以删除的文件类型及其所占用的磁盘空间，选中某文件类型前的复选框，在清理时即可将其删除；在“占用磁盘空间总数”区域中显示了若删除所有符合选中复选框文件类型的文件后可以释放的磁盘空间；在“描述”区域中显示了当前选择的文件类型的描述信息，单击“查看文件”按钮，可以查看该文件类型中所包含文件的具体信息。

（4）单击“确定”按钮，将弹出“磁盘清理”确认对话框，单击“删除文件”按钮，弹出“磁盘清理”对话框，并开始清理磁盘，清理完成后，对话框会自动消失，如图 2-64 所示。

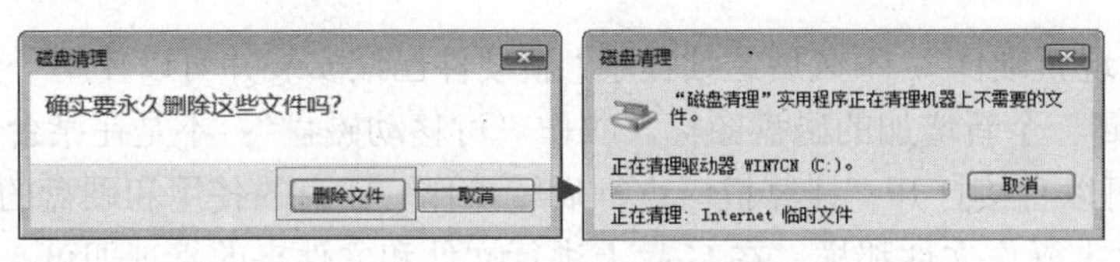

图 2-64　确认后进行磁盘清理

2. 磁盘碎片整理

一切程序对磁盘的读写操作都有可能在磁盘中产生碎片，随着碎片的积累，会严重影响系统性能，造成磁盘空间的浪费。使用磁盘碎片整理程序可以重新安排文件在磁盘中的存储位置，将文件的存储位置整理到一起，同时合并未使用的空间，实现提高运行速度的目的。运行磁盘碎片整理程序的方法如下。

图 2-65　“磁盘碎片整理程序”窗口

（1）单击“开始”按钮，在弹出的“开始”菜单中选择“所有程序”→“附件”→“系统工具”→“磁盘碎片整理程序”命令，打开“磁盘碎片整理程序”窗口，如图 2-65 所示。

（2）窗口中显示了磁盘的一些状态和系统信息。选择一个磁盘，单击“分析磁盘”按钮，系统开始分析该磁盘是否需要进行磁盘整理，单击“磁盘碎片整理”按钮，开始整理磁盘碎片。

提示　在 Windows 7 系统中，磁盘碎片是可以同时进行整理的，这样能够大大缩短整理磁盘碎片需要的时间。

3. 磁盘查错

用户在频繁地进行应用程序的安装、卸载，文件的复制、移动、删除时，可能会出现坏的磁盘扇区，这时可以执行磁盘查错程序，用以修复文件系统的错误、恢复坏扇区等。运行磁盘查错程序的方法如下。

（1）在“Windows 资源管理器”窗口中，右击要进行查错的磁盘图标，在弹出的快捷菜单中选择“属性”命令，打开磁盘属性对话框。

（2）在对话框中选择“工具”选项卡，单击“查错”区域中的“开始检查”按钮，打开“检查磁盘”对话框。

（3）单击“开始”按钮进行磁盘查错，如图 2-66 所示。查错完成后，会弹出确认对话框。

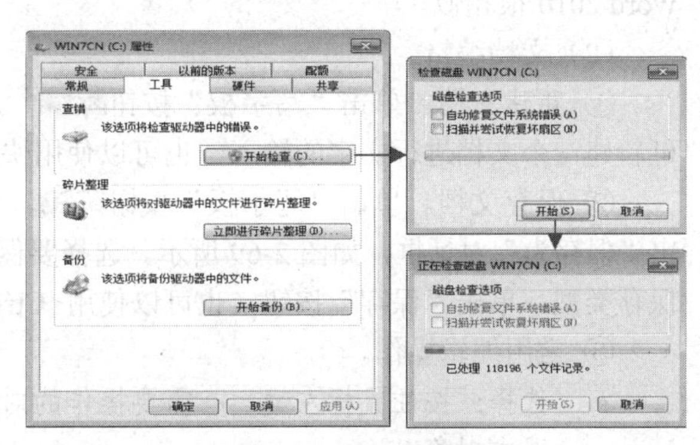

图 2-66　进行磁盘查错

除了使用硬盘空间之外，各类小巧便于携带、存储容量大且价格便宜的移动存储设备的应用也已经十分普及。下面就以 U 盘为例，介绍这类即插即用移动存储设备的使用。

U 盘是通过 USB 接口与计算机相连的，在一台计算机上第一次使用 U 盘时，系统会报告“发现新硬件”，不久后继续提示“新硬件已经安装并可以使用了”，这时打开“计算机”，可以看到一个新增加的磁盘图标，叫作“可移动磁盘”；不是在某台计算机上第一次使用的U盘，可以直接打开“计算机”进行后续操作。U盘的使用和硬盘的使用是一样的，就像平时在硬盘上操作文件那样，在U盘上进行文件和文件夹的管理即可。

U盘插入USB接口后，在“通知区域”中会增加一个“安全删除硬件并弹出媒体”图标；若U盘使用完毕，要拔出U盘，需先停止U盘中的所有操作，关闭一切窗口，尤其是关于U盘的窗口，然后右键单击“拔下/弹出”图标，单击弹出的“弹出 DT 101 G2”命令，当右下角出现提示“USB 大容量存储设备现在可安全地从计算机移除”后，方可将U盘从USB接口拔下，如图2-67所示。

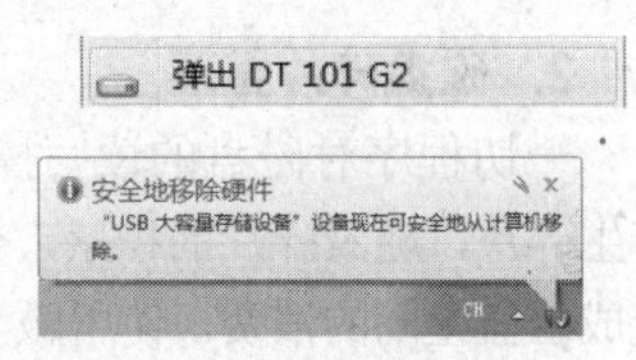

图2-67　安全删除U盘

（1）将C盘卷标设为“Test02”。

（2）用磁盘碎片整理程序分析C盘是否需要整理，如果需要，请进行整理。

三、实用小工具集中营——Windows附件

Windows 7“开始”菜单中的“附件”为用户提供了许多使用便捷而且功能丰富的工具，当用户要处理一些要求不是很高的任务时，使用专门的应用软件，运行程序要占用大量的系统资源，而附件中的工具都是非常小的程序，运行速度比较快，这样用户可以节省很多的时间和系统资源，有效地提高工作效率。

例如，可以使用“写字板”进行文本文档的创建和编辑工作；使用“计算器”来进行基本的算术运算；使用“画图”工具创建和编辑图片等。

1. 写字板

写字板是一个使用简单却功能强大的文字处理程序，用户可以使用它进行日常工作中文档的编辑。它不仅可以进行中英文文档的编辑，而且还可以图文混排，插入图片、声音和视频剪辑等多媒体资料。

（1）启动“写字板”。

单击“开始”按钮，在打开的“开始”菜单中选择“所有程序”→“附件”→“写字板”命令，可以看到如图2-68所示的“写字板”界面，在Windows 7中，写字板的主要界面与Word 2010很相似。

（2）文档编辑。

① 新建文档。单击“写字板”按钮，从弹出的下拉菜单中选择“新建”命令，即可新建一个文档进行文字的输入，也可以使用快捷键<Ctrl+N>来完成。

② 保存文档。单击“写字板”按钮，从弹出的下拉菜单中选择“保存”命令，弹出“保存为”对话框，如图2-69所示。选择要保存文档的位置，输入文档名称，选择文档的保存类型，单击“保存”按钮，也可以使用<Ctrl+S>快捷键来完成。

③ 常用编辑操作。

- 选择：按住鼠标左键，在需要操作的对象上拖动，当文字呈反白显示时，说明已经选中对象。

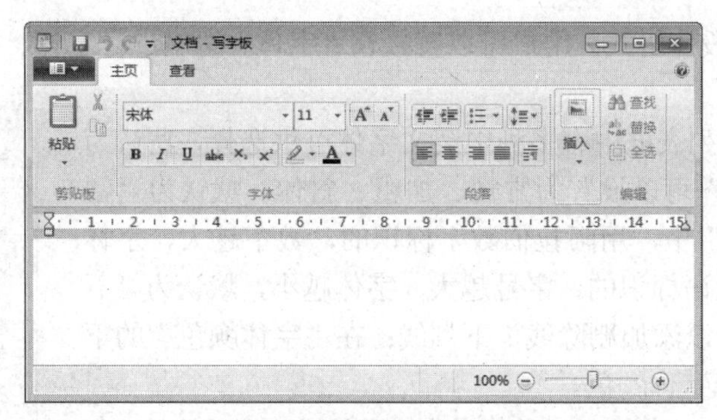

图 2-68 “写字板”操作界面

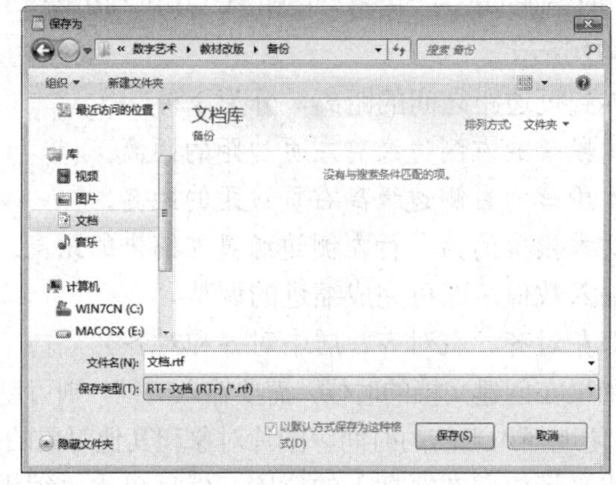

图 2-69 “保存为”对话框

- 删除：选定不再需要的对象，在键盘上按下<Delete>键。
- 移动：选定对象，按住鼠标左键拖到所需要的位置后放手，完成移动操作。
- 复制：选定对象，单击“编辑”菜单中的“复制”命令，在目标位置处单击“编辑”菜单中的“粘贴”命令，也可以使用组合键<Ctrl+C>配合< Ctrl+V>来完成。
- 查找和替换：如果用户需要在文档中寻找一些相关的字词，可以使用“查找”和“替换”命令轻松找到想要的内容。在进行查找时，可单击“主页”选项卡下“编辑”组中的“查找”按钮，打开“查找”对话框，如图2–70所示，用户可以在其中输入要查找的内容，单击“查找下一个”按钮即可。

全字匹配：针对英文的查找，勾选该项后，只有找到完整的单词，才会出现提示；区分大小写：勾选该项后，在查找过程中，会严格地区分大小写。这两项一般都默认为不选择。

如果用户需要替换某些内容时，可以选择“编辑”菜单下的“替换”命令，打开“替换”对话框，如图 2-71 所示。在“查找内容”中输入要被替换掉的内容，在“替换为”中输入替换后要显示的内容，单击“替换”按钮可以只替换一处的内容，单击“全部替换”按钮则在全文中都进行替换。

图 2-70 “查找”对话框

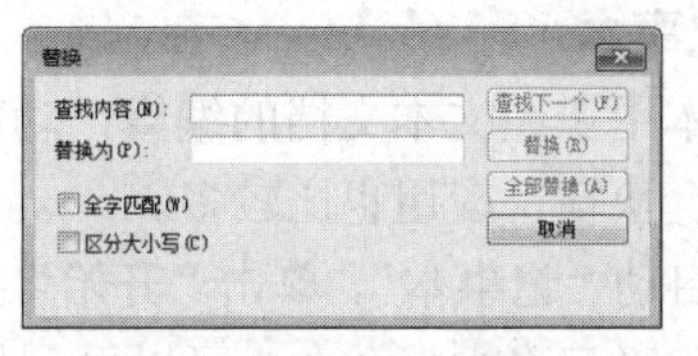

图 2-71 “替换”对话框

④ 设置字体及段落格式。用户可以直接在“字体”组中进行字体、字形、字号和字体颜色的设置。

在“字体系列”列表框中有多种中英文字体可供选择，默认为“宋体”；“字体字形”可以设置为常规、加粗、斜体，默认为“常规”；在“字体大小”中，用阿拉伯数字标识的，数字越大，字体就越大，默认为用汉语标识的，字号越大，字体越小，默认为“五号”；“字体效果”可以添加删除线、下划线；在“字体颜色”的下拉列表框中可以选择字体颜色。

设置段落格式可以直接在“段落”组中进行缩进、项目符号、行距、对齐方式的设置，也可以通过单击“段落”按钮，打开“段落”对话框进行设置，如图 2-72 所示。

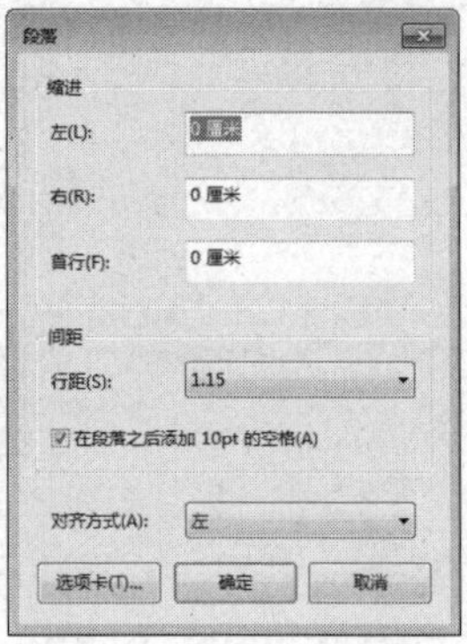

图 2-72 “段落”对话框

缩进是指段落的边界到页边距之间的距离，分为 3 种。

- 左缩进：指文本段落的左侧边缘离左页边距的距离。
- 右缩进：指文本段落的右侧边缘离右页边距的距离。
- 首行缩进：指文本段落的第一行左侧边缘离左缩进的距离。

在对应的文本框中输入数值，即可完成缩进的调整。

对齐方式有 4 种，即左对齐、右对齐、居中对齐和对齐。

⑤ 使用插入操作。如果在创建文档的时候，需要输入时间，则可以使用“插入”组中的“插入时间和日期”按钮来方便地插入当前的时间，图片对象和其他对象的插入方法也与此类似。

具体操作时，可以将光标停留在要插入的位置，然后单击“编辑”组中的“插入日期和时间”按钮，打开“日期和时间”对话框，在“可用格式”列表框中有很多日期和时间格式可供选择，如图 2-73 所示。

要插入对象，可以单击“插入”菜单中的“对象”命令，打开“插入对象”对话框，如图 2-74 所示，选择要插入的对象，单击“确定”按钮后，系统将打开选中的程序，选择所需要的内容插入文档。

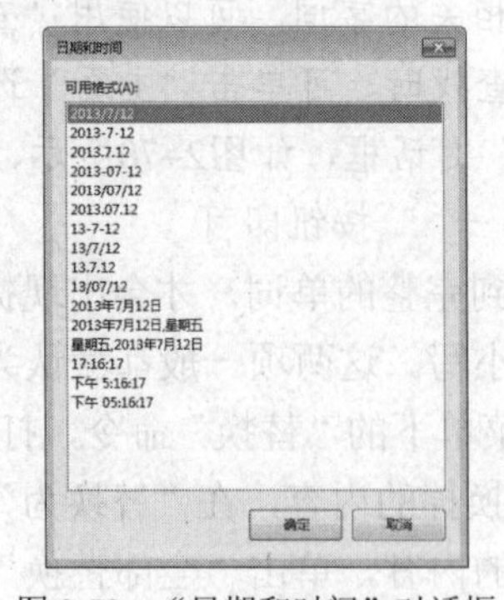

图 2-73 “日期和时间”对话框

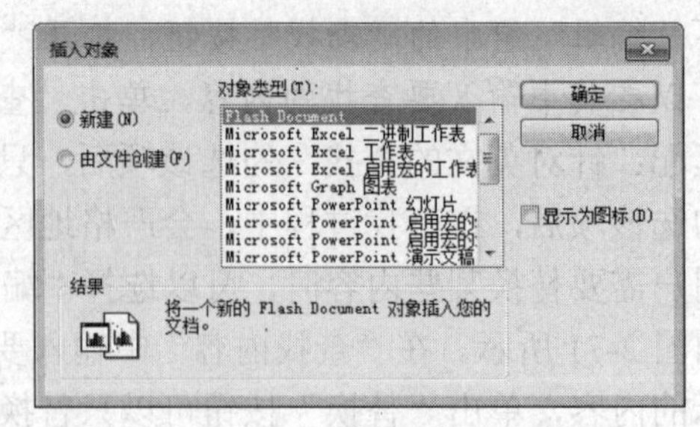

图 2-74 “插入对象”对话框

2. 记事本

记事本用于纯文本文档的编辑，功能不多，适合编写一些篇幅短小的文档。因为它使用起来方便、快捷，应用也比较多。

（1）启动“记事本”。单击“开始”按钮，在打开的“开始”菜单中选择“所有程序” →“附件” →“记事本”命令，可以看到如图 2-75 所示的“记事本”界面，它的界面与“写字板”界面比较起来略显简单。

（2）文档编辑。在“记事本”中用户可以使用不同的语言格式创建文档，也可以使用不同的编码进行文档的保存，如 ANSI（美国国家标准化组织）、Unicode、Unicode big-endian 或 UTF-8 等类型，扩展名为 TXT。

“记事本”的文档编辑方式和“写字板”非常类似，可以参考“写字板”中的相关介绍进行使用。

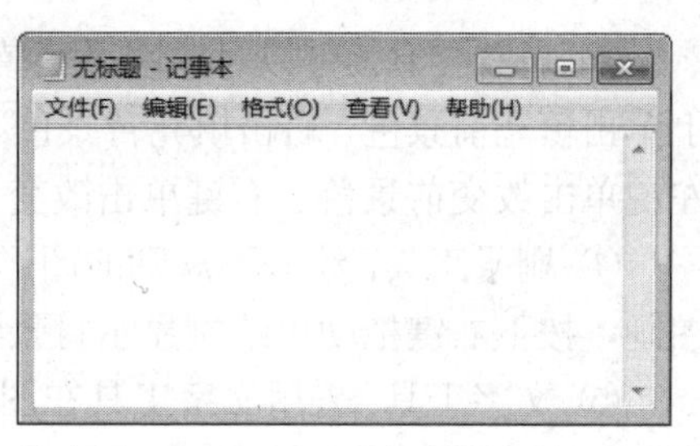

图 2-75 “记事本”操作界面

记事本是纯文本文档的编辑工具，不能插入图片，也不具备排版功能。

3. 计算器

（1）启动“计算器”。单击“开始”按钮，在打开的“开始”菜单中选择“所有程序” →“附件” →“计算器”命令，打开“计算器”程序。

（2）“计算器”的使用。“计算器”可以完成数据的各类运算，它的使用方法与日常生活中所使用的计算器的方法一样，在实际操作时，可以通过鼠标单击计算器上的按钮来运算，也可以使用键盘按键来输入数据进行运算。

计算器有“标准计算器”和“科学计算器”两种，“标准计算器”可以完成简单的算术运算，“科学计算器”可以完成较为复杂的科学运算，如函数运算、进制转换等。从“标准计算器”切换到“科学计算器”的方法是选择“查看”菜单中的“科学型”命令，如图 2-76 所示。

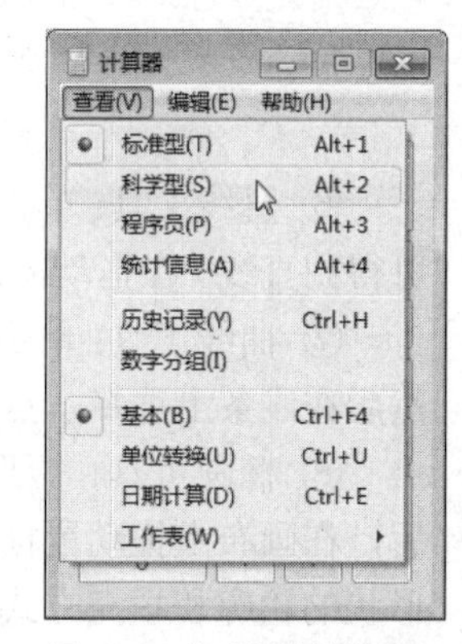

图 2-76 从“标准计算器”切换至“科学计算器”

4. 画图

“画图”程序是一个比较简单的图形编辑工具，可以对各种位图格式的图画进行编辑，用户可以自己绘制图画，也可以对各类图片进行编辑修改，在编辑完成后，可以保存为 BMP、JPG、GIF 等多种图像格式。

（1）启动“画图”程序。单击“开始”按钮，在打开的“开始”菜单中选择“所有程序”→“附件”→“画图”命令，打开“画图”程序，可以看到如图 2-77 所示的“画图”操作界面。

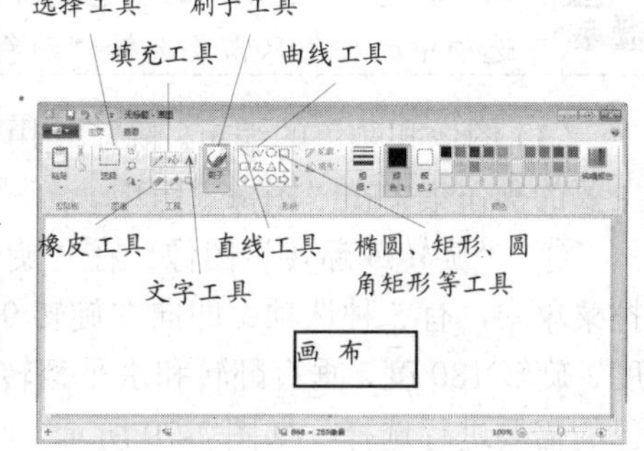

图 2-77 “画图”操作界面

（2）工具的使用。“主页”选项卡中提供了很多绘图工具，下面介绍几种常用工具。

① 选择工具：用于选中对象，使用时单击此按钮，按住鼠标左键并拖动，可以通过拉出一个矩形选区选中要操作的对象，可以对选中范围内的对象进行复制、移动和剪切等操作。

② 橡皮工具：用于擦除画布中不需要的部分，可以根据要擦除的对象的大小，选择大小合适的橡皮擦，橡皮工具擦除的部位会显示背景颜色，当背景色改变时，橡皮擦出的区域会显示不同的颜色，功效类似于刷子工具。

③ 填充工具：可以对选区进行填充，填充时，一定要在封闭的范围内进行，在填充对象上单击填充前景色，右击填充背景色。前景和背景色可以从颜料盒中选择，在选定的颜色上，左键单击改变前景色，右键单击改变背景色。

④ 刷子工具：绘制不规则的图形，在画布上按下左键并进行拖动即可绘制显示前景色的图画，按下右键拖动可绘制显示背景色的图画，可以根据需要选择不同粗细、形状的笔刷。

⑤ 文字工具：采用文字工具在图画中加入文字，选择工具后，在文字输入框内输入文字，还可以在“文本”选项卡中设置文字的字体、字号、颜色，设置粗体、斜体、下划线、删除线以及背景是否透明等，如图 2-78 所示。

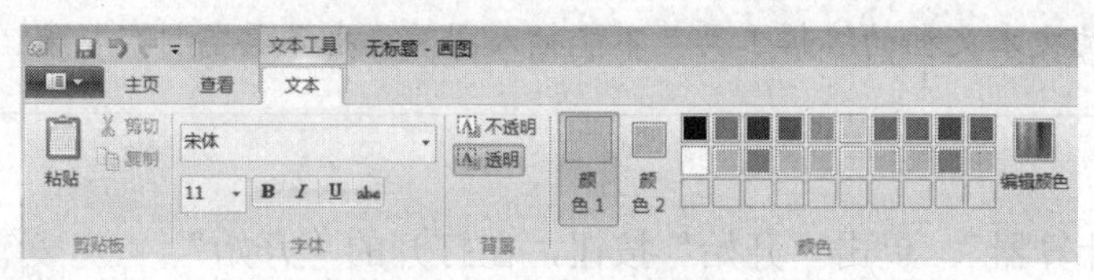

图 2-78 “文字”选项卡

⑥ 直线工具：单击该工具，选择需要的颜色和合适的宽度，拖动鼠标至目标位置再松开，可得到直线。在拖动的过程中，按住<Shift>键，可以画出水平、垂直或与水平成 45° 的线条。

⑦ 曲线工具：单击该工具，选择需要的颜色和合适的宽度，拖动鼠标至目标位置再松开，然后在线条上选择一点，拖动鼠标，将线条调整至合适的弧度。

⑧ 椭圆工具、矩形工具、圆角矩形等工具：这几种工具的应用方法基本相同，选择工具后，在画布上拖动鼠标拉出相应的图形即可，可以通过轮廓按钮和填充按钮的下拉菜单设置形状的轮廓和填充方式，包括无轮廓线或不填充、纯色、蜡笔、记号笔、油画颜料、普通铅笔和水彩这几种选项。在拖动鼠标的同时如果按住<Shift>键，可以得到正圆、正方形和正圆角矩形等形状。

“颜色”组中，“颜色 1”选项中的颜色都是前景色，需要按住鼠标左键进行绘制，而“颜色 2”选项中的颜色是背景色，需要按住鼠标右键进行绘制，想要设置“颜色 2”选项中的颜色只需要选择“颜色 2”选项，然后在颜色框中选择要设置的颜色即可。

（3）图像和颜色的编辑。除了使用工具进行绘图之外，用户还可对图像进行简单的编辑，主要的操作集中在“图像”组中。

① “旋转或翻转”图像。在“旋转或翻转”按钮下拉菜单中，有 5 种选项，即向右旋转 90 度、向左旋转 90 度、旋转 180 度、垂直翻转和水平翻转，用户可以根据自己的需要进行选择，如图 2-79 所示。

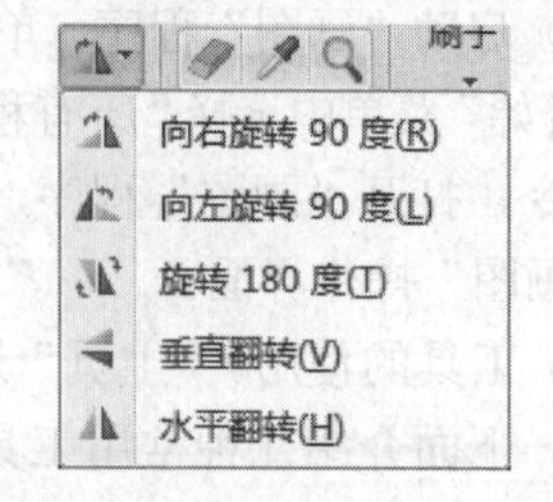

图 2-79 “旋转或翻转”按钮下拉菜单

② “调整大小和扭曲”图像。在“调整大小和扭曲”对话框中，有“重新调整大小”和“倾斜”两个选项，用户可以选择“水平”和“垂直”方向调整的比例以及倾斜的角度，如图 2-80 所示。

③ 查看图像属性。打开“映像属性”对话框可以通过单击“画图”菜单中的“属性”命令。在“映像属性”对话框中，显示了保存过的文件属性，包括时间、大小、分辨率、单位、颜色以及图片的高度、宽度，用户可以在“单位”区域中选用不同的单位查看图像，也可以

在“颜色”区域中将彩色图像设置为黑白图像，如图 2-81 所示。

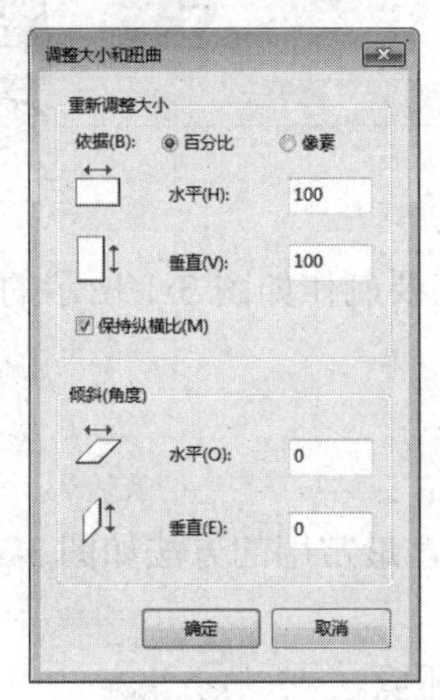

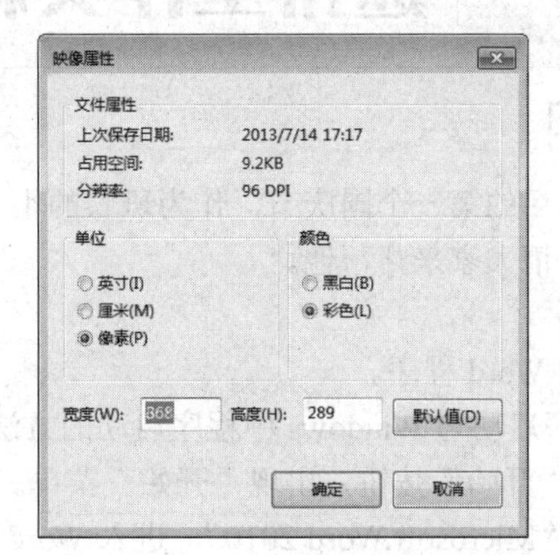

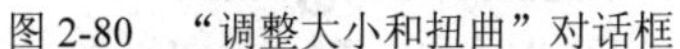

图 2-80 “调整大小和扭曲”对话框　　　图 2-81 “属性”对话框

（4）复制屏幕和窗口。配合使用“剪贴板”程序和“画图”程序可以复制整个屏幕或某个活动窗口。

① 复制整个屏幕。按<Print Screen>组合键，复制整个屏幕。

② 复制窗口。选择要复制的窗口，按<Alt+Print Screen>组合键，复制当前的活动窗口。

在新建的“画图”文件中，按<Ctrl+V>组合键，得到复制的屏幕或活动窗口，使用“画图”程序保存画面。

练习

（1）用记事本创建名为“个人信息”的文档，内容为自己的班级、学号、姓名，并设置字体为楷体、三号。

（2）利用计算器计算：

$(1011001)_2=(\qquad)_{10}$

$(1001001)_2+(7526)_8+(2342)_{10}+(ABC18)_{16}=(\qquad)_{10}$

$\sin 60° =$

$12^{12}=$

（3）使用画图软件绘制主题为“向日葵”的图像。

（4）打开科学型计算器，将该程序窗口作为图片保存到桌面上，将文件命名为“科学型计算器.bmp”。

速排工作文档

热身练习

新生入学后的第一个国庆节，作为班长的小 Q，需要制作如图 3-1 所示的放假通知并打印张贴出来，请大家来帮帮他。

知识储备

（1）启动 Word 程序。

Word 程序启动与 Windows 中程序启动的方法类似，最常用的方法如图 3-2 所示。

① 单击“开始”按钮，出现“开始”菜单。

② 单击“Microsoft Word 2010”，进入 Word 操作环境。

国庆节放假通知

根据学院安排，国庆节放假时间是 2015 年 10 月 1 日至 7 日，共 7 天。10 月 10 日（星期六）正常上课。

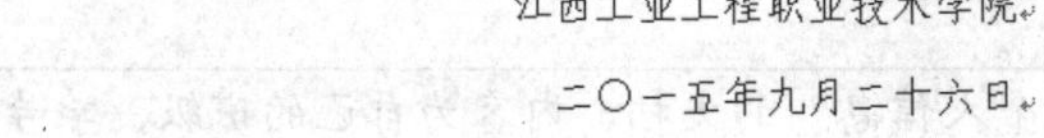

江西工业工程职业技术学院

二〇一五年九月二十六日

图 3-1　放假通知样图

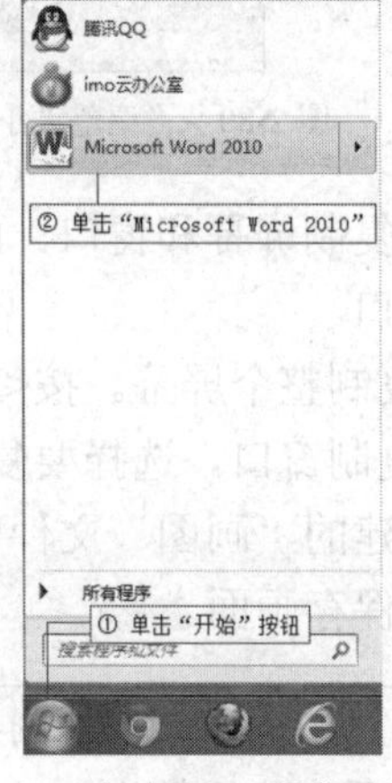

图 3-2　启动 Word 程序示意图

如果在“开始”菜单中没有出现“Microsoft Word 2010”，则选择“所有程序”→“Microsoft Office”→“Microsoft Word 2010”。

（2）认识 Word 的基本界面。

在使用 Word 之前，首先要了解它的操作界面，如图 3-3 所示。

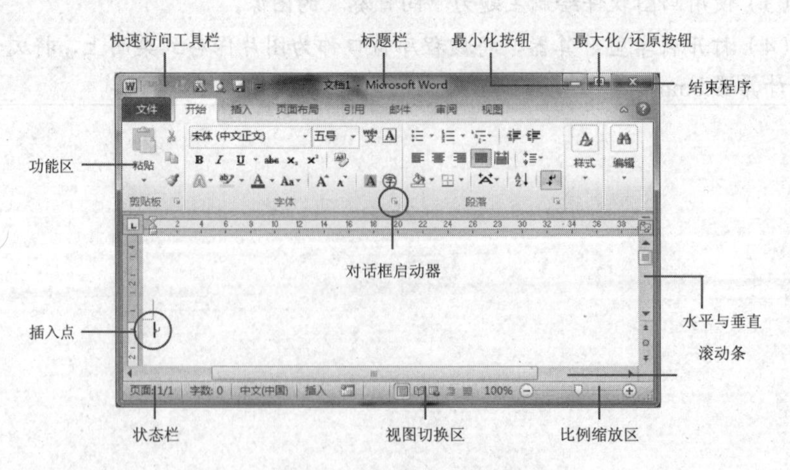

图 3-3　Word 的基本界面

① 标题栏：显示当前程序与文件名称（首次打开程序，默认文件名为“文档1”）。

② 快速访问工具栏：主要包括一些常用命令，单击快速访问工具栏的最右端的下拉按钮，可以添加其他常用命令。

③ 功能区：用于放置常用的功能按钮以及下拉菜单等调整工具。

④ 对话框启动器：单击功能区中选项组右下角的“对话框启动器”按钮，即可打开该功能区域对应的对话框或任务窗格。

⑤ 文档编辑区：用于显示文档的内容供用户进行编辑。

⑥ 状态栏：用来显示正在编辑的文档信息。

⑦ 视图切换区：用于更改正在编辑的文档的显示模式。

⑧ 比例缩放区：用于更改正在编辑的文档的显示比例。

⑨ 滚动条：使用水平或垂直滚动条，可滚动浏览整个文件。

（3）文件的保存。

使用快速访问工具栏的“保存”按钮或单击“文件”按钮，在弹出的下拉菜单中单击按钮，在弹出的“另存为”对话框（见图 3-4）中设置保存位置、文件名与保存类型，最后单击“保存”按钮。

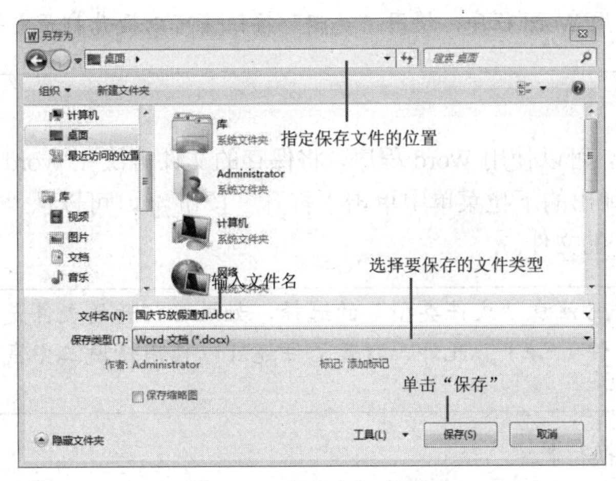

图 3-4 “另存为”对话框

文件菜单中的“保存”与“另存为”是有区别的。

① 保存：将文件保存到上一次指定的文件名称及位置，会以新编辑的内容覆盖原有文档内容。

② 另存为：将文件保存到新建的文件名、位置或保存类型中，原文档不会发生改变。在第一次对文件进行保存时，会出现“另存为”对话框。

为避免辛苦创建的内容丢失，需要养成每隔一段时间就保存一次的好习惯！此外，还有一个一劳永逸的好办法：单击“文件”按钮，在弹出的下拉菜单中单击“选项”按钮，在“Word 选项”对话框中的“保存”选项卡中将“保存自动恢复信息时间间隔”设置为合适大小，这样 Word 程序就会自动帮我们每隔一段时间保存一次。

（4）文件名的命名规定。

文件名的命名规定归纳起来主要有以下两条。

① 文件名最多可由 255 个字符（相当于 127 个中文字）构成。

② 文件名中不可包括 *、/、\、?、<、>、:、|、"9 个字符（均为西文状态）。

第一次保存文件时，Word 会将文档中的第一个字到第一个换行符号或标点符号间的文字作为默认文件名，用户可以根据实际需要选择是否修改。

（5）文件类型的相关说明。

Word 文件可以使用多种类型来保存，不同的文件类型对应的扩展名、图标一般不相同。例如，默认类型为“Word 文档”，对应扩展名为“docx”，图标为。其他类型的文件、扩展名请参照情境二中“项目三　资源管理——文件与文件夹的操作”的相关内容。

（6）关闭窗口与退出程序。

保存文件后就可以放心地关闭文档窗口或退出程序了。关闭当前文档窗口时，Word 程序是不会关闭的。具体操作是：单击“文件”按钮，在弹出的下拉菜单中单击“关闭”按钮。

如要退出程序（关闭程序窗口），需单击标题栏最右端的“关闭”按钮，或单击文件按钮，在弹出的下拉菜单中单击“退出”按钮。退出程序后，程序窗口和文档窗口一起关闭。

如还需再次使用 Word 程序，使用“关闭”按钮可以提升打开文件的速度。

（7）打开文件。

关闭文档窗口后，可以使用 Word 程序，将保存的文件再次在 Word 程序窗口中打开。单击“文件”按钮，在弹出的下拉菜单中单击“打开”按钮，可以从“打开”对话框（见图 3-5）中选择需要打开的文件。

打开文件时注意“文件类型”的选择，如果要打开的文件是*.txt 文本文件，则应选择“所有文件（*.*）”。此外，打开文件还可以使用情境二中鼠标双击文件图标的操作方法。

（8）文字输入与换行。

① 输入文字：输入前，先在要输入文字的地方单击鼠标左键，定好光标。

② 换行输入：按<Enter>换行，换到下一行（即新段落）输入文字。

③ 手工换行：按<Shift+Enter>组合键，可换至下一行输入，但仍与上一行属于同一个段落。

（9）选取文本的方法。

根据选取文本的区域及长短的不同，可以将常用的选取操作分为 6 种。

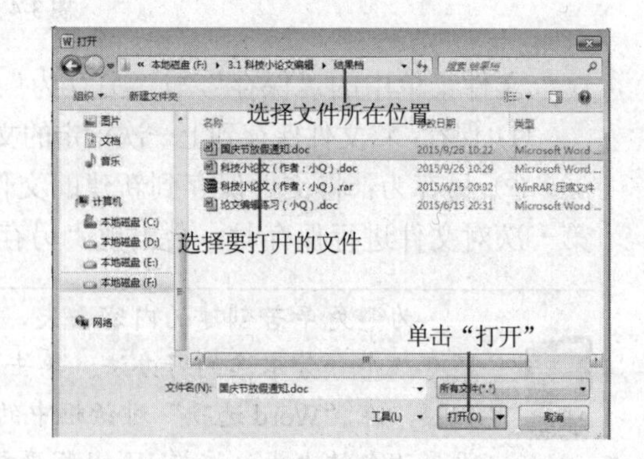

图 3-5　“打开”对话框

① 选取一段文本：在段落中任何一个位置，连续按 3 次鼠标左键。

② 选取所有内容：单击“编辑”→“全选”命令，或使用<Ctrl+A>组合键。

③ 选取少量文本：将鼠标移至需选取文本的首字符处，使用鼠标左键拖曳至欲选取的

范围。

④ 选取大量文本：将鼠标移至需选取文本的首字符处并单击鼠标左键，然后按住<Shift>键的同时，在要选取文本的结束处单击鼠标左键。

⑤ 不连续选取文本：先用选取少量文本的方法，选取第一部分连续的文本；然后按住<Ctrl>键，继续使用鼠标左键拖曳选取另外区域，直到选取结束。

⑥ 以列为单位选取文本：按住<Alt>键，使用鼠标拖动的方式选定一块矩形文本。

操作步骤

【步骤 1】新建文件。启动 Word 程序后，窗口中会自动建立一个新的空白文件。

【步骤 2】保存文件。单击快速访问工具栏的“保存”按钮，在弹出的“另存为”对话框中设置保存位置（桌面）、文件名与保存类型（“国庆节放假通知.docx”），单击“保存”按钮。

【步骤 3】输入文本。在插入点处，依次输入通知内容，保持 Word 默认格式，按<Enter>键另起一段，日期单击“插入”选项卡中的“日期和时间”按钮自动生成（见图 3-6），完成文本输入后的效果如图 3-7 所示。

【步骤 4】设置文字。选中标题，在“开始”选项卡中设置“字体、字号”及“居中”；选中正文及落款，设置“字体、字号”为“仿宋_GB2312、小三”。

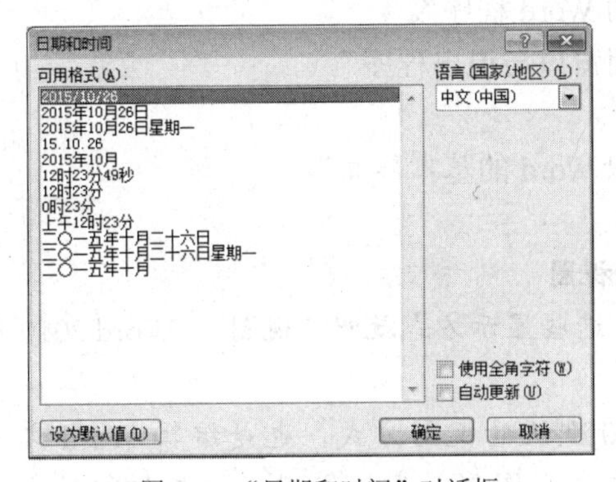

图 3-6 “日期和时间”对话框

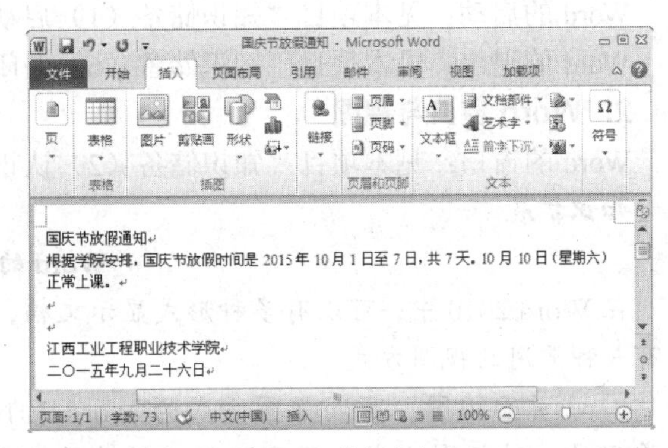

图 3-7 输入文本后

提示

在计算机的各类基本操作中，最重要的一条原则就是“先选定，后操作”。所谓“选定”，就是选取要处理的对象，可以是文本、图片和图表等；所谓“操作”的方法其实有很多种，计算机操作不同于解数学题，其操作步骤也不可能有所谓的标准答案，本书中所提供的操作步骤也只是推荐操作，是所有操作方法中的一种。

【步骤 5】设置段落。选中标题和正文两个段落，在“段落”选项组中单击“对话框启动器”按钮，在“段落”对话框中，设置段前距为“1 行”；选中正文所在段落，设置特殊格式为“首行缩进”，度量值为“2 字符”（见图 3-8）；选中落款部分的两个段落，单击“段落”选项组中的“右对齐”按钮。

【步骤 6】打印预览。为确保打印效果，在正式打印前单击“文件”按钮，在弹出的下拉菜单中单击打印按钮查看打印效果，如图 3-9 所示。

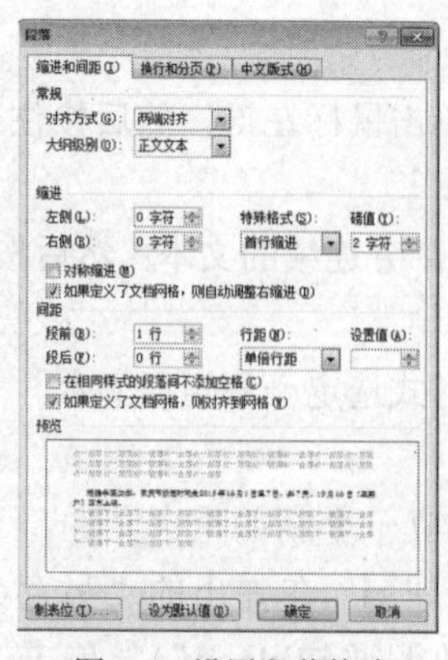
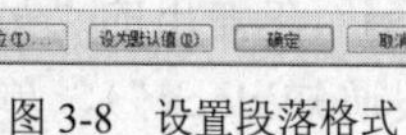

图 3-8 设置段落格式

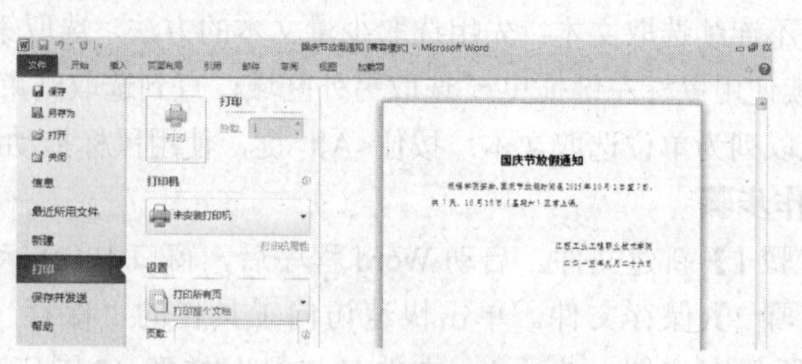

图 3-9 打印预览效果

【步骤 7】打印。确保已连接本地或网络打印机，单击打印预览效果中的“打印”按钮即可打印通知。

提炼升华

1. Word 的启动与退出

Word 的启动：见本项目“知识储备（1）启动 Word 程序”。

Word 的退出：见本项目“知识储备（6）关闭窗口与退出程序”。

2. Word 窗口与视图

Word 的窗口：见本项目“知识储备（2）认识 Word 的基本界面”。

知识扩展

Word 的视图

在 Word 2010 中，可以有多种形式显示文档，这些显示方式就叫“视图”，Word 2010 中共有 5 种常用的视图方式。

① 页面视图。页面视图方式为 Word 2010 默认的视图方式，也是编辑 Word 文档最常用的一种视图方式。页面视图可精确显示文本、图形、表格等格式，与打印的文档效果最接近，充分体现“所见即所得”。并且，对页眉页脚等格式进行处理，需在页面视图方式下才可显示。

② 阅读版式视图。阅读版式视图中，文档像一本打开的书在两个并排的屏幕中展开。

③ Web 版式视图。要创建网页或只需在显示器上浏览的文档，可以使用 Web 版式视图，效果就像在 Web 浏览器中看到的一样。

④ 大纲视图。按照文档中标题的层次显示文档，通过折叠文档来查看主要标题，或者展开标题查看下级标题和全文。使用此视图可以看到文档结构，便于对文本顺序和结构等进行重新调整。图 3-10 所示为“大纲工具”选项组。

图 3-10 “大纲工具”选项组

⑤ ▣草稿视图。草稿视图方式是键入、编辑和格式化文本的标准视图。主要针对文本进行编辑，页边距标记、页眉页脚等在此视图下是被隐藏起来的。

3. 文档保存

文档的保存：见本项目“知识储备（3）文件的保存”。

项目一 科技小论文编辑——初级排版

项目情境

一年一度的科普月活动开始了，学院举办科技小论文比赛，要求大一的学生参加，并以电子文档的形式，通过E-mail上交作品。小Q平时就对科技知识很感兴趣，写文章不成问题，可电子文档用什么工具来完成好呢？具体该怎么操作？相应的格式又怎么设置呢？

项目分析

（1）使用什么工具来完成小论文呢？当然是用微软公司的办公自动化软件Office，在Office组件中，Word可以完成简单的文档和复杂的稿件，能够帮助用户轻松创建并编辑这些文档。学好Word，对我们的就业也会有帮助，可以在报社、出版社、杂志社或网站从事编辑工作。所以我们有必要学好计算机应用基础、学好Office办公软件、学好Word软件。

（2）Microsoft Word软件具体能做些什么呢？它可以被用来处理日常的办公文档，排版，处理数据，建立表格，可以制作简单的网页，还可以通过其他软件直接发传真或者发E-mail等，能够满足普通人的绝大部分日常办公需求。

（3）在Microsoft Word中，怎么设置格式？使用Word可以进行字体格式、段落格式等编排。

技能目标

（1）学会Word的基本操作。

（2）学会对文字、段落进行格式设置。

（3）能完成科技小论文的格式设置。

（4）能做到举一反三。

重点集锦

（1）字符、段落格式和奇数页眉。

科技论文比赛

浅谈 CODE RED 蠕虫病毒

计算机工程系 网络 151 小 C

【摘要】本文以“CODE RED”为例，对蠕虫病毒进行剖析，并将该病毒分为核心功能模块、hack web 页面模块和攻击 www.whitehouse.gov 模块以便阐述。

【关键词】“CODE RED” 蠕虫病毒 网络 线程

蠕虫是一种通过网络传播的恶性病毒，它具有病毒的一些共性，如传播性、隐蔽性、破坏性等等，同时具有自己的一些特征，如不利用文件寄生（有的只存在于内存中）、对网络造成拒绝服务、以及和黑客技术相结合等等。

（2）分栏和边框底纹。

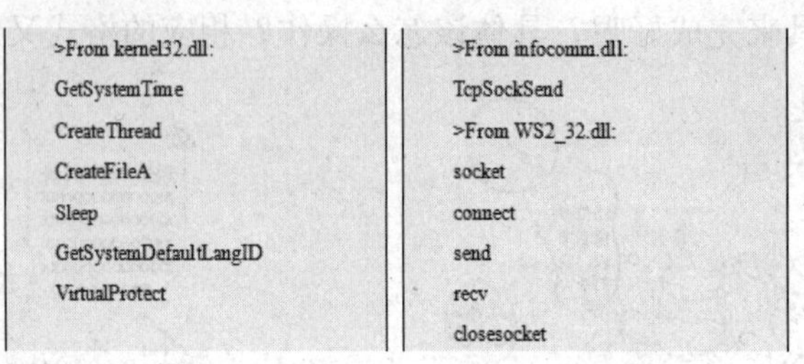

>From kernel32.dll:
GetSystemTime
CreateThread
CreateFileA
Sleep
GetSystemDefaultLangID
VirtualProtect
>From infocomm.dll:
TcpSockSend
>From WS2_32.dll:
socket
connect
send
recv
closesocket

（3）脚注和页码页数。

1 WriteClient 是 ISAPI Extension API 的一部分。

3

项目详解

项目要求 1：新建文件，命名为“科技小论文（作者：小 Q）.docx”，保存到桌面上。

操作步骤

【步骤 1】启动 Word 程序，窗口中会自动建立一个新的空白文件。

【步骤 2】单击快速访问工具栏中的“保存”按钮，在弹出的“另存为”对话框中设置保存位置（桌面）、文件名与保存类型【“科技小论文（作者：小 Q）.docx”】，单击“保存”按钮。

项目要求 2：将新文件的页边距上下左右均设置为 2.5 厘米，从“3.1 要求与素材.docx”中复制除题目要求外的其他文本到新文件。

知识储备

（1）页面设置。

合理地进行页面设置，能使文档的页面布局符合具体的应用要求。单击“页面布局”选项卡，在“页面设置”选项组中单击“对话框启动器”按钮，在“页面设置”对话框中进行相应设置。

① “页边距”选项卡。

页边距：页边距是指正文与页面边缘的距离，在页边距中也能插入文字和图片，如页眉、页脚等。

方向："纵向"是指打印文档时以页面的短边作为页面上边，"纵向"为默认设置。"横向"指打印文档时以页面的长边作为页面上边。

② "纸张"选项卡。

纸张大小：默认设置为"A4"，如需更改，单击右边的下拉按钮，可以修改为其他系统预置的纸张大小。如都没有合适的，还可以选择"自定义大小"，并在"宽度"和"高度"框中输入尺寸。

打印选项：单击"打印选项"按钮，通过"打印"对话框可以进行详细的打印设置。

③ "版式"选项卡。

在"页眉和页脚"部分可以设置"奇偶页不同"和"首页不同"。

（2）文本的移动、复制及删除。

对文本进行移动或复制有 3 种常用方法，即鼠标、快捷菜单和组合键。

① 用鼠标左键拖曳的方式进行移动与复制：先选定要移动或复制的文本，鼠标移至被选定的文本上，鼠标形状变为向左的空心箭头，按住鼠标左键并拖曳，可以看到一条虚线条的光标在提示目标位置，拖曳到目标位置后放开鼠标即可完成文本的移动；如果需要完成文本的复制，只需要在鼠标左键拖曳的同时，按住<Ctrl>键即可，注意空心箭头右下角会出现一个"+"号。

② 用快捷菜单的方式进行移动与复制：先选定要移动或复制的文本，鼠标移至被选定的文本上，鼠标形状变为向左的空心箭头，右键单击鼠标，弹出快捷菜单，如果是移动文本就选择"剪切"，如果是复制文本就选择"复制"，将光标移动到要插入该文本的位置，右键单击鼠标，在快捷菜单中选择"粘贴"。

③ 用组合键的方式进行移动与复制：先选定要移动或复制的文本，使用组合键<Ctrl+X>完成文本的剪切或<Ctrl+C>组合键完成文本的复制，最后将光标移动到要插入文本的位置，按<Ctrl+V>组合键完成粘贴操作。

文本的删除有两种情况：整体删除和逐字删除。

- 整体删除：先选定要删除的文本，然后按下<Delete>删除键或<Backspace>退格键。
- 逐字删除：将光标定在要删除文字的后面，每按一下<Backspace>键可删除光标前面的一个字符；如每按一下<Delete>键则可删除光标后面的一个字符。

操作步骤

【步骤 1】在"科技小论文（作者：小 Q）.docx"文件中，单击"页面布局"选项卡，在"页面设置"选项组中单击"对话框启动器"按钮，在"页边距"选项卡中分别将上、下、左、右页边距均设置为"2.5 厘米"，如图 3-11 所示。

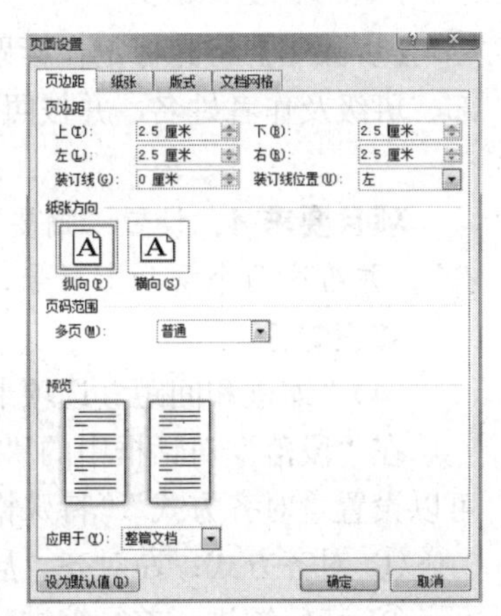

图 3-11 "页边距"选项卡

【步骤 2】打开"3.1 要求与素材.docx"文件，使用选取大量文本的方法，按照要求选取指定文本。

【步骤 3】将鼠标移至反白显示的已选定文本上，右键单击鼠标，在弹出的快捷菜单中选择"复制"。

【步骤 4】在"科技小论文（作者：小 Q）.docx"文件中的光标闪烁处，右键单击鼠标，在弹出的快捷菜单中单击"粘贴选项"中的"只保留文本"按钮。

使用“选择性粘贴...”命令可进行无格式文本等多种方式的粘贴，详见“知识扩展（3）选择性粘贴”。

项目要求 3：插入标题“浅谈 CODE RED 蠕虫病毒”，设置为“黑体二号字，居中，字符间距加宽、磅值为 1 磅”，在标题下方插入系部、班级及作者姓名，设置为“宋体小五号字，居中”。

知识储备

（3）字号的单位。

在 Word 中，描述字体大小的单位有两种：一种是汉字的字号，如初号、小初、一号、……、七号、八号等；另一种是用国际上通用的“磅”来表示，如 4、4.5、10、12、…、48、72 等。中文字号中，“数值”越大，字就越小；而“磅”的“数值”则与字符的尺寸成正比。在 Word 中，中文字号共有 16 种，而用“磅”来表示的字号却很多，其磅值的数字范围为 1～1 638，磅值可选的最大值为“72”，其余值需通过键盘输入。

操作步骤

【步骤 1】在当前第一段段首处单击鼠标左键，将光标定在第一段段首，然后按<Enter>键产生新段落。

【步骤 2】将输入法切换至中文输入状态，在新段落中输入标题“浅谈 CODE RED 蠕虫病毒”。

【步骤 3】使用鼠标左键拖曳的方式选取刚输入的标题文本。

【步骤 4】在格式工具栏中按照要求设置字体、字号及“居中”。

【步骤 5】在标题文本选中的状态下，在“字体”选项组中单击“对话框启动器”按钮，在“字体”对话框的“高级”选项卡中设置“字符间距”，如图 3-12 所示。

图 3-12 “字符间距”选项卡

功能区中放置的是常用按钮，不能覆盖所有的格式设置。这时，就要在“字体”选项组中单击“对话框启动器”按钮，在“字体”对话框中可以设置所有有关文本的格式。例如，“字体”选项卡中的“效果”部分，“高级”选项卡中的“位置”部分等。

【步骤 6】将光标定在标题段末，然后按<Enter>键，再次产生新段落，在光标处输入系部、班级及作者姓名，并按照要求设置字体为“宋体”、字号为“小五”及居中。

项目要求 4：设置“摘要”及“关键词”所在段落为“宋体小五号字，左右各缩进 2 字符”，并给这两个词加上括号，效果为【摘要】。

知识储备

（4）“缩进和间距”选项卡详解。

在“段落”对话框中的“缩进和间距”选项卡中除了可以设置段落的左、右缩进外，还可以设置“对齐方式”“特殊格式”的缩进以及“间距”。

① 对齐方式：左对齐、居中对齐、右对齐、两端对齐以及分散对齐。

② 特殊缩进：首行缩进和悬挂缩进，选择相应方式后在“度量值”中输入具体数值。

③ 间距：段前、段后及行距。

所有“缩进”和“间距”的设置要注意度量单位，如果使用单位与默认的不同，还需输入相应的单位，如“1.5 厘米”，“厘米”就需要手工输入。

操作步骤

【步骤 1】使用鼠标左键拖曳的方式选取摘要及关键词所在的两个段落。

【步骤 2】在格式工具栏中按照要求设置字体、字号。

【步骤 3】选中两个段落的前提下，在“段落”选项组中单击“对话框启动器”按钮，在“段落”对话框中的“缩进和间距”选项卡中设置“缩进”部分的数值，具体设置如图 3-13 所示。

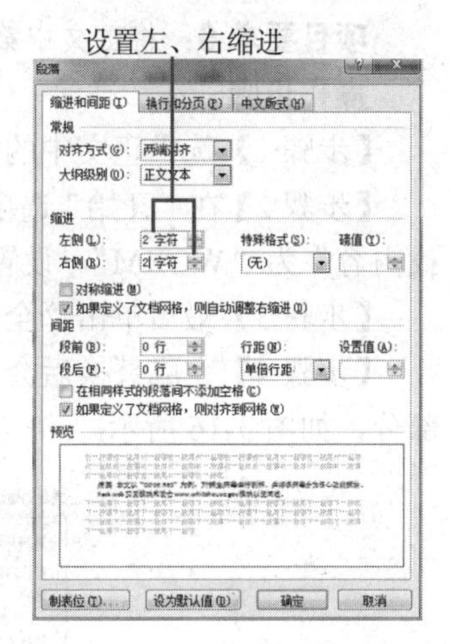

图 3-13 “段落”对话框

【步骤 4】将光标移至欲插入符号的位置，单击“插入”选项卡中的“符号”按钮，在下拉菜单中选择“其他符号…”命令，在“符号”对话框的“符号”选项卡中选择“子集”为“CJK 符号和标点”，单击以选择所需符号，最后单击“插入”按钮，如图 3-14 所示。

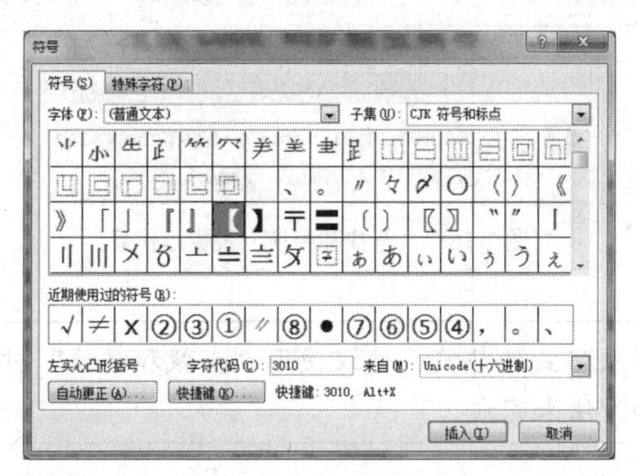

图 3-14 插入特殊符号

【步骤 5】用同样的方法为“关键词”添加相应符号，完成后如图 3-15 所示。

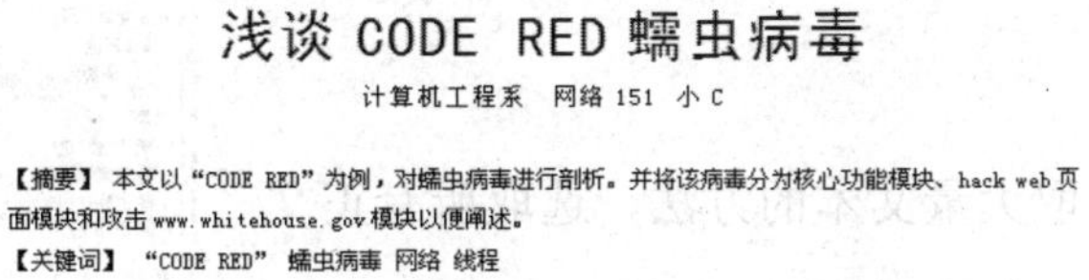

浅谈 CODE RED 蠕虫病毒

计算机工程系 网络 151 小 C

【摘要】本文以“CODE RED”为例，对蠕虫病毒进行剖析。并将该病毒分为核心功能模块、hack web 页面模块和攻击 www.whitehouse.gov 模块以便阐述。

【关键词】“CODE RED” 蠕虫病毒 网络 线程

图 3-15 完成项目要求 4 后的效果

项目要求 5：调整正文顺序，将正文“1.核心功能模块”中的（2）与（1）部分的内容调换。

操作步骤

【步骤 1】使用鼠标左键拖曳的方式选取“1.核心功能模块”中的（1）部分的全部内容，共 17 行。

【步骤 2】使用鼠标左键拖曳的方式，将其移至“1.核心功能模块”中的（2）之前。

拖曳至目标位置时注意虚线条的光标位置“|(2) 建立起”。

项目要求 6：将正文中第 1、2 段中所有的“WORM”替换为“蠕虫”。

操作步骤

【步骤 1】选中正文中的第 1、2 段，共 6 行。

【步骤 2】在“开始”选项卡中单击“替换”按钮，在“查找和替换”对话框中设置“查找内容”为“WORM”，设置“替换为”为“蠕虫”。

【步骤 3】最后单击“全部替换”按钮。

【步骤 4】完成替换后会弹出一个信息框，提示替换 5 处，单击“否”取消搜索文档其余部分，如图 3-16 所示。

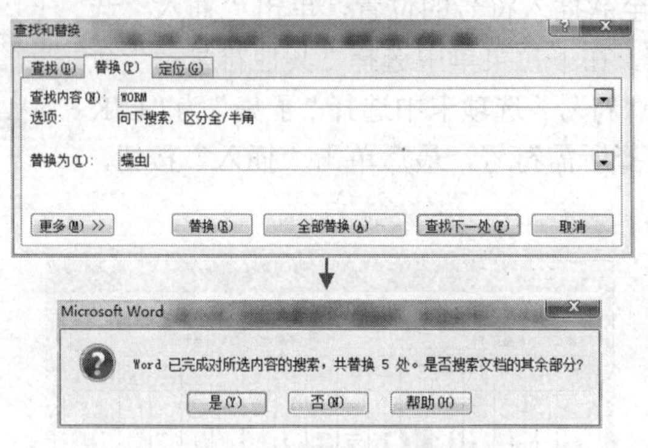

图 3-16 “查找和替换”及提示信息

如果替换中涉及格式的替换，建议使用“查找和替换”对话框中的“更多>>”按钮或使用高级替换的方法来完成。

项目要求 7：设置正文为“宋体和 TimesNew Roman 小四号字，1.5 倍行距，首行缩进 2 字符”，正文标题部分（包括参考文献标题，共 4 个）为“加粗”，正文第一个字为“首字下沉”。

操作步骤

【步骤 1】使用选取大量文本的方法，选取所有正文文本。

【步骤 2】在“字体”选项组中单击“对话框启动器”按钮，在“字体”对话框的“字体”选项卡中完成“中文字体”和“西文字体”及字号的格式设置，如图 3-17 所示。

图 3-17 中英文字体及字号设置

中英文字体如不一致，需使用“字体”对话框完成设置。

【步骤 3】在“段落”选项组中单击“对话框启动器”按钮，在“段落”对话框中设置行距为“1.5 倍行距”，特殊格式中选择“首行缩进”，度量值为“2 字符”，如图 3-18 所示。

【步骤 4】使用不连续选取文本的方法，选择正文标题（1.核心功能模块；2.hack webpage 模块；3.攻击 www.whitehouse.gov 模块）及参考文献标题（参考文献：），单击“字体”选项组中的“**B**加粗”按钮。

【步骤 5】将光标定在正文第一段的任何位置，在“插入”选项卡中单击“首字下沉”下拉按钮，在下拉菜单中选择“首字下沉选项…”命令，在“首字下沉”对话框中选择“位置”部分的“下沉”，最后单击“确定”按钮，具体设置如图 3-19 所示。

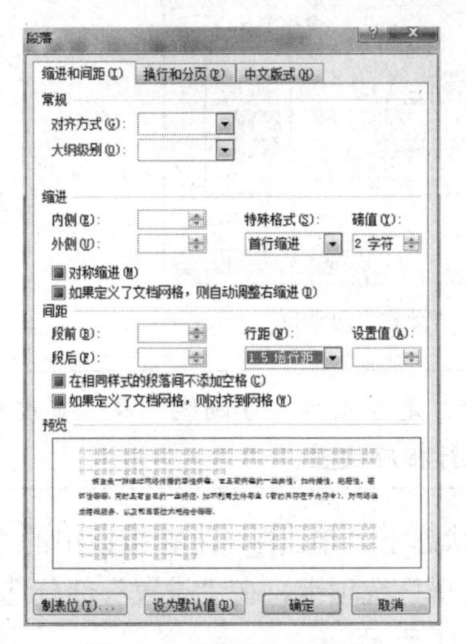

图 3-18 “段落”对话框

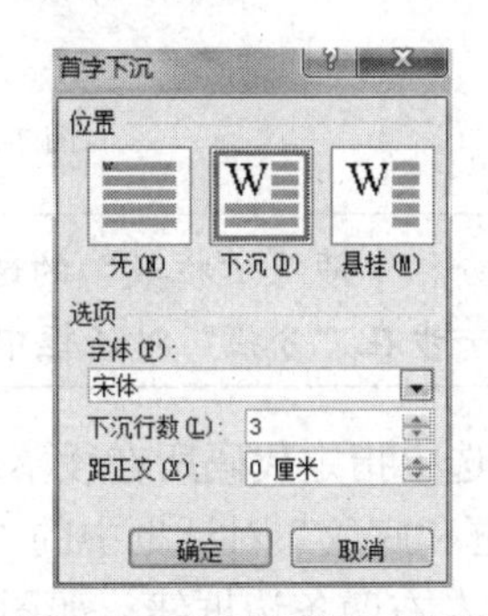

图 3-19 “首字下沉”对话框

如首字下沉中涉及“选项”部分中“字体”的设置、“下沉行数”及“距正文”的相关设置，需进一步在“首字下沉”对话框中进行相应设置。

项目要求 8： 将“1.核心功能模块（3）装载函数”中从“>From kernel32.dll:”开始的代码到“closesocket”的格式设为“分两栏、左右加段落边框，底纹深色 5%”。

知识储备

（5）字符、段落及页面添加边框的不同。

① 字符边框：把文字放在框中，以文字的宽度作为边框的宽度，如超过一行，则会以行为单位添加边框线。字符的边框是同时添加上下左右 4 条边框线，所有边框线的格式是一致的。

② 段落边框：是以整个段落的宽度作为边框宽度的矩形框。段落边框还可以单独设置上下左右 4 条边框线的有无及格式。

③ 页面边框：是为整个页面添加边框，一般在制作贺卡、节目单等时会用到。

（6）填充与图案详解。

在设置底纹时有“填充”和“图案”两部分，其中“图案”部分又分为“样式”和“颜色”。

“填充”是指对选定范围部分添加背景色；“图案”是指对选定范围部分添加前景色，前景色是广义的，包括各种“样式”。

“图案”部分的“样式”，默认为“清除”，是指没有前景色。“图案”部分的“颜色”默认为“黑色”，除默认外，可以设置不同的“样式”和“颜色”。

操作步骤

【步骤 1】选取指定代码，共 16 行（包括一空行）。

【步骤 2】在“页面布局”选项卡中单击“分栏 ▾”下拉按钮中的“两栏”按钮，或单击“更多分栏...”命令，在“分栏”对话框中选择“预设”部分的“两栏”，最后单击“确定”按钮，如图 3-20 所示。

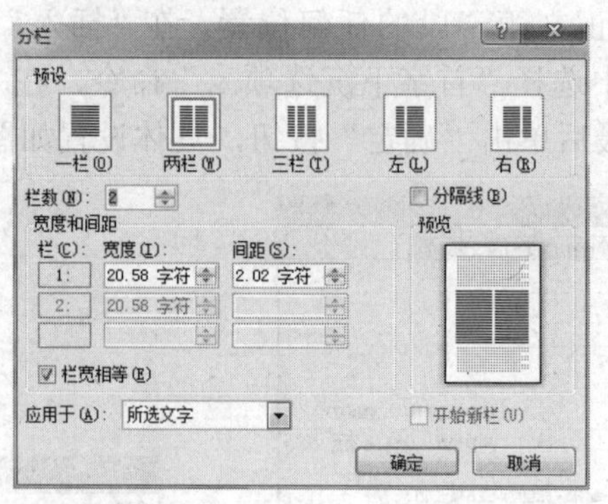

图 3-20　“分栏”对话框

如果分栏中涉及“栏数”的选择、是否显示“分隔线”及“宽度和间距”等相关设置，需进一步在“分栏”对话框中进行相应设置。

【步骤 3】在选中指定代码所在段落的状态下，单击 ▾ 下拉按钮中的“边框和底纹...”命令，弹出“边框和底纹”对话框中的“边框”选项卡，在“设置”部分选择“自定义”，在“预览”部分设置左右两条边框线，如图 3-21 所示。

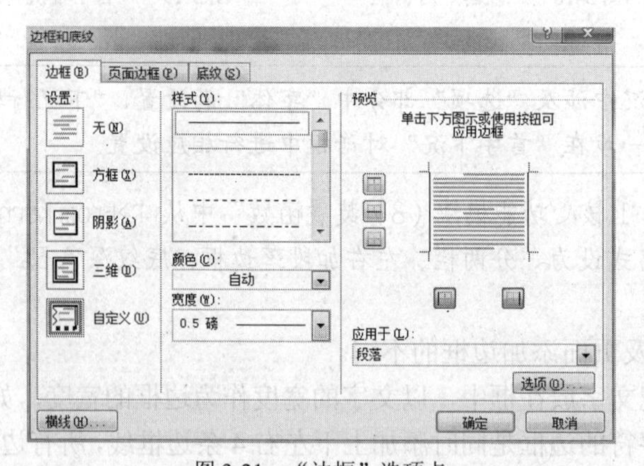

图 3-21　“边框”选项卡

段落边框中如果 4 条边框线不是一致的格式，需要在“设置”部分选择“自定义”。此外，在设置边框线时，要遵循“边框”选项卡中“从左到右”设置的原则，即先选择“设置”部分，再选择“样式、颜色、宽度”，最后在“预览”中选择需要设置边框线的位置。其中特别要注意“应用于”的范围选择，如果选择的是段落（回车符在选择范围内），则默认就是段落；如果选择的是文本（回车符不在选择范围内），则默认就是文字。如果选择范围有误，可以在“应用于”部分进行修改。

【步骤 4】在“边框和底纹”对话框的“底纹”选项卡中，将“填充”部分设置为“深色

5%”（见图 3-22），边框和底纹均设置完毕后单击“确定”按钮。

如果对话框中的设置涉及好几个选项卡，请在所有选项卡均设置完成后，最后单击“确定”按钮，以避免不必要的重复操作。

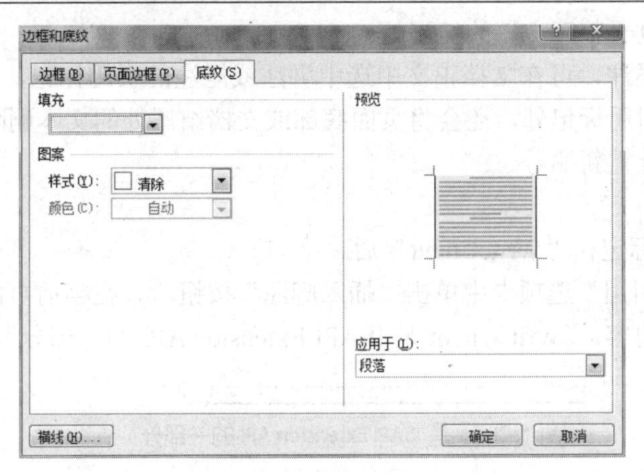

图 3-22 “底纹”选项卡

项目要求 9：使用项目符号和编号功能自动生成参考文献各项的编号：“[1]、[2]、[3]……”。

知识储备

（7）项目符号和编号。

项目符号和编号是 Word 中的一项“自动功能”，可使文档条理清楚、重点突出，并且可以简化输入从而提高文档编辑速度。

使用“项目符号和编号”时，每一次使用都会应用到前一次所使用过的样式。

清除项目编号时，除了可以在项目符号和编号下拉按钮中单击“无”之外，还有以下两种方法。

① 选中设置项目编号的所有段落，单击格式工具栏中的“项目编号”按钮，使其处于弹出状态。

② 将光标定在项目编号右边，按<Backspace>退格键，删除左边的项目编号。

操作步骤

【步骤 1】使用选取少量文本的方法，选取“参考文献”中的各段文本。

【步骤 2】在“段落”选项组中单击下拉按钮中“编号库”为的按钮，或单击“定义新编号格式...”命令，在“定义新编号格式”对话框中设置“编号格式”，如图 3-23 所示。

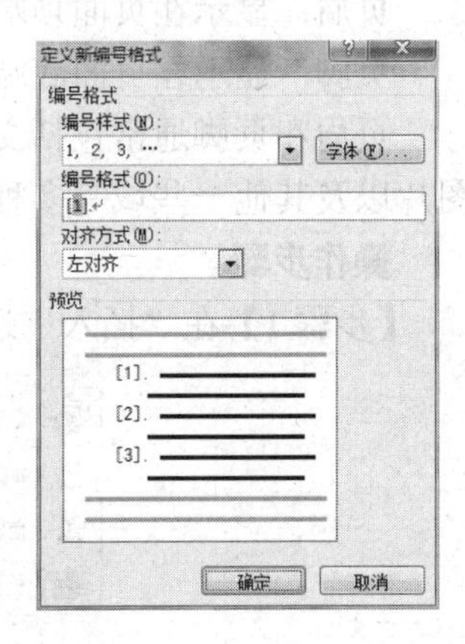

图 3-23 定义新编号格式

“编号格式”中的“1”为系统自动生成的，可使用“编号样式”及“起始编号”来修改。

项目要求 10：给“1.核心功能模块”中的“（4）检查已经创建的线程”中的“WriteClient”加脚注，内容为“WriteClient 是 ISAPI Extension API 的一部分。”

知识储备

（8）脚注和尾注。

脚注和尾注用于文档和书籍中以显示所引用资料的来源或说明性及补充性的信息。脚注和尾注都是用一条短横线与正文分开的。脚注和尾注的区别主要是位置不同，脚注位于当前页面的底部；尾注位于整篇文档的结尾处。

要删除脚注或尾注，可在文档正文中选中脚注或尾注的引用标记，然后按<Delete>键。这个操作除了删除引用标记外，还会将页面底部或文档结尾处的文本删除，同时会自动对剩余的脚注或尾注进行重新编号。

操作步骤

【步骤 1】将光标定在“WriteClient”后。

【步骤 2】在“引用”选项卡中单击“插入脚注”按钮，在当前页面底端的光标处（见图 3-24）输入脚注内容：“WriteClient 是 ISAPI Extension API 的一部分”。

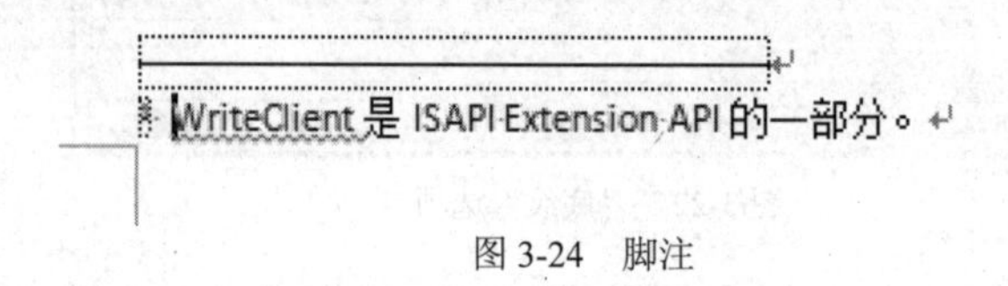

图 3-24　脚注

项目要求 11：设置页眉部分，奇数页使用“科技论文比赛”，偶数页使用论文题目的名称；在页脚部分插入当前页码，并设置为居中。

知识储备

（9）页眉和页脚。

页眉：显示在页面顶端上页边区的信息。

页脚：显示在页面底端下页边区中的注释性文字或图片信息。

页眉和页脚通常包括文章的标题、文档名、作者名、章节名、页码、编辑日期、时间、图片以及其他一些域等多种信息。

操作步骤

【步骤 1】在“插入”选项卡中单击下拉按钮中的“编辑页眉”命令，如图 3-25 所示。

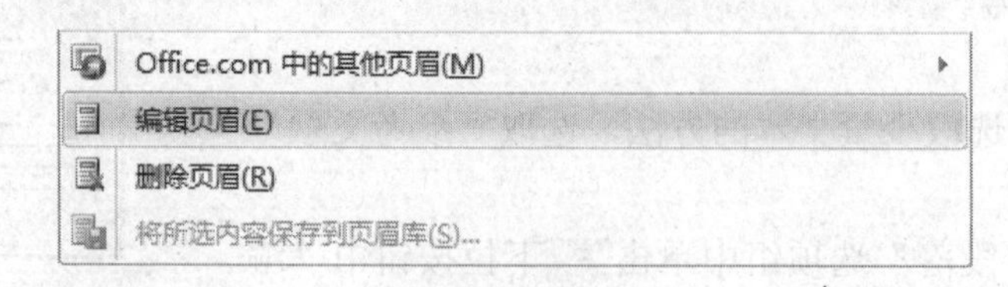

图 3-25　编辑页眉

【步骤 2】在“页眉和页脚工具”中勾选“奇偶页不同”复选框，如图 3-26 所示。

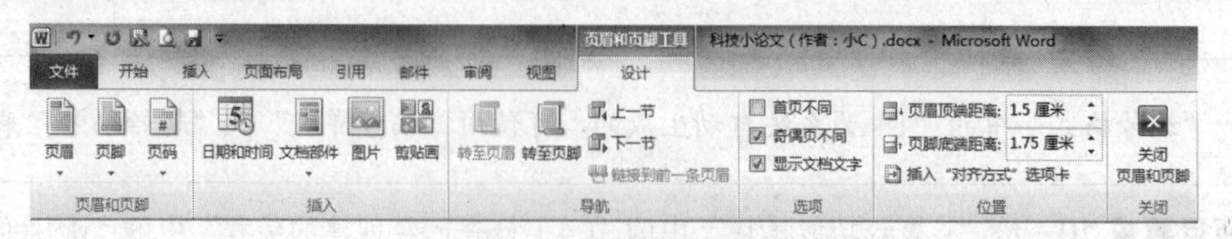

图 3-26　设置奇偶页不同

【步骤 3】在奇数页页眉中输入“科技论文比赛”，在偶数页页眉中输入论文题目的名称，如图 3-27 所示。

图 3-27 奇偶页眉的输入

【步骤 4】将光标分别定在奇数页和偶数页的页脚区，在“页眉和页脚工具”中，单击“页码”按钮，在下拉列表中选择“页面底端”中的“普通数字 2”，如图 3-28 所示。

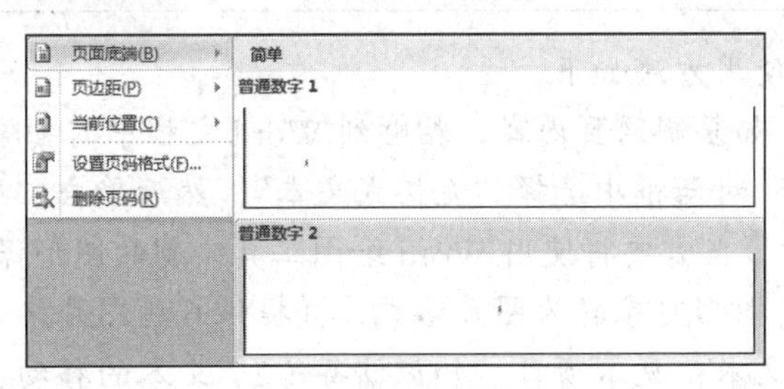

图 3-28 “页码”下拉列表

【步骤 5】全部内容设置完成后，在“页眉和页脚工具”中单击“关闭页眉和页脚”按钮。

项目要求 12：保存该文件的所有设置，关闭文件并将其压缩为同名的 rar 文件，最后使用 E-mail 的方式发送至主办方联系人的电子邮箱中。

操作步骤

【步骤 1】单击快速访问工具栏中的按钮，再单击标题栏右侧的“关闭”按钮。

【步骤 2】在“科技小论文（作者：小 Q）.doc”文件图标上右击鼠标，在弹出的快捷菜单中选择“添加到‘科技小论文（作者：小 Q）.rar’”，如图 3-29 所示，完成文件的压缩。

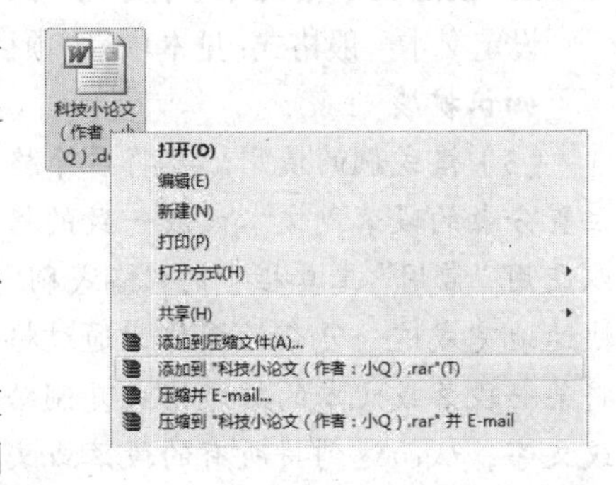

图 3-29 压缩文件

【步骤 3】使用情景一中发送电子邮件的方法，发送邮件。

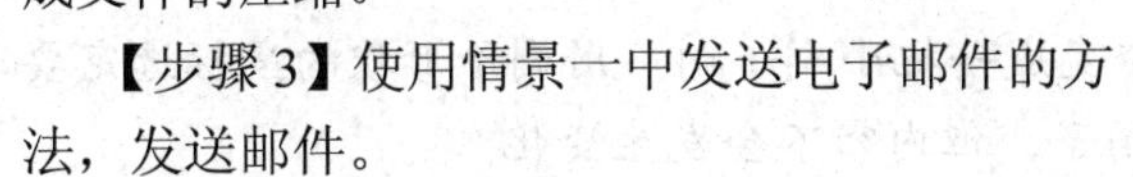

提炼升华

1. 编辑文档

对输入的内容进行修改与插入，以确保输入内容的正确性。复制、移动和删除文本、查找和替换文本、插入符号。

知识扩展

（1）文本的修改与插入。文本的修改是指

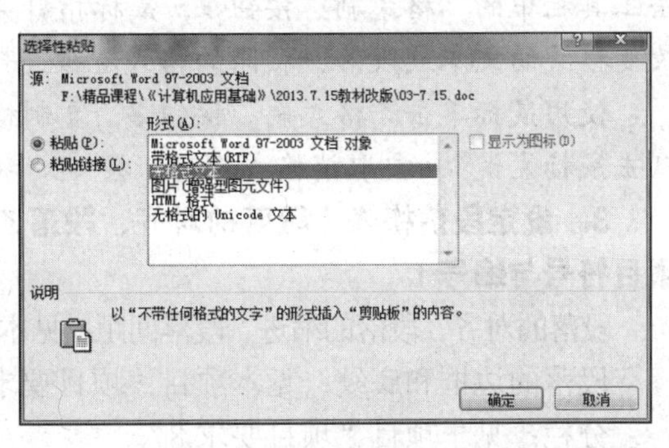

图 3-30 “选择性粘贴”对话框

将新文本覆盖旧文本，原文本内容会发生改变；文本的插入是指将新文本增加至相应的位置，在不破坏原有文本内容的基础上，增加内容。

文本的修改：选中要修改的文本，直接输入新文本的内容就可以修改文本。

文本的插入：将光标定在需要插入文本的位置，直接输入要插入文本的内容。

此外，还可以单击状态栏中的“插入”按钮或“改写”按钮来完成修改与插入。

（2）选择性粘贴。选择性粘贴的打开方法：在“剪贴板”选项组中，单击“粘贴”下拉按钮中的“选择性粘贴...”命令，打开对话框如图 3-30 所示。

复制源不同则对应可选的粘贴形式就不同。

选择性粘贴的常用使用方法如下。

① 清除所有格式。如复制网页内容，粘贴到 Word 文档中需去除网页上的原始格式时，就可以在“选择性粘贴”对话框中选择“无格式文本”，然后单击“确定”按钮。

② 图形对象转图片。当需要将使用 Word 绘图工具绘制的图形保存为图片时，就可通过“选择性粘贴”命令，将图形对象转为图片格式，并提供 6 种图片格式，如图 3-31 所示。

复制、移动和删除文本：见本项目“知识储备（2）文本的移动、复制及删除”。

查找和替换文本：见本项目“项目要求 6”。

插入符号：见本项目“项目要求 4”。

2. 设定文本格式（字体、字号、字形、字体颜色、修饰效果、间距和位置）

设定文本一般格式：见本项目“项目要求 3”。

知识扩展

（3）格式刷的使用。要将多个格式复杂、位置分散的段落或文本设成一致的格式时，可以使用“常用”工具栏中的“格式刷”按钮来快速地完成这一复杂的操作，通过格式刷可以将某一段落或文本的排版格式复制给其他段落或文字，从而达到将所有的段落或文本均设置成统一格式的目的。

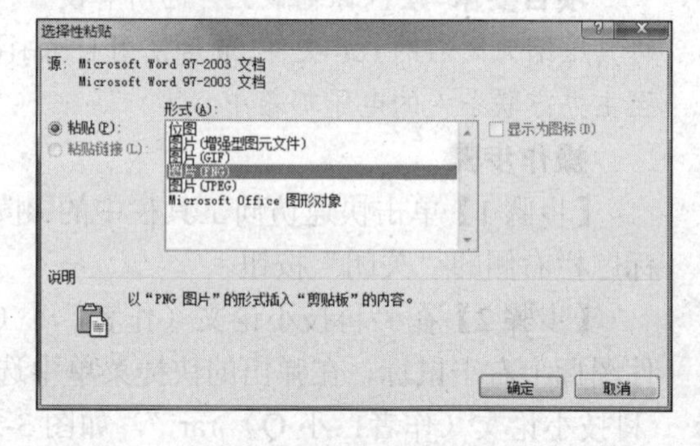

图 3-31　6 种图片格式

具体操作为选定有格式的文本和段落，单击工具栏中的“格式刷”按钮，鼠标指针会变成一把小刷子。用刷子形状的鼠标选定要改变格式的文本或段落，相同的格式就被复制了，但内容不会发生变化。

使用鼠标单击“格式刷”按钮，复制格式的功能只能使用一次，若需多次使用，则应双击鼠标左键。要取消格式刷时，按<Esc>键或再次单击“格式刷”按钮即可。

3. 设定段落格式（段落的对齐、段落的缩进、段落间距、段落的边框和底纹、分栏、项目符号与编号）

段落的对齐、段落的缩进、段落间距：见本项目“知识储备（4）“缩进和间距”选项卡详解”。

段落的边框和底纹：见本项目“项目要求 8”。

分栏：见本项目“项目要求 8”。

项目编号：见本项目“项目要求 9”。

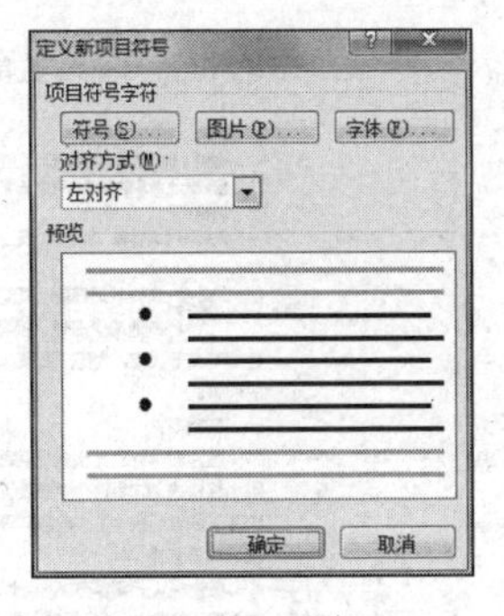

图 3-32 定义新项目符号

知识扩展

（4）项目符号。所谓“项目符号”，就是放在文本前面的圆点或其他符号，一般是列出文章的重点，不但能起到强调作用，使得文章条理更清晰，还可以达到美化版面的作用。

学会使用“项目编号”后，其实“项目符号”的设置方法也是相同的。先选定需要设置项目符号的所有段落，单击“段落”选项组中的“☰ ▾项目符号”下拉按钮中的“定义新项目符号...”，在“定义新项目符号”的对话框中设置项目符号字符，如图 3-32 所示。

4. 页眉与页脚的添加（首页不同、奇偶页不同）

知识扩展

（5）首页不同的页眉与页脚的添加。首页不同的页眉与页脚的添加经常会用在论文、报告等有封面的文字材料中。要求正文部分有页眉和页脚，封面则不需要页眉和页脚。

具体操作与本项目“项目要求 11”类似，唯一不同的地方是在“页眉和页脚工具”中勾选“首页不同”，如图 3-33 所示。

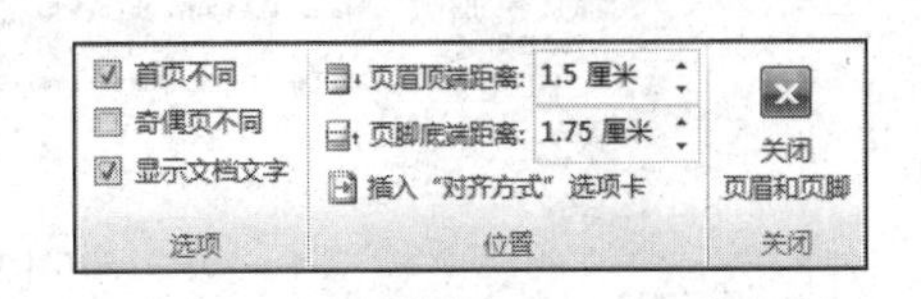

图 3-33 设置首页不同

奇偶页不同：见本项目“项目要求 11”。

5. 脚注与尾注的添加

脚注与尾注的添加：见本项目“项目要求 10”。

拓展练习

根据以下步骤，完成如图 3-34 所示的论文编辑练习。

（1）新建文件，命名为“论文编辑练习（小 Q）.docx”，保存到桌面上。

（2）复制本文档除题目要求外的其他文本，使用选择性粘贴，以“无格式文本”的形式粘贴到新文件。

（3）设置标题格式为“黑体二号字，居中，字符间距紧缩、磅值为 1 磅”，作者姓名格式设置为“宋体小五号字，居中”。

（4）设置摘要和关键词所在的两个段落，左右缩进各 2 字符，并将“摘要：”和“关键词：”设置为“加粗”。

（5）将标题段的段前间距设为“1 行”。

（6）设置正文为“宋体小四号字，行距：固定值 20 磅，首行缩进 2 字符”，正文标题部分（包括参考文献标题，共 8 个）为“无缩进，黑体小四号字”，正文第一个字为“首字下沉，字体：华文新魏，下沉行数：2”。

（7）将正文中的所有“杨梅”替换为橙色加粗的“草莓”（提示：共 8 处）。

（8）给“二、实践原理”中的“水分”加脚注为“水：H_2O”。

（9）在标题“草莓的无土栽培”后插入尾注，内容为“此论文的内容来源于互联网。”。

（10）给“六、观察记录情况”中的 4 个段落添加项目符号“✓”，并设置为“无缩进”。

（11）给整篇文档插入页码：页面底端，居中。

（12）保存所有设置，关闭文档，上交电子文件。

草莓的无土栽培*

小Q

摘要：利用学校的生物园地，通过配制合理的营养液，完全可以进行草莓的无土栽培。无土栽培的草莓具有生长速度快、长势好、花芽分化早、开花结果早、产量高的特点。

关键词：培养基、营养液、无土栽培、简单易行

将作物栽培在除土壤以外的培养基上，叫无土栽培。无土栽培具有不占地或少占地、换茬快、环境清洁、产品无污染和生长好、品质优、色鲜味美等优点，为花卉蔬菜、根食以及水果生产的工业化、自动化开辟了广阔的前景。

一、实践目的

通过对草莓的无土栽培实践活动，使我们初步掌握无土栽培的技术，懂得利用水培法来确定植物必须矿质元素的原理和矿质元素对植物的生理作用，同时也培养了同学们的学习兴趣和实践能力。

二、实践原理

植物根从土壤溶液中吸收水分[1]和无机盐，土壤颗粒主要起着固着作用。根据这一原理，将植物生活所需的无机盐按一定比例配成营养液进行作物的无土栽培。

三、实践方法

采用与泥土盆栽草莓相对照试验，盆栽草莓使用一般的菜园土作固着物，施用化肥和农家肥，进行水肥管理。

四、实践器材

无土花盆 、草莓苗、营养液原液、天平、洗净的碎石或蛭石、温度计等。

五、试验与管理

1、试验时间：1997年9月－1998年5月；1998年9月－1999年5月

2、试验地址：校生物园

3、营养液原液：经试验得知，表1为最佳配方。

4、栽培方法：选择无病虫害、植株矮壮、具4—5片叶、顶芽饱满的壮苗，洗净根上泥土后，定植在无土花盆的上盆中，用碎石子或蛭石作固着物，下盆中盛清水，待长出新根后（1周左右）将清水倒掉，换上培养液。

5、管理：

（1）及时添加营养液。每周补液1—2次。每次50—100ml。进入4月份以后，气温升高、蒸发快，同时正当开花、结果盛期，需肥量大，每2—3天补液1次，并要增加营养液的浓度。一般开花前培养液浓度是：原液：水=1：9；开花后培养液浓度为：原液：水=1.7：8.3

（2）隔天上午喷水1次，4月开始每天喷水1次，保持相对湿度70—80%。

（3）光照为生物园里的自然光照（注意不要放在直射太阳光下，以免培养液温度升得过高造成根坏死）。

（4）注意及时摘除老叶、匍匐茎。当发现植株下部的叶片呈水平着生，开始发黄、叶柄基部也开始变色时，应立即摘除。匍匐茎消耗养分大，为保证果大质优，发现生在叶片基部的幼嫩线状物——匍匐茎，要及时摘除。

（5）注意病虫害防治。草莓虫害主要有蚜虫和红蜘蛛，可用内吸杀虫剂防治，如甲胺磷、乐果等。病害主要有灰霉病、病毒病等，可用波尔多液、托布津等杀菌剂防治。

（6）注意及时疏蕾垫果。

六、观察记录情况

✓ 根系在2℃时开始活动，在7℃时开始长新根，最适生长温度为15—20℃，高于30℃时停止生长，并有根部变色受害情况，在−8℃时根系受到冻害。

✓ 地上茎、叶气温在5℃时开始生长，生长最适气温为15—25℃气温过高过低生长都较缓慢，气温高于30℃以上有老叶焦边现象。

✓ 气温在 5℃以上开始花芽分化，花芽分化最适气温在5—15℃之间，开花在10℃以上，开花盛期在15℃左右。

✓ 培养液PH值在6.5-7最为适宜。

七、结果与体会

1、无土栽培的草莓比盆栽草莓生长速度快、长势好、花芽分化早、开花结果早，从定植到第一花序开花和果实成熟都比盆栽提前一周左右，并极少有病虫害。

2、试验证明，室内无土栽培草莓方法简单易行，成本较低，在家庭中推广种植可充分利用室内空间，既可以观赏、美化环境，又能品尝到气味芳香、营养丰富的春季水果珍品，是一举多得的好事，深受群众欢迎。通过实践，既帮助我们理解了教材，又培养了学习兴趣和实践能力，并促进了无土栽培技术在本地的推广。

参考文献：

1. 郑光华，中国蔬菜，1992年，增刊，4页
2. Chen Y、Acta Horticulturae，1991年，294卷，204页
3. 郑光华，蔬菜花卉无土栽培技术，1990年
4. 李酉开，土壤农业化学常规分析方法，1983年

[1] 水：H_2O

* 此论文的内容来源于互联网。

图 3-34 论文编辑练习效果

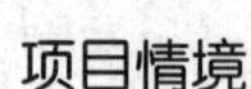

项目二 课程表和统计表——表格制作

项目情境

小Q在寒假期间浏览学院网站时，查到了下学期上课的课程，于是他想到了用Word来制作一张课程表，开学时打印出来贴到班级的墙上。

开学后，作为学生会纪检部干事的小Q，承担了各班级常规检查的任务，并要定期完成系常规管理月统计报表的制作工作。

项目分析

(1)有些繁杂的文字及数字资料，若以表格来处理，可以使文档看起来井然有序，更具完整性与结构性。

(2)在 Word 中是如何创建表格的？

(3)表格内容是如何进行编辑修改的？

(4)表格的格式是如何设置的？

(5)表格内容是如何进行计算的？在 Word 表格中不但能够对单元格中的数字进行加、减、乘、除四则运算，还能进行求和、求平均、求最大值和最小值等复杂运算。

(6)表格是怎样进行排序的？

技能目标

(1)会使用 Word 创建表格。

(2)能按要求对表格格式进行设置。

(3)会利用公式和函数实现表格中数据的运算。

(4)掌握一些自主学习的方法。

重点集锦

(1)表格创建与格式设置。

课程表

<table>
<tr><th colspan="2">星期
时间</th><th>一</th><th>二</th><th>三</th><th>四</th><th>五</th><th>备注</th></tr>
<tr><td rowspan="4">上午</td><td>1</td><td rowspan="2">高等数学</td><td rowspan="2">大学英语</td><td rowspan="2">计算机</td><td rowspan="2">高等数学</td><td rowspan="2">机械基础</td><td rowspan="2">8:10-9:50</td></tr>
<tr><td>2</td></tr>
<tr><td>3</td><td rowspan="2">机械基础</td><td rowspan="2">哲学</td><td rowspan="2">机械基础</td><td rowspan="2"></td><td rowspan="2">大学英语</td><td rowspan="2">10:10-11:50</td></tr>
<tr><td>4</td></tr>
<tr><td rowspan="3">下午</td><td>5</td><td rowspan="3">计算机</td><td rowspan="2">体育</td><td rowspan="2">大学英语</td><td rowspan="2"></td><td rowspan="2"></td><td rowspan="2">13:20-15:00</td></tr>
<tr><td>6</td></tr>
<tr><td>7</td><td>自修</td><td>自修</td><td></td><td></td><td>15:10-15:55</td></tr>
<tr><td rowspan="2">晚上</td><td>8</td><td rowspan="2">英语听力</td><td rowspan="2"></td><td rowspan="2"></td><td rowspan="2">CAD</td><td rowspan="2"></td><td rowspan="2">18:30-20:00</td></tr>
<tr><td>9</td></tr>
</table>

(2)表格中数据的运算。

<table>
<tr><th>班　级</th><th>第 7 周</th><th>第 8 周</th><th>第 9 周</th><th>第 10 周</th><th>总分</th></tr>
<tr><td>网络 141</td><td>85.00</td><td>81.50</td><td>84.50</td><td>98.33</td><td>349.33</td></tr>
<tr><td>电子 141</td><td>95.00</td><td>89.00</td><td>91.88</td><td>95.00</td><td>370.88</td></tr>
<tr><td>网络 121</td><td>87.50</td><td>88.50</td><td>88.00</td><td>86.67</td><td>350.67</td></tr>
<tr><td colspan="6">......</td></tr>
<tr><td>光伏 142</td><td>82.50</td><td>87.00</td><td>77.50</td><td>70.00</td><td>317</td></tr>
<tr><td colspan="2">总分最高</td><td>370.88</td><td colspan="2">总平均分</td><td>332.8</td></tr>
</table>

项目详解

项目要求 1：创建 10 行 7 列的表格。

知识储备

（1）建立表格的方法。

① 在“插入”选项卡中单击“表格”下拉按钮，拖动鼠标进行表格行数与列数的设置，完成表格的建立，如图 3-35 所示。用这种方法在创建表格时会受到行列数目的限制，不适合创建行列数目较多的表格。

② 在“插入”选项卡中单击“表格”下拉按钮中的“插入表格...”命令。

③ 在“插入”选项卡中单击“表格”下拉按钮中的“绘制表格”命令，弹出“表格工具”窗口如图 3-36 所示。

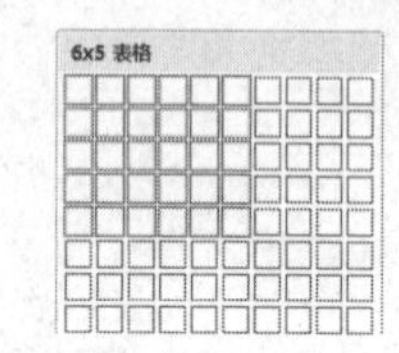

图 3-35　鼠标拖动建立表格

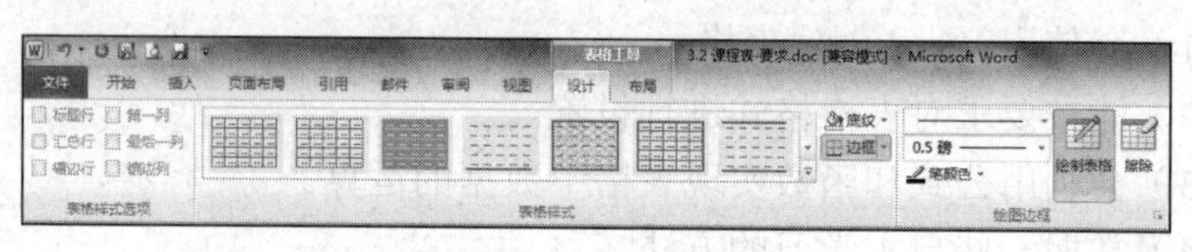

图 3-36　表格工具

前两种方法制作的都是规则表格，即行与行、列与列之间距离相等。有时候，我们需要制作一些不规则的表格，这时可以使用“绘制表格”来完成此项工作，如制作简历表等。

大多数的时候第一种方法和第三种方法是配合使用的，先用第一种方法将表格的大致框架绘制出来，再使用第三种方法对表格内部的细节部分进行修改。

（2）选定表格对象。

表格对象包括单元格、行、列和整张表格，其中单元格是组成表格的最基本单位，也是最小的单位。

① 选定单元格。将鼠标移至单元格的左下角，鼠标形状变为指向右上方的黑色箭头，单击鼠标左键，则整个单元格被选定，如果拖曳鼠标可以选定多个连续单元格。

② 选定行。将鼠标移至表格左边线左侧，鼠标形状变为指向右上方的空心箭头，单击鼠标左键，则该行被选定，如果拖曳鼠标可以选定多行。

③ 选定列。将鼠标移至表格上边线时，鼠标形状变为黑色垂直向下的箭头，单击鼠标左键，该列被选定，如果拖曳鼠标可以选定多列。

④ 选定整个表格。将光标定在表格中的任意一个单元格内，在表格的左上方会出现型图案，当鼠标移近此图案，鼠标形状变为时，单击该图案，则整个表格被选定。

（3）插入与删除行、列或表格。

光标定位在任意一个单元格中，在“表格工具”中单击“布局”选项卡，在“行和列”选项组中选择合适按钮完成插入操作，如图 3-37 所示。

先选定需删除的行或列，在“表格工具”中单击“布局”选项卡，在“行和列”选项组中单击“删除”下拉按钮，选择合适的按钮完成删除操作，如图 3-38 所示。

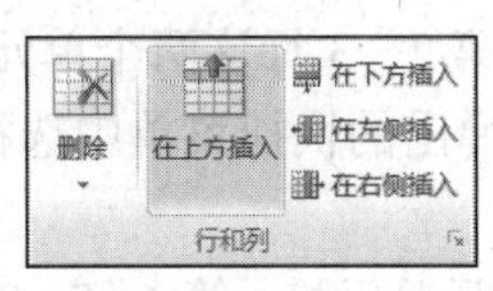

图 3-37 插入行、列

图 3-38 删除行、列或表格

操作步骤

【步骤 1】将光标定在要插入表格的位置。

前面提到的计算机操作的基本原则“先选定，后操作”，其中“选定”从广义上包含两层含义。如要选定的对象已经存在，可以通过选取对象的方法来进行选定；如对象还不存在，需要创建时，“选定”就是要确定创建对象的目的地，即在哪里创建对象，在Word 文档编辑中就是通过定光标来实现的。

【步骤 2】在“插入”选项卡中单击“表格”下拉按钮中的“插入表格...”命令，在“插入表格”对话框中设置表格行列数为 10 行 7 列，如图 3-39 所示。

这里设置的表格行列数不一定非得是 10 行 7 列，只要能绘制出课程表的大致框架即可。在具体操作过程中如果发现需要修改行列数，还可以添加或删除行列。

项目要求 2：表格的编辑，合并拆分相应单元格。

知识储备

（4）合并与拆分单元格。

① 合并单元格。选中要合并的相邻单元格（至少两个单元格），在选定的单元格区域上右键单击，然后在弹出的快捷菜单中选择“合并单元格”命令（见图 3-40）。单元格合并后，各单元格中的数据将全部移至新单元格中并按照分段纵向排列。

② 拆分单元格。可以将一个单元格拆分成多个单元格，也可以将几个单元格合并后再拆分成多个单元格。选定需要拆分的单元格（只能是一个），在选定的单元格区域上右击，然后在弹出的快捷菜单中选择“拆分单元格”命令，在“拆分单元格”对话框中选择拆分后的行、列数，最后单击“确定”按钮，如图 3-41 所示。

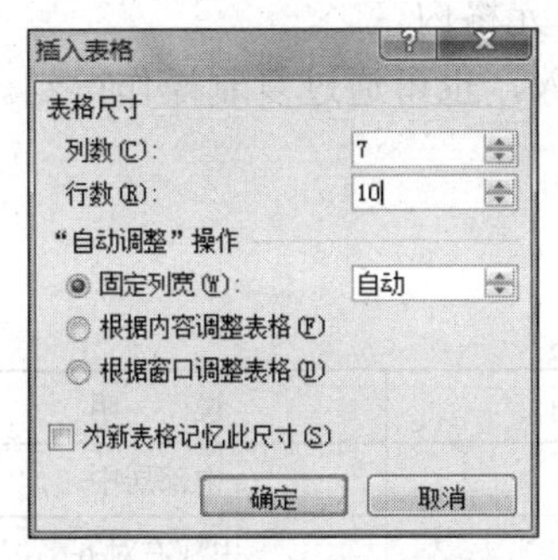

图 3-39 “插入表格”对话框

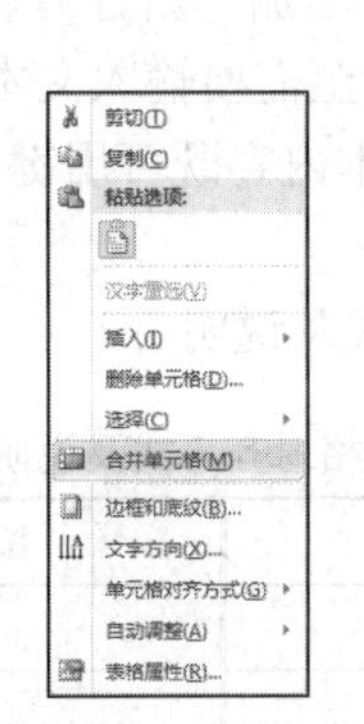

图 3-40 合并单元格

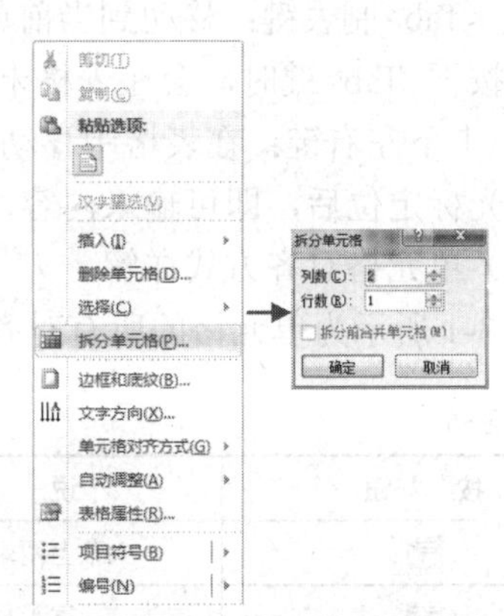

图 3-41 拆分单元格

操作步骤

【步骤 1】按照课程表样图，同时选中第 2 列的第 2、3 行这两个单元格。

【步骤 2】在选定的单元格区域上右键单击，在弹出的快捷菜单中选择“合并单元格”命令进行合并。

【步骤 3】用同样的操作方法将第 2 列的第 4、5 行单元格，第 6、7、8 行单元格以及第 9、10 行单元格合并。

【步骤 4】其他列的合并情况参照样图所示进行合并，完成后的效果如图 3-42 所示。

【步骤 5】在“表格工具”的“设计”选项卡中，单击“绘制表格”按钮。

【步骤 6】此时，鼠标形状为✎，在第一列中间从第二行开始使用鼠标绘制一条直线，直至第 10 行结束。

【步骤 7】单击“设计”选项卡中的“擦除”按钮，鼠标形状变为⌫，单击擦除当前表格第一列中的多余线条，完成后的效果如图 3-43 所示。

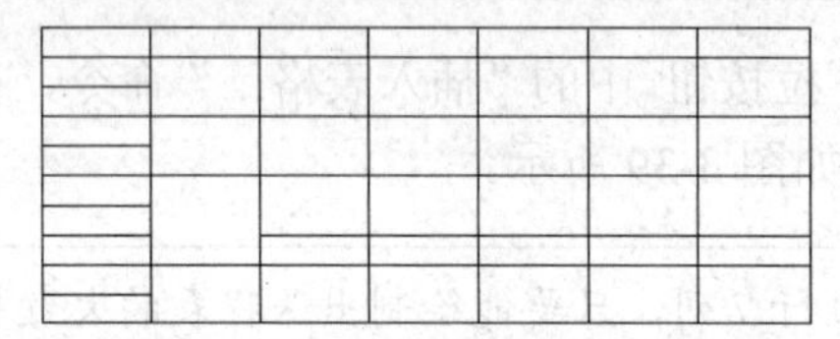

图 3-42　进行合并操作后的表格

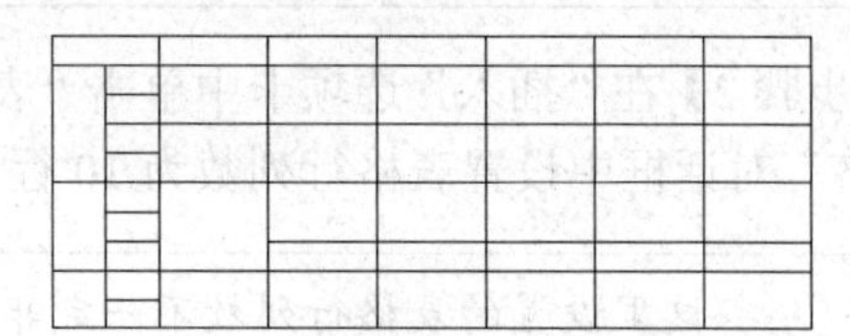

图 3-43　擦除多余线段后的表格

提示

在绘制表格时，如需临时切换至擦除状态，可以按住<Shift>键开即为擦除状态，松开<Shift>键后，又会自动回到绘制表格的状态。“擦除”按钮使用完毕后，需再次单击此按钮以退出擦除状态。如果鼠标形状仍为✎，需再次单击“绘制表格”按钮以退出绘制表格状态，回到编辑状态。

项目要求 3：表格内容的编辑。在对应单元格内输入文字，并设置相应格式。

知识储备

（5）在单元格中输入文本。

单元格是表格中水平的“行”和垂直的“列”交叉处的方块。用鼠标单击需要输入文本的单元格，即可定位光标；也可以使用键盘来快速移动光标。

① <Tab>制表键：移动到当前单元格的后一个单元格（如果在表格右下角即最后一个单元格中按下<Tab>键时，会在表格末尾处增加一新行）。

② 上下左右键：在表格中移动光标至需要输入文本的单元格内。

当光标定位后，即可输入内容，文本内容既可用键盘输入，也可通过复制操作得到。

（6）单元格对齐方式详解。

表 3-1 所示为单元格的所有对齐方式及说明。

表 3-1　单元格对齐方式及说明

按　钮	说　明	按　钮	说　明
	靠上两端对齐		中部居中
	靠上居中		中部右对齐
	靠上右对齐		靠下两端对齐

续表

按　钮	说　明	按　钮	说　明
	中部两端对齐		靠下居中
	靠下右对齐		

操作步骤

【步骤 1】按照课程表样图中单元格的内容，依次在对应的单元格内输入相应文字，完成后的效果如图 3-44 所示。

		一	二	三	四	五	备注
上午	1	高等数学	大学英语	计算机	高等数学	机械基础	8:10-9:50
	2						
	3	机械基础	哲学	机械基础		大学英语	10:10-11:50
	4						
下午	5	计算机	体育	大学英语			13:20-15:00
	6						
	7		自修	自修			15:10-15:55
晚上	8	英语听力			CAD		18:30-20:00
	9						

图 3-44　输入文字后的表格

【步骤 2】单元格中的文本格式设置与 Word 文档中的普通文本的格式设置方法一致。先使用鼠标左键拖曳的方式选中需要设置格式的文本，在“开始”选项卡中单击“字体”选项组的“B加粗”按钮和“字体颜色”按钮将文本格式设置为“加粗、深蓝”，如图 3-45 所示。

【步骤 3】在单元格中 4 个字的文本中的前两个字后，按回车键另起一个段落。

【步骤 4】选取整张表格，在选中区域上单击鼠标右键，弹出的快捷菜单中选择“单元格对齐方式”→“中部居中”按钮，如图 3-47 所示。

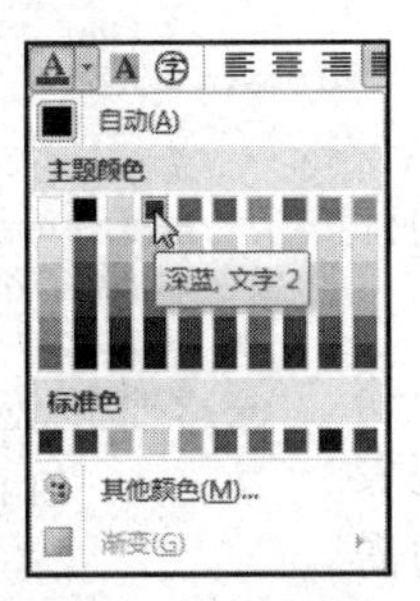

图 3-45　设置颜色

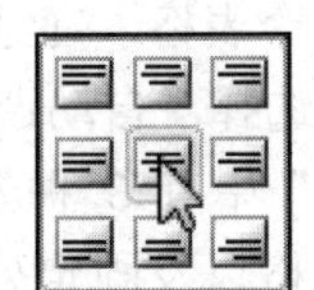

图 3-46　设置对齐方式

项目要求 4：表格的格式设置。调整表格的大小，并设置相应的边框和底纹。

知识储备

（7）调整表格的行高与列宽。

调整表格的行高、列宽有 3 种途径：鼠标左键拖曳、“表格属性”对话框和“自动调整”功能。

① 通过鼠标左键拖曳来调整行高和列宽。当对行高和列宽的精度要求不高时，可以通过拖动行或列边线，来改变行高或列宽。

鼠标移至行边线处时，鼠标指针会变为两条短平等线，并有两个箭头分别指向两侧的形状，按住鼠标左键，屏幕会出现一条横向的长虚线指示当前行高，按住鼠标左键上下拖动横向的长虚线，即可调整行高。

列宽的调整与行高的调整方法一样，只是鼠标指针会变为⫲形状，按住鼠标左键左右拖动纵向的长虚线可以调整列宽。

在使用鼠标左键拖曳来调整行高和列宽时，如需细微调整行高和列宽，可以在鼠标指针变为⇕或⫲形状时，使用鼠标左键拖曳的同时按住<Alt>键即可微调表格的行高或列宽。

② 通过“表格属性”对话框来设置精确的行高和列宽。先选中整个表格，在选定区域上右击鼠标，弹出的快捷菜单中选择“表格属性...”命令，在“表格属性”对话框中进行相应的格式设置，对话框具体如图 3-47 所示。

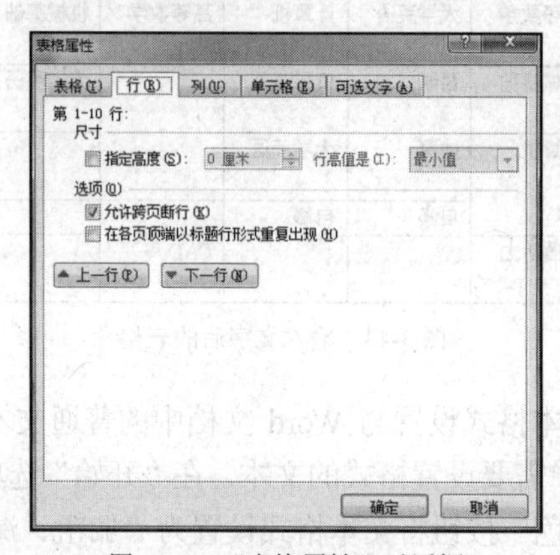

图 3-47 “表格属性”对话框

在“行”选项卡中勾选“指定高度”，然后在数值框中调整或直接输入所需的行高值。

如需要设定的每一行为不同的高度，可单击“上一行”或“下一行”按钮具体设置每一行的高度，调整完成后单击“确定”按钮。

列宽的调整与行高的调整方法类似。

③ 通过“自动调整”的功能进行自动调整表格的行高和列宽。先选中整个表格，在选定区域上右击鼠标，在弹出的快捷菜单中选择“自动调整”命令，如图 3-48 所示。在“自动调整”中有 3 种方式：根据内容调整表格、根据窗口调整表格以及固定列宽，可根据不同的需要，进行相应的选择。

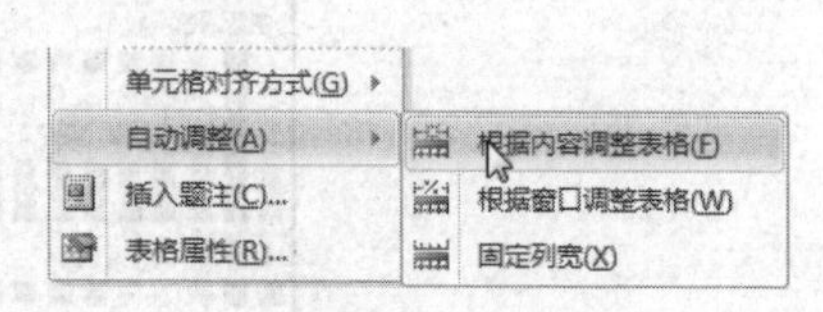

图 3-48 自动调整

使用“插入表格...”命令的方法创建表格时，自动调整默认为“固定列宽”且列宽值为“自动”。调整表格整体大小时，先将光标定在表格中任一单元格内，然后用鼠标左键拖曳表格右下角的调整点来调整表格整体的大小。

（8）平均分布各列、行的使用。

“平均分布各列”及“平均分布各行”必须在选定了多列（两列及以上）或多行的前提下才可以使用。

如果只是想调整整张表格的宽度，且要求每列的列宽均相同，那么可以按照下述方法来操作：首先减小最左边或最右边一列的宽度，然后在选中表格的前提下，在选定区域上右键单击鼠标，在弹出的快捷菜单中选择“平均分布各列”命令，将所有列调至相同宽度。

“平均分布各行”与“平均分布各列”的使用方法类似，其作用是使所有行的行高均相同。

（9）单元格中文字方向的设置。

选中要进行文字方向设置的单元格，在选定区域上右击鼠标，在弹出的快捷菜单中选择“文字方向...”命令，在“文字方向—表格单元格”对话框中选中要设置的“方向”，最后单击“确定”按钮，如图 3-49 所示。

（10）表格的边框和底纹的设置。

表格的边框和底纹的设置与项目一中段落的边框和底纹的设置是类似的，唯一的区别就是“应用于”选项的不同。在段落中“应用于”有“文字”和“段落”两种选项；在表格中“应用于”则有“单元格”和“表格”两种选项，如图 3-50 所示。

图 3-49　文字方向的设置

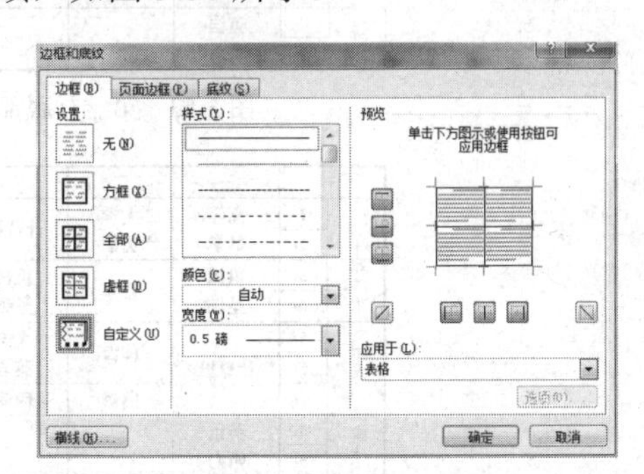

图 3-50　边框和底纹的设置

对表格整体外框线、内框线进行设置时建议使用“边框和底纹”对话框，而对表格中局部边框线进行格式设置时建议使用“表格工具”来执行。

操作步骤

【步骤 1】选中整张表格，在选定区域上右击鼠标，弹出的快捷菜单中选择“边框和底纹...”命令。

【步骤 2】在“边框和底纹”对话框中的“设置”部分选择“自定义”。

【步骤 3】“线型”和“颜色”使用默认设置，“宽度”选择“1.5 磅”，在“预览”部分直接在“预览图”中单击 4 条外边框线，单击“确定”按钮，如图 3-51 所示。

【步骤 4】单击“表格工具”的“设计”选项卡，在“绘图边框”选项组的“线型”下拉列表中选择“双实线”，如图 3-52 所示。

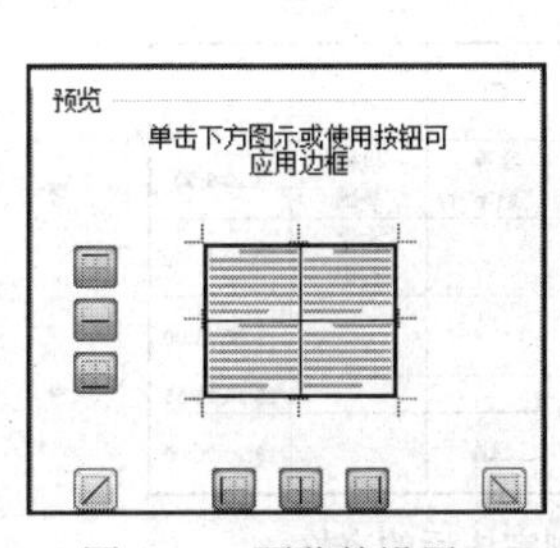

图 3-51　预览的设置

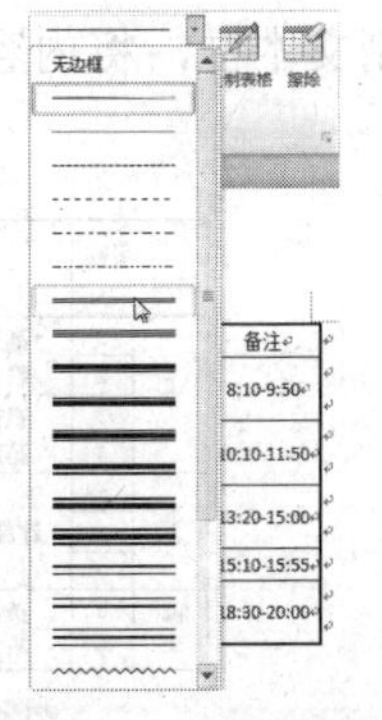

图 3-52　线型的设置

【步骤 5】鼠标形状为✏，在表格的第一行底部，使用鼠标左键拖曳的方式从左到右画一条直线，第一行底部就变为双实线，如图 3-53 所示。

【步骤 6】使用同样的方法将表格中需要设置虚线的地方设置完毕，最后的效果如图 3-54 所示。

【步骤 7】选中表格中的第一行，在选定区域上右键单击鼠标，在弹出的快捷菜单中选择“边框和底纹”命令。

		一	二	三	四	五	备注
上午。	1	高等数学	大学英语	计算机	高等数学	机械基础	8:10-9:50
	2						
	3	机械基础	哲学	机械基础		大学英语	10:10-11:50
	4						
下午。	5	计算机	体育	大学英语			13:20-15:00
	6						
	7		自修	自修			15:10-15:55
晚上。	8	英语听力			CAD		18:30-20:00
	9						

图 3-53　第一行底部设置完毕后的表格

		一	二	三	四	五	备注
上午。	1	高等数学	大学英语	计算机	高等数学	机械基础	8:10-9:50
	2						
	3	机械基础	哲学	机械基础		大学英语	10:10-11:50
	4						
下午。	5	计算机	体育	大学英语			13:20-15:00
	6						
	7		自修	自修			15:10-15:55
晚上。	8	英语听力			CAD		18:30-20:00
	9						

图 3-54　特殊线型设置完毕后的表格

【步骤 8】在“边框和底纹”对话框中，选择“底纹”选项卡，在“填充”部分选择“深色 5%”，单击“确定”按钮。

项目要求 5：斜线表头的制作。

操作步骤

【步骤 1】将光标定在表格第一行第一列的单元格内，在“表格工具”的“设计”选项卡中“绘图边框”选项组选择“斜下框线”“0.75 磅”，从左上角至右下角在当前单元格内绘制斜线。

【步骤 2】在“插入”选项卡中，单击“文本框”下拉按钮中的“绘制文本框”命令，鼠标指针变为十形状，拖曳鼠标左键绘制文本框，输入内容“星期”，调整文本框至合适大小，设置格式为“无填充”和“无线条”。

【步骤 3】复制文本框，将内容更改为“时间”，将两个文本框移至合适位置，最后的效果如图 3-55 所示。

星期 / 时间		一	二	三	四	五	备注
上午	1	高等数学	大学英语	计算机	高等数学	机械基础	8:10-9:50
	2						
	3	机械基础	哲学	机械基础		大学英语	10:10-11:50
	4						
下午	5	计算机	体育	大学英语			13:20-15:00
	6						
	7		自修	自修			15:10-15:55
晚上	8	英语听力			CAD		18:30-20:00
	9						

图 3-55　斜线表头绘制完毕后的表格

项目要求 6：删除无分数班级所在的行，统计出 4 月每个班级常规检查的总分。

知识储备

（11）单元格编号。在表格中使用公式计算时，公式中引用的是单元格的编号，而不是单元格中具体的数据，这样做的好处在于：当单元格中数据发生改变时，公式是不需要修改的，只要使用“更新域”命令就可以得到新的结果，使工作效率大大提高，因此有必要为每一个单元格进行编号。

单元格编号的原则：列标用字母（A、B、C……），行号用数字（1、2、3……），单元格编号的形式为“列标+行号”，即“字母在前，数字在后”，例如，网络 141 班第 8 周的得分所在的单元格编号为“C4”，图 3-56 所示为单元格编号的示意图。

	A	B	C	D	E	F
1	班 级	第7周	第8周	第9周	第10周	总分
2	媒体 141	87.50	87.50	86.25	86.67	
3	软件 141	85.83	88.50	86.00	76.67	
4	网络 141	85.00	81.50	84.50	98.33	

图 3-56 单元格编号示意图

（12）公式格式。公式格式为“=单元格编号运算符单元格编号”。

（13）函数格式。函数格式为“=函数名（计算范围）”。例如，“=SUM（C2:C6）”，其中 SUM 是求和的函数名，C2:C6 为求和的计算范围。

常用函数有：SUM——求和，AVERAGE——求平均，MAX——求最大值，MIN——求最小值。

（14）计算范围的表示方法。计算范围一定要存在于公式中的一对小括号内，其表示方法一般有 3 种。

① 对于连续单元格区域：由该区域的第一和最后一个单元格编号表示，两者之间用冒号分隔。例如，C2:C6，表示从 C2 单元格起至 C6 单元格共 5 个单元格。

② 对于多个不连续的单元格区域：多个单元格编号之间用逗号分隔。逗号还可以连接多个连续单元格区域，与数学上的并集概念类似。例如，C2，C6 表示 C2 和 C6 共两个单元格；C2:C6，E2:E6 表示从 C2 单元格起至 C6 单元格，以及从 E2 单元格起至 E6 单元格共 10 个单元格。

③ 在输入计算范围过程中，还有另外一种方法，即使用 LEFT（左方）、RIGHT（右方）、ABOVE（上方）和 BELOW（下方）来表示。

Word 是以域的形式将结果插入选定单元格的。如果更改了某些单元格中的值，则不能像 Excel 那样自动计算，要先选定该域，按<F9>键（或单击鼠标右键，在快捷菜单中选择“更新域”），才能更新计算结果。

单元格编号以及表格公式中的所有字母是不区分大小写的，即“=AVERAGE（D2:D36）”与“=average（d2:d36）”是一样的。

在“公式”对话框中输入公式时，要注意输入法为西文状态，否则会出现错误信息，如表示输入的冒号为中文状态下的，因此导致公式出错。

操作步骤

【步骤 1】选中第 5 行，右键单击，在快捷菜单中选择“删除行”命令。

【步骤 2】将光标定在“媒体 141”的总分所在的单元格内。

【步骤 3】在“表格工具”的“布局”选项卡中，单击“*fx*公式”按钮，在“公式”对话框中的“公式”部分默认为“=SUM（LEFT）”（见图 3-57），直接单击“确定”按钮即可得到总分。

【步骤 4】将光标定在下一个班级的总分所在的单元格内。仍然选择“公式”，这时“公式”部分变为“=SUM（ABOVE）”，需将括号内的计算范围更改为“LEFT”后单击“确定”按钮。

【步骤 5】其余班级的总分计算方法类似。

可先选中最后一个班级的总分单元格，再使用公式时每次默认的都是 sum（left）。

项目要求 7：在表格末尾新增一行，在新行中将第 1、2 列的单元格合并，填入文字“总分最高”，在第 3 个单元格中计算出最高分；将第 4、5 列单元格合并，填入“总分平均”，在第 6 个单元格中计算出总分的平均分（平均值保留一位小数）。

操作步骤

【步骤 1】 把光标移至表格最后一行的行末，按<Enter>键产生新行，按要求合并相应单元格，并输入相应文字内容。

【步骤 2】 将光标定位在最后一行的第 3 个单元格中，单击“*fx*公式”按钮，在“公式”对话框中的“公式”部分删除默认内容，保留“=”号。

【步骤 3】 在“粘贴函数”部分单击下拉按钮，选择“MAX”，如图 3-58 所示。

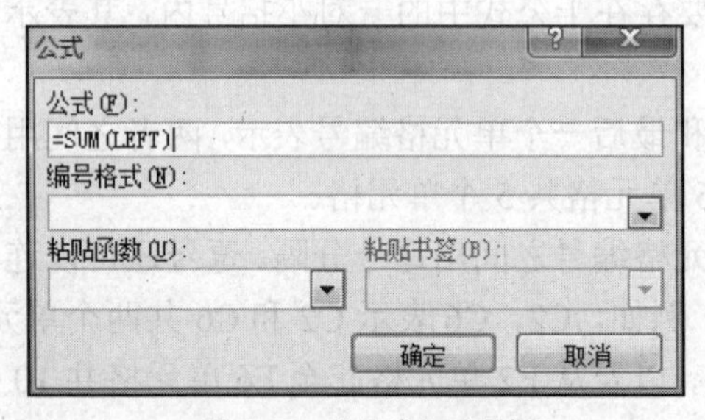

图 3-57 “公式”对话框

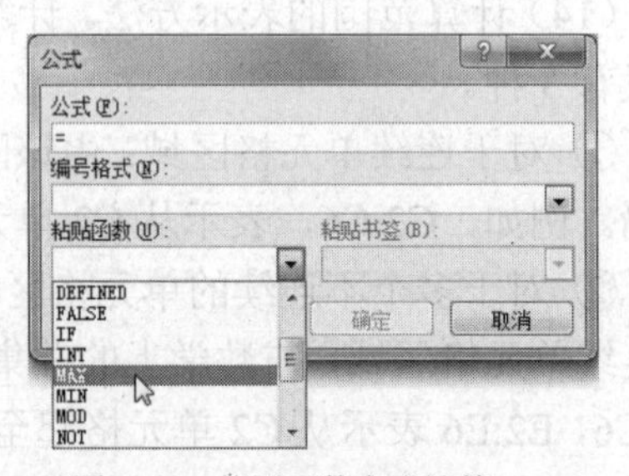

图 3-58 使用函数完成计算

【步骤 4】在计算范围的括号内输入“f2:f12”，单击“确定”按钮得到总分最高，如图 3-59 左侧所示。

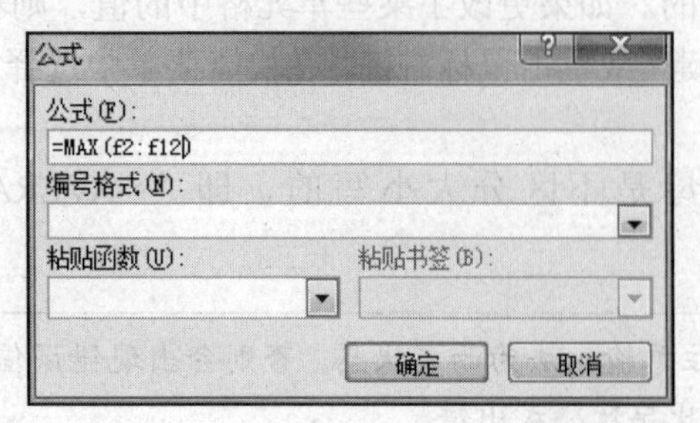

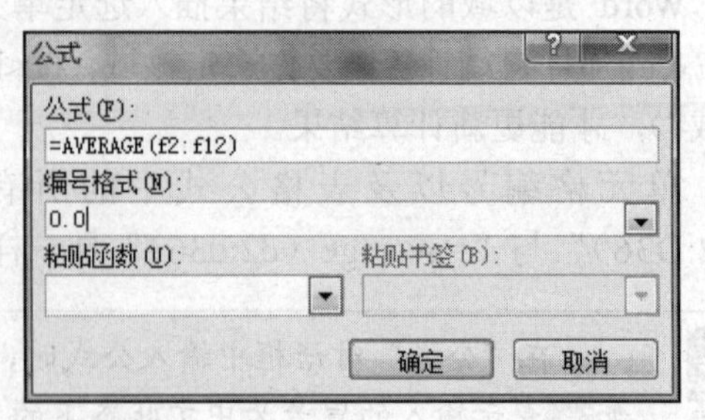

图 3-59 总分最高和平均的计算

【步骤 5】总分平均的计算方法与计算总分最高的方法类似，区别在于“粘贴函数”部分选择“AVERAGE”，计算范围仍为“f2:f12”。此外，还需在数字格式中输入“0.0”，以保留一位小数，如图 3-59 右侧所示。

【步骤 6】计算完成后的结果如图 3-60 所示。

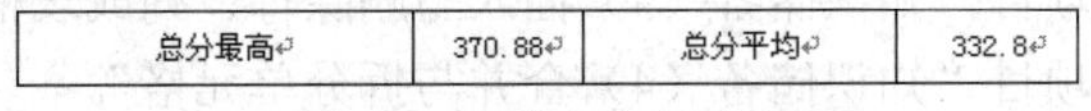

总分最高	370.88	总分平均	332.8

图 3-60 计算完成后的结果

项目要求 8：将表格（除最后一行）排序，按第一关键字：第 10 周，降序；第二关键字：总分，降序。

操作步骤

【步骤 1】选定表格中除最后一行外的所有行。

【步骤 2】在“表格工具”中的“布局”选项卡中单击“排序”按钮，在“排序”对话框中将“主要关键字”选择为“第 10 周”，单击“降序”；在“次要关键字”中选择“总分”，单击“降序”，完成后单击“确定”按钮，如图 3-61 所示。

提示

大多数的排序都需要选定标题行（即标识每列数据放置内容的单元格所在的行，一般为表格的第一行）。

提炼升华

1. 创建表格

创建表格：见本项目“知识储备（1）建立表格的方法”。

知识扩展

（1）表格转换成文本。选中需要转换的表格，在“表格工具”中的“布局”选项卡中单击“转换为文本”按钮，在弹出的对话框（见图 3-62）中选择“制表符”，最后单击“确定”按钮即可。

（2）文本转换成表格。选中需要转换为表格的文本，在“插入”选项卡中单击“表格”下拉按钮中的“文本转换成表格...”命令，弹出“将文字转换成表格”对话框（见图 3-63）。在“自动调整”操作处可选择调整表格宽高的方式，在“文字分隔位置”处可更改默认的文字分隔符，以产生不同的表格。

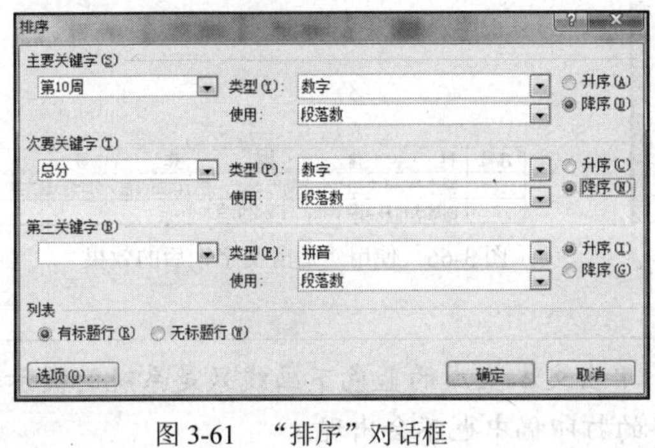

图 3-61 “排序”对话框

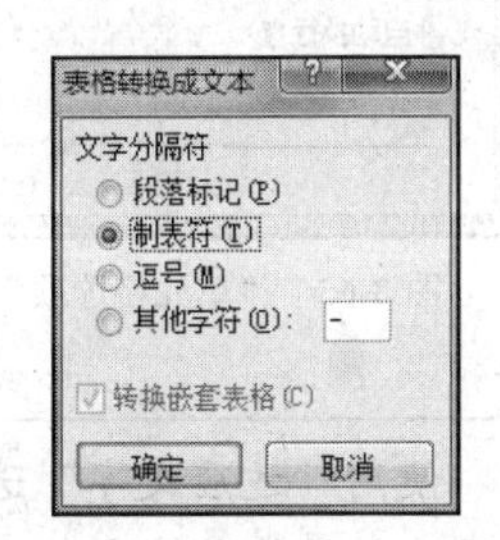

图 3-62 “表格转换成文本”对话框

文字转换成表格的操作前提是，需使用特殊符号或空格把文本隔开才能转换为特定表格。

2. 表格的基本编辑操作（移动、复制、插入、删除、合并、拆分等）

插入与删除：见本项目“知识储备（3）插入与删除行、列或表格”。

合并与拆分：见本项目“知识储备（4）合并与拆分单元格”。

3. 表格的格式化操作（改变表格的大小、行高、列宽、边框和底纹）

表格的格式化操作：见本项目“项目要求 4”。

知识扩展

（3）单元格属性设置。在“表格属性”对话框的“单元格”选项卡（见图 3-64）中可设置指定单元格的大小及垂直对齐方式。

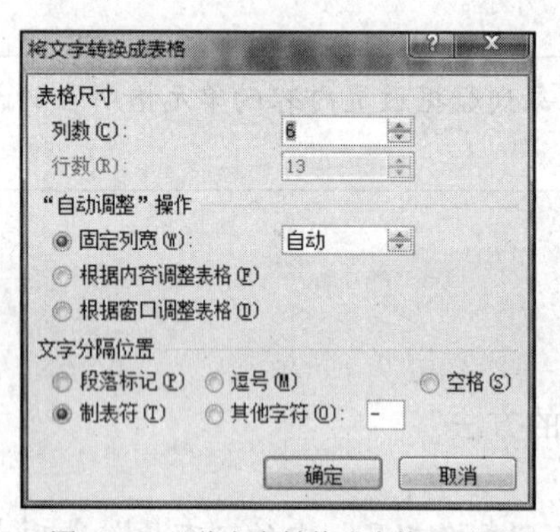

图 3-63 “将文字转换成表格”对话框

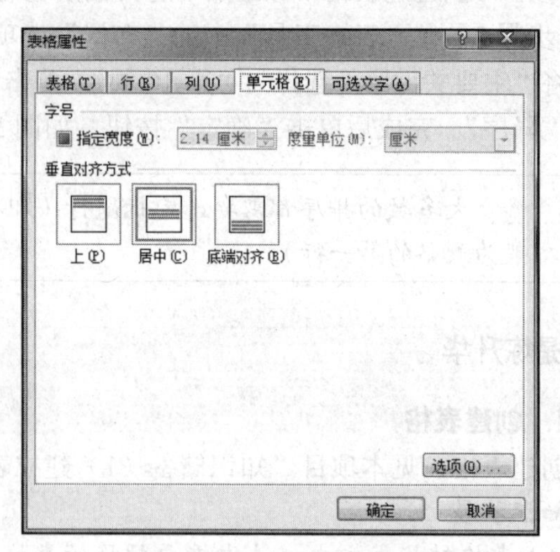

图 3-64 “单元格”选项卡

单击“选项”按钮后，可设置指定单元格的边距，勾选“适应文字”（见图 3-65），可使文本自动调整字符间距，使其宽度与单元格的宽度保持一致，具体效果如图 3-66 所示。

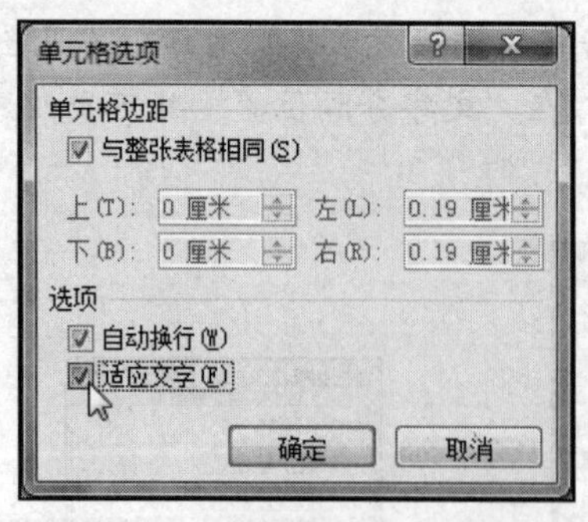

图 3-65 “单元格选项”对话框

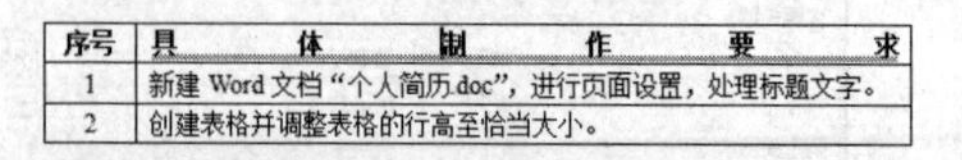

序号	具 体 制 作 要 求
1	新建 Word 文档“个人简历.doc”，进行页面设置，处理标题文字。
2	创建表格并调整表格的行高至恰当大小。

图 3-66 使用“适应文字”后的效果

使用“适应文字”选项后，单击文本生成的蓝色下画线只是系统的提示符号，光标离开此单元格即消失，且在最终的打印稿中也不会出现。

（4）表格样式。除了可以通过 Word 自己设置表格格式外，还可以使用 Word 自带的表格样式，来轻松制作出整齐美观的表格。

在“表格工具”的“设计”选项卡中可选择系统中已有的表格样式，共有140多种表格样式，如图3-67所示。

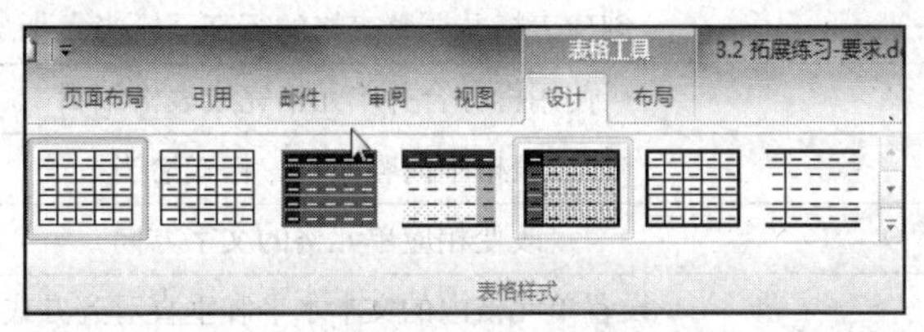

图3-67 表格样式

（5）表格在页面中的对齐设置。水平对齐的设置：选择表格后单击鼠标右键，在弹出的快捷菜单中选择“表格属性”命令，在“表格”选项卡中的“对齐方式”处可选择“左对齐”“居中”和“右对齐”，如图3-68所示。

垂直对齐的设置：单击“页面布局”选项卡，在“页面设置”选项组中单击“对话框启动器”按钮，弹出“页面设置”对话框，在“版式”选项卡的“页面”垂直对齐方式中进行选择，默认为“顶端对齐”，如图3-69所示。

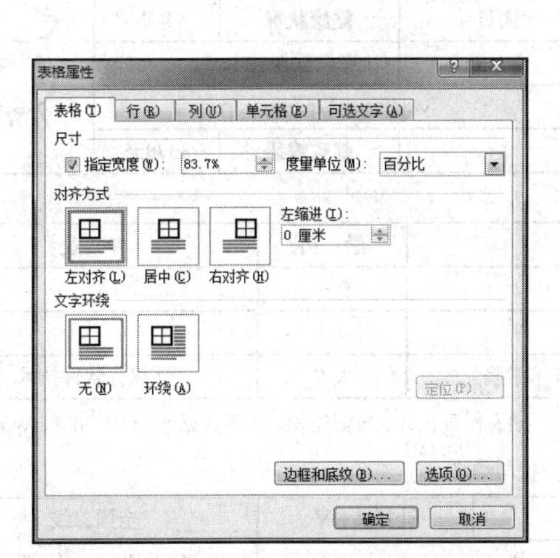

图3-68 “表格属性”对话框中的“对齐方式”

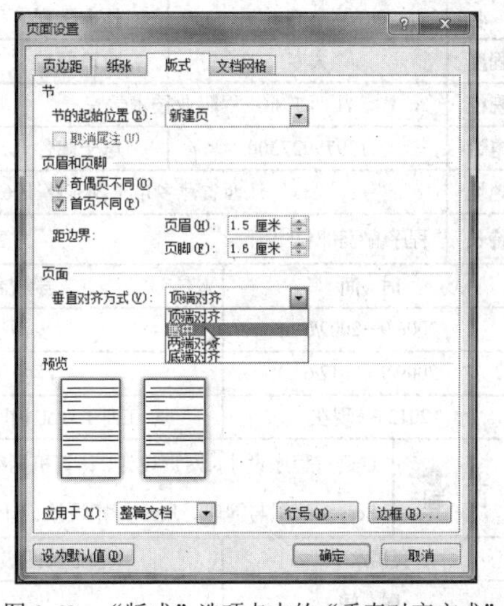

图3-69 “版式”选项卡中的“垂直对齐方式”

4. 表格中的公式和函数的实现及表格排序操作

表格计算：见本项目“项目要求6和项目要求7”。

表格排序：见本项目“项目要求8”。

拓展练习

参照图3-70所示的个人简历示例，结合自身实际情况，完成本人的简历制作。总体要求：使用Word来布局表格；个人信息真实可靠；具体条目及格式可自行设计。具体制作要求如表3-2所示。

表 3-2　　　　　　　　个人简历具体制作要求

序　号	具体制作要求
1	新建 Word 文档“个人简历.docx”，进行页面设置，处理标题文字
2	创建表格并调整表格的行高至恰当大小
3	使用拆分合并单元格完成表格编辑
4	表格中内容完整，格式恰当
5	改变相应单元格的文字方向
6	设置单元格内的文本水平和垂直对齐方式
7	设置表格在页面为水平和垂直都为居中
8	为整张表格设置内外框线
9	完成简历表中图片的插入与格式设置

个　人　简　历　(应届毕业生)

求职意向：软件工程师

<table>
<tr><td>姓　名</td><td colspan="2">小 Q</td><td>性　别</td><td>男</td><td>出生年月</td><td>1993/12</td><td rowspan="5"></td></tr>
<tr><td>文化程度</td><td colspan="2">大专</td><td>政治面貌</td><td>团员</td><td>健康状况</td><td>健康</td></tr>
<tr><td>毕业院校</td><td colspan="3">江西工业工程职业技术学院</td><td>专　业</td><td colspan="2">计算机软件技术</td></tr>
<tr><td>联系电话</td><td colspan="2">13979927300</td><td>电子邮件</td><td colspan="3">yuyizzu@126.com</td></tr>
<tr><td>通信地址</td><td colspan="4">江西省萍乡市玉湖东路 106 号</td><td>邮政编码</td><td>337055</td></tr>
<tr><td>技能特长</td><td colspan="7">程序编写和网站设计</td></tr>
<tr><td rowspan="7">学历进修</td><td colspan="2">时　间</td><td colspan="2">学校名称</td><td>学　历</td><td colspan="2">专　业</td></tr>
<tr><td colspan="2">2006/9－2009/6</td><td colspan="2">安源一中</td><td>初中</td><td colspan="2"></td></tr>
<tr><td colspan="2">2009/9－2012/6</td><td colspan="2">萍乡中学</td><td>高中</td><td colspan="2"></td></tr>
<tr><td colspan="2">2012/9－现在</td><td colspan="2">江西工业工程职业技术学院</td><td>大专</td><td colspan="2">计算机软件技术</td></tr>
<tr><td>主修课程</td><td colspan="6">C 语言程序设计、网页设计、计算机网络基础、动态网页设计、数据结构、关系数据库、C#.NET、Windows Server 配置与管理、Java 程序设计、计算机维护与维修</td></tr>
<tr><td colspan="2">英语水平</td><td colspan="2">全国四级</td><td>计算机水平</td><td colspan="2">全国二级</td></tr>
<tr><td colspan="7"></td></tr>
<tr><td rowspan="4">实践与实习</td><td colspan="2">时　间</td><td colspan="3">单　位</td><td>职　位</td><td>评　语</td></tr>
<tr><td colspan="2">2012/12－现在</td><td colspan="3">江西工业工程职业技术学院</td><td>机 房 管 理</td><td>优 秀</td></tr>
<tr><td colspan="2">2013/3－2013/8</td><td colspan="3">萍 乡 新 浪 潮 电 脑</td><td>计 算 机 组 装</td><td>良 好</td></tr>
<tr><td colspan="2">2013/10－2014/5</td><td colspan="3">学 院 信 息 中 心</td><td>网 页 制 作</td><td>良 好</td></tr>
<tr><td rowspan="4">专业证书</td><td colspan="2">名　称</td><td colspan="3">主办单位</td><td colspan="2">获取时间</td></tr>
<tr><td colspan="2">计算机一级</td><td colspan="3">全国计算机等级考试中心</td><td colspan="2">2012/12</td></tr>
<tr><td colspan="2">英语四级</td><td colspan="3">全国英语等级考试中心</td><td colspan="2">2013/6</td></tr>
<tr><td colspan="2">程序员</td><td colspan="3">全国计算机等级考试中心</td><td colspan="2">2014/7</td></tr>
<tr><td rowspan="4">获奖情况</td><td colspan="2">荣誉称号</td><td colspan="3">主办单位</td><td colspan="2">获奖等级</td></tr>
<tr><td colspan="2">“蓝桥杯”全国软件大赛</td><td colspan="3">工业和信息化部人才交流中心</td><td colspan="2">江西赛区一等奖</td></tr>
<tr><td colspan="2">院三好学生</td><td colspan="3">江西工业工程职业技术学院</td><td colspan="2"></td></tr>
<tr><td colspan="2">院优秀学生干部</td><td colspan="3">江西工业工程职业技术学院</td><td colspan="2"></td></tr>
</table>

图 3-70　个人简历示例

个性特点（包括个性、工作态度、自我评价）	**个性：**性格开朗，为人随和，善于与人交往。 **工作态度：**对于工作总有充沛的精力，同时有探究精神，对自己的工作总想把它做得最完美。 **自我评价：**做事认真负责，具有较强的责任心。

图 3-70　个人简历示例（续）

项目三　电脑小报制作——图文混排

项目情境

某日小 Q 无意中在图书馆看到一本名为《设计东京》的书，感慨于书籍精美的版式设计，联想到自己学过的 Word，就想用 Word 来把自己喜欢的版面再现出来，看看自己的制作水平行不行。

项目分析

（1）插入图片的方法。
（2）插入文本框的方法。
（3）插入艺术字的方法。
（4）插入自选图形的方法。
（5）插入对象后对格式设置的方法。

技能目标

（1）插入各种（图片、文本框、艺术字、自选图形等）对象及相应的格式设置。
（2）灵活运用所学习知识，提升解决问题的能力。
（3）插入各种对象的绝对位置的设置。
（4）合理地对文档进行排版修饰，使之达到视觉上协调统一的效果（设计理论的学习渠道：网站、博客、广告、电影、电视剧、书；推荐书目：侯捷——《Word 排版艺术》，电子工业出版社出版）。

重点集锦

电脑小报效果一览。

项目详解

项目要求 1：新建 Word 文档，保存为“城市生活.docx”。

操作步骤

【步骤 1】启动 Word 软件，如桌面上有快捷方式，则双击该快捷方式图标。

【步骤 2】启动 Word 软件后，窗口中会自动建立一个新的空白文件。

【步骤 3】单击快速访问工具栏上的按钮，在弹出的“另存为”对话框中选择“保存位置”，输入“文件名”，完成设置后单击“保存”按钮。

项目要求 2：页面设置：纸张：16 开，页边距：上下 1.9 厘米、左右 2.2 厘米。

操作步骤

【步骤 1】单击“页面布局”选项卡，在“页面设置”选项组中单击“对话框启动器”按钮，弹出“页面设置”对话框，在“页面设置”对话框中进行设置。

【步骤 2】在“页边距”选项卡中设置“上、下页边距”为“1.9 厘米”“左、右页边距”为“2.2 厘米”，如图 3-71 所示。

【步骤 3】在“纸张”选项卡中设置“纸张大小”为“16 开（18.4×26 厘米）”，如图 3-72 所示。

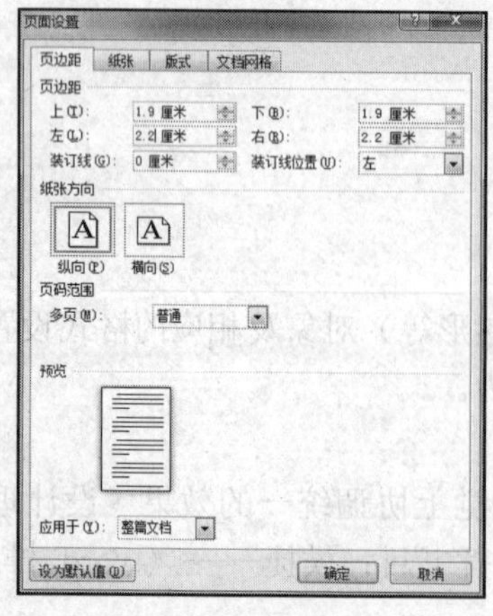

图 3-71 页边距的设置

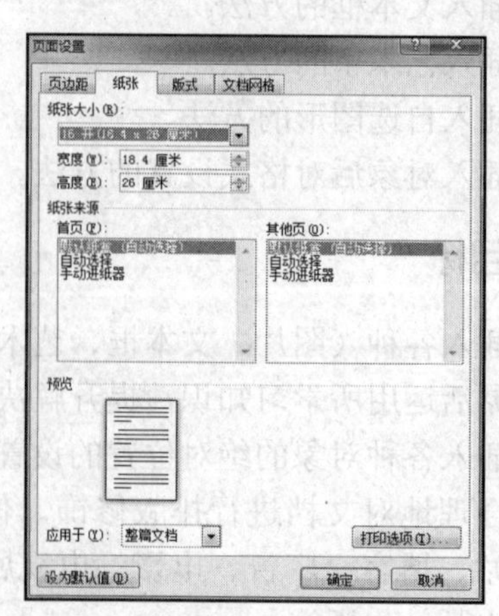

图 3-72 纸张的设置

【步骤 4】全部设置完毕后，单击“确定”按钮完成页面的所有设置。

项目要求 3：参考效果图，在页面左边插入矩形图形，图形格式为“填充色：酸橙色、边框：无”。

知识储备

（1）显示比例的调整。

更改文档的显示比例可以使操作更加方便和精确。单击“视图”选项卡，在“显示比例”选项组中单击“显示比例”按钮，在“显示比例”对话框（见图 3-73）中进行相应设置。

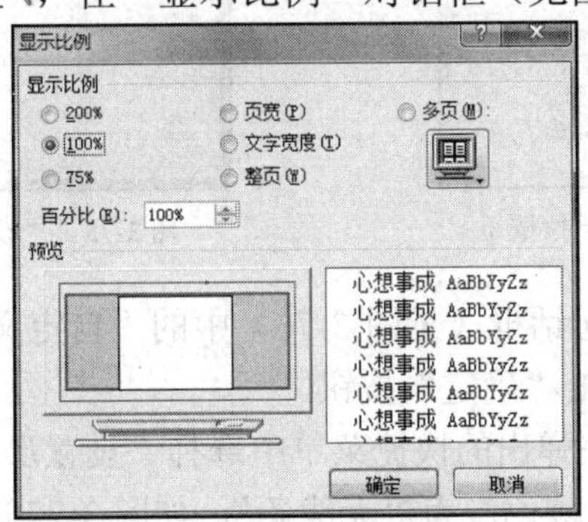

图 3-73 “显示比例”对话框

（2）对象大小的调整。

调整对象的大小也要遵循计算机操作的基本原则“先选定，后操作”，在使用鼠标选定对象时，要注意鼠标的不同形状。

选定前一定要注意，鼠标指针为形状才可以正常选定。要使鼠标指针为此形状，鼠标必须在该对象的 4 个边线附近，然后单击鼠标左键选中对象。

选中对象时，会出现 8 个控制点，将鼠标移至 4 个顶角的控制点，鼠标指针形状变为↗、↘，这时，使用鼠标左键拖曳的方式可以等比例缩放对象的大小。

鼠标移至边线中部的控制点，鼠标指针形状变为↔，使用鼠标左键拖曳的方式可以调整对象的宽度和高度。

（3）对象位置的调整。

先选定要调整位置的对象，使用鼠标左键拖曳的方式来改变对象的位置，在拖曳的过程中鼠标指针的形状为。

除了用鼠标可以调整对象的位置外，键盘上的上下左右方向键也可以进行调整。

提示

细节决定成败，要时刻注意绘制对象时鼠标的形状，选中对象时鼠标的形状，以及不同鼠标形状下的不同操作方法。

操作步骤

【步骤 1】在“插入”选项卡的“插图”选项组中单击“形状”下拉按钮，选择“矩形”按钮，如图 3-74 所示，鼠标指针形状变为十。

【步骤 2】参照最终效果图，使用鼠标左键拖曳绘制出矩形图形，并将矩形对象的大小和位置调整至合适。

【步骤 3】选中该矩形对象右击在弹出的快捷菜单中选择“设置形状格式...”命令，在“设置形状格式”对话框（见图 3-75）中选择“填充颜色”为“其他颜色...”。

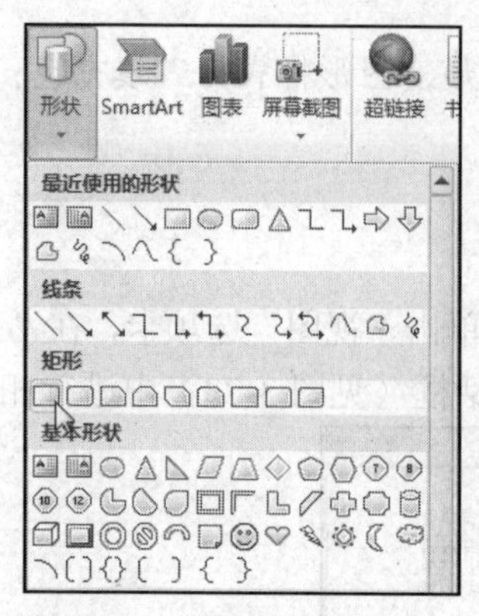

图 3-74 “形状”下拉按钮

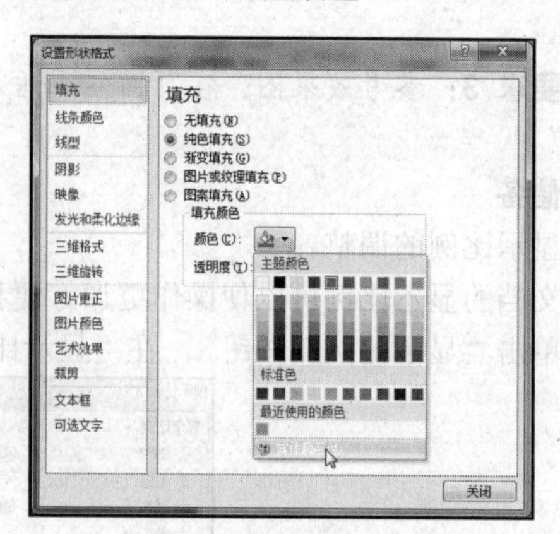

图 3-75 “设置形状格式”对话框

【步骤 4】在“颜色”对话框（见图 3-76）中的“自定义”选项卡中设置“红色：153；绿色：204；蓝色：0”，单击“确定”按钮。

【步骤 5】右击矩形，在弹出的快捷菜单中选择“设置形状格式...”命令，在“设置形状格式”对话框中选择“线条颜色”为“无线条”，如图 3-77 所示。

图 3-76 “颜色”对话框

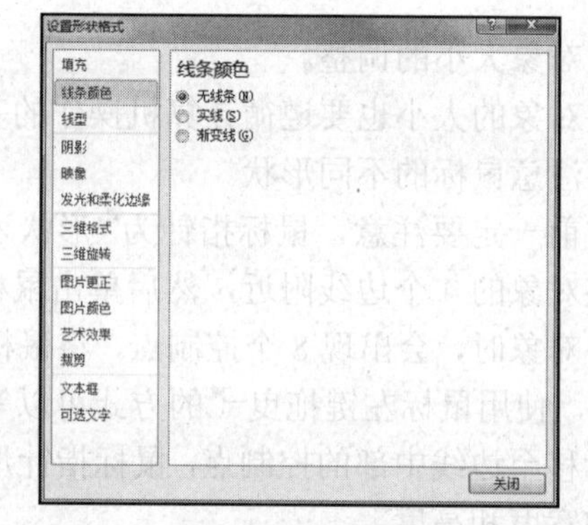

图 3-77 设置“线条颜色”

无颜色即透明色，纸张页面是什么颜色就呈现什么颜色；白色是有颜色的，其 RGB 值为（255，255，255）。

项目要求 4：参照效果图，在页面左侧插入矩形图形，添加相应文本（第一行行末插入五角星），设置矩形格式为“填充色：深色 50%、边框：无”，设置文本格式为“Verdana、小四、白色、左对齐”（五角星为橙色）。

操作步骤

【步骤 1】参照本项目“项目要求 3”中的方法插入矩形图形。

【步骤 2】选中该矩形对象，右键鼠标单击，在弹出的快捷菜单中选择“添加文字”命令。

【步骤 3】在该矩形对象内部会出现一个光标，将“3.3 要求与素材.docx”中的文字素材复制粘贴到此光标所在处。

【步骤 4】将光标定在矩形对象内部文本的第一行末，单击“插入”选项卡，选择“符号”

下拉按钮中的“其他符号”命令，在“符号”对话框中的“符号”选项卡中，选择“子集”为“其他符号”，单击“实心五角星”，然后单击“插入”按钮，如图 3-78 所示。

【步骤 5】选中矩形对象，右击，在弹出的快捷菜单中选择“设置形状格式...”命令，在“设置形状格式”对话框中设置填充颜色为“深色 50%”，线条颜色为“无线条”。

【步骤 6】选中文本，将格式设置为“Verdana、小四、白色、左对齐”。选中插入的“五角星”符号，在“字体”选项组的“字体颜色”下拉列表中选择“标准色”的“橙色”。

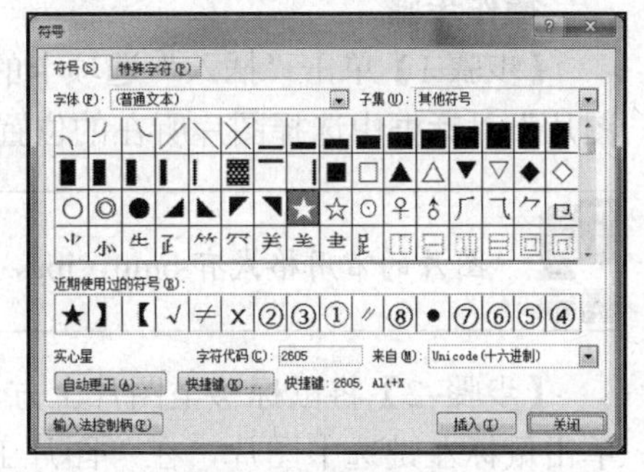

图 3-78　插入其他符号

【步骤 7】参照最终效果图，设定合适显示比例，将矩形对象的大小和位置调整至合适。

项目要求 5：插入两张图片，分别为“室内.png”和“室外.png”，设置环绕方式为“四周型”，大小及位置设置可参照效果图。

知识储备

（4）插入插图。

Word 2010 中可以使用的插图，其来源可以是文件、剪贴画或屏幕截图等。

① 来自文件。平时收藏整理的图片一般都存放在本地磁盘中，使用“插入”选项卡的“插图”选项组中的“图片”按钮，是 Word 排版中最常用的方法之一。

具体操作步骤：先将光标定在要插入图片的位置；单击“图片”按钮，在弹出的“插入图片”对话框中先选择图片所在的位置，单击所要插入的图片（可使用“大图标”的显示方式来查看），最后单击“插入”按钮，如图 3-79 所示。

图 3-79　插入来自文件的图片

② 剪贴画。Word 2010 提供了大量的插图、照片、视频、音频，在编辑文档时，可以根据需要插入文档中。

具体操作步骤：先将光标定在要插入图片的位置；单击“剪贴画”按钮，窗口右侧显示“剪贴画”任务窗格；在此任务窗格中可以输入“搜索文字”，选择“结果类型”；最后选择所需要插入的图片，在当前光标处即可插入该图片（或者从“剪贴画”任务窗格中将图片使用鼠标左键拖曳的方法，拖至要插入图片的位置）。

（5）“图片工具”的“格式”选项卡。

使用“图片工具”的“格式”选项卡（见图 3-80）中的按钮可对图片的格式进行详细设置。

如需对图片进行裁剪，选中图片，单击“裁剪”按钮，在图片的 8 个控制点上按住鼠标不松开，使用鼠标拖曳来完成图片的裁剪，剪去图片多余的内容。

图 3-80　“图片工具”的“格式”选项卡

操作步骤

【步骤 1】单击“插入”选项卡的“插图”选项组中的“图片”按钮，在弹出的“插入图片”对话框中选择图片所在的位置，选择“室内.png”，最后单击“插入”按钮。

图片的常用格式有 bmp、jpg、gif、png 等。

【步骤 2】将鼠标移至图片上方，鼠标指针形状为，单击鼠标左键选中图片，在“图片工具”的“格式”选项卡中单击“排列”选项组中的“位置”下拉按钮中的“其他布局选项…”命令。

【步骤 3】在“布局”对话框的“文字环绕”选项卡中选择“环绕方式”为“四周型”，如图 3-81 所示。

【步骤 4】在图片选中的状态下，通过鼠标拖曳图片四周的 8 个控制点来调整图片大小。

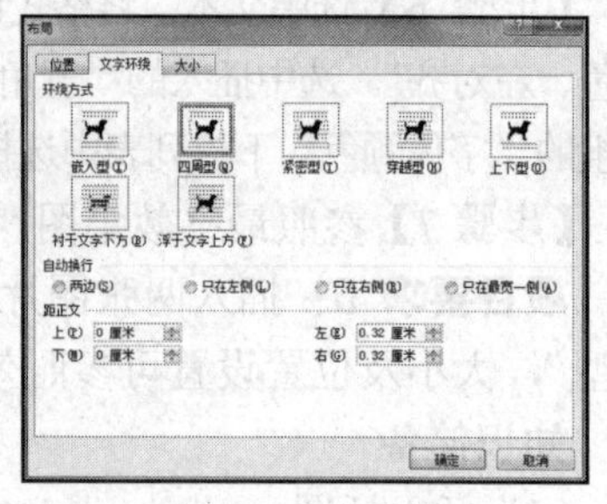

图 3-81 “文字环绕”选项卡

除了 4 个顶角的控制点之外，建议不要用其余的控制点来调整图片大小，否则会造成图片的变形

【步骤 5】参照效果图，使用鼠标调整该图片的大小和位置。

【步骤 6】另外一张图片“室外.png”的插入、大小及位置调整的操作与“室内.png”的操作类似。

项目要求 6：参照效果图，在页面右上角插入文本框，添加相应文本，设置主标题“MARUBIRU”格式为“Arial、小初、加粗、阴影（其中“MARU”为深红色）”，副标题“玩之外的设计丸之内”格式为“华文新魏、小三”，正文格式为“默认字体、字号 10、首行缩进 2 字符”），文本框格式“填充色：无、边框：无”。

知识储备

（6）插入文本框。

文本框内可以放置文字、图片、表格等内容，文本框可以很方便地改变位置、大小，还可以设置一些特殊的格式。文本框有两种，即横排文本框和竖排文本框。

① 横排文本框。单击“插入”选项卡，在“文本”选项组的“文本框”下拉按钮中，选择“绘制文本框”命令，鼠标指针变为十形状，使用鼠标左键拖曳的方法，绘制出横排文本框。在文本框内的光标处可以插入文本、图片等各种对象。

② 竖排文本框。在“文本框”下拉按钮中，选择“绘制竖排文本框”命令，具体操作与横排文本框类似。

操作步骤

【步骤 1】单击“插入”选项卡，在“文本”选项组的“文本框”下拉按钮中，选择“绘制文本框”命令，鼠标指针变为十形状，使用鼠标左键拖曳的方法，绘制出横排文本框。

【步骤 2】在文本框中的光标处，粘贴从“3.3 要求与素材.docx”中复制得到的文本，并按照要求对文本进行格式设置。

提示 页面中可插入的对象（矩形等自选图形、图片、文本框等）的选取与大小、位置及格式设置的操作都很类似。文本阴影效果的设置：可以使用“字体”选项组中的“A·文字效果”按钮设置。

【步骤3】选中文本框后右击，在弹出的快捷菜单中选择“设置形状格式...”命令，在“设置形状格式”对话框中设置填充为“无填充”，线条颜色为“无线条”。

【步骤4】参照效果图，调整文本框的大小和位置。

项目要求 7：参考效果图，在页面左上角插入艺术字，在艺术字样式中选择“第三行第五列”，内容为“给我”，格式为“华文新魏、48磅、深红、垂直”。

知识储备

使用艺术字，可以给文字增加特殊效果。

（7）插入艺术字。

在“插入”选项卡中的“文本”选项组中单击“艺术字”下拉按钮，在“艺术字库”中选择一种“艺术字”样式，单击“确定”按钮，如图3-82所示。

在“艺术字样式”选项组中单击“A文本效果”下拉按钮中的“转换”命令，可弹出级联菜单（见图3-83），在此菜单中可对艺术字进行详细的格式设置。

（8）对象间的叠放次序。

在页面上绘制或插入各类对象，每个对象其实都存在于不同的“层”上，只不过这种“层”是透明的，我们看到的就是这些“层”以一定的顺序叠放在一起的最终效果。如需要某一个对象存在于所有对象之上，就必须选中该对象，单击鼠标右键，在弹出的快捷菜单中选择“置于顶层”命令。

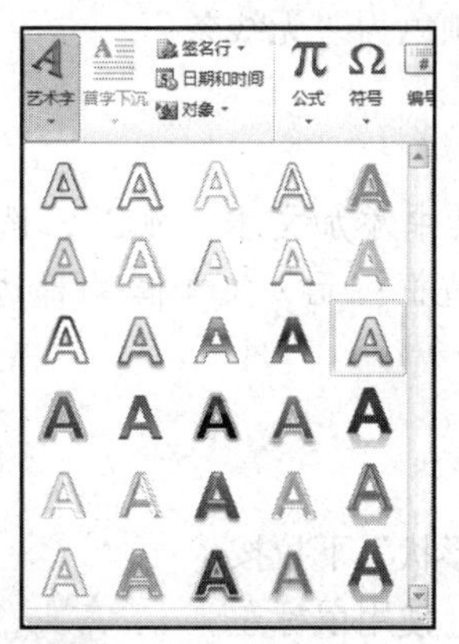

图3-82 选择“艺术字”样式

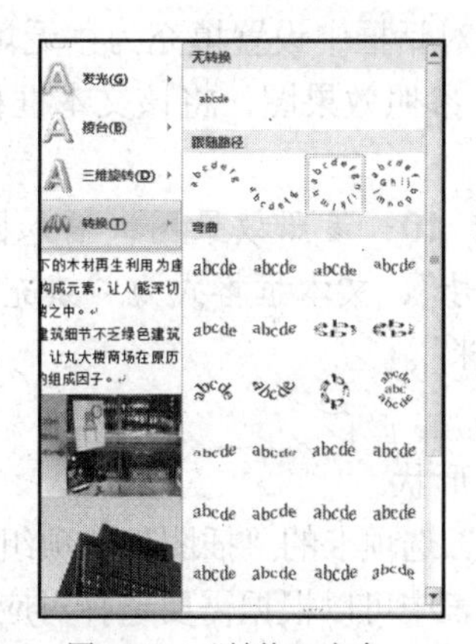

图3-83 “转换”命令

操作步骤

【步骤1】在“插入”选项卡中的“文本”选项组中单击“艺术字”下拉按钮，在“艺术字库”中选择第三行第五列的“艺术字”样式，单击“确定”按钮。

【步骤2】将默认文本更改为“给我”，选中文本将“字体、字号、颜色”分别设置为“华文新魏、48磅、深红”。

【步骤3】在“绘图工具”的“设计”选项卡中，单击“文字方向”下拉按钮中的“垂直”命令，参照效果图，将该艺术字移至适当位置。

项目要求 8：参考效果图，在艺术字“给我”的左边插入竖排文本框，内容参照效果图添加，英文格式为“Verdana、白色”，文本框格式为“填充色：无、边框：无”。

操作步骤

【步骤 1】单击“插入”选项卡，在“文本”选项组的“文本框”下拉按钮中，选择“绘制竖排文本框”命令，鼠标指针变为十形状，使用鼠标左键拖曳的方法，绘制出竖排文本框。

【步骤 2】在文本框中的光标处，粘贴从“3.3 要求与素材.docx”中复制得到的文本，并按照要求对文本进行格式设置。

【步骤 3】选中文本框后右击，在弹出的快捷菜单中选择“设置形状格式...”命令，在“设置形状格式”对话框中设置填充为“无填充”，线条颜色为“无线条”。

【步骤 4】参照效果图，将该竖排文本框移至适当位置。

项目要求 9：参照效果图，在艺术字“给我”的下方插入文本框，内容参照效果图添加，文本格式为“Comic Sans MS、30、行距：固定值 35 磅”。文本框格式为“填充色：无、边框：无”。

操作步骤

【步骤 1】单击“插入”选项卡，在“文本”选项组的“文本框”下拉按钮中选择“绘制文本框”命令，鼠标指针变为十形状，使用鼠标左键拖曳的方法，绘制出横排文本框。

【步骤 2】在文本框中的光标处，粘贴从“3.3 要求与素材.docx”中复制得到的文本，并按照要求对文本进行格式设置。

【步骤 3】选中文本框中的所有文本，在“段落”对话框中的“行距”部分选择“固定值”，在“设置值”中输入“35 磅”。

【步骤 4】选中文本框后右击，在弹出的快捷菜单中选择“设置形状格式...”命令，在“设置形状格式”对话框中设置填充为“无填充”，线条颜色为“无线条”。

【步骤 5】参照效果图，将该文本框移至适当位置。

项目要求 10：参照效果图，插入圆角矩形，其中添加文本“M02”，设置文本格式为“Verdana、五号”，文本框格式为“填充色：深红、边框：无、文本框/内部边距：左、右、上、下：0 厘米”。

知识储备

（9）插入形状。

在“插入”选项卡的“插图”选项组中单击“形状”下拉按钮，在下拉列表中可以根据需要选择对应的绘制对象。使用鼠标左键拖曳的方法，绘制出各种自选图形，如图 3-84 所示。

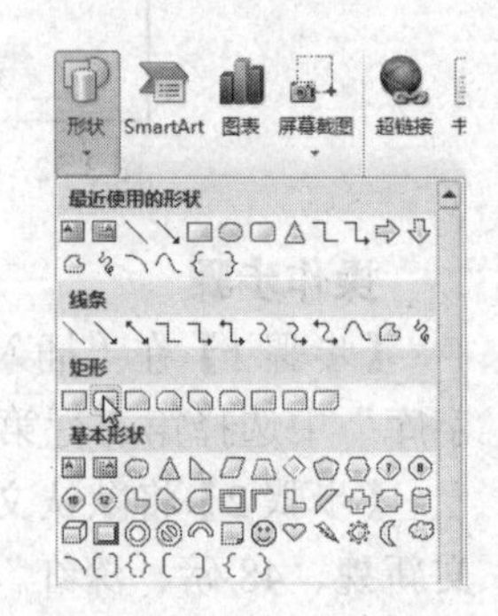

图 3-84 “形状”下拉按钮

（10）调整自选图形。

鼠标移至黄色的竖菱形处，鼠标指针形状变为▷，使用鼠标左键拖曳黄色的竖菱形，可以调整自选图形四角的“圆弧度”。

鼠标移至绿色的圆圈处，鼠标指针形状变为旋转形状，使用鼠标左键拖曳绿色的圆圈，可以调整自选图形的摆放“角度”。

操作步骤

【步骤 1】单击“形状”下拉按钮，在下拉列表中选择“矩形”中的“圆角矩形”按钮。

【步骤 2】使用鼠标左键拖曳的方法，绘制出圆角矩形。

【步骤 3】右击该圆角矩形，在弹出的快捷菜单中选择“添加文字”命令，在圆角矩形内部的光标处输入“MO2”。

【步骤 4】选中文本，设置格式为“Verdana、居中”，其中字母“M”设置颜色为“红色：153；绿色：204；蓝色：0”。

【步骤 5】选中该圆角矩形，右击鼠标，在弹出的快捷菜单中选择“设置形状格式...”命令。在“设置形状格式”对话框中选择“文本框”，将“内部边距”中的“左、右、上、下”均设置为“0 厘米”，单击“确定”按钮，如图 3-85 所示。

【步骤 6】调整自选图形的大小和四角的圆弧度。

【步骤 7】选中该圆角矩形后右击，在弹出的快捷菜单中选择“设置形状格式...”命令，在“设置形状格式”对话框中设置填充颜色为“深红”，线条颜色为“无线条”。

【步骤 8】参照效果图，将圆角矩形移至适当位置。

项目要求 11：参照效果图，在页面左下角插入竖排文本框，内容参照效果图添加，文本格式为“宋体、小五、字符间距：加宽 1 磅、首行缩进 2 字符”，文本框格式为“填充色：无、边框：无”。

操作步骤

【步骤 1】单击“插入”选项卡，在“文本”选项组的“文本框”下拉按钮中选择“绘制竖排文本框”命令，鼠标指针变为十形状，使用鼠标左键拖曳的方法，绘制出竖排文本框。

【步骤 2】在文本框中的光标处，粘贴从“3.3 要求与素材.docx”中复制得到的文本。

【步骤 3】选中文本框中的所有文本，在“字体”选项组中设置相应的字体和字号。选中文本，在“字体”选项组中单击“对话框启动器”按钮，弹出“字体”对话框，在“高级”选项卡的“间距”部分选择“加宽”，磅值默认即为“1 磅”，单击“确定”按钮，如图 3-86 所示。

图 3-85　文本框内部边距的设置

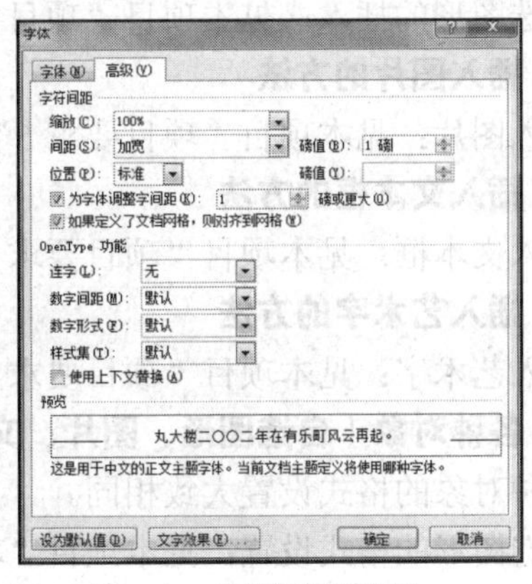

图 3-86　字符间距的设置

【步骤 4】选中文本框后右击，在弹出的快捷菜单中选择“设置形状格式...”命令，在“设置形状格式”对话框中设置填充为“无填充”，线条颜色为“无线条”。

【步骤 5】参照效果图，将竖排文本框移至适当位置。

项目要求 12：选中所有对象进行组合，根据效果图调整至合适的位置。

操作步骤

【步骤 1】在“绘图工具”的“格式”选项卡中单击“选择窗格”按钮，在“文档编辑区”右侧显示“选择和可见性”窗格，如图 3-87 所示。

【步骤 2】按住<Ctrl>键，同时单击“此页上的形状”，选中所有对象。

【步骤 3】在选定区域上右击，在弹出的快捷菜单中选择“组合”→“组合”命令，如图 3-88 所示。

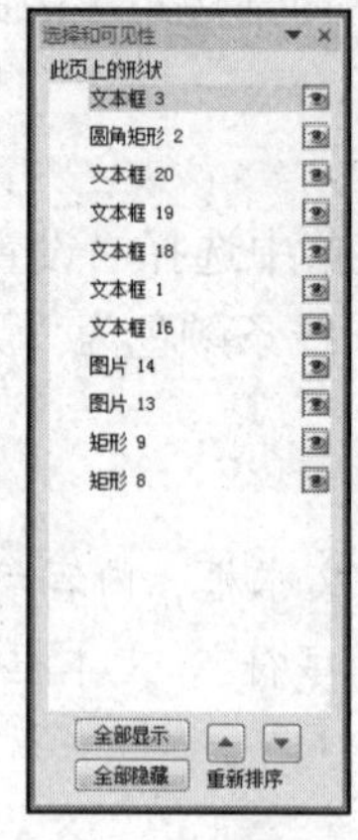

图 3-87　选择窗格

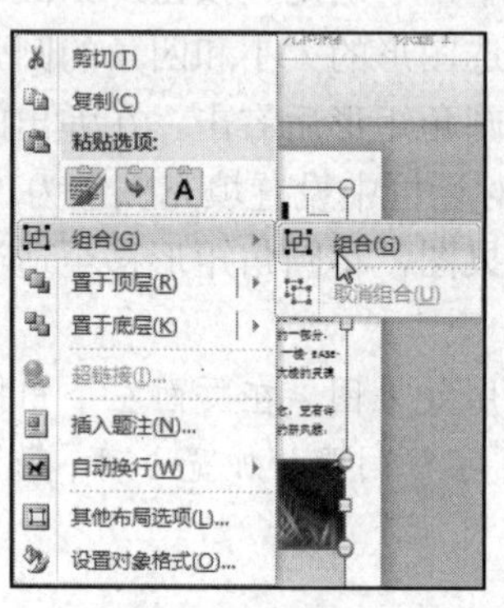

图 3-88　组合对象

【步骤 4】最后根据效果图对整个对象的位置进行调整。

提炼升华

1. 页面设置

页面设置：见本项目“项目要求 2”。

2. 自选图形的使用

自选图形的插入：见本项目“项目要求 3”。

3. 插入图片的方法

插入图片：见本项目“项目要求 5”。

4. 插入文本框的方法

插入文本框：见本项目“项目要求 6”。

5. 插入艺术字的方法

插入艺术字：见本项目“项目要求 7”。

6. 各种对象（自选图形、图片、文本框、艺术字等）的格式设置

各种对象的格式设置大致相同。

自选图形的格式设置：见本项目“项目要求 3”。

图片的格式设置：见本项目“项目要求 5”。

文本框的格式设置：见本项目“项目要求 6”。

艺术字的格式设置：见本项目“项目要求 7”。

知识扩展

（1）文本框的链接。

有时文本框中的内容过多，不能完全显示时，可以借助多个文本框来完成内容的显示，

这时就需要使用到文本框的链接。

链接目标文本框必须是空的，且是同一类型（都是横排或竖排），并且尚未链接到其他文本框。

具体操作：选中链接源文本框，在“绘图工具”的“格式”选项卡中，单击“文本”选项组中的“创建链接”按钮，鼠标指针变为装满水的杯子形状，将鼠标移入链接目标的空文本框中，这时杯子会变成倾斜倒水形状，单击就可将未显示的文本在链接目标文本框中显示。

需要链接多个文本框时，重复上面的步骤即可。如需要断开链接，选中链接源文本框，单击“文本”选项组中的“断开链接”按钮即可。

（2）“形状填充”下拉按钮详解。

除了常见的填充颜色外，各种对象（自选图形、图片、文本框、艺术字等）还可以使用“图片”、“渐变”、“纹理”来进行填充设置。

具体操作：在 形状填充 下拉按钮中进行相应选择，如图 3-89 所示。

①“图片...”：可在计算机中选择一张图片作为填充背景。

②“渐变”：可使用单色、双色和预设渐变，细节设置通过透明度进行调节，如图 3-90 所示。

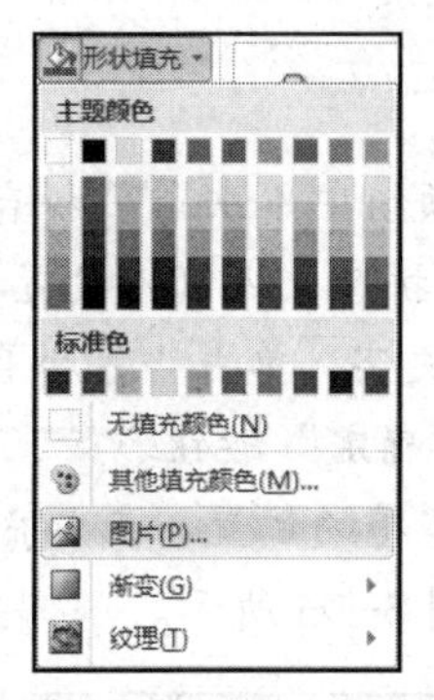

图 3-89 “形状填充”下拉按钮

图 3-90 设置“渐变填充”

③“纹理”：单击相应纹理即可。

（3）页面背景的设置。如需设置整个页面的背景，在“页面布局”选项卡的“页面背景”选项组中单击“页面颜色”下拉按钮（见图 3-91），可以设置颜色或填充效果（见图 3-92）。

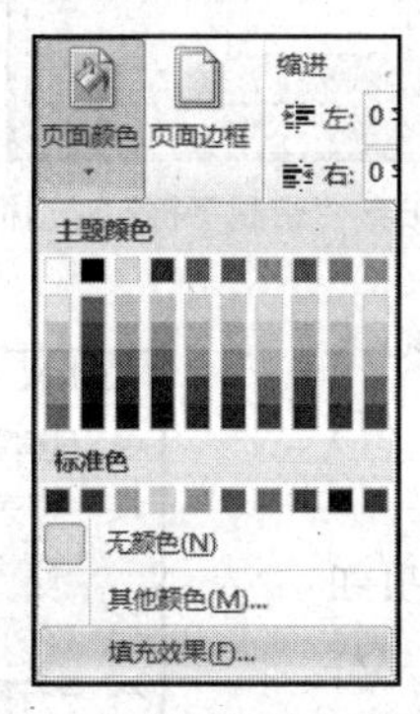

图 3-91 “页面颜色”下拉按钮

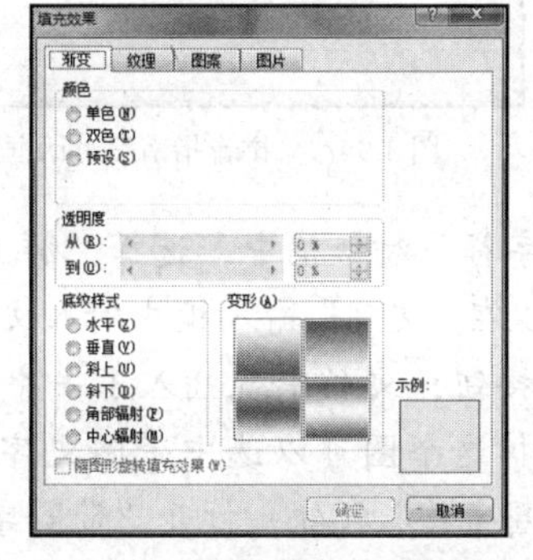

图 3-92 “填充效果”对话框

在“页面背景”选项组中还可以设置“水印”和“边框”。在“水印”下拉按钮中选择

“自定义水印...”命令，在“水印”对话框（见图 3-93）中可为页面背景设置两种水印，分别为图片水印和文字水印。如需对设置好的水印进行修改，必须在“页眉和页脚工具”打开的情况下进行，文字水印是以艺术字的形式出现的。

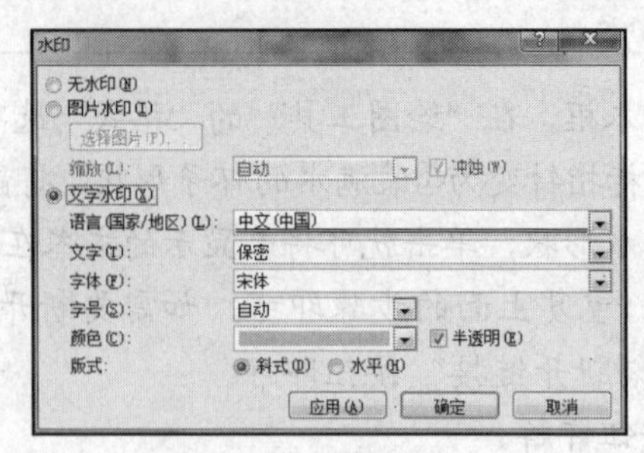

图 3-93 “水印”对话框

7. 文本格式的进一步设置（阴影、字符间距等）

文本的阴影设置：见本项目“项目要求 6”。

字符间距的设置：见本项目“项目要求 11”。

知识扩展

（4）中文版式的设置。

① 拼音指南。选中要添加拼音的文字，在“字体”选项组中单击“wén文拼音指南”按钮，在“拼音指南”对话框（见图 3–94）中，Word 会自动添加拼音，还可以设置拼音的对齐方式、字体、偏移量和字号。如需将拼音删除，选中有拼音的文字，单击“wén文拼音指南”按钮，打开“拼音指南”对话框，单击“清除读音”按钮，单击“确定”按钮。

② 带圈字符。选中文本或者将光标定在需要插入带圈字符的位置，在“字体”选项组中单击“字带圈字符”按钮，弹出“带圈字符”对话框，如图 3–95 所示。

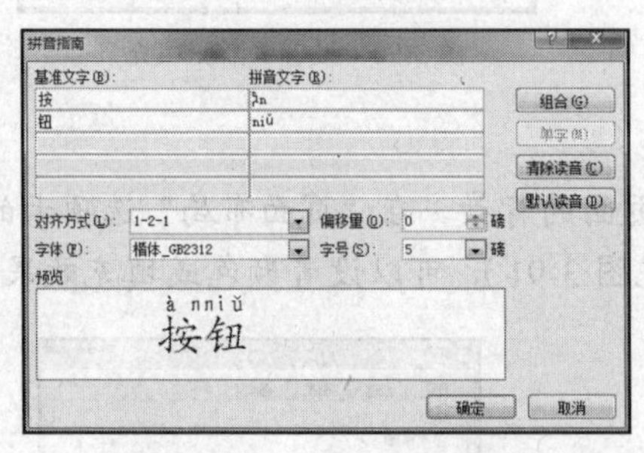

图 3-94 “拼音指南”对话框

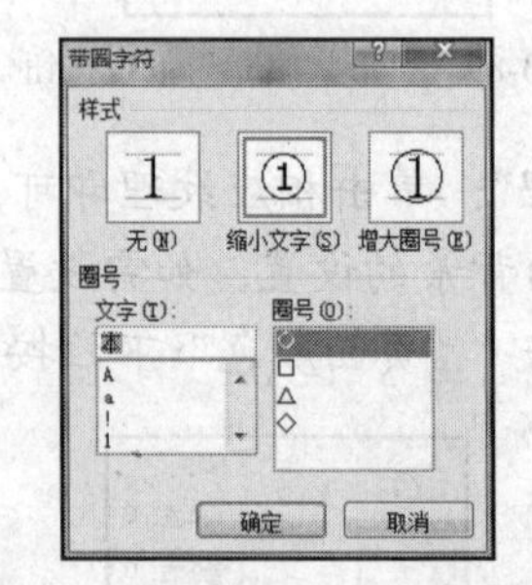

图 3-95 “带圈字符”对话框

在“带圈字符”对话框中，选择“样式”，可以用选中的文本内容，也可以在“文字”输入框中输入文字，选择“圈号”后，单击“确定”按钮，文档中就插入了一个带圈的文字。

如果要去掉这个圈可以选中带圈文字，在“字体”选项组中单击“字带圈字符”按钮，打开“带圈字符”对话框，在“样式”中选择“无”，单击“确定”按钮即可。

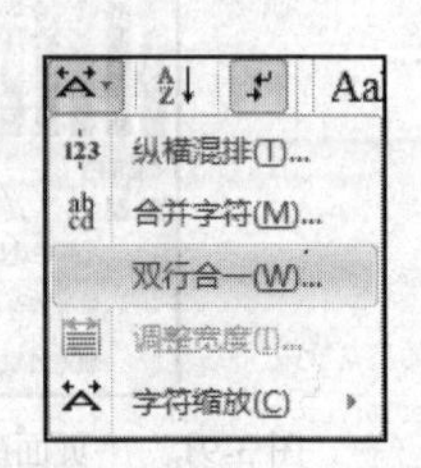

图 3-96 “中文版式”下拉按钮

另外 3 种中文版式的设置均在“段落”选项组中单击“中

文版式”下拉按钮来实现，如图 3-96 所示。

③ 纵横混排。选中文本，单击“纵横混排...”命令，弹出“纵横混排”对话框，如果选择的字数较多，清除“适应行宽”复选框，单击“确定”按钮。

如果要撤销“纵横混排”，需将光标定位在混排的文字中，打开“纵横混排”对话框，单击“删除”按钮，再单击“确定”按钮。

④ 合并字符。合并字符功能可以把几个字符集中到一个字符的位置上。选中要合并的文本，单击“合并字符...”命令，弹出“合并字符”对话框，在“文字”输入框中也可以输入其他内容，调整字体和字号后，单击“确定”按钮，选定的文字即合并成一个字符。

如果要撤销“合并字符”，选中已合并的字符，在“合并字符”对话框中单击“删除”按钮。

“双行合一”同“合并字符”有些相似，不同的是，合并字符有 6 个字符的限制，而双行合一没有，合并字符可以设置合并的字符的字体和字号，而双行合一不可以。

8. 特殊字符的插入

特殊字符的插入：见本项目“项目要求 4”。

9. 各种对象的组合与取消组合

对象的组合：见本项目“项目要求 12”。

知识扩展

（5）取消组合。

选中已经组合好的对象，右击鼠标，在弹出的快捷菜单中选择“组合”→“取消组合”命令，就可以恢复到组合前的状态。

10. 打印预览的使用

知识扩展

（6）打印文档。

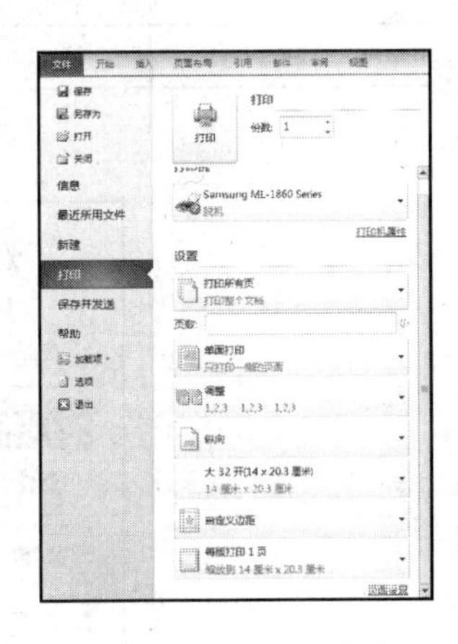

图 3-97 “打印”选项

在确定需要打印的文档正确无误后，即可打印文档。打印文档的操作步骤如下。

① 单击 文件 按钮，在弹出的下拉菜单中单击“打印”按钮，如图 3-97 所示。

② 在“打印机”列表框中选择需要使用的打印机。

③ 在“打印所有页”下拉列表中还可选择“仅打印奇数页”或“仅打印偶数页”。

④ 在“页数”文本框中指定需要打印的页码范围。

⑤ 在“副本”的“份数”数值框中输入需打印的份数，默认为一份。

⑥ 全部设置完成后，单击“打印”按钮，完成打印。

如不需要特别设置，而是采用默认值进行打印，只需要单击“打印”按钮，即可快速地打印一份文档。

拓展练习

参照图 3-98 所示的示例，完成信息简报的制作。总体要求是纸张为 A3，页数为 1 页；根据提供的图片、文字、表格等素材，参照具体要求完成简报；内容必须使用提供的素材，可适当在网上搜索素材进行补充；完成的具体版式及效果可自行设计，也可参照示例完成。

具体制作要求如表 3-3 所示。

表 3-3　　　　信息简报具体制作要求

序　　号	具体制作要求
1	主题为“创建文明城市”
2	必须要有图片、文字、表格三大元素
3	包含报刊各要素（刊头、主办、日期、编辑等）
4	必须使用到艺术字、文本框（链接）、自选图形、边框和底纹
5	素材需经过加工，有一定原创部分
6	色彩协调标题醒目、突出、同级标题格式相对统一
7	版面设计合理，风格协调
8	文字内容通顺，无错别字和繁体字
9	图文并茂，文字字距、行距适中，文字清晰易读
10	装饰的图案与花纹要结合简报的性质和内容

信息简报

XINXI JIANBAO

1

第七期　主办：工院·计算机工程系　责任编辑：吕晓　沈敏君　2013年9月16日 星期一

时事政治　以百姓福祉为归依　三论创建文明城市

创建全国文明城市根本目的在于提高城市整体文明程度、改善城市环境、提升城市影响力和竞争力，而这些恰恰是让老百姓生活变得更美好的落脚点。

以百姓福祉为归依，是创建的初衷。创建的对象是城市，受益的是市民。文明不是挂在墙上的一面牌子，而是提高人们现代文明素质、塑造独特人文景观、营造良好投资环境和优美舒适工作生活环境等等的现实体现。全民积极参与宣传遍地开花，在公园路、萍安大道、跃进路“公益广告一条街”上，道路两旁 650 个灯箱全部张贴公益广告，成为萍城一道亮丽风景线；城区 50 余个工地约 12000 平方米围墙穿上了公益广告“文化衫”；各主干道、公园、广场、车站、窗口的“遵德守礼”提示牌宣扬爱护环境、文明礼让，在潜移默化中提升市民文明修养。

城市的发展，以百姓福祉的改善为归依，还要让每个市民都知道文明创建的要求，形成全民创建、全民共享的浓厚氛围。通过创建文明城市，对一些平时看不到、查不出、够不着，然而确实影响百姓生活的薄弱点，切实加强整改，通过创建建立长效机制，把创建工作落到实处，让老百姓安居乐业，让投资者安心放心，让观光者赏心悦目，人生因文明而精彩。

以百姓福祉为归依，必然会得到大家的拥护。市民群众对萍乡创建全国文明城市的赞同程度很高，赞同率高达 99.2%，赞同代表着市民对创建成果的认可，代表着萍乡市民参与全国文明城市创建的热情，更代表着人们对文明的追求。给城市一个文明的标志和内核，这是时代的呼唤，这是一百八十七万萍乡人民的共同心声！

——摘自网络

小知识：

☆什么是全国文明城市(城区)?

全国文明城市(城区)是反映城市(城区)整体文明、和谐程度的综合性荣誉称号，指在全面建设小康社会，加快推进社会主义现代化新的发展阶段，坚持以邓小平理论和“三个代表”重要思想为指导，深入贯彻落实科学发展观，经济建设、政治建设、文化建设和社会建设全面发展，精神文明建设成绩显著，市民文明素质和社会文明程度较高的城市(城区)。

☆测评体系的结构和主要内容有哪些?

测评体系的结构	分值构成	测评主要内容
基本指标	100 分	廉洁高效的政务环境
		公正公平的法治环境
		诚信守信的市场环境
		健康向上的人文环境
		安居乐业的生活环境
		可持续发展的生态环境
		扎实有效的创建活动
特色指标	16 分	创建工作集中宣传
		荣誉称号
		城市整体形象

☆我院师生暑期参加萍乡市建全国文明城市志愿服务工作

① 7 月 5 日，在接到萍乡市文明办的通知后，学院立即召开有关部门负责人和党支部书记会议，对**创建工作进行部署**。

②7 月 9 日学院召开了**创建文明城市志愿服务活动动员大会**。团市委副书记李志猛、交通局有关工作负责人均出席了大会。会上，学院党委书记滕爱萍作了动员讲话，鼓励师生志愿者们积极参与到这项有意义的活动中来，并展示出学院师生良好的精神风貌。

③ 截止 7 月 19 日，全院参加萍乡市创建全国文明城市志愿服务活动共约 **720 人次**。

④ 7 月 10-19 日，我院组织了 70 多名师生志愿者头戴“志愿者”帽子，手拿文明指示牌在萍乡市各公交站点参加全国文明城市创建活动。

美丽萍乡

——安源区——

——芦溪县——

——上栗县——

——莲花县——

——开发区——

——江西工院——

——湘东区——

文字图片来源于-萍乡市文明城市宣传资料

图 3-98　信息简报示例

项目四 毕业论文编辑——高级排版

项目情境

小Q和其他几位同学由于计算机应用基础课程的成绩优异，实际操作能力较强，被系部“毕业论文审查小组”聘为“格式编辑人员”，帮助系部完成学生毕业论文的格式修订工作。同学们在老师的指导下，认真工作起来，原来Word还有这么多的功能呀。

项目分析

（1）毕业论文内容长达几十页，文档中需要处理封面、生成目录，为正文中各对象设置相应格式，只学会前面3个项目的知识远远不够，还需要对Word软件进行更深入的学习和实践。

（2）如何为段落、图片、表格等对象快速编号？使用Word中的项目符号和编号、插入题注等功能来实现。

（3）如何对同一级别的内容设定相同格式？使用Word中的样式和格式功能。

（4）如何自动生成带页码信息的目录？在为各级标题应用样式，设定对应大纲级别的前提下，使用Word中的“目录”可自动生成目录。

（5）如何为同一篇文档设定不同的页面设置、页眉页脚等？使用Word中的“节”，可在一页之内或两页之间改变文档的布局。

（6）理解Word中“域”的概念，并掌握简单的应用。

技能目标

（1）会使用Word中的高级功能完成长文档的格式编辑。

（2）熟练掌握高级替换的使用方法。

（3）学会使用审阅选项卡中的各项功能。

（4）能进行文档的安全保护。

重点集锦

（1）调整后的封面效果。

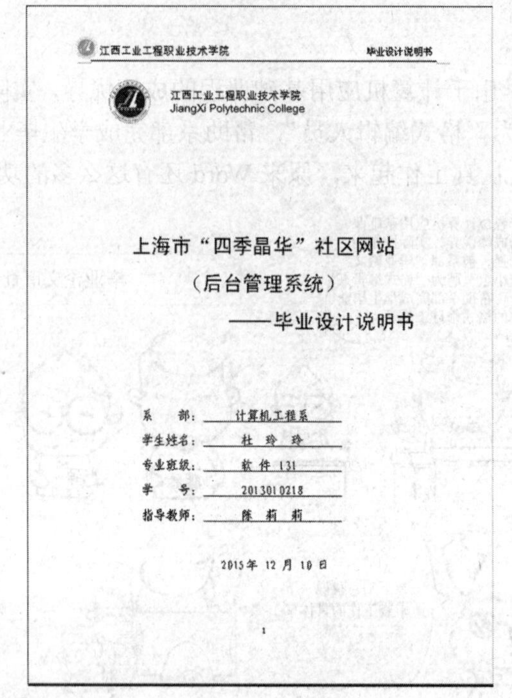
江西工业工程职业技术学院　　毕业设计说明书

江西工业工程职业技术学院
JiangXi Polytechnic College

上海市“四季晶华”社区网站
（后台管理系统）
——毕业设计说明书

系　　部：计算机工程系
学生姓名：杜　玲　玲
专业班级：软 件 131
学　　号：2013010218
指导教师：陈　莉　莉

2015年 12 月 10 日

1

（2）组织结构图的绘制。

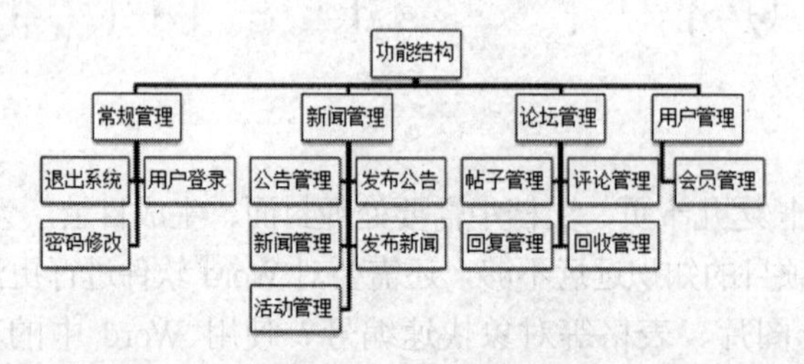

（3）批注的使用。

（4）页眉中插入图片及指定页码的设置。

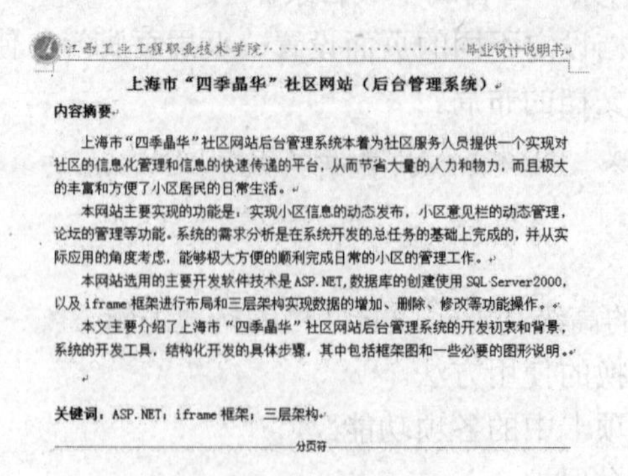
江西工业工程职业技术学院　　毕业设计说明书

上海市“四季晶华”社区网站（后台管理系统）

内容摘要

上海市“四季晶华”社区网站后台管理系统本着为社区服务人员提供一个实现对社区的信息化管理和信息的快速传递的平台，从而节省大量的人力和物力，而且极大的丰富和方便了小区居民的日常生活。

本网站主要实现的功能是：实现小区信息的动态发布，小区意见栏的动态管理，论坛的管理等功能。系统的需求分析是在系统开发的总任务的基础上完成的，并从实际应用的角度考虑，能够极大方便的顺利完成日常的小区的管理工作。

本网站选用的主要开发软件技术是 ASP.NET，数据库的创建使用 SQL Server2000，以及 iframe 框架进行布局和三层架构实现数据的增加、删除、修改等功能操作。

本文主要介绍了上海市“四季晶华”社区网站后台管理系统的开发初衷和背景，系统的开发工具，结构化开发的具体步骤，其中包括框架图和一些必要的图形说明。

关键词：ASP.NET；iframe 框架；三层架构

分页符

项目详解

项目要求 1：将“毕业论文-初稿.docx”另存为“毕业论文-修订.docx”，并将另存后的文档的页边距上下左右均设为 2.5 厘米。

操作步骤

【步骤 1】打开“毕业论文-初稿.docx”，单击“文件”按钮，在弹出的下拉菜单中单击“另存为”按钮，在弹出的“另存为”对话框中输入新的文件名“毕业论文-修订.docx”。

【步骤 2】在“毕业论文-修订.docx”中，单击“页面布局”选项卡，在“页面设置”选项组中单击“对话框启动器”按钮，在弹出的“页面设置”对话框中，设置上、下、左、右页边距均为 2.5 厘米。

项目要求 2：将封面中的下划线长度设为一致。

知识储备

（1）显示/隐藏编辑标记。

所谓编辑标记，是指在 Word 2010 文档屏幕上可以显示，但打印时却不被打印出来的字符，如空格符、回车符、制表位等。在屏幕上查看或编辑 Word 文档时，利用这些编辑标记可以很容易地看出在单词之间是否添加了多余的空格，或段落是否真正结束等。

如果要在 Word 窗口中显示或隐藏编辑标记，可以单击文件按钮，在弹出的下拉菜单中单击“选项”按钮，在弹出的“Word 选项”对话框中（见图 3-99），选择“显示”，在“始终在屏幕上显示这些格式标记”栏下选中或取消要显示或隐藏的编辑标记复选框即可。

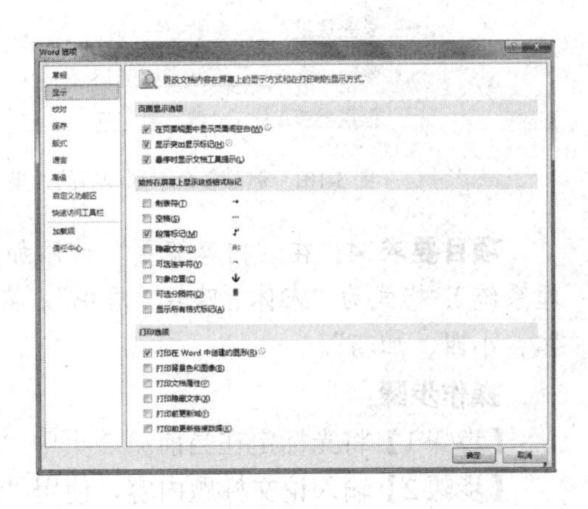

图 3-99 “视图”选项卡中的“格式标记”

在“段落”选项组中单击“显示/隐藏编辑标记”按钮可在显示或隐藏编辑标记状态之间切换。

操作步骤

【步骤 1】以列为单位选取文本。按住<Alt>键同时拖动鼠标选定多余的下画线，即一矩形区域，如图 3-100 所示。

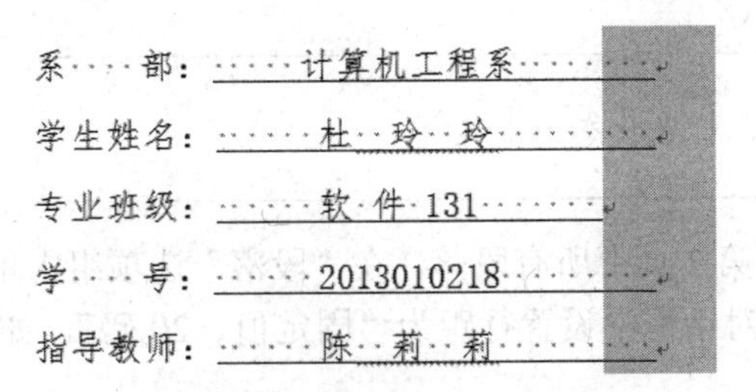

图 3-100 多余下画线的“矩形区域”

以列为单位选取文本的操作见“项目——科技小论文编辑——初级排版 知识储备（9）选取文本的方法”。

【步骤 2】按<Delete>键清除选中的内容，最后得到整齐的下划线，如图 3-101 所示。

项目要求 3：将封面底端多余的空段落删除，使用“分页符”完成自动分页。

操作步骤

【步骤 1】选中封面中日期后面多余的 3 个空段落，按<Delete>键删除。

【步骤 2】将光标定在“内容摘要”4 个字前，在“插入”选项卡中单击“分页”按钮，自动分页，完成后的封面效果如图 3-102 所示。

系····部：·····计算机工程系·····↵

学生姓名：······杜··玲··玲······↵

专业班级：······软·件·131······↵

学····号：······2013010218······↵

指导教师：······陈··莉··莉······↵

图 3-101 删除多余下划线后的效果

2015 年·12·月·10·日↵

分页符

图 3-102 在显示编辑标记状态下的“分页符”

项目要求 4：在“内容摘要”前添加论文标题：上海市“四季晶华”社区网站（后台管理系统），格式为“宋体、四号、居中”。将“内容摘要”与“关键词：”的格式一致设置为“宋体、小四、加粗”。

操作步骤

【步骤 1】将光标定在当前第 2 页中“内容摘要”前，按<Enter>键产生一新段落。

【步骤 2】输入论文标题内容，使用“字体”选项组中的相应按钮完成字体、字号及对齐的设置。

【步骤 3】选中文本“关键词：”，单击“剪贴板”选项组中的“格式刷”按钮，鼠标指针变为形状，用刷子形状的鼠标选定要改变格式的“内容摘要”。

项目要求 5：将关键词部分的分隔号由逗号更改为中文标点状态下的分号。设置“内容摘要”所在页中所有段落的行距为“固定值、20 磅”。

操作步骤

【步骤 1】选中关键词部分原来的分隔号“逗号”，在标点符号被选中的状态下，直接通过键盘输入“分号”。

输入“分号”前，标点状态为中文。

【步骤 2】选中当前第 2 页中所有段落，在“段落”选项组中单击“对话框启动器”按钮，在弹出的“段落”对话框中设置行距为“固定值、20 磅”，如图 3-103 所示。

项目要求 6：建立样式对各级文本的格式进行统一设置。“内容级别”的格式为“宋体、

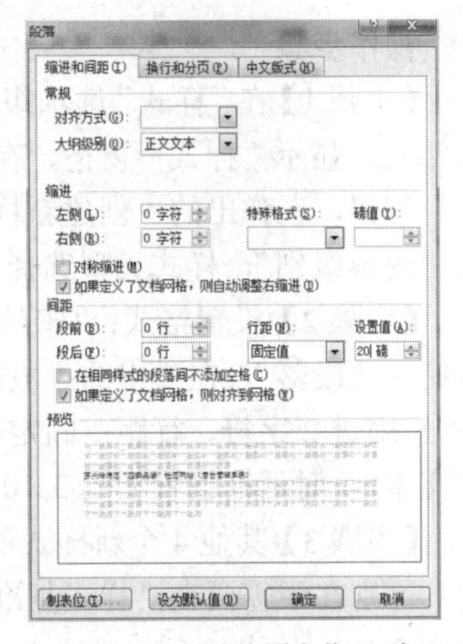

图 3-103　行距为固定值 20 磅

小四、首行缩进 2 字符、行距：固定值 20 磅、大纲级别：正文文本”；以后建立的样式均以“内容级别”为基础，“第一级别”为“加粗、无首行缩进、段前和段后均为 0.5 行、大纲级别：1 级”；“第二级别”为“无首行缩进、大纲级别：2 级”；“第三级别”为“无首行缩进、大纲级别 3 级”；“第四级别”为“大纲级别：4 级”。最后，参照“毕业论文-修订.pdf”中的最终结果，将建立的样式应用到对应的段落中。

知识储备

（2）样式和格式。

样式实际上就是段落或字符中所设置的格式集合（包括字体、字号、行距及对齐方式等）。

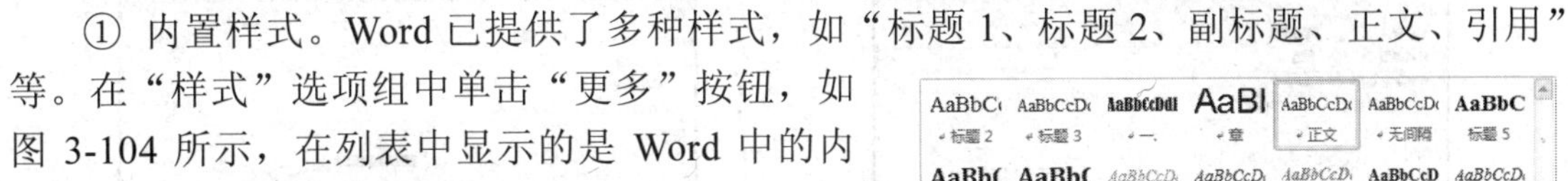

在 Word 中样式分为两种：内置样式和自定义样式。

① 内置样式。Word 已提供了多种样式，如“标题 1、标题 2、副标题、正文、引用”等。在“样式”选项组中单击“更多”按钮，如图 3-104 所示，在列表中显示的是 Word 中的内置样式（包括段落样式和字符样式）。

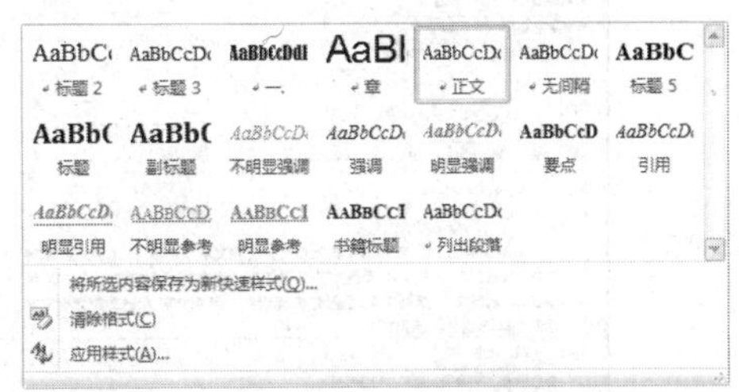

图 3-104　内置样式

如内置样式不能满足具体需要，可对内置样式进行修改。具体操作：在“样式”选项组中单击“对话框启动器”按钮，显示“样式”窗格，选择要应用的样式（如“标题 1”）上单击右侧的下拉框，在下拉菜单中选择“修改...”命令（见图 3-105 左侧），弹出“修改样式”对话框（见图 3-105 右侧），按需要设置相应的格式。

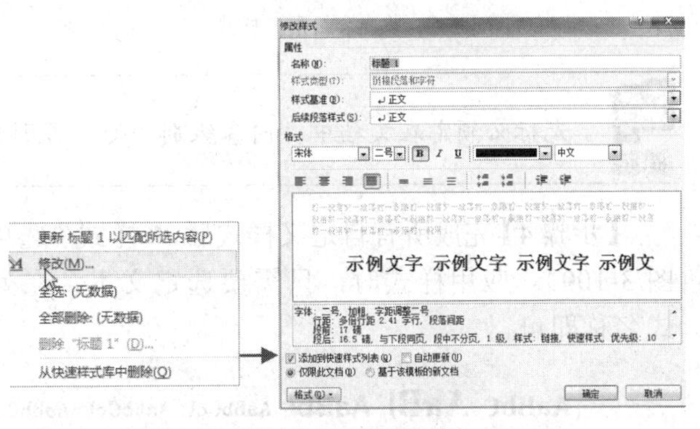

图 3-105　修改样式

② 自定义样式。如果不想破坏 Word 中的内置样式，可以使用自定义样式。具体操作：在“样式”窗格中，单击“新样式”按钮，弹出如图 3-106 所示的“创建新样式”对话框。

在“创建新样式”对话框中，在“名称”文本框中可为新样式取一个有意义的名字；在“样式类型”中可选择“段落”或“字符”；单击“格式”按钮可进行更详细的格式设置。

如果要使用已经设置为列表样式、段落样式或字符样式的基础文本，需在“样式基于”中进行选择，然后再设置格式。

操作步骤

【步骤1】在“样式”选项组中单击“对话框启动器”按钮，显示“样式”窗格，在该窗格中单击“新样式”按钮，在弹出的“创建新样式”对话框中输入名称为“内容级别”，样式类型选择“段落”。

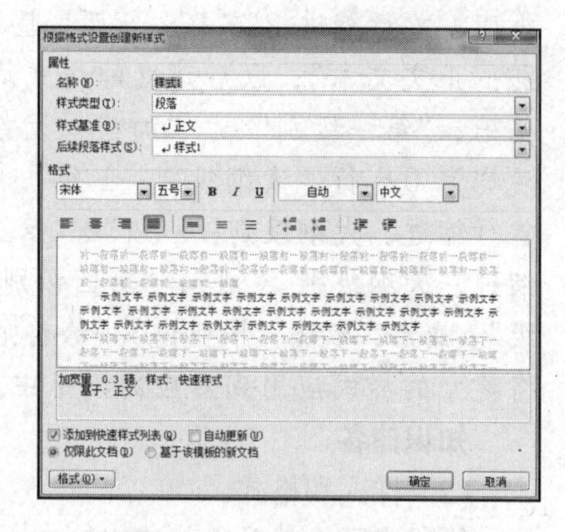

图3-106 “创建新样式”对话框

【步骤2】设置格式：“宋体、小四”，单击“格式”按钮→“段落”，在弹出的“段落”对话框中设置格式：“首行缩进2字符、行距：固定值20磅、大纲级别：正文文本”，对话框设置如图3-107所示。

【步骤3】其他4个新样式的创建与“内容级别”类似，区别在于需要在“样式基准”处选择“内容级别”，如图3-108所示。

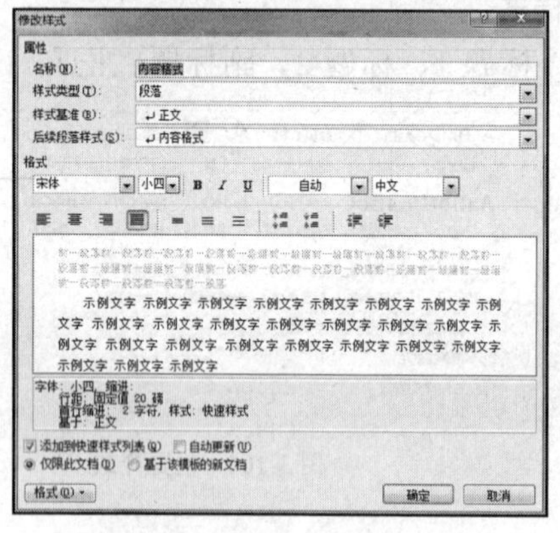

图3-107 “内容级别”样式

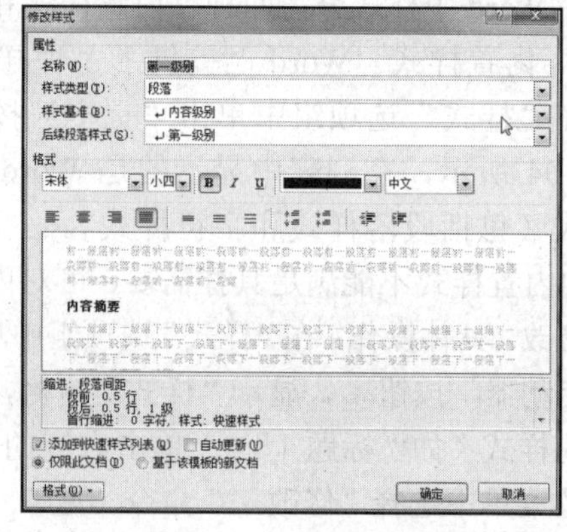

图3-108 “第一级别”样式

光标必须定在文档中“内容级别”处，否则会与光标所在的格式有关联。

【步骤4】完成所有自定义样式后，“样式”选项组中列表处会显示出新样式的名称（见图3-109）。应用样式时，只需要选定文本，在列表中单击对应样式名称即可。

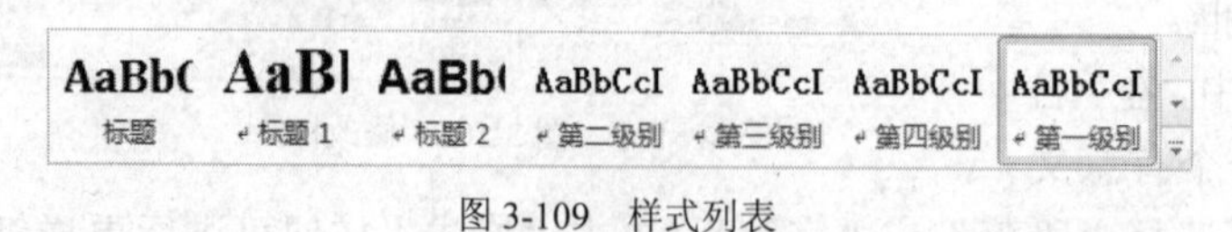

图3-109 样式列表

【步骤5】为了查看设置样式格式后的具体效果，单击“视图”选项卡，在“显示”选项组中勾选“导航窗格导航窗格”，效果如图3-110所示。在“导航窗格”下查阅长文档最为便捷，只要在“导航窗格”中单击相应标题，右侧文档窗口中就会自动到达指定位置。

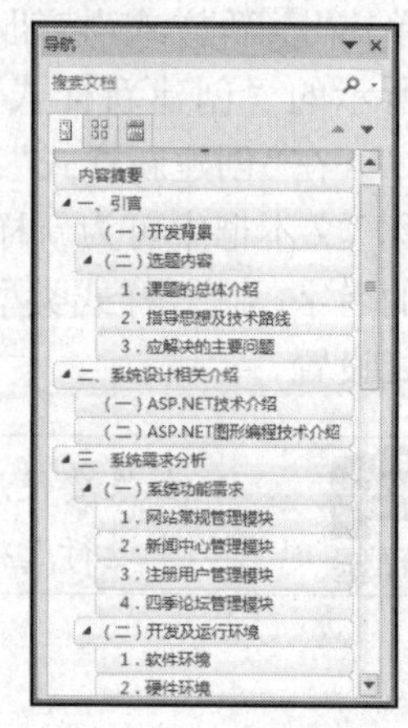

图3-110 导航窗格

项目要求 7：将“三、系统需求分析（二）开发及运行环境”中的项目符号更改为“🖳”符号。

操作步骤

【步骤 1】使用“导航窗格”快速找到要求中的位置，按住<Ctrl>键将项目符号所在的段落全部选中。

【步骤 2】在“段落”选项组中单击“☰项目符号”下拉按钮中的“定义新项目符号...”命令，在“定义新项目符号”对话框中单击“符号...”按钮。

【步骤 3】弹出“符号”对话框中（见图 3-111），在字体中选择“Wingdings”，在列表中找到“🖳”符号，单击“确定”按钮，完成后的效果如图 3-112 所示。

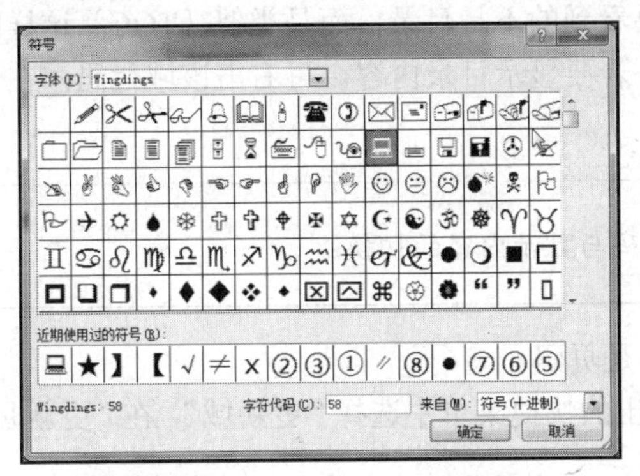

图 3-111 “符号”对话框

图 3-112 修改项目符号后的效果

项目要求 8：删除“二、系统设计相关介绍（一）ASP.NET 技术介绍”中的“分节符（下一页）”。

操作步骤

【步骤 1】在“草稿”视图下，将鼠标放在窗口左侧，鼠标指针变为向右倾斜的箭头，单击选中“分节符（下一页）”，如图 3-113 所示。

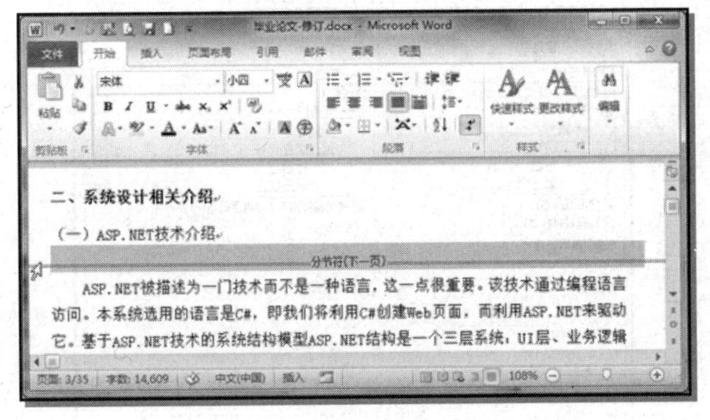

图 3-113 在“普通”视图下删除分节符

【步骤 2】按<Delete>键删除分节符（下一页）。

提示

在显示编辑标记的前提下，将光标定在分节符的前面，按<Delete>键即可删除。

项目要求 9：在封面页后（即第 2 页开始）自动生成目录，目录前加上标题“目录”，格式为“宋体、四号、加粗、居中”，整体目录内容格式为“宋体、小四、行距：固定值、18 磅”。

知识储备

（3）域的概念。

域是 Word 中的一种特殊命令，它由花括号 { }、域名（如 DATE 等）及域开关构成。

域是 Word 的精髓，它的应用非常广泛，Word 中的插入对象、页码、目录、索引、表格公式计算等都使用到了域的功能。

（4）目录中的常见错误及解决方案。

① 未显示目录，却显示{TOC}。

目录是以域的形式插入到文档中的。如果看到的不是目录，而是类似 {TOC} 这样的代码，则说明显示的是域代码，而不是域结果。若要显示目录内容，可右击该域代码，在快捷菜单中选择“切换域代码”即可。

也可使用快捷键 < Shift + F9 > 完成域代码与显示内容的切换。

② 显示的是“错误！未定义书签”，而不是页码。

需要更新目录。在错误标记上右击，在弹出的快捷菜单中选择“更新域”，在“更新目录”对话框中选择更新的方式。

③ 目录中包含正文内容（图片）。

需要选中错误生成目录的正文内容（图片），重新设置其大纲级别为“正文文本”。

操作步骤

【步骤 1】在当前第 2 页论文标题前定位光标，单击“引用”选项卡，在“目录”选项组中选择“目录”下拉按钮中的“插入目录...”命令，在弹出的“目录”对话框中选择“目录”选项卡，如图 3-114 所示。

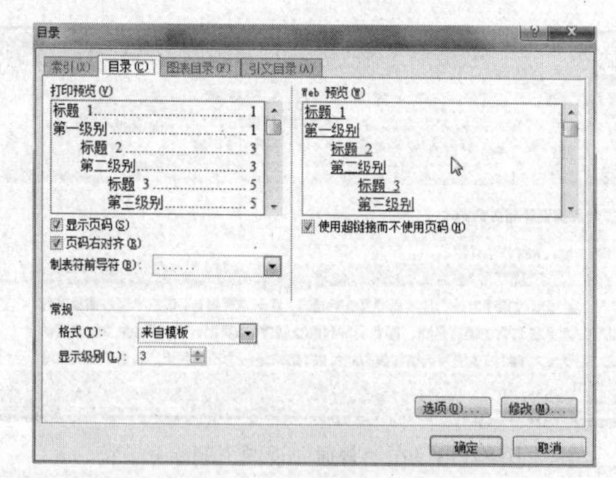

图 3-114　“目录”选项卡

【步骤 2】在“目录”选项卡中可设置：是否显示页码、页码对齐方式及前导符、格式和显示级别，这里使用默认设置即可。

【步骤 3】单击“确定”按钮后得到目录，如图 3-115 所示。

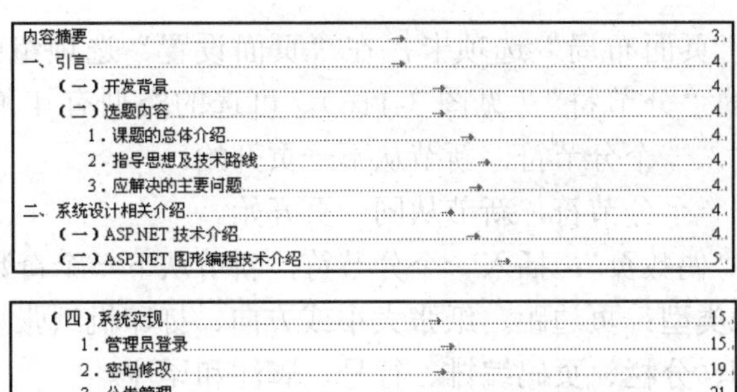
内容摘要……3
一、引言……4
（一）开发背景……4
（二）选题内容……4
1．课题的总体介绍……4
2．指导思想及技术路线……4
3．应解决的主要问题……4
二、系统设计相关介绍……4
（一）ASP.NET 技术介绍……4
（二）ASP.NET 图形编程技术介绍……5

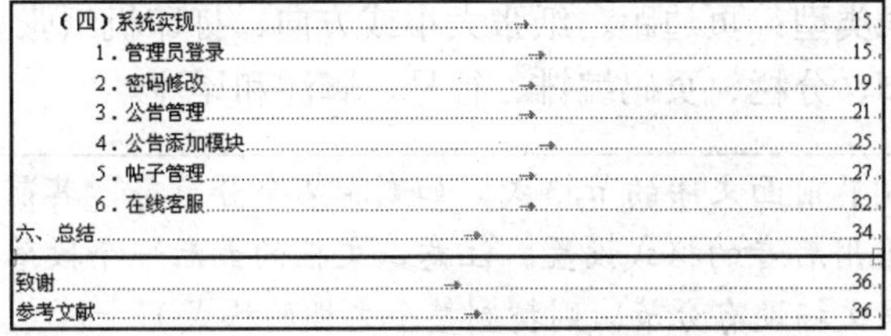
（四）系统实现……15
1．管理员登录……15
2．密码修改……19
3．公告管理……21
4．公告添加模块……25
5．帖子管理……27
6．在线客服……32
六、总结……34
致谢……36
参考文献……36

图 3-115 生成目录后的效果

如显示｛TOC｝，代表显示的内容为域，要显示目录则可按<Shift+F9>组合键。

【步骤 4】目录前输入标题内容并设定相应格式，选定目录内容，根据要求设定格式。

项目要求 10： 为文档添加页眉和页脚，页眉左侧为学校 LOGO 图片，右侧为文本“毕业设计说明书”，页脚插入页码，居中。

操作步骤

【步骤 1】单击“插入”选项卡，在“页眉和页脚”选项组中，单击“页眉”下拉按钮中的“编辑页眉”命令。在页眉中光标处插入图片，并输入相应文本。

【步骤 2】将文本设置为右对齐，选中图片将其版式设置为四周型后移至页眉的左侧。

页眉中插入图片的操作方法与在文档中插入图片是一样的。

【步骤 3】在页脚区插入“页面底端”中“普通数字 2”的页码。

【步骤 4】完成后关闭“页眉和页脚”。

项目要求 11： 目录后从论文标题开始另起一页，且从此页开始编页码，起始页码为“1”。去除封面和目录的页眉和页脚中所有内容。

知识储备

（5）Word 中的“节”。

节：文档的一部分，可在不同的节中更改页面设置或页眉和页脚等属性。使用节时只需在 Word 文档中插入“分隔符”中的“分节符”。

分节符：表示节的结尾而插入的标记。分节符包含节的格式设置元素，如页边距、页面的方向、页眉和页脚，以及页码的顺序。将文档分成几节，然后根据需要设置每节的格式。

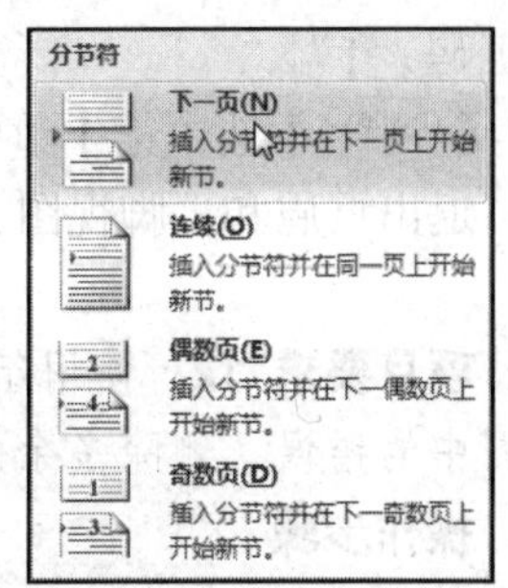

图 3-116 “分节符”类型

具体操作：单击“页面布局”选项卡，在“页面设置”选项组中选择“分隔符”下拉按钮中不同类型的“分节符”（见图 3-116），可选的类型有 4 种。

① “下一页”：插入一个分节符，新节从下一页开始。

② “连续”：插入一个分节符，新节从同一页开始。

③ “奇数页”或“偶数页”：插入一个分节符，新节从下一个奇数页或偶数页开始。

节中可设置的格式类型：页边距、纸张大小或方向、打印机纸张来源、页面边框、垂直对齐方式、页眉和页脚、分栏、页码编排、行号、脚注和尾注。

提示

分节符控制其前面文字的节格式。如删除某个分节符，其前面的文字将合并到后面的节中，并且采用后者的格式设置。注意，文档的最后一个段落标记控制文档最后一节的节格式（如果文档没有分节，则控制整个文档的格式）。

（6）删除页眉线。

插入页眉后，在其底部会加上一条页眉线，如不需要，可自行删除。具体操作：进入“页眉和页脚”视图，将页眉上的内容选中，单击“段落”选项组中的“边框和底纹...”命令，在“边框”选项卡的“设置”中选择“无”，单击“确定”按钮即可。

操作步骤

【步骤 1】将光标定在目录后的论文标题前，单击“页面布局”选项卡，在“页面设置”选项组中选择“分隔符”下拉按钮中“下一页”的“分节符”，插入分节符的同时完成分页。

【步骤 2】整篇文档变为两节，封面和目录为第 1 节，内容摘要页开始至文档结束为第 2 节。在第 2 节的页眉处双击，效果如图 3-117 所示。

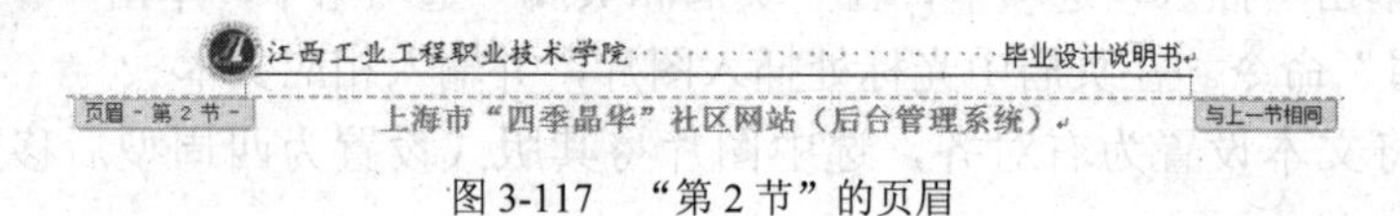

图 3-117 “第 2 节”的页眉

【步骤 3】在“页眉和页脚工具”的“设计”选项卡中，单击取消“链接到前一条页眉”按钮（见图 3-118），可设置与第 1 节不同的页眉。

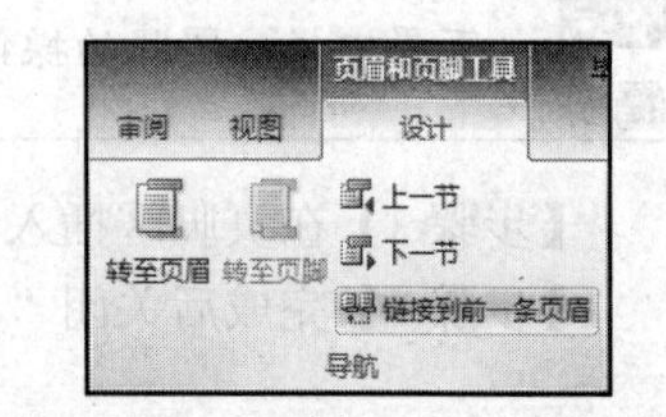

图 3-118 取消“链接到前一条页眉”

【步骤 4】在第 2 节的页脚区，使用与页眉相同的方法，断开与第 1 节页脚的链接。选中页脚区的页码，在“页码”下拉按钮中选择“设置页码格式...”命令，弹出“页码格式”对话框（见图 3-119），在“页码编号”处选择“起始页码：1”。

【步骤 5】选中第 1 节中的页眉和页脚中所有内容（图片、文本和页码），按<Delete>键删除，退出页眉和页脚视图。

项目要求 12：使用组织结构图将论文中的“图 7 系统功能结构图”重新绘制，并修正原图中的错误，删除多余的“发布新闻”。

操作步骤

【步骤 1】将光标定在原图后，在“插入”选项卡中单击“SmartArt”按钮，弹出“选择 SmartArt 图形”对话框，如图 3-120 所示。

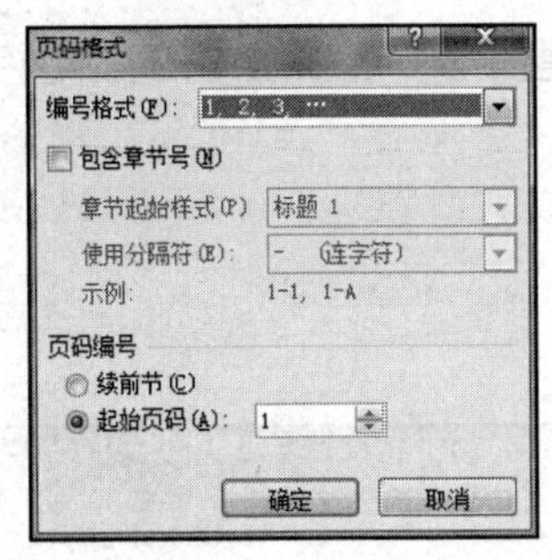

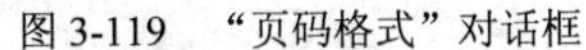
图 3-119 “页码格式”对话框

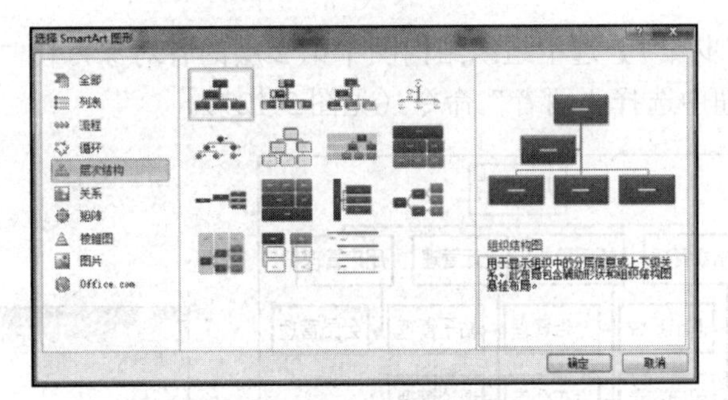

图 3-120 “选择 SmartArt 图形”对话框

【步骤 2】选择“层次结构”类型中的“组织结构图”，单击“确定”按钮，组织结构图即生成，如图 3-121 所示。

【步骤 3】单击“SmartArt 工具”的“设计”选项卡，在“SmartArt 样式”选项组中单击“更改颜色”下拉按钮（见图 3-122），选择“主题颜色”的第 1 个。

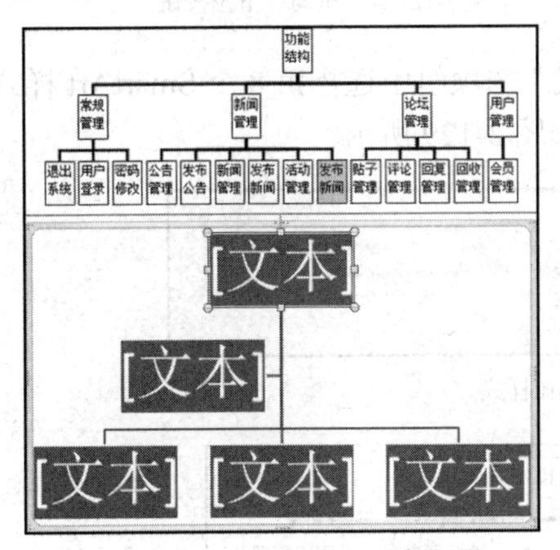

图 3-121 组织结构图

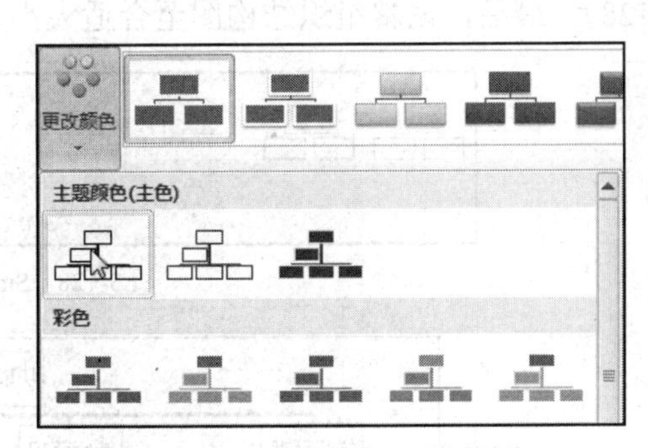

图 3-122 “更改颜色”下拉按钮

【步骤 4】选中“组织结构图”中第 2 层的对象，单击<Delete>键删除后的效果如图 3-123 所示。

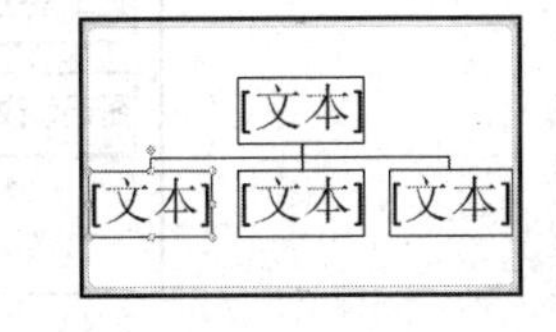

图 3-123 删除第 2 层对象后的效果

【步骤 5】选中当前第 2 层的第 1 个对象，在“创建图形”选项组中选择“添加形状”下拉按钮中的“在后面添加形状”命令（见图 3-124），完成后的效果如图 3-125 所示。

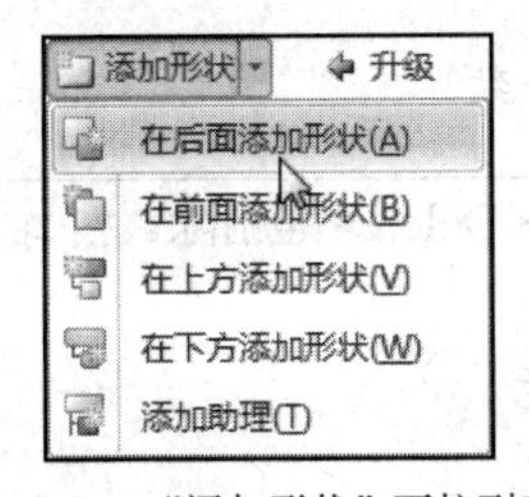

图 3-124 “添加形状”下拉列表

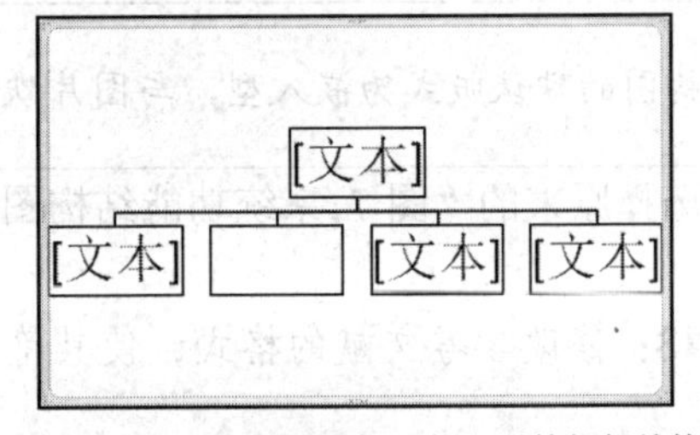

图 3-125 “在后面添加形状”后的组织结构图

【步骤 6】选中当前第 2 层的第 1 个对象，在“创建图形”选项组中选择“添加形状”下拉按钮中的“在下方添加形状”命令，使用同样的方法生成第 2 层中其他各对象的所有下方形状，输入文本后的效果如图 3-126 所示。

【步骤 7】选中组织结构图中第 2 层的各对象，在“创建图形”选项组中的“品布局 -”下拉按钮中选择“两者”命令（见图 3-127）。

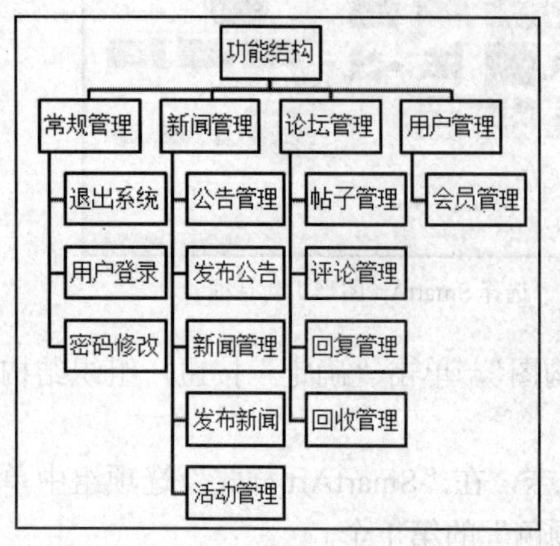

图 3-126　添加形状和输入文本后的组织结构图

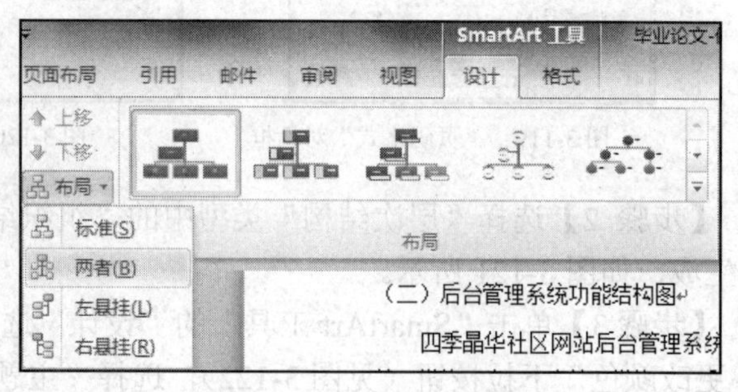

图 3-127　“布局”下拉按钮

【步骤 8】选中组织结构图，在“SmartArt 样式”选项组中选择第 8 个 SmartArt 样式（见图 3-128），最后，调整组织结构图至合适大小，如图 3-129 所示。

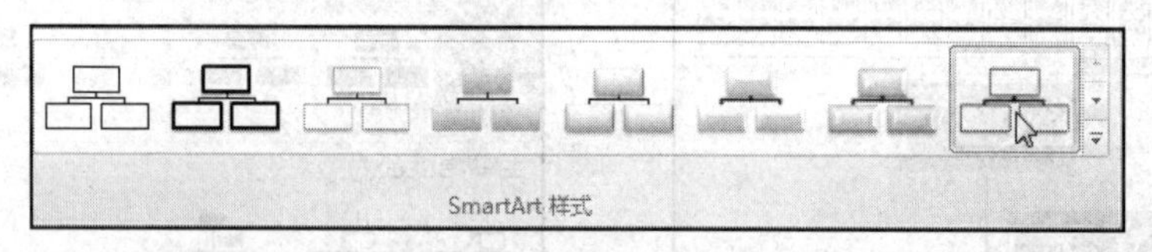

图 3-128　SmartArt 样式

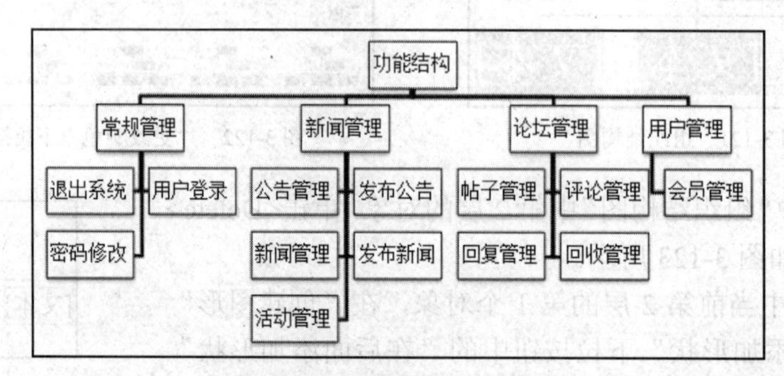

图 3-129　完成后的组织结构图

组织结构图的默认版式为嵌入型，与图片默认的一致。

【步骤 9】选择原来的“图 7 系统功能结构图”，按<Delete>键删除。

项目要求 13：修改参考文献的格式，使其符合规范。

操作步骤

【步骤 1】将分隔号为逗号的更改为点号，去除多余的点号。

【步骤 2】调整文本顺序，使其符合“作者.书名.出版社.版本”的顺序。

【步骤 3】将多个作者之间原来的分隔符更改为空格。

著作类参考文献的格式为[序号] 作者.书名.出版社.版本.引用部分页码; 论文类: {序号}作者.《论文名称》载《杂志名称》.年月.卷（册）.引用部分页码。多个作者用空格隔开。

项目要求 14：将“三、系统需求分析（二）开发及运行环境”中的英文字母全部更改为大写。

操作步骤

【步骤 1】选中要求中的文本，在“字体”对话框（见图 3-130）中选择“效果”为“全部大写字母”。

【步骤 2】单击“确定”按钮，完成后的效果如图 3-131 所示。

图 3-130　字体效果

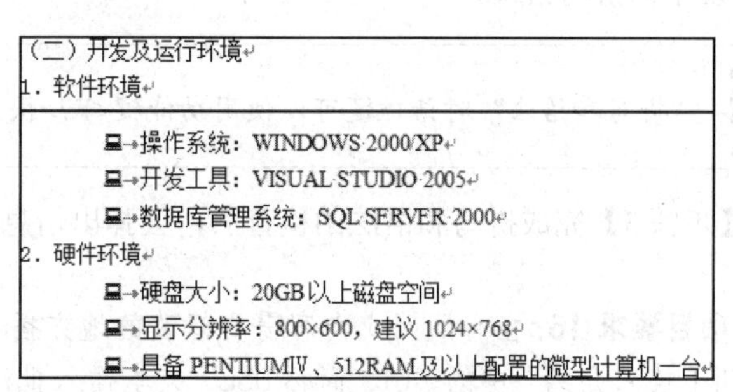

（二）开发及运行环境

1．软件环境

- 操作系统：WINDOWS 2000/XP
- 开发工具：VISUAL STUDIO 2005
- 数据库管理系统：SQL SERVER 2000

2．硬件环境

- 硬盘大小：20GB以上磁盘空间
- 显示分辨率：800×600，建议 1024×768
- 具备 PENTIUMⅣ、512RAM 及以上配置的微型计算机一台

图 3-131　完成大写后的效果

项目要求 15：对全文使用“拼写和语法”进行自动检查。

知识储备

（7）键入时自动检查拼写和语法错误。

在默认情况下，Word 会在用户键入的同时自动进行拼写检查。用红色波形下画线表示可能的拼写问题，用绿色波形下画线表示可能的语法问题。如需进一步设置，单击“文件”按钮，在弹出的下拉菜单中单击“选项”按钮，在“Word 选项”对话框中的“校对”选项卡中进行详细设置，如图 3-132 所示。

在文档中输入内容时，用鼠标右击有红色或绿色波形下画线的内容，在弹出的快捷菜单中选择所需的命令或可选的拼写。

（8）集中检查拼写和语法错误。

完成文档编辑后再进行文档校对，具体操作：单击“审阅”选项卡，在“校对”选项组中单击“拼写和语法”按钮，弹出“拼写和语法”对话框，如图 3-133 所示。“建议”列表框中列出建议的正确内容，单击“更改”按钮可以修改成建议的正确内容，单击“忽略一次”或“全部忽略”按钮则不进行修改，单击“添加到词典”按钮把该内容添加到词典中去，以后就不会再提示为错误内容。

操作步骤

【步骤 1】选中整篇文档，单击“审阅”选项卡，在“校对”选项组中单击“拼写和语法”按钮，可让 Word 软件进行拼写和语法的校对。

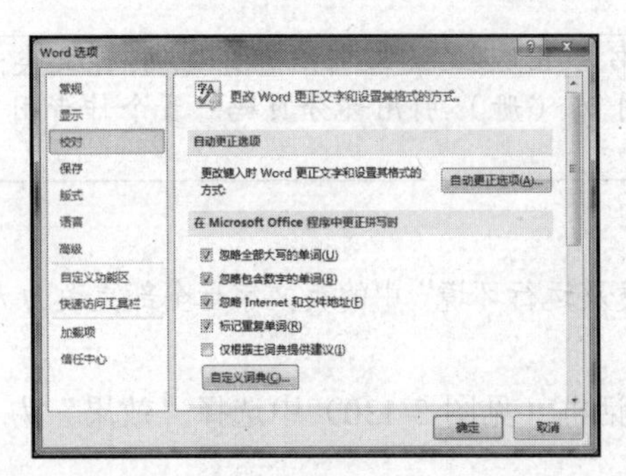

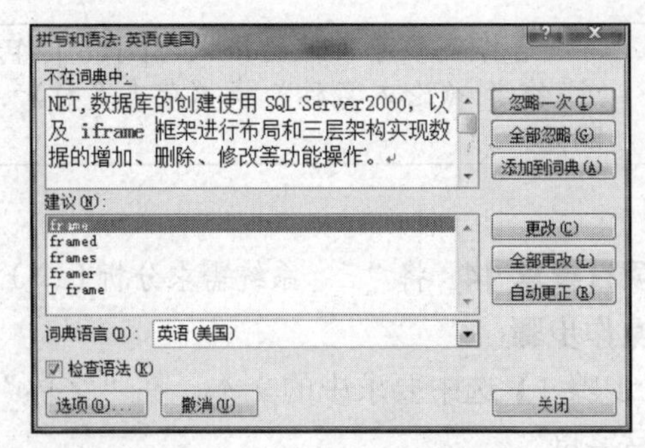

图 3-132 “校对”选项卡　　图 3-133 “拼写和语法”对话框

【步骤 2】修正“五、系统的详细设计（四）系统实现”中有多处上、下引号用错的地方以及单词拼写错误。

“拼写和语法”对话框还可以使用功能键<F7>快速打开。

【步骤 3】完成拼写和语法的检查后，会弹出信息框。

项目要求 16: 在有疑问或内容需要修改的地方插入批注。给“二、系统设计相关介绍(一) ASP.NET 技术介绍”中的“UI，简称 USL”文本插入批注，批注内容为“此处写法有逻辑错误，需要修改”。

知识储备

(9)“审阅”选项卡。

批注是作者或审阅者为文档添加的注释，Word 在文档的左右页边距中显示批注。在编写文档时，利用批注可方便地修改审阅和添加注释。

① 显示。

在“修订”选项组中单击“显示标记 ▾”下拉按钮，勾选“批注”，就能看到文档中的所有批注，反之，可以暂时关闭文档中的批注，也可显示/隐藏其他修订标记。

② 记录修订轨迹。

在对文档编辑时，单击“修订”选项组中的“修订”下拉按钮可记录下所有的编辑过程，并以各种修订标记显示在文档中，供接收文档的人查阅。

③ 接收或拒绝修订。

打开带有修订标记的文档时，可单击“更改”选项组中的“接收”或“拒绝”下拉按钮来有选择地接收或拒绝别人的修订。

如需退出“修订”状态，只需在“修订”选项组中再次单击“修订”按钮，使其处于弹出状态即可。

操作步骤

【步骤 1】在文档中“二、系统设计相关介绍（一）ASP.NET 技术介绍”处，选中“UI，简称 USL”文本。

【步骤 2】在“审阅”选项卡的“批注”选项组中单击“新建批注”按钮，在右侧批注框中输入内容：“此处写法有逻辑错误，需要修改。”，完成后的效果如图 3-134 所示。

用户表示层（UI，简称 USL）负责与用户交互，接收用户的输入并将服务器端传来的数据呈现给客户。

批注 [d1]: 此处写法有逻辑错误，需要修改。

图 3-134 插入批注后的效果

若要删除单个批注，用鼠标右击该批注，然后单击“删除批注”按钮即可。

项目要求 17：文档格式编辑完成后，更新目录页码。

操作步骤

【步骤 1】将光标定在目录中，在右击弹出的快捷菜单中选择“更新域”（见图 3-135）。

【步骤 2】在弹出的“更新目录”对话框（见图 3-136）中，选择“只更新页码”，单击“确定”按钮完成目录页码的自动更新。

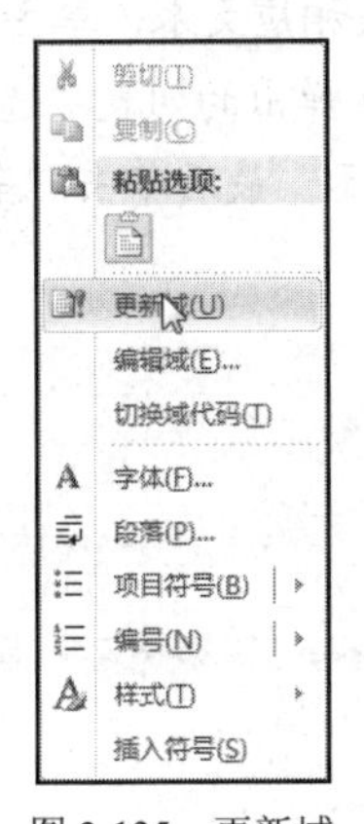

图 3-135 更新域

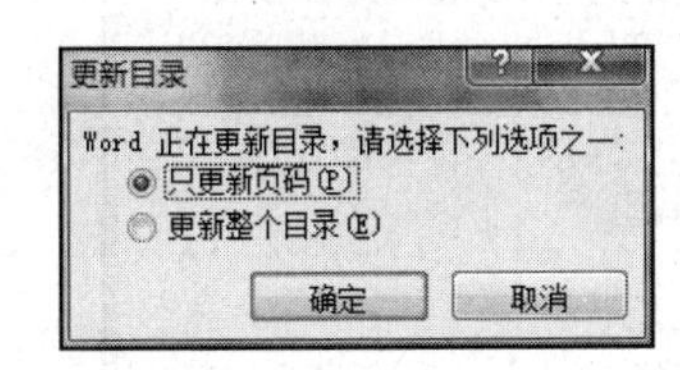

图 3-136 更新目录

如目录中的内容发生改变，则选择“更新整个目录”。

项目要求 18：同时打开“毕业论文-初稿.docx”和“毕业论文-修订.docx”两个文档，使用“并排查看”快速浏览完成的修订。

知识储备

（10）并排查看文档窗口。

打开两个或两个以上 Word 2010 文档窗口，在当前文档窗口中切换到“视图”功能区，然后在“窗口”选项组中单击“并排查看”按钮，在弹出的“并排比较”对话框（见图 3-137）中，选择一个准备进行并排比较的 Word 文档，并单击“确定”按钮。

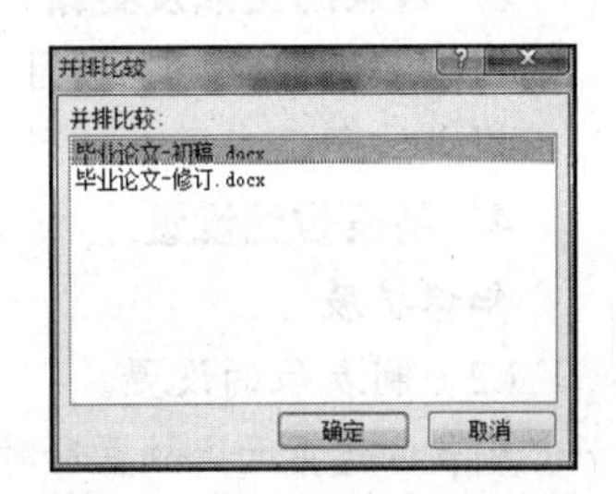

图 3-137 “并排比较”对话框

操作步骤

【步骤 1】同时打开“毕业论文-初稿.docx”和“毕业论文

-修订.docx”两个文档。

【步骤 2】单击“毕业论文-修订.docx”文档的“视图”选项卡，然后在“窗口”选项组中单击“并排查看”按钮，在弹出的“并排比较”对话框中选择“毕业论文-初稿.docx”进行并排比较，单击“确定”按钮。

【步骤 3】再次单击“并排查看”按钮，可退出并排查看状态。

提炼升华

1. 高级替换的使用

知识扩展

（1）高级替换。

在“查找和替换”对话框中单击“更多>>”按钮，可完成更复杂的“高级替换”。常用的是替换为“特殊格式”中的“剪贴板”内容，如图 3-138 所示。

具体操作：只需要将最终的替换结果先完成一个效果，将此效果文本选中，单击鼠标右键在快捷菜单中选择“复制”，此效果文本即自动保存到“剪贴板”内。在“编辑”选项组中单击“替换”命令，在“查找和替换”对话框中的“查找内容”处输入相应文本，单击“更多>>”按钮，将光标定位在“替换为”输入框中，单击“特殊格式”按钮，在弹出的列表中选择“‘剪贴板’内容”，此时“替换为”输入框中出现“^c”标记，如图 3-139 所示，最后单击“全部替换”按钮。

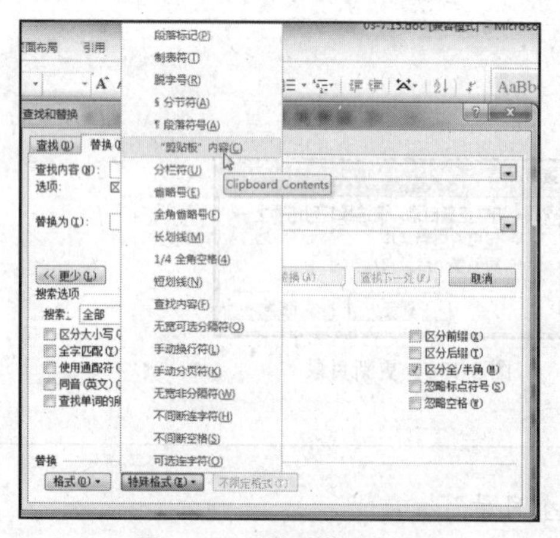

图 3-138 “特殊格式”列表

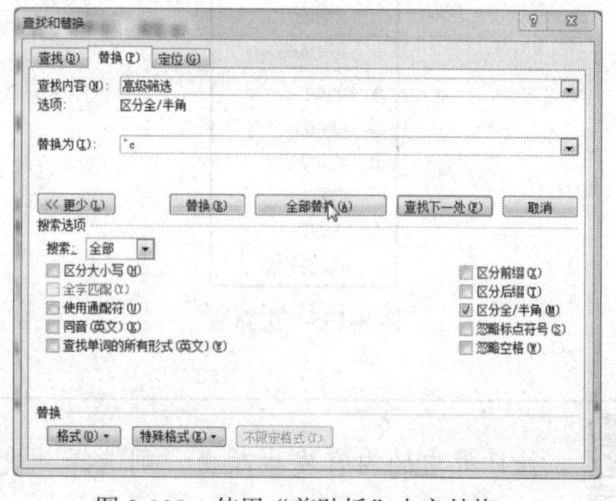

图 3-139 使用“剪贴板”内容替换

2. 样式的建立与使用

样式的建立与使用：见本项目“项目要求 6”。

3. 目录的生成及更新

目录的生成：见本项目“项目要求 9”。

目录的更新：见本项目“项目要求 17”。

4. 制表位的设置

知识扩展

（2）制表位的设置。

制表位是页面上放置和对齐输入内容的定位标记，使用户能够向左、向右或居中对齐文本行，或者将文本与小数字符或竖线字符对齐。也可在制表符前自动插入特定字符，如句号或画线等。

① 制表位类型。Word 中有 5 种制表位类型：左对齐制表符——输入的文本以此位置左对齐；居中制表符——输入的文本以此位置居中对齐；右对齐制表符——输入的文本以此位置右对齐；小数点对齐制表符——小数点以此位置居中对齐；左竖线对齐制表符——不定位文本，它在制表符位置插入竖线。

② 设置制表位。单击垂直滚动条上方的“标尺”按钮显示标尺，单击水平标尺左端的制表位，将它更改为所需的制表符类型。在水平标尺上单击要插入制表位的位置。

若要设置精确的度量值，在“段落”对话框中单击“制表位...”按钮，在“制表位位置”下输入所需度量值，然后单击“设置”按钮。

③ 利用制表位输入内容。利用制表位可以输入类似于表格的内容，也可以把这些内容转变为表格。

制表位设置完成后，按<Tab>键，插入点跳到第一个制表符，输入第一列文字。再按<Tab>键，插入点跳到第二个制表符，输入第二列文字。再按<Tab>键，以同样的方法输入其他列的内容，第一行输入完成后，按回车键，第二行和第三行以同样的方法进行输入。

④ 移动和删除制表位。在水平标尺上左右拖动制表位标记即可移动该制表位。选定包含要删除或移动的制表位的段落，将制表位标记向下拖离水平标尺即可删除该制表位。

⑤ 改变制表位。在“制表位”对话框（见图 3-140）的“制表位位置”下，键入新制表符的位置，在“对齐方式”中，选择在制表位键入的文本的对齐方式。在“前导符”下，单击所需前导符选项，然后单击“设置”按钮。制表位即可添加到“制表位位置”下面的列表框中，单击“清除”按钮可删除添加的制表位。

5. 多级符号列表的使用

知识扩展

（3）多级符号列表。

多级符号列表是用于为列表或文档设置层次结构而创建的列表。文档最多可有 9 个级别。以不同的级别显示列表项，而不是只缩进一个级别。

① 多级符号的创建。具体操作：单击“段落”选项组中的“多级符号”下拉按钮（见图 3-141）。选择一种列表格式，输入列表文本，每输入一项后按<Enter>键，随后的数字以同样的级别自动插入到每一行的行首。

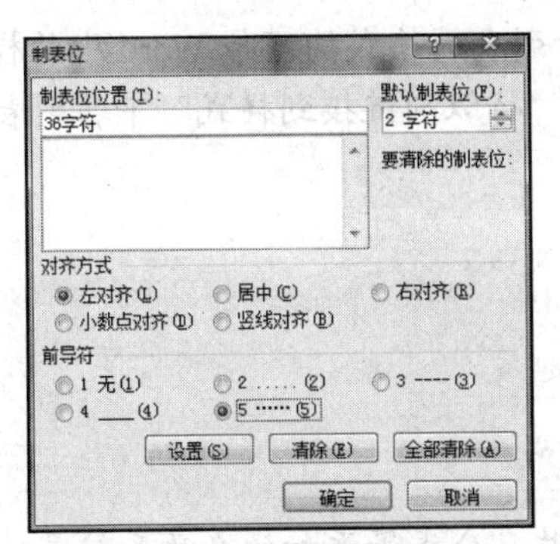

图 3-140 “制表位”对话框

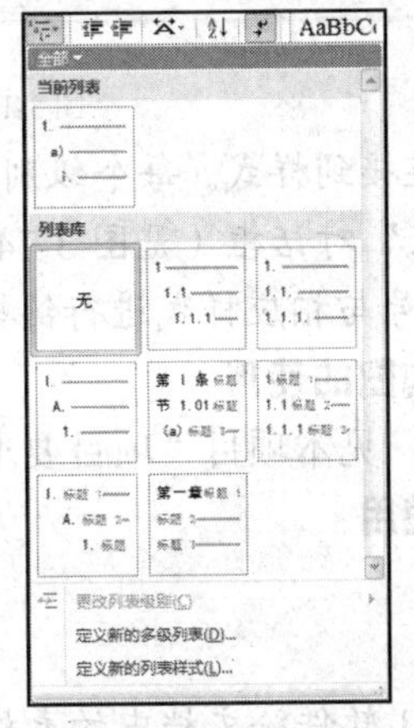

图 3-141 “多级符号”选项卡

若要将多级符号项目移至合适的编号级别，在“段落”选项组中单击“增加缩进量”按钮可将项目降至较低的编号级别；单击“减少缩进量”按钮可将项目提升至较高的编号级别。

按<Tab>键或<Shift+Tab>组合键，也可以“增加缩进量”或“减少缩进量”。

② 定义新的多级列表。具体操作：在“段落”选项组中的“多级符号”下拉按钮中选择“定义新的多级列表...”命令，在弹出的对话框中单击“更多>>”按钮，勾选“制表位添加位置”（见图 3-142），对不同级别设定不同的编号格式、样式、起始编号、位置等。

③ 位置详解。

对齐位置：项目符号与页面左边的距离。

制表位位置：第一行文本开始处与页面左边的距离。

如果这个数字小于“对齐位置”或者太大，Word 将会忽略用户的选择。

文本缩进位置：文本第 2 行的开始处与左边的距离。如想让文本其他的行都与第一行对齐，可将此处的值与制表位位置设为相同大小，如图 3-142 所示。

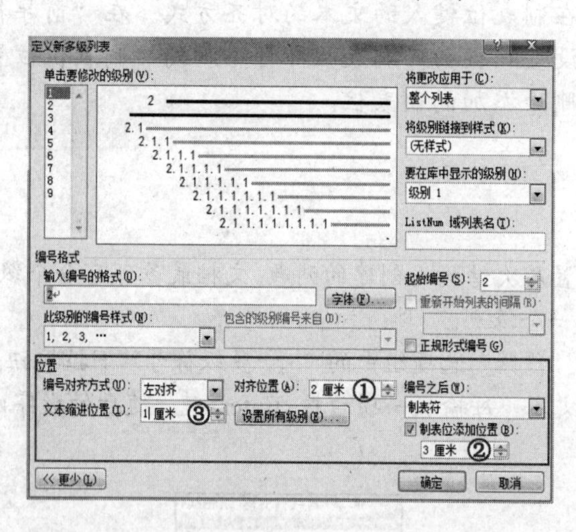

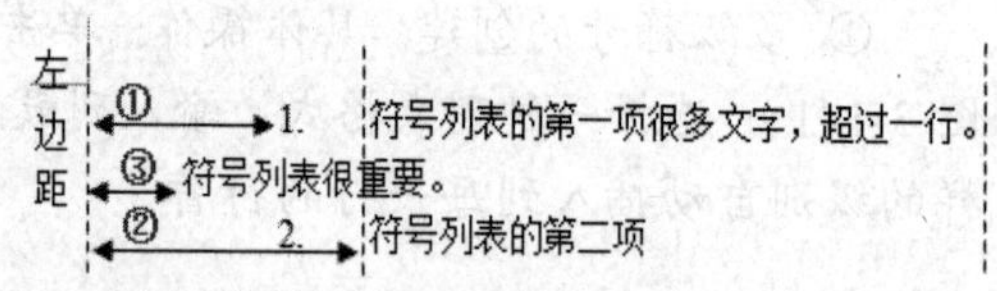

图 3-142　符号与文字的位置设置

④ 将级别链接到样式。每个级别的符号列表的格式均可与 Word 中的样式进行链接。在“定义新多级列表”对话框（见图 3-142）的“将级别链接到样式”下拉列表中选择样式即可将当前级别的符号与相应样式进行链接。

6. 组织结构图的使用

组织结构图：见本项目“项目要求 12”。

7. 题注的使用

知识扩展

（4）题注。

题注是 Word 软件给文档中的表格、图片、公式等添加的名称和编号。插入、删除或移动题注后，Word 会给题注重新编号。当文档中图、表数量较多时，由 Word 软件自动添加这些序号，既省力又可杜绝错误。具体操作分为手工插入和自动插入题注两种。

① 手工插入题注。选中需要添加题注的图或表，单击“引用”选项卡，在“题注”选项组中单击“插入题注”按钮，在弹出的“题注”对话框中（见图 3-143）设置题注的标签及编号格式。

“标签”也可使用“新建标签...”按钮来自定义。

② 自动插入题注。在“题注”对话框中，单击“自动插入题注...”按钮，在弹出的“自动插入题注”对话框（见图 3-144）中选择自动添加题注的对象，如 Microsoft Word 表格，设定标签和位置，最后单击“确定”按钮。以后每次插入表格时都会在表格上方自动插入题注，并自动编号。

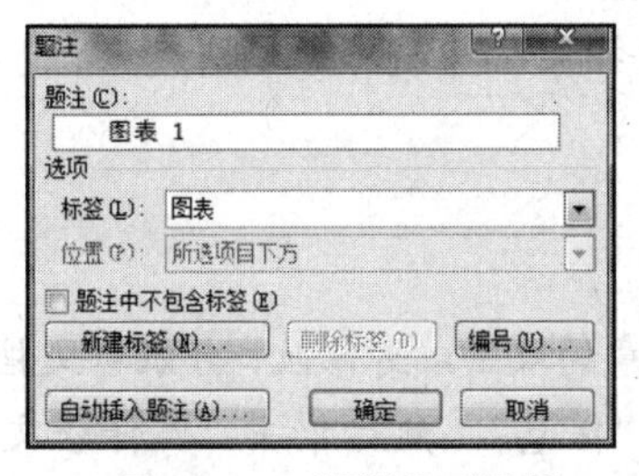

图 3-143 “题注”对话框

图 3-144 “自动插入题注”对话框

8. 批注的使用

批注：见本项目“项目要求 16”。

9. “审阅”的使用

使用“审阅工具栏”：见本项目“知识储备：(9)‘审阅’工具栏”。

10. “拼写和语法”工具的使用

使用“拼写和语法”：见本项目“项目要求 15”。

11. Word 中的“节”

节：见本项目“知识储备：(5) Word 中的‘节’”。

12. Word 中的“域”

域：见本项目“知识储备：(3) 域的概念”。

13. 插入文件或超链接

知识扩展

（5）设置超链接。

超链接是指带有颜色和下画线的文字或图形，单击后可以转向其他文件或网页。

自动生成的目录，按住<Ctrl>键就可到达该标题在 Word 文档中的位置，这就是 Word 中的超链接。

具体操作：选中需要添加超链接的文本或图片，右击后在弹出的快捷菜单中选择“超链接”命令，在“插入超链接”对话框（见图 3-145）中选择链接的目标（本文档中的位置、其他文件或网址等）。设置完成后，单击“确定”按钮即可。

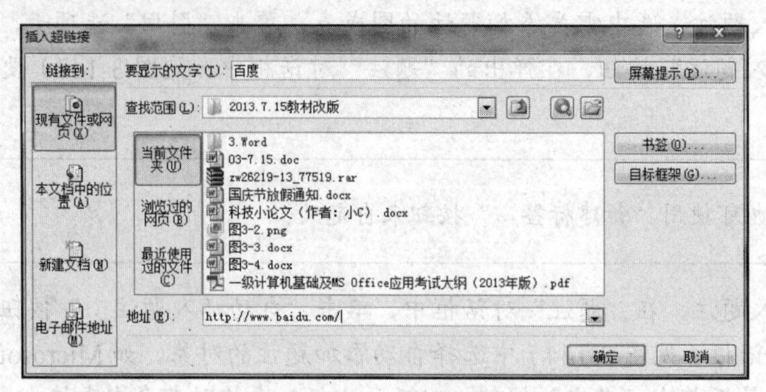

图 3-145 “插入超链接”对话框

打开超链接：超链接设置完成后，按住<Ctrl>键的同时将鼠标移至有链接的文字或图片上时它就会变成手的形状，单击即可跳转到指定位置。

删除超链接：右击链接文本或图片，在弹出的快捷菜单中选择“取消超链接”命令即可。

14. 文档的安全保护

知识扩展

（6）文档保护。

① 设置文档密码。为了保护好 Word 文档免遭恶意的攻击或者修改，可以对文档设置密码。单击“文件”按钮，在弹出的下拉菜单中选择“信息”，然后单击“保护文档”按钮，在弹出的下拉列表中选择“用密码进行加密”命令，如图 3-146 所示。

为了防止非授权用户打开文档，可以在“加密文档”对话框（见图 3-147）中设置密码。

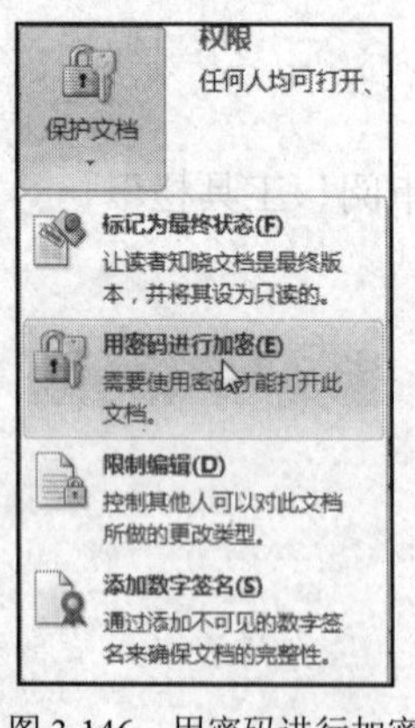

图 3-146 用密码进行加密

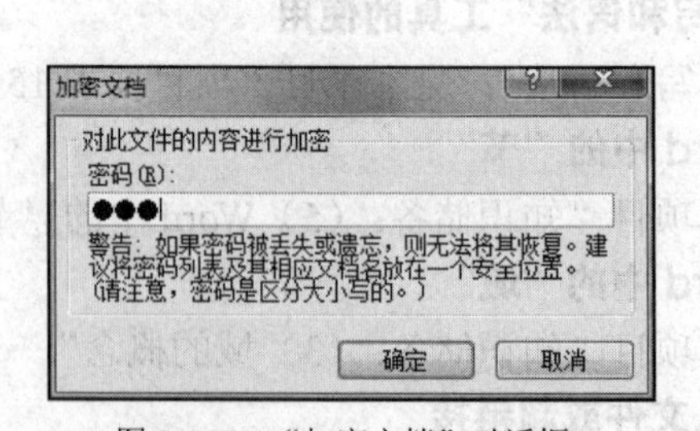

图 3-147 “加密文档”对话框

② 编辑限制。单击“保护文档”按钮，在弹出的下拉列表中选择“限制编辑”命令。

在“限制格式和编辑”窗格（见图 3-148）中可以设置格式限制，编辑限制，设定完成后，在“3.启动强制保护”下，单击“是，启动强制保护”按钮。在“启动强制保护”对话框（见图 3-149）中设定密码后，单击“确定”按钮。

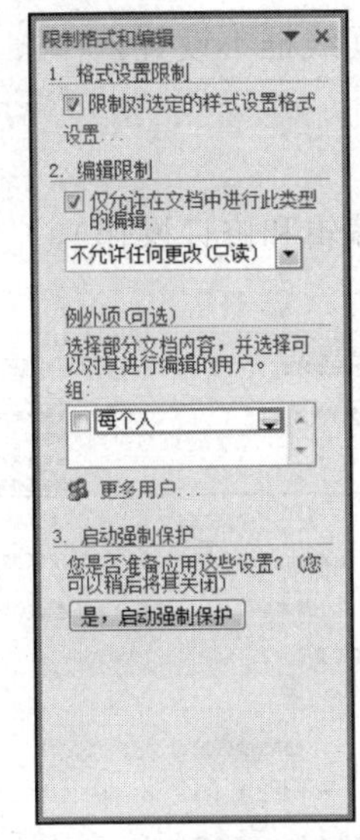

图 3-148 “限制格式和编辑”窗格

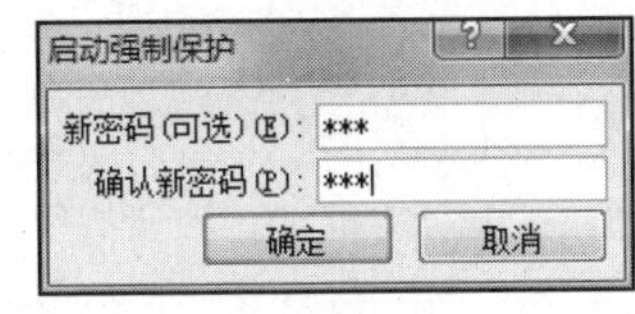

图 3-149 “启动强制保护”对话框

15. 并排查看

并排查看文档窗口：见本项目“项目要求 18”。

拓展练习

使用提供的文字和图片资料，根据以下步骤，完成产品说明书的制作。部分页面的效果如图 3-150 所示，最终效果见“产品说明书.pdf”。

1. 页面设置为纸张大小为 A4，页边距上下左右均为 2 厘米。

2. 封面中插入图片“logo.jpg”。

3. 封面中两个标题段均设置为左缩进 24 字符，英文标题格式为 Verdana、一号；中文标题格式为黑体、深色 40%、字符间距为紧缩 1 磅。

4. 封面中插入分页符产生第二页。

5. 在第二页中输入“目录”，格式为黑体、一号、居中。

6. 节数的划分：封面、目录为第 1 节，正文为第 2 节，第 2 节中设置奇偶页脚。页脚内容为线和页码数字。奇数页页脚内容右对齐，偶数页页脚内容左对齐。

7. 正文编辑前新建样式，具体如下。

章：黑体，一号，左缩进 10 字符，紧缩 1 磅，大纲级别为 1。

节：华文细黑浅蓝三号加粗，左右缩进 2 字符，首行缩进 2 字符，大纲级别为 2。

小节：华文细黑浅蓝小三，左右缩进 2 字符，首行缩进 2 字符，大纲级别为 3。

内容：仿宋_GB2312 四号左右缩进 2 字符，首行缩进 2 字符。

8. 将新建样式（章、节、小节）分别应用到多级符号列表中，每级编号为“I i . 1”种。

9. 设置自动生成题注，使插入的图片、表格自动编号，更改图片大小至合适。

10. “警告”部分的格式为华文细黑，“【警告】”颜色为浅蓝，行距 1.5 倍，加靛蓝边框。

11. 为内容中的网址设置相应超链接。

12. 为“输入文本：”部分设定项目编号，为“接受或拒绝字典建议：”部分设定项目符号：方框。

13．将文本转换为表格，表格格式为左、右及中间线框不设置。

14．最后一页选中相应文本完成分栏操作。

15．目录内容自动生成，设置格式为黑体、四号。

16．对文档进行安全保护（只读，不可进行格式编辑和修订操作）。

目 录

表 1

项目	用途
10W USB 电源适配器	使用 10W USB 电源适配器，可为 iPad 供电并给电池充电。
基座接口转 USB 电缆	使用此电缆将 iPad 连接到电脑以进行同步，或者连接到 10W USB 电源适配器以进行充电。将此电缆与可选购的 iPad 基座或 iPad Keyboard Dock 键盘基座搭配使用，或者将此电缆直接插入 iPad。

ii按钮

几个简单的按钮可让您轻松地开启和关闭 iPad，锁定屏幕方向以及调整音量。

· 睡眠/唤醒按钮

如果未在使用 iPad，则可以将其锁定。如果已锁定 iPad，则在您触摸屏幕时，不会有任何反应，但是您仍可以聆听音乐以及使用音量按钮。

睡眠／唤醒按钮

图 3

· 屏幕旋转锁和音量按钮

通过屏幕旋转锁，使 iPad 屏幕的显示模式保持为竖向或横向。使用音量按钮来调整歌曲和其他媒体的音量，以及提醒和声音效果的音量。

2

图 3-150 说明书中部分页面的效果

项目五 Word综合技能训练

项目情境

第一学年的学习生活即将结束，学院为了增进宿舍之间的学习生活交流，发起了以“舍友”为刊名的宿舍期刊的制作活动。每个宿舍纷纷准备素材，分工合作，努力把最好的作品展现给大家。

完成“舍友”期刊的制作。总体要求：纸张为 A4，页数至少 20 页。整体内容编排顺序为封面、日期及成员、卷首语、目录、期刊内容（围绕大学生活，每位宿舍成员至少完成 2

页的排版）和封底。

内容以原创为主，可适当网上搜索素材进行补充，必须注明出处。具体完成的版式及效果需自行设计，示例期刊“莘莘学子”的部分效果如图 3-151~图 3-154 所示。具体制作要求如表 3-4 所示。

表 3-4 具体制作要求

序 号	具体制作要求
1	刊名“舍友”，格式效果自行设计
2	宿舍成员信息真实，内容以原创为主
3	使用的网络素材需经过加工后再使用
4	需要用到图片、表格、艺术字、文本框、自选图形等
5	目录自动生成或使用制表位完成
6	色彩协调，标题醒目、突出，同级标题格式相对统一
7	版面设计合理，风格协调
8	图文并茂，文字字距、行距适中，文字清晰易读
9	使用“节”，使页码从期刊内容处开始编码
10	页眉和页脚需根据不同版块设计不同的内容

图 3-151 期刊封面

卷首语

两个月前在一次闲聊时，辅导员们提出要办一个属于江西工院的学生期刊。数天后一份装订精美、结构完整、内容详实的策划书就交到了我的手中。经过近两个月的紧张筹备，《莘莘学子》终于与大家见面了。

从策划到筹备，从征稿到审稿，从排版到印刷，作为一名基层管理者，我真的感到很欣慰、很感动。在大家的关心和支持下，作为一份完全由师生自己全程策划、编辑、发行的学生刊物，她凝结了全系教育工作者和学生的心血。借此机会，向所有为《莘莘学子》付出过的朋友表示衷心的感谢！

当今世界风云激荡、瞬息万变，当代大学生思想更加开放、活跃，也更富有创新精神，但同时腐朽的文化渗透也乘机而入，种种新的问题和矛盾困惑着青年大学生：新时期出现的拜金主义、享乐主义、极端个人主义等腐朽思想，以及各种社会问题，也给青年大学生带来许多消极影响。

我们深感“士不可以不弘毅，任重而道远”，我们急需一个大学生分享知识和经验、帮助大学生理性探讨并逐渐认知事物本源的平台。《莘莘学子》将通过《人物专访》、《实习就业》、《职业规划》、《管理论坛》……等多个栏目，用自己的声音去启发大学生，帮助他们从多个视角了解并审视每期主题，进而引导大学生积极思考并参与互动，使之拥有正确的价值观和远大的理想，成为会思、进取、正直、有为的国之栋梁。

李开复先生在给中国学生的第四封信中写到“拥有了正确的价值观和远大的理想，他在面临困难和挑战时就必然会听从自己的真心、用冷静的心态权衡各种利弊，他也必然会在一次又一次或是成功、或是失败的抉择中不断积累经验完善自我……这样的人最能理解完整与均衡的真谛，这样的人最懂得使用自己的‘选择’的权利来赢得真正的成功。”

希望《莘莘学子》能成为各位同学的精神家园，祝愿《莘莘学子》越办越好！

——王玮

图 3-152 卷首语

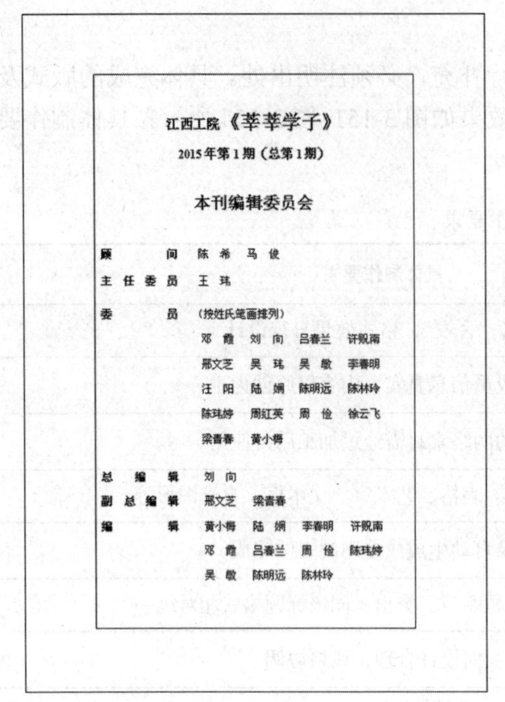

江西工院《莘莘学子》

2015年第1期（总第1期）

本刊编辑委员会

顾　　问　陈　希　马　俊

主任委员　王　玮

委　　员　（按姓氏笔画排列）

邓　霞　刘　向　吕春兰　许觊南

邢文芝　吴　玮　吴　敏　李春明

汪　阳　陆　娴　陈明远　陈林玲

陈玮婷　周红英　周　俭　徐云飞

梁香春　黄小梅

总 编 辑　刘　向

副总编辑　邢文芝　梁香春

编　　辑　黄小梅　陆　娴　李春明　许觊南

邓　霞　吕春兰　周　俭　陈玮婷

吴　敏　陈明远　陈林玲

图 3-153　目录

莘莘学子·心灵驿站

问题"。

现代大学生大多追求个性、独特的生活方式，他们对事情有着与众不同的看法，喜欢用独特的眼光看待问题。当然，这本无可厚非，但是有些学生是属于自我意识过于强烈的那种，他们在独特的家庭环境中长大，过度的以自我为中心，以至于对周围同学、朋友的评价过于敏感和关注，哪怕是随便的一句玩笑性评价都会引起很大的情绪波动，有甚者，还会怀疑自己是不是真的存在某种问题，从而产生痛苦情绪。

相信类似的事情会经常在我们身边发生，或者也曾发生在自己的身上。面对这样的情况我们应该如何自我察觉、分析以及自我处理呢？其实很简单，我认为：首先要正确地做好自我评价，认清自己的位置和身份，比如，你跟同学在一起，你们就是平等的，没有任何约束的，可以互相交流，互相学习的，互相取长补短的，说话可以开玩笑，可以打打闹闹。与此同时，还应该学会换位思考，站在别人的角度，看自己，这样就很容易接受别人的意见了，并且可以达到真正的效果，即改变自己的缺点。

另外，在大学生中还有一个既严重又普遍的问题，那就是大学生的意志过于单薄，心理耐挫能力差。

现在大多在校大学生在上大学之前都一直处在父母的'羽翼'之下，没有经过任何的风吹日晒、雨淋霜打，生活相当舒适。然而，进入大学后，我们要独自面对许多以前从未经历过的问题，例如情感方面上的，生活方面的，学习方面的等等，在面对这些方面的问题，最重要的就是要我们摆正自己的心态，理智、平静地去处理，切忌浮躁。

无论生活在怎样的环境里，每个人都会遇到不顺心的事，从而会引起心理压抑，情绪低落。在此种情况下，我们除了要想办法解决难题，还要学会调节自己的情绪。通俗的说就是找个合适的途径发泄一下，将心中的压抑、不快全部释放出去。比如：当你心情不好时，你可以选择一个空气清新、四周安静、光线柔和的地方，坐着、躺着或站着，试着让自己放松，也可以适当地做些活动。当然，你也可以选择去睡觉，去逛街，去KTV，去吃小吃等等。因人而异，不同的人有不同的喜好，找个适合自己的发泄途径，适当的发泄一下，千万别憋在心里，当心"积郁成疾"。

不管是生活、学习还是工作，我们的心态都扮演着很重要的角色。所以，摆正自己的心态，认清自己的身份，相信自己一定会成功！为自己加油吧！年轻就是资本！Come On！

心·理·的·距·离

媒体141班　周洁

"爸爸妈妈希望我能乐观开朗地生活，即使有像米粒一样小的快乐发生在我的身边，我也要去发现它，让自己时时刻刻都开心，所以给我起名叫小米！"当那个明媚的夏日午后，小米这样自我介绍时，沫沫满脸的鄙视，沫沫鄙视小米的炫耀，讨厌小米的那种似乎全世界的爱都给了她的得意神情。她的心从那时起便把小米隔在了她的世界

29

图 3-154　分栏

你会做了吗？

1. 字符与段落

（1）在 Word01.docx 中：将第二段中的“信息中心主任”文字格式设置为红色、加粗、斜体、加下划线的宋体。

（2）在 Word02.docx 中：将文中的圆形项目符号换为竖菱形的项目符号，为文中倒数第二段设置样式为“10%”，颜色为“绿色”的图案底纹。

（3）在 Word03.docx 中：在“森林是什么样”前插入实心五角星。

（4）在 Word04.docx 中：将第三段中的“做销售需要”至段尾的文字另成一段，并把它移动到本文末尾。将当前第四段的字符间距设置为加宽 2.3 磅。

（5）在 Word05.docx 中：为第三段的文字设置蓝色阴影边框。

（6）在 Word06.docx 中：将正文（“信息技术及信息产业……实施多项跨世纪计划。”）各段中所有的“信息工业”替换为“信息产业”；正文各段落文字设置为小五号宋体，左右缩进 1 厘米，首行缩进 0.8 厘米，行距为固定值设定为 18 磅。

（7）在 Word07.docx 中：将第一段的段前间距设置为 18 磅。

（8）在 Word08.docx 中：将文中的第一段中的字体设置为红色，并将该段落进行悬挂缩进，缩进值为 10 磅。

（9）在 Word09.docx 中：将第二段进行首字下沉，下沉 2 行。

（10）在 Word10.docx 中：将最后一段的英文字母全部大写。

（11）在 Word11.docx 中：将括号中 10 后的数字置为上标。

（12）在 Word12.docx 中：将正文中所有的“神经纤维”的位置提升 5 磅。

（13）新建文档 Word00.docx，插入文档 Word6.doc 中所有内容，将标题段和正文各段连接成一段，将此新的一段分为等宽的两栏，要求栏宽为 7 厘米。

2. 页面

（1）在 Word01.docx 中：设置页眉，页眉为“缩略时代”。

（2）在 Word13.docx 中：将页面的左边距设为 3 厘米，右边距设为 3.5 厘米。

（3）在 Word14.docx 中：为文中的最后一个“procomp”后插入尾注“数字化时代推进竞争和创新计划”，编号格式采用默认值。

3. 表格与图片

（1）在 Word13.docx 中：制作文字为“拷贝”的文字水印（注：请使用默认格式）。

（2）在 Word15.docx 中：插入横排文本框，输入文字“美丽的留园欢迎您！”，文字格式设置为一号红色粗楷体。

（3）在 Word15.docx 中:插入图片 photo.jpg，图片宽度为 5 厘米，高为 3 厘米。位置以页边距为准，右侧 6 厘米，下侧 6 厘米，环绕方式为四周型，环绕位置为两边。

（4）在 Word16.docx 中：在正文的最后插入一 6 行 6 列的表格，并在表格前插入题注“应用状况表”。

（5）在 Word17.docx 中：将表格设置为列宽 2.4 厘米，行高自动设置；表格外边线为 1.5 磅，内边线为 0.75 磅；表格内所有数据中部居中，以原文件名保存文档并计算学生的总分。

（6）在 Word18.docx 中：将正文中的红色文字生成表格。

（7）在 Word19.docx 中：排序表格（但不包括最后的合计行），以递增方式排列第一列【品名】，以递减方式排列第三列【销售数量（瓶）】。

（8）在 Word19.docx 中：将表格套用内置样式列表中的第 1 行第 5 列样式。

情境四 速算办公报表之 Excel 2010

热身练习

暑假之前，辅导员要小 Q 帮忙完成如图 4-1 所示的“假期三下乡”活动的参与学生名单，要求包含班级、姓名、性别、政治面貌、宿舍号、联系电话这些信息并打印出来，请大家来帮帮他。

操作步骤

【步骤 1】启动 Excel 软件，单击“快速访问工具栏”中的“保存”按钮，如图 4-2 所示，在弹出的“另存为”对话框中，设置保存位置为“我的文档”文件夹，文档名称为“三下乡活动名单.xlsx”，如图 4-3 所示。

班级	姓名	性别	政治面貌	宿舍号	联系电话
网络141	张　军	男	团员	1-201	13611111113
软件141	赵　蔚	男	团员	1-303	13012341360
软件141	张小梅	女	团员	2-402	13112330869
媒体141	王永川	男	团员	1-210	15912125143
媒体141	施利明	男	团员	1-215	13218769521
汽车141	杨利蓉	女	团员	2-409	13801110904
网络141	王志强	男	团员	1-313	13931114981
网络141	郭　波	男	团员	1-316	13231229965
电子141	张　浩	男	团员	1-401	13471213507
会计141	张建军	男	团员	1-405	13602184958
光伏141	韩　玲	女	团员	2-415	13952214848
商英141	孙淑萍	女	预备党员	2-411	15132126846
建筑141	张　鹏	男	团员	1-410	13543249027
造价141	杨　云	女	团员	2-415	15012347869

图 4-1　三下乡活动名单

图 4-2　快速访问工具栏

知识储备

（1）启动和退出 Excel。与 Word 类似，有很多种方式可以启动 Excel。

① 使用“开始”菜单：单击“开始”按钮，在弹出的“开始”菜单中选择“所有程序”中“Microsoft Office”中的“Microsoft Excel 2010”菜单项，即可启动 Excel 2010。

② 使用桌面快捷图标：双击桌面上的“Microsoft Excel 2010”快捷图标，即可启动 Excel 2010。（在桌面创建 Excel 2010 的快捷图标的方法为单击“开始”按钮，在“所有程序”中“Microsoft Office”中的“Microsoft Excel 2010”菜单项上单击鼠标右键，在弹出的快捷菜单中选择“发送到”子菜单中的“桌面快捷方式”菜单项，即可在桌面上创建“Microsoft Excel 2010”的快捷图标。）

③ 双击 Excel 工作簿文件，如 要求与素材.xlsx 。

电子表格编辑完成后，可以通过多种方式关闭文档。

① 使用“关闭”按钮：直接单击电子表格窗口标题栏中的程序“关闭”按钮。

② 使用右键快捷菜单：在标题栏空处单击鼠标右键，从弹出的快捷菜单中选择“关闭”命令。

③ 使用“Excel”按钮：在“快速访问工具栏”的左上角单击“Excel”按钮，在弹出

的下拉菜单中选择“关闭”菜单项。

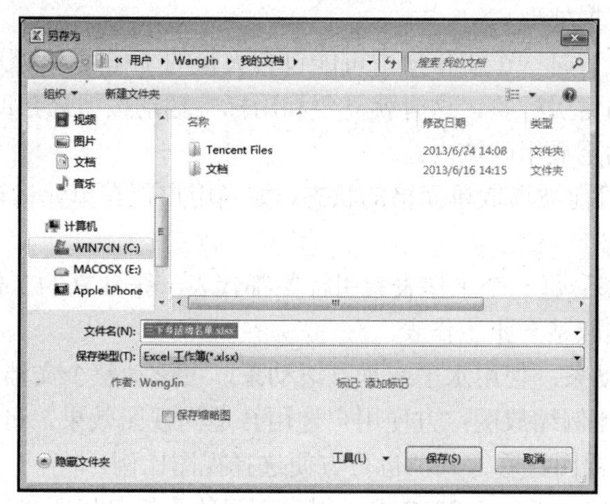

图 4-3 “另存为”对话框

（2）认识 Excel 的基本界面。在使用 Excel 之前，首先要了解它的基本界面，如图 4-4 所示。

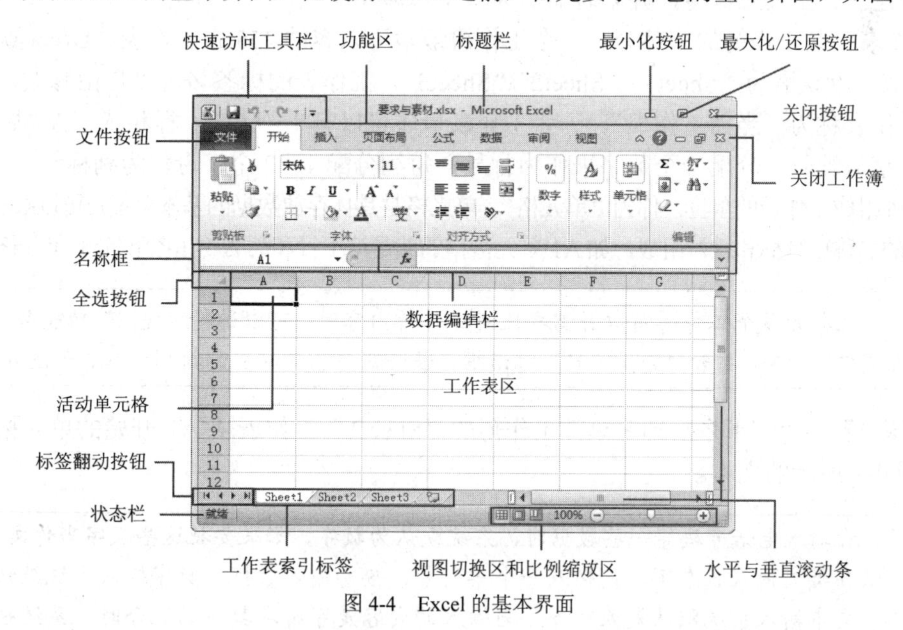

图 4-4 Excel 的基本界面

① 标题栏：显示当前程序与文件的名称。

② 菜单栏：显示各种菜单供用户选取。

③ 快速访问工具栏、文件按钮和功能区：显示 Excel 中常用的功能指令。

④ 名称框：显示目前被使用者选取单元格的行列号，如图 4-4 所示中名称框内所显示的是被选取单元格的行列名“A1”。

⑤ 数据编辑栏：数据编辑栏是用来显示目前被选取单元格的内容的，用户除了可以直接在单元格内修改数据之外，也可以在编辑栏中修改数据。

⑥ 全选按钮：单击全选按钮，可以选中工作表中所有的单元格。

⑦ 活动单元格：使用鼠标单击工作表中某一单元格时，该单元格的周围就会显示黑色粗边框，表示该单元格已被选取，称为“活动单元格”。

⑧ 工作表区：工作表区是由多个单元表格行和单元表格列组成的网状编辑区域，用户可以在这个区域中进行数据处理。

⑨ 标签翻动按钮：有时一个工作簿中可能包含大量的工作表而使工作表索引标签的区域无法一次性显示所有的索引标签，这时就需要利用标签翻动按钮来帮助用户将显示区域以外的工作表索引标签翻动至显示区域内。

⑩ 状态栏：显示目前被选取单元格的状态，如当用户正在单元格输入内容时，状态栏上会显示“输入”两个字。

⑪ 工作表索引标签：每一个工作表索引标签都代表一张独立的工作表，使用者可通过单击工作表索引标签来选取某一张工作表。

⑫ 水平与垂直滚动条：使用水平或垂直滚动条，可滚动整个文档。

⑬ 视图切换区和比例缩放区：方便用户选用合适的视图效果，可选用“普通”“页面布局”、“分页预览”3 种视图查看方式，也可方便选择视图比例。

（3）工作簿和工作表。Excel 2010 中，用户创建的表格是以工作簿文件的形式存储和管理的。“工作簿”是 Excel 创建并存放在磁盘上的文件，扩展名为.xlsx。启动 Excel 时，Excel 会自动新建一个空白工作簿，并临时命名为“工作簿 1”。

“工作表”是工作簿的一部分，一个工作簿最多可以容纳 255 张工作表。Excel 默认设置 3 张工作表，默认名为“Sheet1”“Sheet2”“Sheet3”，工作表的标签名可以自由修改，正在被编辑的工作表称为“当前工作表”。一张工作表最多可以有 1～65 536 行和 A～IV 共 256 列，每行以正整数编码，分配一个数字来作为行号，每列分配 1～2 个字母作为列标。

行和列组成工作表的单位，称为“单元格”。单元格是具体存放数据的基本单位，可以存放数据或公式，它的名称由列标和行号组成，如 A1 单元格指的就是第 1 行和第 A 列相交部分的单元格。

在打开多个工作簿窗口并需要比对工作簿内容时，可以选择“视图”功能区中的“重排窗口”命令，打开“重排窗口”对话框，根据需要选择相应的排列方式，如图 4-5 所示。

【步骤 2】在“三下乡活动名单”工作簿的“Sheet1”工作表从 A1 开始的单元格中依次输入如图 4-1 所示的文本。

在输入电话号码等一些数据时，系统默认为数字，如果要把这些数字当作文本输入，可以在英文输入状态下，先输入一个单引号，接着输入数据。数字输入系统默认是右对齐，文本输入系统默认是左对齐，当输入的内容是字符和数字的混合时，系统也把它们当作文字处理，也是默认左对齐。后面介绍数据的录入知识点时会做进一步讲解。

【步骤 3】选中有数据的单元格，功能区切换到“开始”选项卡，如图 4-6 所示，在“字体”组中，设置字体格式为“宋体”，字号为“9”磅，选择“边框”按钮下拉选项中的“所有框线”选项，在“对齐方式”组中，单击“居中”按钮。

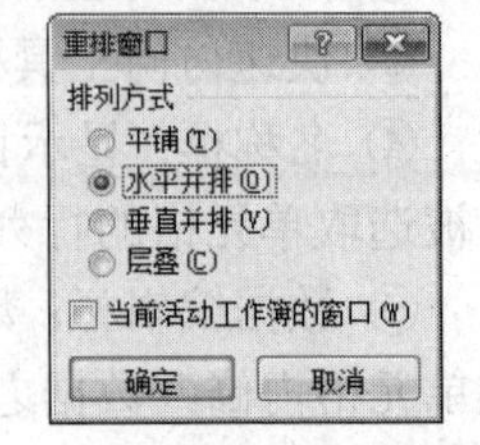

图 4-5 “重排窗口”对话框

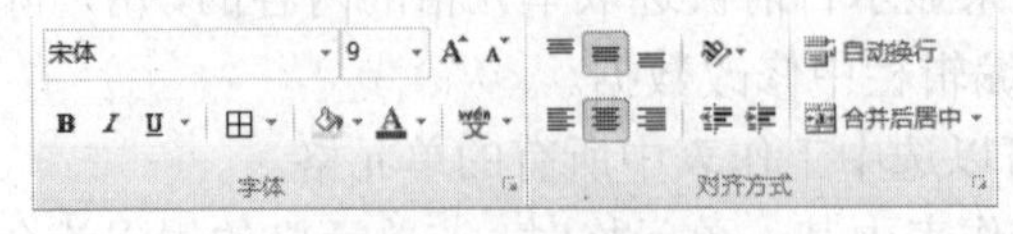

图 4-6 格式工具栏

【步骤 4】保持数据的选中状态，在“单元格”组中，选择“格式”按钮下拉选项中的“自动调整列宽”命令，调整表格各列宽度。

【步骤 5】选中数据清单，即 A1 至 F15 单元格，单击功能区中“开始”选项卡下“样式”组中的“套用表格格式”按钮下拉列表中的“表样式中等深浅 2”选项命令，如图 4-7 所示，在弹出的“套用表格式”对话框中，确认表数据来源，选中“表包含标题”复选框，如图 4-8 所示，单击“确定”按钮。

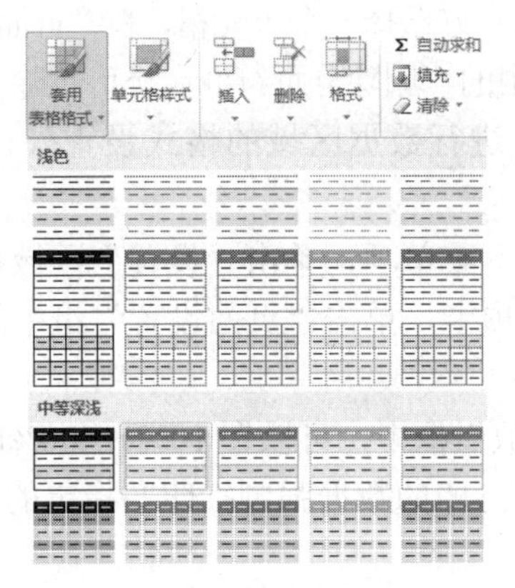

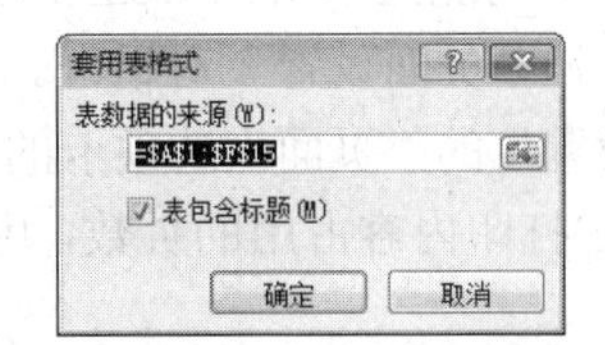

图 4-7 “套用表格格式”下拉列表　　图 4-8 “套用表格式”对话框

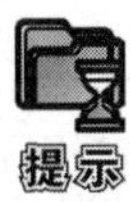

套用表格格式之后，工作表会进入筛选状态，即各标题字段的右侧会出现下拉按钮，要取消这些下拉按钮可以单击功能区中“开始”选项卡下“编辑”组中的“排序和筛选”按钮下拉列表中的“筛选”命令。另外，在套用表格格式之后，也可以根据需要再对表格进行格式设置。

【步骤 6】单击“快速访问工具栏”上的“保存”按钮，对编辑好的文档进行保存。

知识储备

(4) 打印工作表。工作表或图表设计完成后，要通过打印机输出转变为纸张上的报表。除了使用“快速访问工具栏”上的“快速打印”按钮进行工作表的打印（默认的“快速访问工具栏”只有“Excel”按钮、“保存”按钮、“撤销”按钮和“恢复”按钮，要添加新的快速访问功能，可以通过单击“快速访问工具栏”最右侧的“自定义快速访问工具栏”按钮进行添加），打印操作也可以通过单击“文件”按钮，在弹出的下拉菜单中选择“打印”菜单项来完成。另外，在功能区单击“页面布局”选项卡，单击“页面设置”组中的“对话框启动器”按钮，打开“页面设置”对话框，可以改变页面的格式，利用“打印预览”可以在屏幕上预先观看打印效果，直到调整到令自己满意了，再使用“打印”命令打印输出亦可。

① 工作表的分页。一张工作表最多允许 65 536 行，256 列，可以编辑很多数据。但是当一张工作表上的数据区域过大时，就会使打印范围超出打印纸张的边界。因此在打印工作表之前先要解决工作表的分页。Excel 2010 既可以自动分页，也可以人工分页。

在功能区单击“页面布局”选项卡，选定“工作表选项”组中的“网格线”项中的“打印”复选框，可使工作表显示自动分页符，以当前纸张大小来自动进行分页，并以一条细的虚线来显示页的边界。

当工作表太大时，特别是执行了与打印有关的命令后，如打印预览，Excel 2010 会自动分页并在工作表上以细虚线显示页的边界。

在有些时候，需要自行设置分页位置，这时要使用人工分页。选择一个单元格作为分页起始位置，即从此单元格开始在第二页上显示，单击“页面布局”选项卡，在“页面设置”组中选择“分隔符”按钮下拉选项中的“插入分页符”命令，从当前选定的单元格开始另起一页。

若要删除人工分页符，可在分页符的下方或右方选择一个单元格，在“页面布局”选项卡的“页面设置”组中选择“分隔符”按钮下拉选项中的“删除分页符”命令可删除人工分页符。

② 页面设置。工作表在打印之前，除了进行数据区域的格式设置外，还要进行页面的修饰。

在“文件”按钮的下拉菜单中选择“打印”菜单项，单击“设置”区域下方的“页面设置”链接，或者在功能区单击“页面布局”选项卡，单击“页面设置”组中的“对话框启动器”按钮，打开“页面设置”对话框。

在“页面设置”的“页面”选项卡的“缩放”框中，可以在 10%～400%的范围内“缩放比例”，以及指定打印内容占用的页数，用以将打印的数据强制打印在指定的页数范围内，如图 4-9 所示。

在“页面设置”的“页边距”选项卡中，可以指定上、下、左、右边界值，还可指定页眉与页脚所占的宽度，在“居中方式”框中选择水平方向与垂直方向都为居中，这样可以让数据在纸张的中央显示，如图 4-10 所示。

在打印预览状态中单击“页边距”按钮后可以在当前屏幕上调整页边距及列宽。

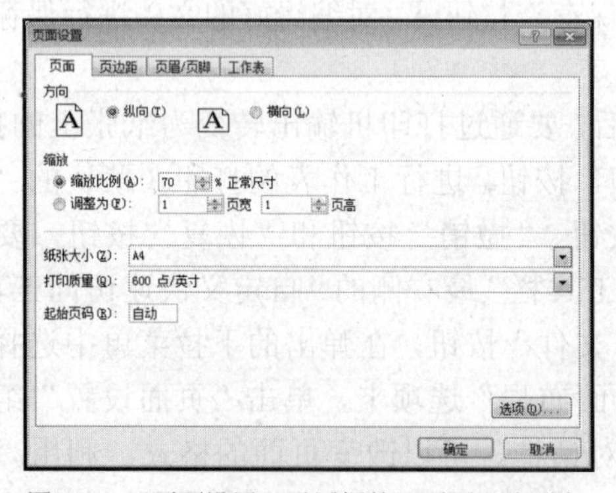

图 4-9 “页面设置”对话框的“页面”选项卡

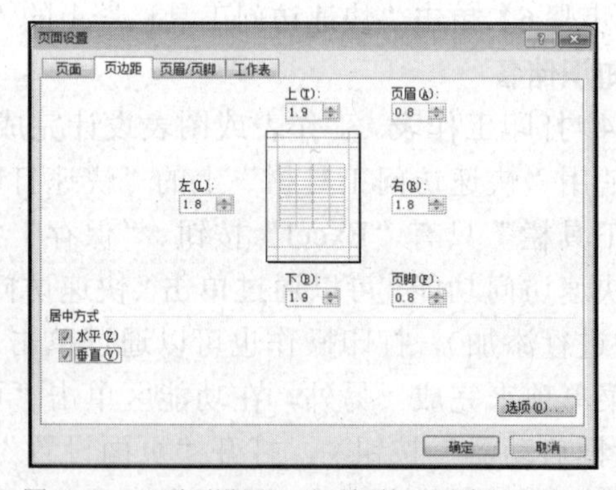

图 4-10 “页面设置”对话框的“页边距”选项卡

在“页面设置”的“页眉/页脚”选项卡中，可以通过单击页眉和页脚下方的下拉按钮直接设置简单的页眉和页脚，如图 4-11 所示。

如果需要设置更为复杂的页眉页脚，可以单击选项卡中的“自定义页眉”按钮，打开“页眉”对话框，如图 4-12 所示。“页眉”对话框中间的按钮从左到右分别是“格式文本”“插入页码”“插入页数”“插入日期”“插入时间”“插入路径文件”“插入文件名”“插入数据表名称”“插入图片”以及“设置图片格式”按钮。

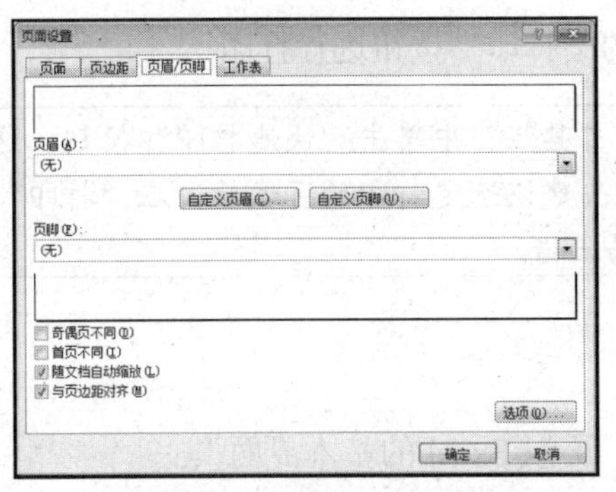

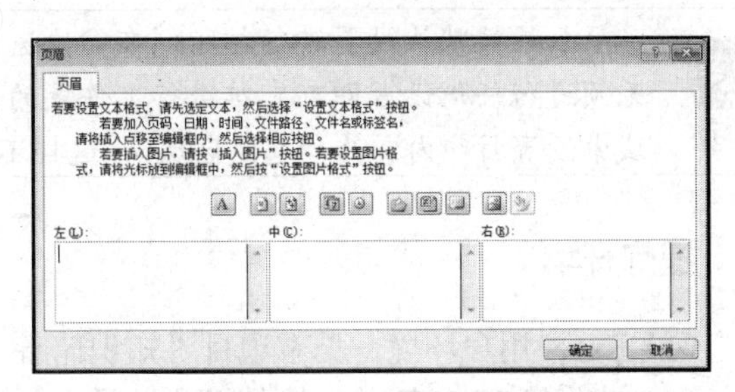

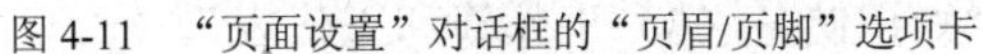

图 4-11 “页面设置”对话框的“页眉/页脚”选项卡　　　　图 4-12 “页眉”对话框

在“页面设置”的“工作表”选项卡中，在“打印区域”文本框中可输入需要打印的单元格区域，还可以定义“顶端标题行”“左端标题列”，是否打印网格线以及是否打印出行号和列标等信息，在“打印顺序”区域，可以选择“先列后行”或“先行后列”，这项选择会影响到多页打印时的打印稿排列顺序，如图 4-13 所示。

全部设置完成后，单击“打印预览”按钮，跳转至“文件”按钮下拉菜单中的“打印”菜单项。菜单右侧分为两个区域，左侧为“打印”区域，右侧为“打印预览”区域。

在“打印预览”区域，Excel 会缩小工作表及图表，以一页纸的形式显示工作表及图表，如果数据区域太大，要用多页打印时，在页面底部会显示 1 共2页，可通过两侧的“上一页”“下一页”按钮来预览其他页码中的内容。

③ 打印工作表。工作表制作完成，在“打印预览”区域中查看打印效果并修改满意后，即可进行工作表的打印工作。设置打印机、打印范围、打印内容及打印分数，单击“打印”区域中的“打印”按钮进行打印，如图 4-14 所示。

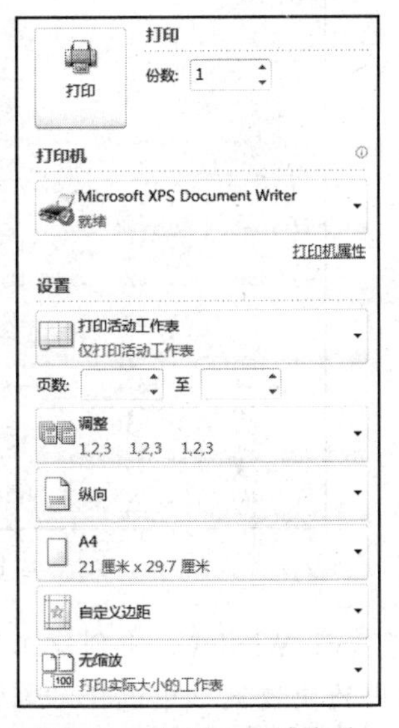

图 4-13 “页面设置”对话框的“工作表”选项卡　　　　图 4-14 “打印”区域选项

【步骤 7】在“文件”按钮的下拉菜单中选择“打印”菜单项，在右侧“打印预览”区域内确认打印效果，如果对效果不满意，需要将表格水平居中打印，可通过单击“打印”区域下方的“页面设置”链接，打开“页面设置”对话框，在“页边距”选项卡中设置“居中方式”选项为水平。确认后，再单击“打印”区域中的“打印”按钮进行打印。

如果按默认设置进行打印，在“快速访问工具栏”中单击“快速打印”按钮，这样无须进行任何设置即可直接进行工作表的打印。建议选定打印的区域后，在“打印”区域中设置打印内容为“选定区域”，这样不容易出错。

提炼升华

（1）Excel 用户环境，见本项目“知识储备（2）认识 Excel 的基本界面”。

（2）工作簿/工作表/单元格的概念，见本项目“知识储备（3）工作簿和工作表”。

（3）工作簿的新建/打开/保存/打印/查看/保护方法，以及工作簿的打开见本项目“知识储备（1）启动和退出 Excel”，工作簿的打印见本项目“知识储备（4）打印工作表”。

知识扩展

（1）工作簿的新建。

启动 Excel 时，Excel 会自动新建一个空白工作簿，并临时取名为“工作簿 1”，与 Word 相同，工作簿也有其他的新建方式。

① 在“快速访问工具栏”添加“新建”按钮，通过单击“新建”按钮可以得到一个新的空白工作簿，在已有“工作簿 1”的基础上，临时取名为“工作簿 2”“工作簿 3”，依此类推。

② 使用“文件”按钮的下拉菜单创建：单击“文件”按钮，在弹出的下拉菜单中选择“新建”菜单项，在“可用模板”列表框中选择“空白工作簿”选项，单击“创建”按钮，如图 4-15 所示。如果需要根据模板创建工作簿可以选择“模板”中的创建选项。

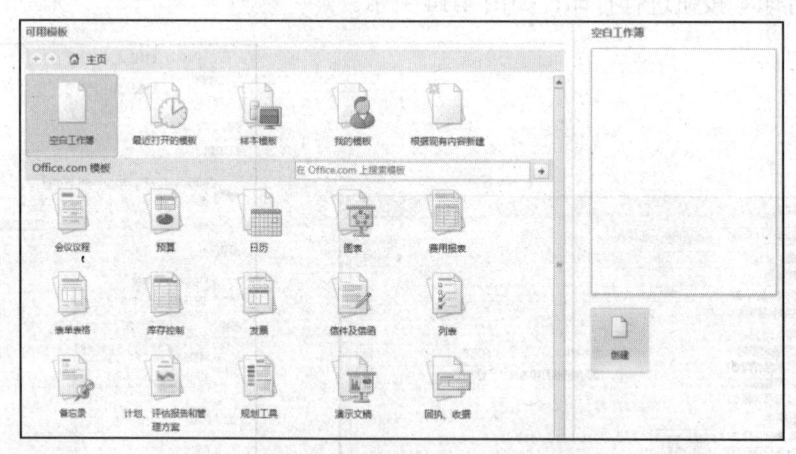

图 4-15 “新建”菜单项内容

③ 直接在 Windows 中创建工作簿：在需要创建工作簿的目标文件夹中，右击窗口空白处，在弹出的快捷菜单中选择“新建”子菜单下的“Microsoft Excel 工作表”命令。

（2）工作簿的保存。

新建的工作簿只是打开了一个临时的工作簿文件，要真正实现工作簿的最后建立，需要对临时工作簿文件进行保存。单击“快速访问工具栏”中的“保存”命令，在“另存为”对话框中设置“保存位置”“文件名”，单击“保存”按钮，如图 4-16 所示。

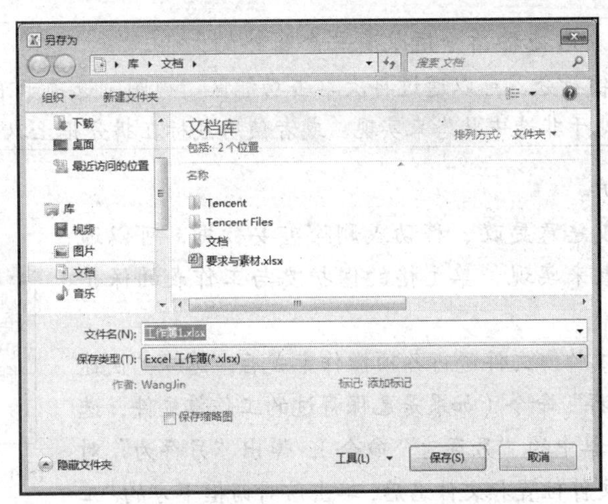

图 4-16 “另存为”对话框

对已经保存过的工作簿文件进行保存，可以直接单击“快速访问工具栏”中的“保存”命令或使用快捷键<Ctrl+S>即可。如果要将文件存储到其他位置，则需要使用“文件”按钮下拉菜单中的“另存为”菜单项。使用 Excel 2010 提供的自动保存功能，可以在断电或死机的情况下最大限度地减少损失，实现自动保存可以在“文件”按钮的下拉菜单中单击的“选项”，打开“Excel 选项”对话框，在“保存”选项中进行设置。

（3）工作簿的查看。

① 冻结窗口。对于一些数据清单较少的工作表，可以很容易地看到整个工作表的内容，但是对于一个大型表格来说，要想在同一窗口中同时查看整个表格的数据内容就显得费力了，这时可用到拆分窗口和冻结窗口的功能来简化操作。

设置冻结窗口可以通过选择功能区“视图”选项卡下“窗口”组中“冻结窗口”按钮的下拉列表中的相关命令来设置。

冻结窗口主要有 3 种形式，即冻结首行、冻结首列和冻结拆分窗格。冻结首行是指滚动工作表其他部分时保持首行不动；冻结首列是指滚动工作表其他部分时保持首列不动；冻结拆分窗格是指滚动工作表其他部分时，同时保持行和列不动。

② 拆分窗口。拆分窗口可以将当前活动的工作表拆分成多个窗格，并且在每个被拆分的窗格中都可以通过滚动条来显示整个工作表的每个部分。

选定拆分分界位置的单元格，单击功能区“视图”选项卡下“窗口”组中的“拆分”按钮，在选定单元格的左上角，系统将工作表窗口拆分成 4 个不同的窗口。利用工作表右侧及下侧的 4 个滚动条，可以清楚地在每个部分查看整个工作表的内容。

- 拆分窗口可以通过先选定单元格，再单击功能区“视图”选项卡下“窗口”组中的“拆分”按钮来实现，系统会将工作表窗口拆分成 4 个不同的窗口。如果要拆分成上下两个窗格，应当先选中要拆分位置下面的相邻行；要拆分成左右两个窗格，则应当先选中拆分位置右侧的相邻列；如果要拆分成 4 个窗格，则应当先选中要拆分位置右下方的单元格。
- 要调整拆分位置的话，可以将鼠标指向拆分框，当鼠标变为拆分指针双向箭

头后，可上下左右拖动拆分框改变每个窗格的大小。

- 要撤销拆分，可以通过再次单击功能区“视图”选项卡下“窗口”组中的“拆分”按钮使它处于非选中状态来实现，或者使用鼠标在拆分框上双击来实现。

（4）工作簿的保护。

要防止他人偶然或恶意更改、移动或删除重要数据，可以通过保护工作簿或工作表来实现，单元格的保护要与工作表的保护结合使用才生效。

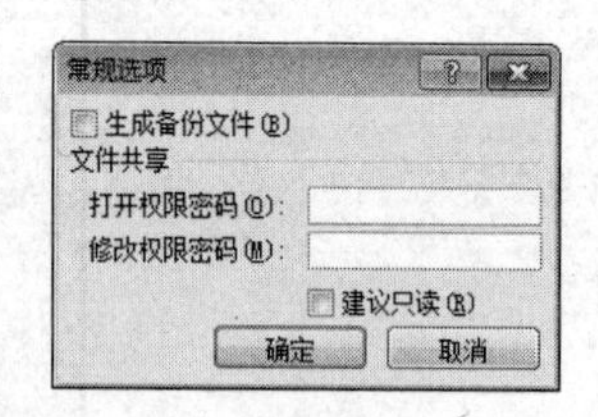

图 4-17 “常规选项”对话框

① 保护工作簿：工作簿文件进行各项操作完成后，选择“快速访问工具栏”中的“保存”命令（如果是已保存过的工作簿文件，选择“文件”按钮下拉菜单中的“另存为”命令），弹出“另存为”对话框，选择好要保存的文件位置和文件名后，单击该对话框下方的“工具”按钮的下拉按钮，选择“常规选项”命令，弹出“常规选项”对话框，如图 4-17 所示。

在对话框中可以给工作簿设置打开权限密码和修改权限密码，单击“确定”按钮后，系统会弹出“确认密码”对话框，再输入一次密码并单击“确定”按钮，文件保存完毕（已保存过的文件会提示“文件已存在，要替换它吗？”，选择“是”）。当下次要打开或修改这个工作簿时，系统就会提示要输入密码，如果密码不对，则不能打开或修改工作簿。

在图 4-17 所示的“常规选项”对话框中，删除密码框中的所有“*”号即可删除密码，撤销工作簿的保护。

② 保护单元格：全选工作表，右击鼠标，在弹出的快捷菜单中选择“设置单元格格式”命令，打开“设置单元格格式”对话框，选择“保护”选项卡，取消“锁定”选项，单击“确定”按钮。选中需要保护的数据区域，重新勾选刚才“保护”选项卡中的“锁定”选项，单击“确定”按钮。再执行下面的工作表保护，即可实现对单元格的保护。

如果要隐藏任何不希望显示的公式，可选中“保护”选项卡中的“隐藏”复选框。

③ 保护工作表：选择要进行保护的工作表“Sheet1”，单击功能区“审阅”选项卡下“更改”组中的“保护工作表”按钮，弹出“保护工作表”对话框，如图 4-18 所示。在此对话框中设置保护密码，选择保护内容，以及允许其他用户进行修改的内容，单击“确定”按钮。

工作表被保护后，当在被锁定的区域内输入内容时，系统会弹出如图 4-19 所示的警告框，用户无法输入内容。

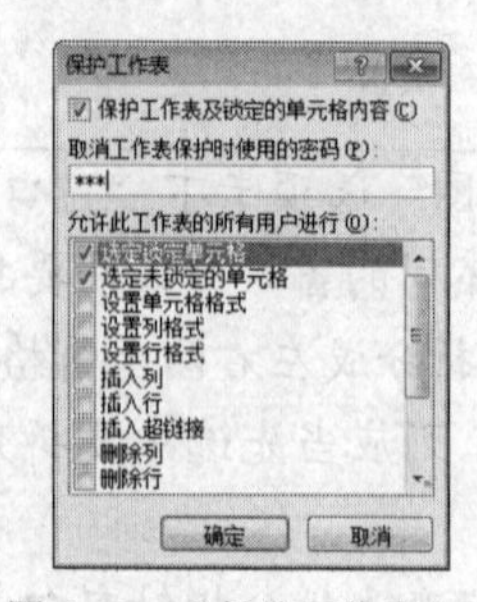

图 4-18 “保护工作表”对话框

图 4-19 试图修改被保护单元格内容警告框

密码是可选的，如果没有密码，任何用户都可取消对工作表的保护并更改被保护的内容。如果设置了密码，要确保记住设置的密码，如果密码丢失就不能继续访问工作表上被保护的内容。

在保护工作表中设置可编辑数据区域：选定允许编辑区域，单击功能区“审阅”选项卡下“更改”组中的“允许用户编辑区域”按钮，屏幕显示如图 4-20 所示的对话框。

单击“新建”按钮，在如图 4-21 所示对话框中可以设置单元格区域及密码，单击“权限”按钮还可以设置各用户权限，单击“确定”按钮，再选择“保护工作表”按钮，进行工作表保护即可。

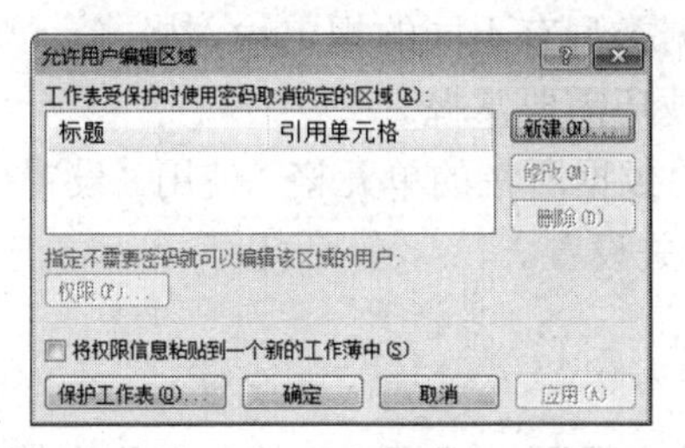

图 4-20 “允许用户编辑区域”对话框

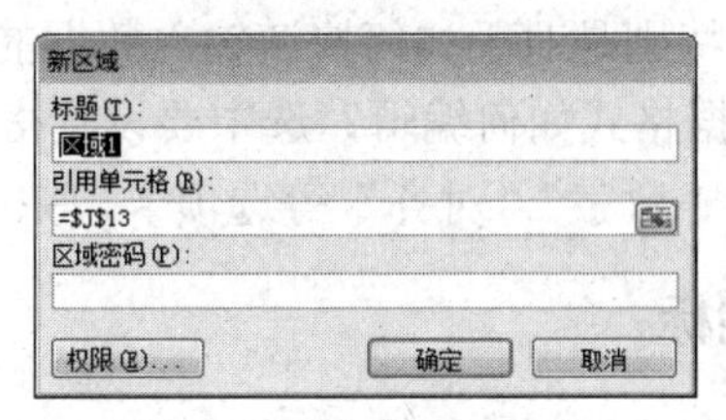

图 4-21 区域与密码设置

④ 工作簿的隐藏与保护：选定工作表后，单击功能区“视图”选项卡下“窗口”组中的“隐藏”按钮，即可把该工作簿隐藏起来，工作簿被隐藏后，表标签看不见了，但工作簿内的数据仍然可以使用。单击功能区“视图”选项卡下“窗口”组中的“取消隐藏”按钮，即可取消对该工作簿的隐藏。

项目一 产品销售表——编辑排版

项目情境

暑期，小 Q 来到某饮料公司参加社会实践。公司用得最多的就是 Excel 办公软件，要经常制作产品库存情况、销售情况以及送货销量清单等。在市场营销部，小 Q 就负责制作每天各种饮料销售的数据记录表。

项目分析

（1）用什么制表？Excel 是办公软件 Office 的组件之一，它不仅可以制作各种类型的表格，而且还可以对表格数据进行分析统计，根据表格数据制作图表等。在企业生产中，对产品数量的统计分析；在人事岗位上，对职员的工资结构的管理与分析；在教师岗位上，对学生成绩的统计与分析，都需要进行数据的管理与分析。这时，数据的输入，公式的计算，数据的管理与分析知识就能帮上你的大忙了，这些可以让你用尽量少的时间去管理庞大而又复杂的数据。

（2）数据怎么录入？录入数据可以在工作表中直接输入数据，也可以通过复制粘贴的方式输入，数据存放在单元格中。对于不同的数据类型有不同的规定输入格式，严格按照格式进行输入，特别是对于如何快速输入数据的小技巧需要掌握。

（3）数据格式如何编辑？选中要设置格式的数据所在的单元格，使用“设置单元格格式”对话框中的“数字”“对齐”等选项卡，完成相关设置。

技能目标

（1）熟悉 Excel 软件的启动与退出方法及基本界面，理解工作簿、工作表等基本概念。

（2）学会对编辑对象的多种选定方法和复制、移动、删除等基本操作。

（3）能进行相关工作表的管理操作。

（4）学会对单元格进行基本的格式设置。

（5）在学习时能够和 Word 有关内容进行对比学习，将各知识点融会贯通、学以致用。

（6）掌握自主学习的方法，如使用〈F1〉帮助键。

重点集锦

某月碳酸饮料送货销量清单

序号	客户名称	送货地区	路线	渠道编号	碳酸饮料CSD																								
					600ML										1.5L					2.5L			355ML						
					百	七	美	青	柚	激	轻	葡	极	合	百	七	美	青	合	百	七	合	百	七	美	青	激	西	轻
1	百顺超市	望山	1/9	525043334567	16	1	1	2	1	2	1	2	1		3	3	3			20	10		5	1	1	1			
2	百汇超市	望山	1/9	525043334567	12		2	2					1		2	5	5			15	5		5	1	1	1	1		
3	小平香烟店	望山	1/9	523034567894					1											6	3								
4	农工联超市	东楮	1/9	525043334567	12	1	2	2		2					3	3				8	4		5	1	1		1		
5	供销社批发	东楮	1/9	511023456783																10	5								
6	上海发联超市	东楮	1/9	525043334567	16	1	1	2	2						3					2	2		8		1				
7	凯新烟杂店	郑湖	2/9	523034567894	30																								
8	光明香烟店	郑湖	2/9	523034567894	10										5		5	5		5	5								
9	顺发批发	郑湖	2/9	511023456783	50															10	10		50						
10	海明副食品	郑湖	2/9	511023456783	50																								

日期：　2013年8月1日　单位：　箱

项目详解

项目要求 1：在“4.1 要求与素材.xlsx”工作簿文件中的“素材”工作表后插入一张新的工作表，命名为“某月碳酸饮料送货销量清单”。

操作步骤

【步骤 1】双击打开“4.1 要求与素材.xlsx”工作簿。

【步骤 2】右击“素材”工作表标签，在弹出的快捷菜单中，选择“插入”命令，选择“常用”选项卡中的“工作表”图标，如图 4-22 所示，单击“确定”按钮，得到新的工作表。

【步骤 3】使用鼠标拖动新生成的工作表移至“素材”工作表后。

【步骤 4】双击新工作表标签，将新建工作表重命名为“某月碳酸饮料送货销量清单”工作表。

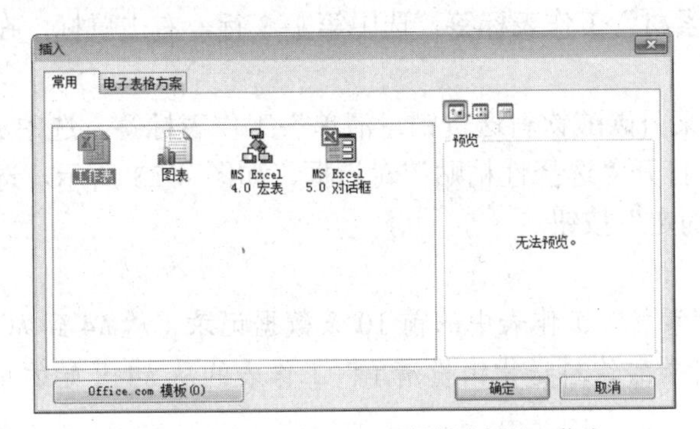

图 4-22　使用“插入”对话框创建新的工作表

项目要求 2：将“素材”工作表中的字段名行选择性粘贴（数值）到“某月碳酸饮料送货销量清单”工作表中的 A1 单元格。

知识储备

（1）数据的选取。

选取单元格是进行其他操作的基础，在进行其他操作之前必须熟悉和掌握选取单元格的知识。

选定一个以上单元格区域，被选定区域左上角的单元格是当前活动单元格，颜色为白色，其他单元格为淡蓝色。

① 连续单元格的选定：用空心十字形指针✚从单元格区域左上角向下、向右拖曳到最后单元格，即可选择一块连续的单元格区域。

如果需要选取的是较大的单元格区域，可以先单击第一个单元格，然后按住<Shift>键，移动滚动条到所需的位置，再单击区域中的最后一个单元格，即可很方便地选中整个区域。

② 选中一行或一列：直接单击行号或列号即可。

③ 不相邻的单元格的选取：选定第一个单元格区域，按住<Ctrl>键，继续选择第 2 个或第 3 个单元格区域。

④ 选取全部单元格：单击工作表左上角的全选按钮，即可选中整个工作表。

选取全部单元格也可以使用<Ctrl+A>快捷键。

（2）选择性粘贴。

选择性粘贴与平常所说的粘贴是有区别的。粘贴是把所有的东西都复制粘贴下来，包括数值、公式、格式、批注等；选择性粘贴是指把剪贴板中的内容按照一定的规则粘贴到工作表中，是有选择的粘贴，如只粘贴数值、格式或者批注等。

利用“选择性粘贴”命令还可以完成工作表行列关系的交换，实现的方式是勾选“选择性粘贴”对话框中的“转置”复选框。

操作步骤

【步骤1】单击“素材”工作表标签，选中第1~3行，右击鼠标，在弹出的快捷菜单中选择“复制”命令。

【步骤2】单击“某月碳酸饮料送货销量清单”工作表标签，选中A1单元格，右击选择“选择性粘贴”命令，打开“选择性粘贴”对话框，如图4-23所示，选择粘贴项目中的“数值”单选钮，单击“确定”按钮。

项目要求3：将“素材”工作表中的前10条数据记录（从A4到AC13区间范围内的所有单元格）复制到“某月碳酸饮料送货销量清单”工作表的从A4开始的单元格区域中，并清除单元格格式。

知识储备

（3）单元格的清除。

输入数据时，除输入了数据本身之外，有时候还会输入数据的格式、批注等信息。清除单元格时，如果使用选定单元格后按<Delete>键或<Backspace>键进行删除，只能删除单元格中的内容，单元格格式和批注等内容会保留下来；在需要删除特定的内容时，如仅仅要删除单元格格式、批注，或者要将单元格中的所有内容全部删除，都需要使用功能区中“开始”选项卡下“编辑”组中的“清除”按钮 清除 下拉列表中的“清除”命令。

操作步骤

【步骤1】单击“素材”工作表标签，选中A4单元格，按住<Shift>键不放，继续单击A13单元格，右击鼠标，在弹出的快捷菜单中选择“复制”命令。

【步骤2】单击“某月碳酸饮料送货销量清单”工作表标签，选中A4单元格，右击鼠标，在弹出的快捷菜单中选择“粘贴”命令。

【步骤3】在新粘贴到工作表中的数据保持选中的情况下，单击功能区中“开始”选项卡下“编辑”组中 “清除”按钮 清除 下拉列表中的“清除”命令，如图4-24所示，清除单元格格式。

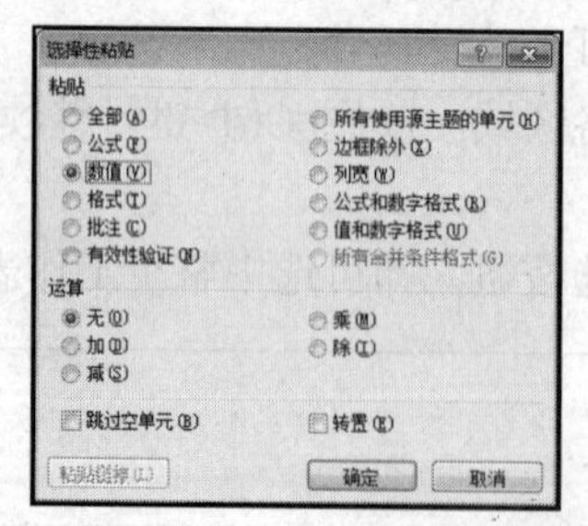

图4-23 “选择性粘贴”对话框

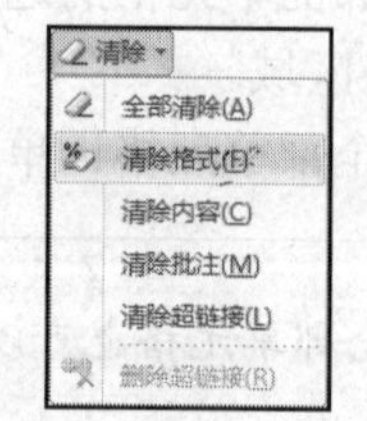

图4-24 “清除”子菜单中的“格式”命令

项目要求4：在“客户名称”列前插入一列，在A1单元格中输入“序号”，在A4：A13单元格内使用填充句柄功能自动填入序号“1，2，……”。

知识储备

（4）填充序列和填充句柄。

在输入连续性的数据时，并不需要逐一键入，Excel 提供了填充序列功能，可以快速输入数据，节省工作时间。能够通过填充完成的数据有等差数据序列（如 1、2、3…1、3、5…）、等比数据序列（如 1、2、4…1、4、16…）和时间日期（3：00、4：00、5：00…6 月 1 日、6 月 2 日、6 月 3 日等），同时 Excel 还提供了一些已经设置好的文本系列数据（如甲、乙、丙、丁…子、丑、寅、卯等）。

只要输入数据序列中的数据，就可以从该数据开始填充序列。填充时需要使用“填充句柄”来完成，所谓“填充句柄”，是指位于当前活动单元格右下方的黑色方块，当鼠标指针变为黑色的十字型“+”时，可以用鼠标拖动填充句柄进行自动填充。

- 使用鼠标拖动填充句柄的时候，向下和向右是按数据序列顺序填充，如果是向上或向左方向拖动，就会进行倒序填充。如果拖动超过了结束位置，可以把填充句柄拖回到需要的位置，多余的部分就可以被擦除，或者选定有多余内容的单元格区域，按<Delete>键删除。数据序列的个数如果是事先规定好的，在填充的单元格数目超过序列规定个数时，便会反复填充同样的序列数据。输入的第一个数据若不是已有的序列，序列填充时就变成了复制，拖过的每一个单元格都与第一个单元格的数据相同。要对序列数据进行复制，可按住<Ctrl>键再进行填充，下面的操作中会做具体说明。
- 除了使用系统内部的数据序列之外，用户也可以自定义自己的序列。实现方法可以通过单击“文件”按钮下拉菜单中的“打印”菜单项，打开“Excel 选项”对话框，在“高级”选项中找到“编辑自定义列表”按钮 编辑自定义列表(O)...，单击打开“自定义序列”对话框，在“输入序列”区域输入自定义序列后，单击“添加”按钮来设置，如图 4-25 所示；也可以从单元格直接导入，具体操作步骤在后面的项目操作步骤中会有详细介绍。

操作步骤

【步骤 1】在“某月碳酸饮料送货销量清单”工作表中，选中 A 列，右击鼠标，在弹出的快捷菜单中选择“插入”命令，在“客户名称”列前插入一列。

在插入行或列的操作中，选择行或列的数量决定了在选定位置的上方或左侧插入行或列的数量。

【步骤 2】在 A1 单元格中输入“序号”，在 A4 单元格中输入起始值“1”，按住<Ctrl>键，拖动 A4 单元格右下角的“填充句柄”至 A13 单元格，得到等差数据序列，如图 4-26 所示。

除了以上提到的通过按住<Ctrl>键拖动填充句柄填充等差序列的方法之外，在连续单元格中自动输入数据序列更通用的方法为利用 Excel 的“填充”功能实现：在第一个单元格中输入数据序列的起始值，选中要填充的所有单元格，然后单击功能区中“开始”选项卡下“编辑”组中的“填充”按钮下拉列表中的“系列”命令，打开“序列”对话框，选择“类型”选项，输入“步长值”和“终止值”，来实现数据序列的填充。

项目要求 5：在“联系电话”列前插入两列，字段名分别为“路线”“渠道编号”，分别输入对应的路线和渠道编号数值。

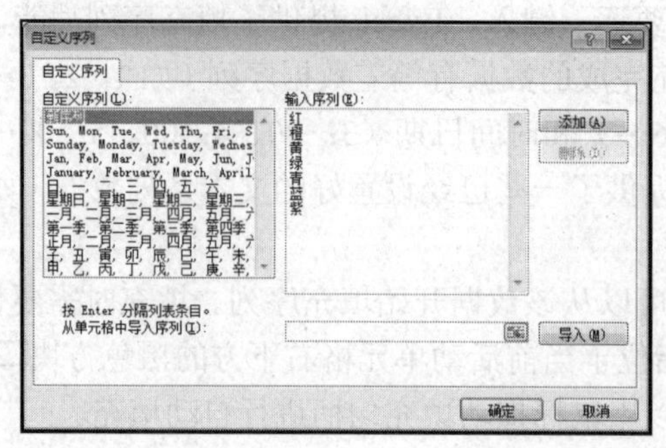

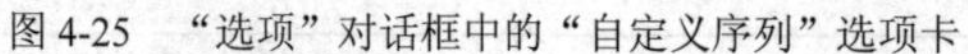

图 4-25 “选项”对话框中的“自定义序列”选项卡

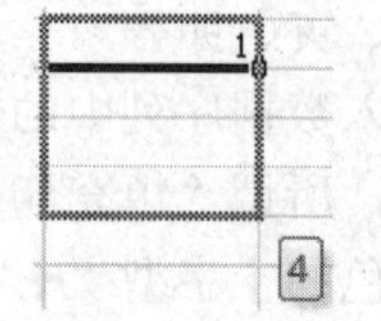

图 4-26 拖动填充句柄进行自动填充

知识储备

（5）数据的录入。

在 Excel 中，录入的数据可以是文字、数字、函数和日期等格式。

在默认状态下，所有文本在单元格中均为左对齐，数字为右对齐，但如果输入的数据大于或等于 12 位时，数据的显示方式会变成科学计数法，如果不想以这种格式显示数据，则需要将数据转变为文本进行输入，实现的方法在热身练习中已经提到过，可以在数据前面输入英文状态下的单引号“'”，如“'123456789123456789”。

如果在单元格内出现若干个“#”，并不意味着该单元格中的数据已被破坏或丢失，只是表明单元格的宽度不够，以至于不能显示数据内容或公式结果。改变列的宽度后，就可以看到单元格的实际内容了。

日期的默认对齐方式为右对齐，输入时常用的日期格式有“2015-7-1”“2015/7/1”“15-7-1”“15/7/1”“7/1”等，以上的这些输入方式在编辑框中都会以“2015-7-1”的形式呈现，其中“7/1”在单元格中显示内容为“7 月 1 日”。

操作步骤

【步骤 1】在“某月碳酸饮料送货销量清单”工作表中，选中 D 列，右击鼠标，在弹出的快捷菜单中选择“插入”命令，再重复该操作，在“联系电话”列前插入两列。

【步骤 2】在 D1 单元格中输入“路线”，在 D4 单元格中输入“0”、空格、“1/9”，按回车键得到线路编号，如图 4-27 所示，其他线路编号使用同样的方法输入。

【步骤 3】在 E1 单元格中输入“渠道编号”，在 E4 单元格中先输入英文状态下的单引号“'”，然后输入 12 位渠道编号，如图 4-28 所示，其他渠道编号前均应输入英文状态下的单引号。

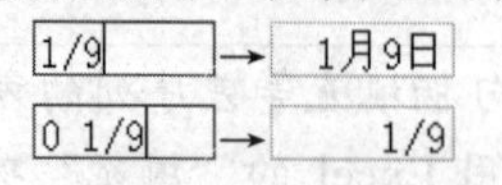

图 4-27 不输入与输入“0”、空格时，数据呈现的不同状态

525043334567 → 5.25043E+11

'525043334567 → 525043334567

图 4-28 不输入与输入英文状态下的单引号时，数据呈现的不同状态

数字不超过 11 位数时，单元格里会显示输入的完整内容，当输入的数字大于 11 位时（包括小数点在内），单元格将以科学计数法来表示数据。

项目要求 6：删除字段名为“联系电话”的列。

操作步骤

【步骤 1】在工作表中选中 F 列。

【步骤 2】在选中区域内，右击鼠标，在弹出的快捷菜单中选择“删除”命令。

项目要求 7：在 A14 单元格中输入“日期:”，在 B14 单元格中输入当前日期，并设置日期类型为“*2001 年 3 月 14 日”。在 C14 单元格中输入“单位:”，在 D14 单元格中输入“箱”。

操作步骤

【步骤 1】在工作表中选中 A14 单元格，输入文字“日期:”。

【步骤 2】选中 B14 单元格，输入当前日期，如“2013-8-1”，右击鼠标，在弹出的快捷菜单中选择“设置单元格格式”命令，打开“设置单元格格式”对话框，在“数字”选项卡中选择分类中的“日期”，类型选择列表中的第二种，如图 4-29 所示，单击“确定”按钮。

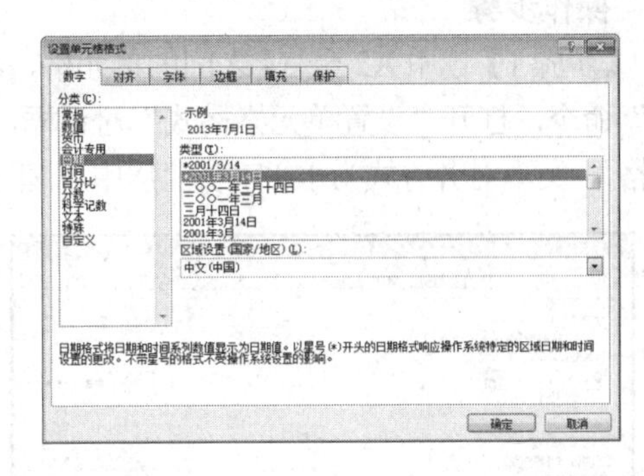

图 4-29 “设置单元格格式”对话框中的“数字”选项卡

【步骤 3】适当调整 B 列的列宽，以显示 B14 单元格的全部内容。

调整行高和列宽，除了直接使用鼠标拖动行与行或列与列之间的分隔线之外，还可以使用菜单命令实现：单击功能区中“开始”选项卡下“单元格”组中“格式”按钮下拉列表中的“行高”或“列宽”命令，打开“行高”或“列宽”对话框，直接输入需要的行高或列宽值，也可以直接选择下拉列表中的“自动调整行高”或“自动调整列宽”命令进行设置。

【步骤 4】选中 C14 单元格，输入文字“单位:”。

【步骤 5】选中 D14 单元格，输入文字“箱”。

项目要求 8：将工作表中所有的“卖场”替换为“超市”。

操作步骤

【步骤 1】在工作表中，单击功能区中“开始”选项卡下“编辑”组中的“查找和选择”按钮下拉列表中的“替换”命令，打开“替换”对话框，在“查找内容”文本框中输入“卖场”，在“替换为”文本框中输入“超市”，单击“全部替换”按钮，在弹出的提示对话框中单击“确定”按钮，完成替换操作。

【步骤 2】关闭“替换”对话框。

项目要求 9：在第一行之前插入一行，将 A1：AE1 单元格设置为跨列居中，输入标题“某月碳酸饮料送货销量清单”。

操作步骤

【步骤 1】在工作表中，选中第一行，单击鼠标右键，在弹出的快捷菜单中选择“插入”

命令。

【步骤 2】选择 A1 至 AE1 之间的所有单元格，右击鼠标，在弹出的快捷菜单中选择“设置单元格格式”命令，打开“设置单元格格式”对话框，在“对齐”选项卡中的水平对齐中选择“跨列居中”，如图 4-30 所示，单击“确定”按钮。

【步骤 3】选中 A1 单元格，输入标题“某月碳酸饮料送货销量清单”。

项目要求 10：调整表头格式，使用文本控制和文本对齐方式合理设置字段名，并将表格中所有文本的对齐方式设置为居中对齐。

操作步骤

【步骤 1】选中 A2 至 A4 之间的单元格，右击鼠标，在弹出的快捷菜单中选择“设置单元格格式”命令，打开“设置单元格格式”对话框，在“对齐”选项卡中设置文本控制方式为“合并单元格”，文本对齐方式为水平对齐“居中”，垂直对齐“居中”，如图 4-31 所示，单击“确定”按钮。

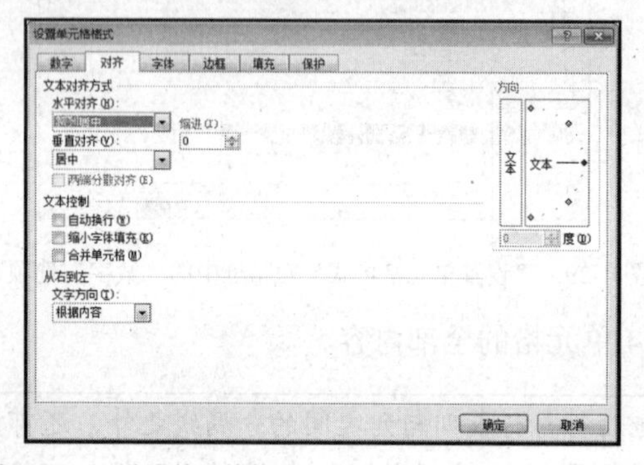

图 4-30 “设置单元格格式”对话框中的“对齐”选项卡

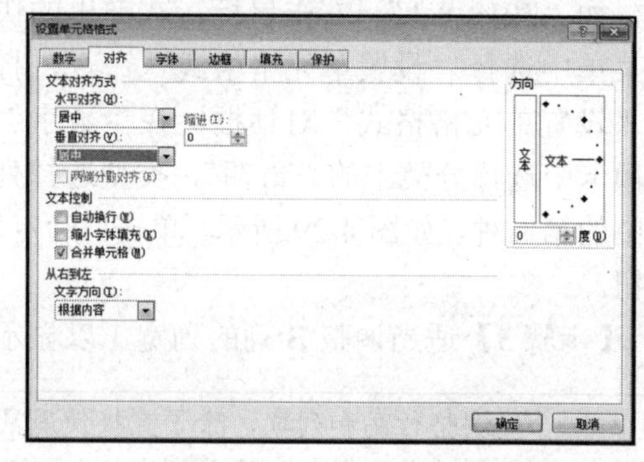

图 4-31 “设置单元格格式”对话框中的“对齐”选项卡

“合并单元格”与“居中”一起使用，等同于功能区中“开始”选项卡下“对齐方式”组中的“合并后居中”按钮下拉列表中的“合并后居中”命令合并后居中。

【步骤 2】使用同样的方法处理其他字段名，各字段名对应的单元格区间如下：“客户名称”对应 B2:B4，“送货地区”对应 C2:C4，“路线”对应 D2:D4，“渠道”对应 E2:E4，“碳酸饮料 CSD”对应 F2:AE2，“600ML”对应 F3O3，“1.5L”对应 P3:T3、“2.5L”对应 U3:W3，“355ML”对应 X3:AE3。其中“送货地区”中间使用<Alt>键和回车键换行，将该字段名分两行显示。

在 Excel 中的单元格中换行需要使用<Alt+Enter>组合键，直接按回车键是确认数据输入结束，此时活动单元格的位置会下移一行，可在新行继续输入数据。

【步骤 3】选中 A2 至 AE15 之间的单元格，单击功能区中“开始”选项卡下“对齐方式”组中的“居中”按钮。

项目要求 11：将标题文字格式设置为“仿宋、11 磅、蓝色”；将字段名行的文字格式设置为“宋体、9 磅、加粗”；将记录行和表格说明文字的数据格式设置为“宋体、9 磅”。

操作步骤

【步骤 1】选中 A1 单元格的标题，右击鼠标，在弹出的快捷菜单中选择“设置单元格格式式”命令，打开“设置单元格格式”对话框，在“字体”选项卡中设置字体为“仿宋”，字号为“11”，颜色为“蓝色”，单击“确定”按钮。

【步骤 2】选中 A2 至 AE4 之间的字段名，右击鼠标，在弹出的快捷菜单中选择“设置单元格格式”命令，打开“设置单元格格式”对话框，在“字体”选项卡中设置字体为“宋体”，字号为“9”，字形为“加粗”，单击“确定”按钮。

【步骤 3】选中 A5 至 AE15 之间的记录行及表格说明文字，单击鼠标右键，在弹出的快捷菜单中选择“设置单元格格式”命令，打开“设置单元格格式”对话框，在“字体”选项卡中设置字体为“宋体”，字号为“9”，单击“确定”按钮。

项目要求 12：将该表的所有行和列设置为最适合的行高和列宽。

操作步骤

【步骤 1】选中整张工作表，单击功能区中“开始”选项卡下“单元格”组中的“格式”按钮下拉列表中“自动调整行高”命令，如图 4-32 所示。

【步骤 2】保持数据的选中状态，单击功能区中“开始”选项卡下“单元格”组中的“格式”按钮下拉列表中“自动调整列宽”命令。

当改变单元格内的字体或字号时，单元格的行高会根据具体设置的情况发生变化。

项目要求 13：将工作表中除第 1 行和第 15 行外的数据区域设置边框格式为外边框粗实线；内边框实线。

操作步骤

选中 A2 到 AE14 所有单元格，右击鼠标，在弹出的快捷菜单中选择“设置单元格格式”命令，打开“设置单元格格式”对话框，在“边框”选项卡中选择线条样式为“粗实线”，单击“预置”选项中的“外边框”按钮，继续选择线条样式为“实线”，单击“预置”选项中的“内部”按钮，如图 4-33 所示，单击“确定”按钮。

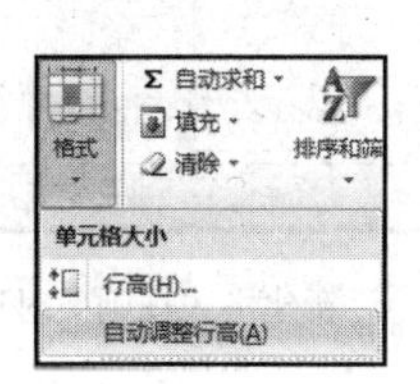

图 4-32 “行”子菜单中的“最适合的行高”命令

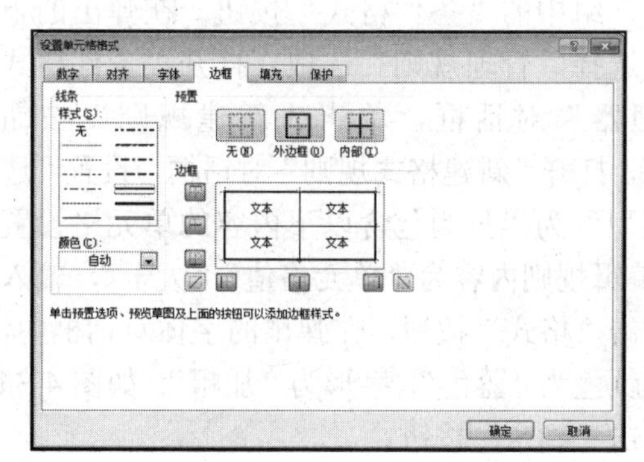

图 4-33 “单元格格式”对话框中的“边框”选项卡

功能区中“开始”选项卡下“字体”组中也有一个边框按钮，单击按钮右侧的下三角按钮，在下拉列表中会显示 13 种边框样式，可以迅速设置边框效果。

项目要求 14：将工作表中字段名部分 A2: E4 数据区域设置边框格式为外边框粗实线；内边框粗实线。将工作表字段名部分 F3: AE4 数据区域设置边框格式为外边框粗实线。将工作表中记录行部分 A5: E14 数据区域设置边框格式为内边框垂直线条（粗实线）。

操作步骤

【步骤 1】选中 A2 到 E4 所有单元格，单击鼠标右键，在弹出的快捷菜单中选择“设置单元格格式”命令，打开“设置单元格格式”对话框，在“边框”选项卡中选择线条样式为“粗实线”，单击“预置”选项中的“外边框”按钮和“内部”按钮，单击“确定”按钮。

【步骤 2】选中 F3 到 AE4 所有单元格，单击鼠标右键，在弹出的快捷菜单中选择“设置单元格格式”命令，打开“设置单元格格式”对话框，在“边框”选项卡中选择线条样式为“粗实线”，单击“预置”选项中的“外边框”按钮，单击“确定”按钮。

【步骤 3】选中 A5 到 E14 所有单元格，单击鼠标右键，在弹出的快捷菜单中选择“设置单元格格式”命令，打开“设置单元格格式”对话框，在“边框”选项卡中选择线条样式为“粗实线”，单击边框预览图中的中间垂直线条，单击“确定”按钮。

项目要求 15：将工作表中 F3: O14 数据区域和 U3: W14 数据区域设置背景颜色为“80%蓝色（第 2 行、第 5 列）”。

操作步骤

选中 F3:O14 数据区域中的所有单元格，按住<Ctrl>键不放，继续选中 U3:W14 数据区域中的所有单元格，单击鼠标右键，在弹出的快捷菜单中选择“设置单元格格式”命令，打开“设置单元格格式”对话框，在“填充”选项卡中的“背景色”区域，设置颜色为“80%蓝色”（第 2 行、第 5 列），单击“确定”按钮。

项目要求 16：设置所有销量大于 15 箱的单元格格式为字体颜色“蓝色”，字形“加粗”。

操作步骤

选中 F5 至 AE14 单元格，选择“开始”选项卡下“样式”组中的“条件格式”按钮，在弹出的下拉列表中选择“管理规则”选项，打开“条件格式规则管理器”对话框，单击“新建规则”按钮 新建规则(N)...，打开“新建格式规则”对话框，设置“选择规则类型”为“只为包含以下内容的单元格设置格式”，编辑规则内容为“单元格值”“大于”，输入“15”，单击“格式”按钮，在弹出的字体对话框中，设置字体颜色为“蓝色”，字形为“加粗”，如图 4-34 所示，单击“确定”按钮。

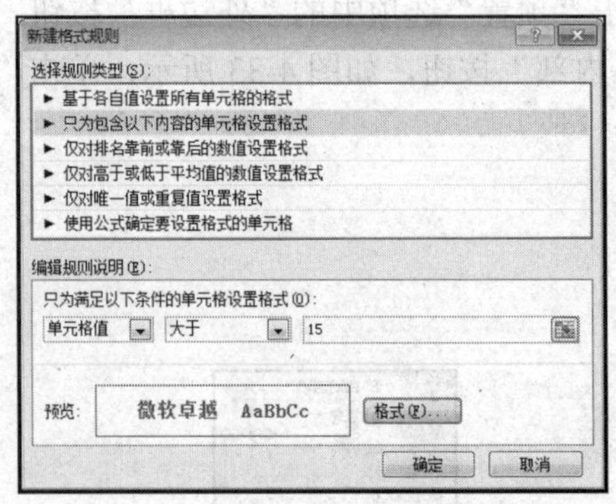

图 4-34 “新建格式规则”对话框

如果有多个条件格式要一起设置时，需要在对话框中一次设置完成，不能分多次设置，否则后面的格式设置会把前面已经设置好的格式结果替换掉。

项目要求 17：复制“某月碳酸饮料送货销量清单”工作表，重命名为“某月碳酸饮料送货销量清单备份”。

操作步骤

右击“某月碳酸饮料送货销量清单”工作表标签，在弹出的快捷菜单中选择“移动或复制工作表”命令，打开“移动或复制工作表”对话框，选择“移至最后”，勾选“建立副本”，单击“确定”按钮。将复制的工作表重命名为“某月碳酸饮料送货销量清单备份”。

提炼升华

（1）工作表数据的录入（时间、分数等）、修改、选取、移动、复制等操作。工作表数据的录入见本项目“知识储备（5）数据的录入”，工作表数据的选取见本项目“知识储备（1）数据的选取”。

知识扩展

① 工作表数据的修改。输入数据后，若发现错误或者需要修改单元格内容，可以先单击单元格，再到编辑栏进行修改；或者双击单元格，再将光标定位到单元格内相应的修改位置处进行修改。

② 工作表数据的移动。在工作表中移动数据，可以先选定待移动的单元格区域，将鼠标指向选定区域的黑色边框，将选定区域拖动到粘贴区域，释放鼠标，Excel 将用选定区域替换粘贴区域中任何现有数据。

③ 工作表数据的复制。复制工作表中的数据，应先选定需复制的单元格区域，将鼠标指向选定区域的黑色边框，按住<Ctrl>键，将选定区域拖动到粘贴区域的左上角单元格，释放鼠标，完成数据的复制。

移动操作和复制操作也可以分别使用组合键<Ctrl+X>配合<Ctrl+V>，以及<Ctrl+C>配合<Ctrl+V>来完成。

（2）数据的查找与替换，见本项目“项目要求 8”。

（3）单元格的删除与清除，行和列的隐藏，单元格的清除见本项目“知识储备（3）单元格的清除”。

知识扩展

④ 单元格的删除。删除单元格与清除单元格是不同的。删除单元格不但删除了单元格中的内容、格式和批注，还删除了单元格本身。

具体删除时，可先选定要删除的单元格、行或列。右击鼠标，在弹出的快捷菜单中选择“删除”命令，弹出“删除”对话框，如图 4-35 所示，可以选择对“单元格”，或者是工作表中的“行”或“列”进行删除。

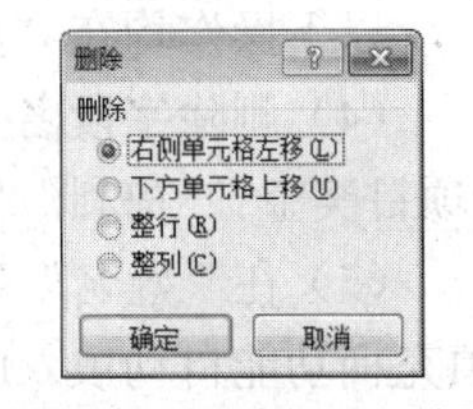

图 4-35 “删除”对话框

⑤ 行和列的隐藏。如果有些行或列不需要参与操作，可以使用隐藏的方式来处理，隐藏后数据还在，只是不参与操作，需要再次使用时，只要取消隐藏即可重新参与操作。

具体隐藏行或列时，可以先选定对应的行或列，单击鼠标右键，在弹出的快捷菜单中选择“隐藏”命令；要显示被隐藏的行或列，可以选择被隐藏行或列的上下行或左右列，右击鼠标，在弹出的快捷菜单中选择“取消隐藏”命令即可。

如果被隐藏的是第 1 行或第 A 列，在取消选择时，需要用鼠标从第 2 行向上方拖动或从第 B 列向左方拖动，超过全选框时放开鼠标左键，方可以取消对第 1 行或第 A 列的隐藏。

（4）单元格格式设置（数字/对齐/字体/边框/填充……），见本项目“项目要求 7”“项目要求 9”“项目要求 10”“项目要求 11”“项目要求 13”“项目要求 14”“项目要求 15”。

（5）行宽/列高的设置，见本项目“项目要求 12”。

行宽和列高的设置也可以通过单击功能区中“开始”选项卡下“单元格”组中的“格式”按钮下拉列表中的“行高”或“列宽”命令直接输入具体的数值来实现。

（6）套用表格样式的应用，见本项目“热身练习步骤 5”。

（7）工作表的复制、移动、重命名、删除等基本操作，见本项目“项目要求 17”。

（8）填充柄的应用、自定义序列，见本项目“知识储备（4）填充序列和填充句柄”。

（9）条件格式的使用，见本项目“项目要求 16”。

拓展练习

根据以下步骤，完成如图 4-36 所示的员工基本信息表。

市场营销部员工基本信息表											
编号	姓名	性别	民族	籍贯	身份证号码	学历	毕业院校	部门	现任职务	专业技术职务	基本工资
1	张军	男	汉	淮安	321082196510280342	研究生	东南大学	市场营销部	经理	营销师	¥8,000.00
2	郭波	男	汉	武进	321478197103010720	研究生	苏州大学	市场营销部	营销人员	助理营销师	¥2,000.00
3	赵蔚	女	汉	镇江	320014197105200961	研究生	西南交通大学	市场营销部	营销人员	助理营销师	¥2,000.00
4	张浩	男	汉	常州	329434195305121140	大专	南京大学	市场营销部	营销人员	营销师	¥2,000.00
	部门性别比例： （女/男）	1/3								制表日期：	2013年2月10日

图 4-36　员工基本信息表

（1）在本工作簿文件(要求与素材.xlsx)中的“素材”工作表后插入一张新的工作表，命名为“员工信息”。

（2）将“素材”工作表中的字段名行选择性粘贴（数值）到“员工信息”工作表中的 A1 单元格。

（3）将“素材”工作表中的部门为“市场营销部”的记录（共 4 条）复制到“员工信息”工作表的 A2 单元格，并清除单元格格式。

以下操作均在“员工信息”工作表中完成。

（4）删除字段名为“出生年月”“何年何月毕业”“入党时间”“参加工作年月”“专业”“项目奖金”“福利”“出差津贴”“健康状况”的列。

（5）在“姓名”列前插入一列，在 A1 单元格中输入“编号”，在 A2：A5 单元格内使用填充柄功能自动填入序号“1，2，……”。

（6）在“学历”列前插入一列，字段名为“身份证号码”，分别输入 4 名员工的身份证号为“321082196510280000”“321478197103010000”“320014197105200000”“329434195305120000”。

（7）在 B7 单元格中输入“部门性别比例：（女/男）”（冒号后加回车换行），在 C7 单元格中输入比例（用分数形式表示）。

（8）将工作表中所有的“硕士”替换为“研究生”“专科”替换为“大专”。

（9）在第一行之前插入一行，将 A1：L1 单元格设置为跨列居中，输入标题：市场营销部员工基本信息表，并将格式设置为“仿宋、12、深蓝”。

（10）将字段名行的文字格式设置为“宋体、10、加粗”；将记录行的数据格式设置为“宋体、10”；将 B7 单元格的文字格式设置为“加粗”。

（11）将工作表中除第一行和第七行外的数据区域设置边框格式为“外边框：粗实线、深蓝；内边框：虚线、深蓝；字段名所在的行设置图案：水绿色”。

（12）将第二行与第三行的分隔线设置为“双实线、深蓝”。

（13）在 K8 单元格内输入：制表日期，在 L8 单元格内输入当前日期，并设置格式为“*年*月*日”。

（14）将“基本工资”列中的数据设置为显示小数点后两位，使用货币符号¥，使用千位分隔符。

（15）设置所有基本工资小于 5 000 的单元格格式为“字体颜色：绿色”（使用条件格式设置）。

（16）将该表的所有行和列设置为最适合的行高和列宽。

（17）复制“员工信息”工作表，重命名为“自动格式”，将该表中的第二行至第六行所在的数据区域自动套用“表样式深色 3”格式。

项目二 产品销售表——公式函数

项目情境

小 Q 认真完成了主管交给的数据整理工作，得到了肯定。下个月月初，主管让他对上月的销售数据进行汇总统计，进一步了解当月实际销售情况。

项目分析

（1）从 Word 表格中的公式函数过渡到 Excel 中的相关内容。

（2）Excel 公式与函数的具体应用。

技能目标

（1）学会 Excel 中公式的编辑与使用。

（2）了解 Excel 中绝对地址，二维地址、三维地址的应用。

（3）学会在多张不同的工作表中引用数据。

（4）学会利用公式处理具体问题。

重点集锦

（1）绝对地址和二维地址的应用。

AF	AG	AH	AI	AJ
销售额合计	折后价格	上月累计	本月累计	每月平均
=O4*产品价格表!$D$3+T4*产品价格表!$D$4+W4*产品价格表!$D$5 AE4*产品价格表!$D$6				
¥1,594	¥1,435	¥5,322	¥6,757	¥965

（2）三维地址的应用。

AF	AG	AH	AI	AJ
销售额合计	折后价格	上月累计	本月累计	每月平均
¥2,643	¥2,114	=[产品销售额累计.xls]产品销售额!F4		
¥1,994	¥1,795	¥8,667	¥10,462	¥1,495

（3）IF 函数的应用。

AF	AG	AH	AI	AJ
销售额合计	折后价格	上月累计	本月累计	每月平均
¥2,643	=IF(AF4>=2000,AF4*0.8,IF(AF4>=1000,AF4*0.9,AF4))			
¥1,994	IF(**logical_test**, [value_if_true], [value_if_false])			
¥364	¥364	[illegible]	[illegible]	[illegible]

项目详解

项目要求 1：在“某月碳酸饮料送货销量清单”工作表中的淡蓝色背景区域计算本月内30位客户购买600ML、1.5L、2.5L、355ML这4种不同规格的饮料箱数的总和。

知识储备

（1）单元格位置引用。进行公式计算时，要用到单元格的地址，也就是位置引用。

单元格的位置引用分为以下几种。

① 相对地址引用：单元格引用地址会随着公式所在单元格的变化而发生变化。

② 绝对地址引用：当公式复制到不同的单元格中时，公式中的单元格引用始终不变，这种引用叫作绝对地址。它的表示方式是在列标及行号前加“$”符号，如“$A$1”。

③ 混合地址引用：如果在单元格的地址引用中，既有绝对地址又有相对地址，则称该引用地址为混合地址，如“A$1”。

提示　在输入好单元格地址引用后，通过按<F4>功能键，可实现在相对地址、绝对地址和混合地址中进行切换。

（2）函数的使用。函数是系统内部预先定义好的公式，通过函数同样可以实现对工作表数据进行加、减、乘、除等基本运算，完成各种类型的计算。与公式运算相比较，函数使用起来更方便快捷。

Excel 内部函数有 200 多个，通常分为财务函数、逻辑函数、文本函数、日期和时间函数、查找与引用函数、数学和三角函数等。

在日常工作中，经常用到的函数有求和函数 SUM、求平均值函数 AVERAGE、求最大值函数 MAX、求最小值函数 MIN、条件函数 IF、计数函数 COUNT、条件计数函数 COUNTIF、取整函数 INT、四舍五入函数 ROUND 和排位函数 RANK 等。

① SUM（number1，number2，…）：计算所有参数数值的和。参数 number1、number2，…代表需要计算的值，可以是具体的数值、引用的单元格（区域）、逻辑值等，总数不超过 30 个。

② AVERAGE（number1，number2，…）：计算参数的平均值。参数使用同上。

③ MAX（number1，number2，…）：求出一组数中的最大值。参数使用同上。

④ MIN（number1，number2，…）：求出一组数中的最小值。参数使用同上。

⑤ IF（logical_test，value_if_true，value_if_false）：对指定的条件 logical_test 进行真假逻辑判断，如果为真，返回 value_if_true 的内容，如果为假，返回 value_if_false 的内容。

⑥ COUNT（value1，value2，…）：计算参数表中包含数字的单元格的个数。参数可以是单个的值或单元格区域，最多 30 个，文本、逻辑值、错误值和空白单元格将被忽略掉。

⑦ COUNTIF(range，criteria)：对区域中满足单个指定条件的单元格进行计数。参数 range 是指需要计算其中满足条件的单元格数目的单元格区域，criteria 用于定义将对哪些单元格进行计数，它的形式可以是数字、表达式、单元格引用或文本字符串。

⑧ INT（number）：将数字向下舍入到最接近的整数。

⑨ ROUND（number，num_digits）：按指定的位数对数值进行四舍五入。参数 number 是指用于进行四舍五入的数字，参数 num_digits 是指位数，按此位数进行四舍五入，位数不能省略。

⑩ RANK（number，ref，order）：返回一个数字在数字列表中的排位。参数 number 是需要计算其排位的一个数字，参数 ref 是包含一组数字的数组或引用（其中的非数值型值将被忽略），参数 order 是一个数字，指明数字排位的方式，如果 order 为 0 或省略，Excel 对数字的排位将按降序排列，如果 order 不为 0，Excel 对数字的排位将按升序排列。

在使用函数处理数据时，如果不知道使用什么函数比较合适，可以使用 Excel 的“搜索函数”功能来帮助缩小范围，挑选出合适的函数。单击功能区“公式”选项卡下的“函数库”组中的“插入函数”按钮，打开“插入函数”对话框，在“搜索函数”下面的方框中输入要求，如输入“计数”，然后单击“转到”按钮，系统会将与“计数”有关的函数挑选出来，并显示在“选择”函数下面的列表框中，如图 4-37 所示。再结合查看相关的帮助文档，即可快速确定所需要的函数。

操作步骤

【步骤 1】双击打开“4.2 要求与素材.xlsx”工作簿。

【步骤 2】单击“某月碳酸饮料送货销量清单”工作表标签，选中 O4 单元格，输入“=”号，单击 F4 单元格，继续输入“+”号，再单击 G4 单元格，仍然输入“+”号，再单击 H4 单元格，依次输入“+”，并单击 I4 单元格至 N4 单元格，如图 4-38 所示，按回车确认，得到 1 号客户 600ML 规格饮料的购买箱数。

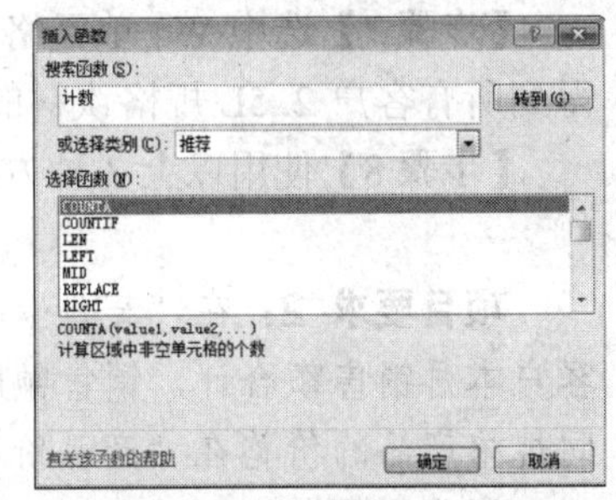

图 4-37　使用“搜索函数”功能来帮助缩小函数的选择范围

16	1	1	2	1	2	1	2	1	=F4+G4+H4+I4+J4+K4+L4+M4+N4

图 4-38　输入计算公式

【步骤3】选中O4单元格，鼠标移至单元格的右下角，拖动填充句柄至O33单元格，得到所有客户600mL规格饮料的购买箱数。

公式可以在单元格内输入，也可以在编辑栏内输入，如果公式内容较长，建议在编辑栏中输入更方便。

【步骤4】选中T4单元格，单击功能区“公式”选项卡下的“函数库”组中的“自动求和”按钮 Σ，接着选择P4至S4单元格，按回车键<Enter>确认，得到1号客户1.5L规格饮料的购买箱数。

【步骤5】选中T4单元格，鼠标移至单元格的右下角，拖动填充句柄至T33单元格，得到所有客户1.5L规格饮料的购买箱数。

【步骤6】选中W4单元格，单击功能区“公式”选项卡下的“函数库”组中的“插入函数”按钮，打开“插入函数”对话框，如图4-39所示。在“选择函数”区域内选择“SUM”函数，单击“确定”按钮，打开“函数参数”对话框，如图4-40所示，设置“number1”参数的数据内容为U4和V4单元格，即用鼠标直接选取U4至V4单元格区域，单击“确定”按钮，得到1号客户2.5L规格饮料的购买箱数。

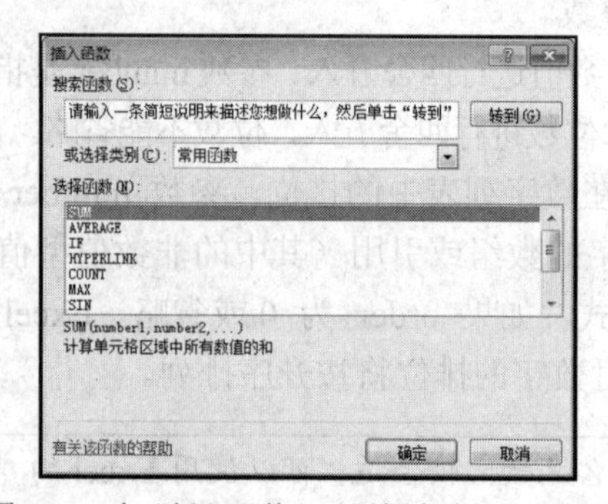

图4-39 在“插入函数”对话框中选择SUM函数

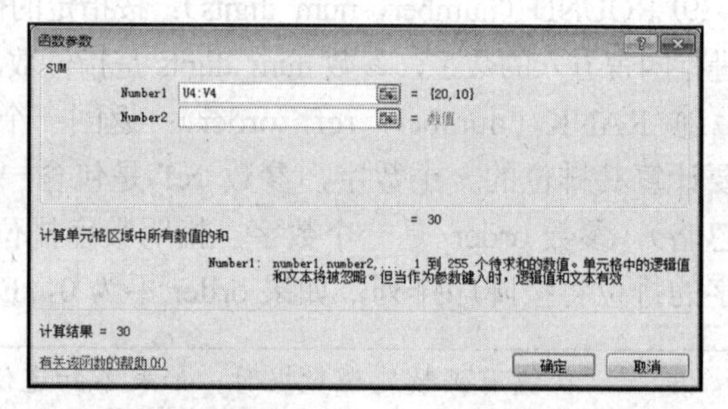

图4-40 在“函数参数”对话框中设置求和区域

除了使用“公式”选项卡下的“函数库”组中的“插入函数”按钮打开“插入函数”对话框，也可以通过单击“函数库”组中的“自动求和”按钮下方的三角按钮，选择下拉列表中的“其他函数”命令，以及“函数库”组中的各种函数分类按钮下方的三角按钮，选择下拉列表中的“插入函数”命令来打开“插入函数”对话框。

【步骤7】选中W4单元格，将鼠标移至单元格的右下角，拖动填充句柄至W33单元格，得到所有客户2. 5L规格饮料的购买箱数。

【步骤8】使用以上3种方法中的任意一种，计算所有客户355mL规格饮料的购买箱数。

项目要求2：在“某月碳酸饮料送货销量清单”工作表中的“销售额合计”列计算所有客户本月销售额合计，销售额的计算方法为不同规格产品销售箱数乘以对应价格的总和，不同规格产品的价格在“产品价格表”工作表内。

操作步骤

【步骤1】单击“某月碳酸饮料送货销量清单”工作表标签，单击AF4单元格，输入“=”号，单击O4单元格，输入“*”号，单击“产品价格表”工作表标签，单击D3单元格；输入“+”号，单击“某月碳酸饮料送货销量清单”工作表标签，单击 T4 单元格，输入“*”号，单击“产品价格表”工作表标签，单击 D4 单元格；输入“+”号，单击“某月碳酸饮料送货销量清单”工作表标签，单击 W4 单元格，输入“*”号，单击“产品价格表”工作表标签，单击 D5 单元格；输入“+”号，单击“某月碳酸饮料送货销量清单”工作表标签，单击 AE4 单元格，输入“*”号，单击“产品价格表”工作表标签，单击 D6 单元格，按回车确认，得到 1 号客户的本月销售额合计。

【步骤 2】选中 AF4 单元格，在编辑栏中，将光标定位在 D3 之间，按〈F4〉功能键，将相对地址“D3”转换为绝对地址“$D$3”，使用同样的方法，将 D4、D5、D6 均转换为绝对地址，如图 4-41 所示，按回车确认。

fx =O4*产品价格表!$D$3+T4*产品价格表!$D$4+W4*产品价格表!$D$5+AE4*产品价格表!$D$6

图 4-41 将相对地址转换为绝对地址

【步骤 3】拖动填充句柄至 AF33 单元格，得到所有客户的本月销售额合计。

项目要求 3：根据用户销售额在 2 000 元以上（含 2 000 元）享受八折优惠，1 000 元以上（含 1 000 元）享受九折优惠的规定，在“某月碳酸饮料送货销量清单”工作表中的“折后价格”列计算所有客户本月销售额的折后价格。

操作步骤

【步骤 1】单击“某月碳酸饮料送货销量清单”工作表标签，单击 AG4 单元格，输入“=IF(AF4>=2000,AF4*0.8,IF(AF4>=1000,AF4*0.9,AF4))”，按回车键确认，得到 1 号客户本月销售额的折后价格。

提示

- IF(Logical_test, Value_if_true, Value_if_false)函数对指定的条件 Logical_test 进行真假逻辑判断，如果为真，返回 Value_if_true 的内容，如果为假，返回 Value_if_false 的内容。Logical_test 代表逻辑判断条件的表达式；Value_if_true 表示当判断条件为逻辑“真（True）”时的显示内容，如果忽略返回“True”；Value_if_false 表示当判断条件为逻辑“假（False）”时的显示内容，如果忽略返回“FALSE”。
- 如果将 IF 函数的第三个数据变成另一个 IF 函数，依此类推，每一次可以将一个 IF 函数作为每一个基本函数的第三个数据，这样就形成了 IF 函数的嵌套，IF 函数最多可嵌套 7 层。
- 如果对于函数的格式较熟悉时，可以不用函数对话框实现，直接输入公式更加快捷。这里使用了 IF 函数的嵌套，无法使用函数对话框，因此也使用了直接输入公式的方式。

【步骤 2】拖动填充句柄至 AG33 单元格，得到所有客户的本月销售额的折后价格。

项目要求 4：在“某月碳酸饮料送货销量清单”工作表中的“上月累计”列填入“产品销售额累计”工作簿中的“产品销售额”工作表中的“上月累计”列的数据。

知识储备

（3）三维地址引用。

如果是在不同的工作簿中引用单元格地址，系统会提示所引用的单元格地址是哪个工作簿文件中的哪张工作表，编辑框中显示的三维地址格式为“[工作簿名称]工作表名！单元格地址”。

操作步骤

【步骤 1】双击打开“产品销售额累计”工作簿。

【步骤 2】单击“某月碳酸饮料送货销量清单”工作表标签，选中 AH4 单元格，输入“=”，单击“产品销售额累计”工作簿中的“产品销售额”工作表标签，单击 F4 单元格，按回车确认，得到 1 号客户的上月销售额累计。

【步骤 3】选中“4.2 要求与素材”工作簿中的“某月碳酸饮料送货销量清单”中的 AH4 单元格，将光标定位在“[产品销售额累计.xlsx] 产品销售额!$F$4”中的“$F$4”之间，按 <F4>功能键，将绝对地址“$F$4”转换为相对地址“F4”，如图 4-42 所示。

fx =[产品销售额累计.xlsx]产品销售额!F4

图 4-42　将绝对地址转换为相对地址

提示　三维地址的单元格引用会直接使用绝对地址，在需要时要将绝对地址转换为相对地址。

【步骤 4】拖动填充句柄至 AH33 单元格，得到所有客户的上月销售额累计。

项目要求 5：在“某月碳酸饮料送货销量清单”工作表的“本月累计”列中计算截至本月所有客户的销售额总和。

操作步骤

【步骤 1】单击“某月碳酸饮料送货销量清单”工作表标签，选中 AI4 单元格，输入“=”号，单击 AG4 单元格，继续输入“+”号，再单击 AH4 单元格，按回车确认，得到 1 号客户截至本月销售额总和。

【步骤 2】拖动填充句柄至 AI33 单元格，得到所有客户截至本月销售额总和。

项目要求 6：在“某月碳酸饮料送货销量清单”工作表的“每月平均”列中计算本年度前 7 个月所有客户的销售额平均值。

操作步骤

【步骤 1】单击“某月碳酸饮料送货销量清单”工作表标签，选中 AJ4 单元格，输入“=”号，单击 AI4 单元格，继续输入“/”号，以及数字“7”，按回车键确认，得到 1 号客户本年度前 7 个月销售额平均值。

【步骤 2】拖动填充句柄至 AJ33 单元格，得到所有客户本年度前 7 个月销售额平均值。

项目要求 7：将“销售额合计”“折后价格”“上月累计”“本月累计”“每月平均”所在列的数据格式设置为保留小数点后 0 位，并加上人民币￥符号。

操作步骤

选中“销售额合计”“折后价格”“上月累计”“本月累计”“每月平均”所在列的数据单元格，即 AF4:AJ33 单元格区域，单击鼠标右键，在弹出的快捷菜单中选择“设置单元格格式”命令，打开“设置单元格格式”对话框，在“数字”选项卡中选择分类中的“货币”，设置小数位数为“0”，货币符号选择人民币符号“¥”，单击“确定”按钮。

项目要求 8：在“每月平均”列最下方计算前 7 个月平均销售额大于 1 000 元的客户数量。

操作步骤

【步骤 1】单击“某月碳酸饮料送货销量清单”工作表标签，选中 AF34 单元格，输入“前 7 个月平均销售额大于 1 000 元的客户数量为”。

【步骤 2】选中 AJ34 单元格，单击功能区“公式”选项卡下的“函数库”组中的“插入函数”按钮，打开“插入函数”对话框。在“选择函数”区域内选择“COUNTIF”函数，单击“确定”按钮，打开“函数参数”对话框，设置“range”参数的数据内容为 AJ4 至 AJ33 区域的所有单元格，设置“criteria”参数的内容为“>1000”，单击“确定”按钮，得到前 7 个月平均销售额大于 1 000 元的客户数量。

提炼升华

Excel 工作表中公式与函数的输入、复制和填充的方法，公式的输入、复制和填充的方法见本项目“项目要求 1”，函数的输入、复制和填充的方法见本项目“知识储备（2）函数的使用”。

知识扩展

（1）公式中的运算符。

在 Excel 中，有算术、文本、比较和引用这 4 类运算符。常用的是算术运算符，对其他运算符可以作简单了解。

① 算术运算符：+（加号）、-（减号或负号）、*（乘号）、/（除号）、%（百分号）、^（乘方号，如 2^2 表示 2 的平方）。

②比较运算符：=（等号）、>（大于号）、<（小于号）、>=（大于等于号）、<=（小于等于号）、<>（不等于号）。

③ 文本运算符：&。文本运算符可以将两个文本连接起来生成一串新文本，比如在 A1 单元格中输入：公式，在 B1 单元格内输入：=A1&“函数”（常量用双引号括起来），按回车键后 B1 单元格内容显示为公式函数。

④ 引用运算符：区域运算符“:”，SUM(A1:D4)表示对 A1 到 D4 共 16 个单元格的数值进行求和；联合运算符“,”，SUM(A1,D4)表示对 A1 和 D4 共 2 个单元格的数值进行求和；交叉运算符“␣”（空格），SUM(A1:D4 B2:E5)表示对 B2 到 D4 共 9 个单元格的数值进行求和。

（2）公式中的错误信息。

在 Excel 2010 中输入或编辑公式时，一旦因为各种原因不能正确计算出结果，系统就会提示出错误信息。下面介绍几种在 Excel 中常常出现的错误信息，对引起错误的原因进行分析，并提供纠正这些错误的方法。

① ####：表示输入单元格中的数据太长或单元格公式所产生的结果太大，在单元格中显示不下。可以通过调整列宽来改变。Excel 中的日期和时间必须为正值。如果日期或时间产生了负值，也会在单元格中显示####。如果要 显示这个数值，选择“格式”菜单中的“单元格”命令，在“数字”选项卡中，选定一个不是日期或时间的格式。

② #DIV/0!：输入的公式中包含除数 0，或在公式中除数使用了空单元格（当运算区域

是空白单元格，Excel 把它默认为零）或包含有零值单元格的单元格引用。解决办法是修改单元格引用，或者在除数的单元格中输入不为零的值。

③ #VALUE!：在使用不正确的参数或运算符时，或者在执行自动更正公式功能时不能更正公式，都将产生错误信息#VALUE!。在需要数字或逻辑值时输入了文本，Excel 不能将文本转换为正确的数据类型，也会显示这种错误信息。这时应确认公式或函数所需的运算符或参数正确，并且公式引用的单元格中包含有效的数值。

④ #NAME?：在公式中使用了 Excel 所不能识别的文本时将产生错误信息#NAME?。可以从以下几方面进行检查纠正错误：如果是使用了不存在的名称而产生这种错误，应该确认使用的名称确实存在。选择"插入"菜单中的"名称"，再单击"定义"命令，如果所需名称没有被列出，使用"定义"命令添加相应的名称。如果是名称或者函数名拼写错误应修改拼写错误。检查公式中使用的所有区域引用都使用了冒号（:），公式中的文本都是括在双引号中。

⑤ #NUM!：当公式或函数中使用了不正确的数字时将产生错误信息#NUM!。

⑥ 首先要确认函数中使用的参数类型是否正确。还有一种可能是因为公式产生的数字太大或太小，系统不能表示，如果是这种情况就要修改公式，使其结果在−1×10307 到 1×10307 之间。

⑦ #N/A：这是在函数或公式中没有可用数值时产生的错误信息。如果某些单元格暂时没有数值，可以在这些单元格中输入"#N/A"，这样，公式在引用这些单元格时便不进行数值计算，而是返回"#N/A"。

⑧ #REF!：这是因为该单元格引用无效的结果。例如，删除了有其他公式引用的单元格，或者把移动单元格粘贴到了其他公式引用的单元格中。

⑨ #NULL!：这是试图为两个并不相交的区域指定交叉点时产生的错误。例如，使用了不正确的区域运算符或不正确的单元格引用等。

（2）掌握相对地址与绝对地址的概念及其在公式、函数中的应用，相对地址与绝对地址的概念见本项目"知识储备（1）单元格位置引用"；相对地址与绝对地址在公式、函数中的应用，见本项目"项目要求 1""项目要求 2""项目要求 3""项目要求 5"和"项目要求 6"。

（3）掌握二维地址、三维地址的具体应用，三维地址的具体应用见本项目"知识储备（3）三维地址引用"和"项目要求 4"。

（4）掌握一些常用函数的使用方法，如 SUM、AVERAGE、MAX、MIN、IF、COUNTIF 等，见本项目"项目要求 1""项目要求 3""项目要求 5""项目要求 7"和"项目要求 8"。

拓展练习

根据以下步骤，完成员工工资的相关公式与函数的计算。

1. 在"员工工资表"中计算每位员工的应发工资（基本工资+项目奖金+福利），填入 H2 至 H23 单元格中。

2. 在"职工出差记录表"中计算每个员工的出差补贴（出差天数×出差补贴标准），填入 C2 至 C23 单元格中。

3. 回到"员工工资表"中，在 I 列引用"职工出差记录表"中所计算出的"出差补贴"。直接在 J 列计算员工的考勤，计算方法：基本工资/30×缺勤天数（缺勤天数在"员工考勤表.xlsx"工作簿文件中）。

4. 在"员工工资表"中计算每位员工的税前工资（应发工资+出差补贴-考勤），填入 K2 至 K23 单元格中。

5. 在“个人所得税计算表”中的“税前工资”所在的列引用“员工工资表”中的相关数据，并将“税前工资”列的数据进行取整计算。然后根据所得税的计算方法计算每位员工应该缴纳的个人所得税填入 C2 至 C23 单元格中（个人所得税计算机方法：税前工资超过 4000 元者起征，税率 10%）。

6. 将“员工工资表”中剩余两列“个人所得税”和“税后工资”填写完整，并将“税后工资”所在列的数据格式设置为保留小数点后 2 位，并加上人民币符号￥。

7. 在“员工工资表”中的 L24 和 L25 单元格中分别输入“最高税后工资”和“平均税后工资”，并在 M24 和 M25 单元格中使用函数计算出对应的数据。

项目三 产品销售表——数据处理

项目情境

主管对小 Q 在两次任务中的表现非常满意，想再好好考验他一下，于是要求小 Q 对销售数据作进一步的深入分析，小 Q 决心好好迎接挑战。

项目分析

（1）怎么排序？简单排序、自定义序列排序。数据输入时一般按照数据的自动顺序排序，在分析数据时可以根据某些项目值对工作表进行重新排序。

（2）怎么找到符合条件的记录？筛选。数据筛选就是将那些满足条件的记录显示出来，而将不满足条件的记录隐藏起来。

（3）怎么按类型进行统计？数据分类汇总。想要对不同类别的对象分别进行统计时，就可以使用数据的分类汇总来完成。

技能目标

（1）学会自定义序列排序。

（2）掌握使用筛选的方法查询数据。

（3）学会使用分类汇总。

（4）能综合应用数据分析的 3 种工具进行分析。

重点集锦

1. 复杂排序

序号	客户名称	送货地区		销售额合计	折后价格
9	顺发批发	郑湖		¥4,220	¥3,376
27	美食网吧	郑湖		¥1,820	¥1,638
10	海明副食品	郑湖		¥2,000	¥1,600
8	光明香烟店	郑湖		¥1,165	¥1,049
7	凯新烟杂店	郑湖		¥1,200	¥1,080
19	上海联众超市	郑湖		¥240	¥240
18	上海如海超市	郑湖		¥0	¥0
20	水中鹤文化用品	郑湖		¥0	¥0
29	宏源	郑湖		¥0	¥0
17	时代大超市	郑湖		¥0	¥0
28	学生平价超市	郑湖		¥0	¥0
30	朋友烟杂店	郑湖		¥0	¥0
22	红心副食品	望山		¥3,561	¥2,849
1	百顺超市	望山		¥2,643	¥2,114
2	百汇超市	望山	------	¥1,994	¥1,795
12	新旺副食品	望山		¥1,800	¥1,620
13	上海联华超市	望山		¥1,124	¥1,012
11	新亚副食品	望山		¥1,200	¥1,080
3	小平香烟店	望山		¥364	¥364
21	望亭网吧	望山		¥180	¥180
23	晨光文化用品	望山		¥0	¥0
24	项路网吧	东楮		¥1,978	¥1,780
4	农工联超市	东楮		¥1,594	¥1,435
6	上海发联超市	东楮		¥1,375	¥1,238
26	顺天网吧	东楮		¥1,100	¥990
5	供销社批发	东楮		¥540	¥540
14	董记烟酒店	东楮		¥296	¥296
16	好又佳超市	东楮		¥0	¥0
25	浪淘沙网吧	东楮		¥0	¥0
15	鑫鑫超市	东楮		¥0	¥0

2. 高级筛选

筛选条件

600ML合	1.5L合	2.5L合	355ML合
>=5	>=5	>=5	>=5

筛选结果

序号	客户名称	送货地区	渠道编号		销售额合计	折后价格
1	百顺超市	望山	525043334567		¥2,643	¥2,114
2	百汇超市	望山	525043334567	------	¥1,994	¥1,795
4	农工联超市	东楮	525043334567		¥1,594	¥1,435

高活跃率客户数： 3

3. 分类汇总

序号	客户名称		渠道名称		销售额合计	折后价格
5	供销社批发		二批/零兼批		¥540	¥540
9	顺发批发		二批/零兼批		¥4,220	¥3,376
10	海明副食品	------	二批/零兼批	------	¥2,000	¥1,600
11	新亚副食品		二批/零兼批		¥1,200	¥1,080
12	新旺副食品		二批/零兼批		¥1,800	¥1,620
14	董记烟酒店		二批/零兼批		¥296	¥296
			二批/零兼批 汇总			¥8,512
			......			
3	小平香烟店		零售商店		¥364	¥364
7	凯新烟杂店		零售商店		¥1,200	¥1,080
8	光明香烟店		零售商店		¥1,165	¥1,049
20	水中鹤文化用品		零售商店		¥0	¥0
22	红心副食品		零售商店		¥3,561	¥2,849
23	晨光文化用品		零售商店		¥0	¥0
30	朋友烟杂店		零售商店		¥0	¥0
		......	**零售商店 汇总**	......		¥5,341
21	望亭网吧		网吧		¥180	¥180
24	项路网吧		网吧		¥1,978	¥1,780
25	浪淘沙网吧		网吧		¥0	¥0
26	顺天网吧		网吧		¥1,100	¥990
27	美食网吧		网吧		¥1,820	¥1,638
			网吧 汇总			¥4,588
			总计			¥18,442

项目详解

项目要求 1：将“某月碳酸饮料送货销量清单”工作表中的数据区域按照“销售额合计”的降序重新排列。

知识储备

（1）数据排序。

排序是数据分析的基本功能之一，为了数据查找方便，往往需要对数据进行排序。排序是指将工作表中的数据按照要求的次序重新排列。数据排序主要包括简单排序、复杂排序和自定义排序 3 种。在排序过程中，每个关键字均可按“升序”，即递增方式，或“降序”，即递减方式进行排序。下面以升序为例， Excel 的排序规则为：数字，从最小的负数到最大的正数进行排序；字母，按 A~Z 的拼音字母排序；空格，在升序与降序中始终排在最后。

操作步骤

【步骤 1】双击打开“4.3 要求与素材.xlsx”工作簿。

【步骤 2】单击“某月碳酸饮料送货销量清单”工作表标签，选中 K 列中任一有数据的单元格，单击功能区中“数据”选项卡下“排序和筛选”组中的“降序”按钮。

在排序之前，数据的选定要么选定一个有数据的单元格，要么选定所有的数据单元格。如果在排序中只选定某一列或某几列，那么排序的结果可能只有这一列或几列中的数据在发生变化，导致各行中的数据错位。

项目要求 2：将该工作表重命名为“简单排序”，复制该工作表，将得到的新工作表命名为“复杂排序”。

操作步骤

【步骤 1】右击“某月碳酸饮料送货销量清单”工作表标签，在弹出的快捷菜单中选择“重命名”命令，将该工作表重命名为“简单排序”。

【步骤 2】右击“简单排序”工作表标签，在弹出的快捷菜单中选择“移动或复制工作表”命令，选择“移至最后”，勾选“建立副本”，单击“确定”按钮。

【步骤 3】右击得到的新工作表的工作表标签，在弹出的快捷菜单中选择“重命名”命令，将新工作表重命名为“复杂排序”。

项目要求 3：在“复杂排序”工作表中，将数据区域以“送货地区”为第一关键字按照郑湖、望山、东楮的升序，“销售额合计”为第二关键字的降序，“客户名称”为第三关键字的笔画升序进行排列。

操作步骤

【步骤 1】单击功能区中“数据”选项卡下“排序和筛选”组中的“排序”按钮，打开“排序”对话框，在第一个排序条件中的“次序”下拉列表中选择“自定义序列”选项，如图 4-43 所示，打开“自定义序列”对话框，在“自定义序列”列表框中选择“新序列”选项，在“输入序列”文本框中输入“郑湖、望山、东楮”（中间用回车或英文半角状态下的逗号隔开），单击“添加”按钮，新定义的“郑湖、望山、东楮”就添加到了“自定义序列”列表框中，如图 4-44 所示，单击“确定”按钮。

【步骤 2】选中整个数据清单，单击功能区中“数据”选项卡下“排序和筛选”组中的“排序”按钮，在主要关键字中选择“送货区域”升序，在排序条件的“次序”下拉列表中选择刚刚定义好的序列，如图 4-45 所示；单击“添加条件”按钮，在新增的次要关键字中选择“销售额合计”降序；继续单击“添加条件”按钮，在新增的次要关键字中选择“客户名称”升序，单击“选项”按钮，在“方法”中选择“笔画排序”，如图 4-45 所示，单击“排序选项”对话框的“确定”按钮，再单击“排序”对话框的“确定”按钮。

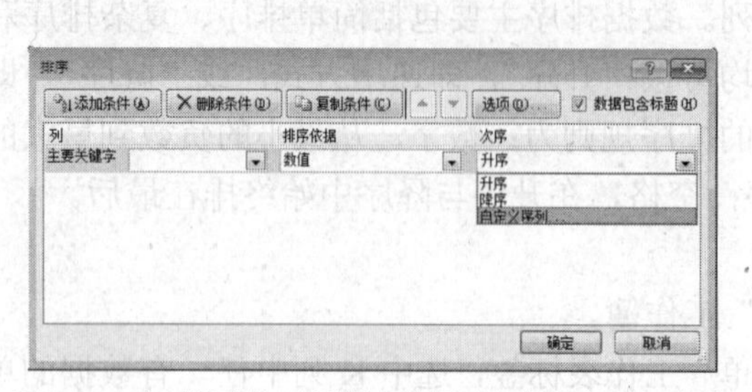

图 4-43　在“排序”对话框中选择“自定义序列”选项

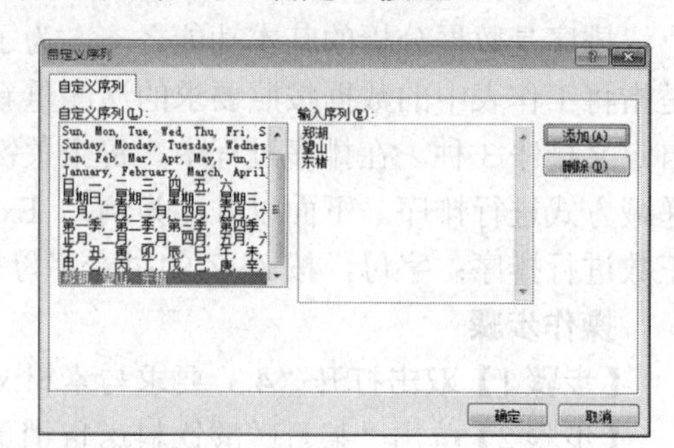

图 4-44　在“自定义序列”对话框中添加自定义序列

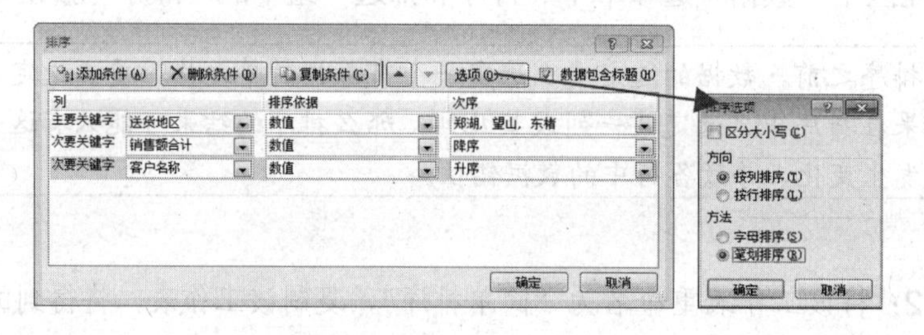

图 4-45　按照“自定义序列”和“笔画排序”进行排序

项目要求 4：复制“复杂排序”工作表，重命名为“筛选”，在本工作表内统计本月无效客户数，即销售量合计为 0 的客户数。

知识储备

（2）数据筛选。

筛选是通过操作把满足条件的记录显示出来，同时将不满足条件的记录暂时隐藏起来。使用筛选功能可以从大量的数据记录中检索到所需的信息，实现的方法是使用“自动筛选”或“高级筛选”，其中“自动筛选”是进行简单条件的筛选；“高级筛选”是针对复杂的条件进行筛选。

操作步骤

【步骤 1】右击“复杂排序”工作表标签，在弹出的快捷菜单中选择“移动或复制工作表”命令，选择“移至最后”，勾选“建立副本”，单击“确定”按钮。

【步骤 2】右击复制得到的“复杂排序（2）”工作表标签，在弹出的快捷菜单中选择“重命名”命令，将该工作表重命名为“筛选”。

【步骤 3】单击“筛选”工作表标签，选中整个数据清单，单击功能区中“数据”选项卡下“排序和筛选”组中的“筛选”按钮。

【步骤 4】单击“销售量合计”字段名所在单元格的下拉按钮，仅使“¥0”处于选中状态。

对数据进行“自动筛选”时，单击字段名的下拉按钮，除了“升序排列”和“降序排列”菜单选项和具体的记录项，文本类型和数字类型的数据还分别设置了“文本筛选”和“数字筛选”两类菜单项，“文本筛选”的子菜单包括“等于”“不等于”“开头是”“结尾是”“包含”“不包含”“自定义筛选”，“数字筛选”的子菜单包括“等于”“不等于”“大于”“大于或等于”“小于”“小于或等于”“介于”“10 个最大的值”“高于平均值”“低于平均值”“自定义筛选”。其中，“10 个最大的值”用于显示前 *N* 项或百分比最大或最小的记录，*N* 并不限于 10 个；“自定义筛选”用于显示满足自定义筛选条件的记录，选中后会打开“自定义自动筛选方式”对话框，其中的“与”单选钮表示两个条件必须同时满足，“或”单选钮表示只要满足其中的一个条件，通配符“*”和“?”用来辅助查询满足部分相同的记录。

项目要求 5：在 B33 单元格内输入“本月无效客户数:”，在 C33 单元格内输入符合筛选条件的记录数。

操作步骤

【步骤 1】在“筛选”工作表中，选中 B33 单元格，输入“本月无效客户数:”。

【步骤 2】选中 C33 单元格，输入“=”号，在编辑栏左侧选择 COUNT()函数，按住<Ctrl>键不放，选择符合筛选条件记录中有数字的列的记录行，如 J 列或 K 列中的有效数据，如图 4-46 所示，单击“确定”按钮。

COUNT　=COUNT(J16,J17,J18,J19,J21,J24,J26,J29,J30,J31)

A 序号	B 客户名称	C 送货地	D 渠道编号	E 渠道名称	F 600ML	G 1.5L	H 2.5L	I 355ML	J 销售量合	K 销售额合	L 折后价
15	鑫鑫超市	东楮	525043334567	非规模OT超市	0	0	0	0	0	¥0	¥0
16	好又佳超市	东楮	525043334567	非规模OT超市	0	0	0	0	0	¥0	¥0
17	时代大超市	郑湖	525043334567	非规模OT超市	0	0	0	0	0	¥0	¥0
18	上海如海超市	郑湖	525043334567	非规模OT超市	0	0	0	0	0	¥0	¥0
20	水中鹤文化用品	郑湖	523034567894	零售商店	0	0	0	0	0	¥0	¥0
23	晨光文化用品	望山	523034567894	零售商店	0	0	0	0	0	¥0	¥0
25	浪淘沙网吧	东楮	535347859494	网吧	0	0	0	0	0	¥0	¥0
28	学生平价超市	郑湖	525043334567	非规模OT超市	0	0	0	0	0	¥0	¥0
29	宏源	郑湖	525043334567	非规模OT超市	0	0	0	0	0	¥0	¥0
30	朋友烟杂店	郑湖	523034567894	零售商店	0	0	0	0	0	¥0	¥0
	本月无效客户数:	J30,J31)									

图 4-46 使用 COUNT()函数统计记录数

项目要求 6：复制“筛选”工作表，重命名为“高级筛选”，显示全部记录。筛选出本月高活跃率客户，即表格中本月购买 4 种产品均在 5 箱以上（含 5 箱）的客户，最后将筛选出的结果复制至 A36 单元格。

操作步骤

【步骤 1】右击“筛选”工作表标签，在弹出的快捷菜单中选择“移动或复制工作表”命令，选择“移至最后”，勾选“建立副本”，单击“确定”按钮。

【步骤 2】右击复制得到的“筛选(2)”工作表标签，在弹出的快捷菜单中选择“重命名”命令，将该工作表重命名为“高级筛选”。

【步骤 3】单击功能区中“数据”选项卡下“排序和筛选”组中的“清除”按钮 清除 和“筛选”按钮，显示全部数据并取消筛选。

单击“清除”按钮只是把数据全部显示出来，但字段名后的下三角按钮不会去掉，没有退出筛选状态；而单击“筛选”按钮，则可以同时显示全部数据和退出筛选。所以上述步骤可以简化为直接单击“筛选”按钮。

【步骤 4】选中 F1 至 I1 单元格区域，复制“600ML 合”字段名、“1.5L 合”字段名、“2.5L 合”字段名、“355ML 合”字段名分别至 F33 单元格、G33 单元格、H33 单元格、I33 单元格。

选中 F34 至 I34 单元格，输入“>=5”，按<Ctrl+Enter>组合键，将要输入的内容填入 F34:I34 数据区域内，完成筛选条件的建立，如图 4-47 所示。

同时按<Ctrl>键和<Enter>键，工作表中被选定的单元格里就会全部显示刚才输入的内容。

【步骤 5】选中整个数据清单，单击功能区中“数据”选项卡下“排序和筛选”组中的“高级”按钮，在“高级筛选”对话框中设置方式为“将筛选结果复制到其他位置”，列表区域为数据清单区域，条件区域为 F33 到 I34，复制到 A36 单元格，如图 4-47 所示，单击“确定”按钮。

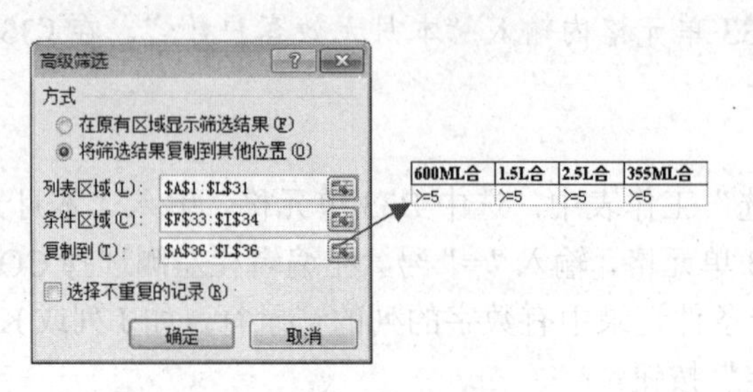

图 4-47 “高级筛选”对话框和筛选条件

“高级筛选”可以方便快速地完成多个条件的筛选，还可以完成一些自动筛选无法完成的工作。“高级筛选”建立的条件一般与数据清单间隔一行或一列，这样可以方便地使用系统默认的数据清单区域，也能够比较方便地将筛选结果复制到其他位置。

项目要求 7：在 B41 单元格内输入“高活跃率客户数:”，在 C41 单元格内输入符合筛选条件的记录数。

操作步骤

【步骤 1】在“高级筛选”工作表中，选中 B41 单元格，输入“高活跃率客户数:”。

【步骤 2】选中 C41 单元格，输入“=”号，在编辑栏左侧选择 COUNT()函数，按住〈Ctrl〉键不放，选择符合筛选条件记录中有数字的列的记录行，如 J 列或 K 列中的有效数据，单击“确定”按钮。

项目要求 8：复制“简单排序”工作表，重命名为“分类汇总”，在本工作表中统计不同渠道的折后价格总额。

知识储备

（3）分类汇总。

分类汇总是对数据清单中的数据按类别分别进行求和、求平均等汇总的一种基本的数据分析方法。它不需要建立公式，系统自动创建公式、插入分类汇总与总计行，并自动分级显示数据。分类汇总分为两部分内容，一部分是对要汇总的字段进行排序，把相同类别的数据放在一起，即完成一个分类的操作，另一部分内容就是把已经分好类的数据按照要求分别求出各类数据的总和、平均值等。

提示

在执行分类汇总之前，必须先对数据清单中要进行汇总的项进行排序。

（4）分类汇总的分级显示。

进行分类汇总后，在数据清单左侧上方出现带有“1”“2”“3”数字的按钮，其下方又带有“+”“-”符号的按钮，如图 4-48 所示，这些都是用来分级显示汇总结果的。

	A	B	C	D	E	F	G	H	I	J	K	L
1	序号	客户名称	送货地区	渠道编号	渠道名称	600ML合	1.5L合	2.5L合	355ML合	销售量合计	销售额合计	折后价格
2	5	供销社批发	东楮	511023456783	二批/零兼批	0	0	15	0	15	¥540	¥540
3	9	顺发批发	郑湖	511023456783	二批/零兼批	50	0	20	50	120	¥4,220	¥3,376
4	10	海明副食品	郑湖	511023456783	二批/零兼批	50	0	0	0	50	¥2,000	¥1,600
5	11	新亚副食品	望山	511023456783	二批/零兼批	30	0	0	0	30	¥1,200	¥1,080
6	12	新旺副食品	望山	511023456783	二批/零兼批	30	0	0	20	50	¥1,800	¥1,620
7	14	董记烟酒店	东楮	511023456783	二批/零兼批	2	0	6	0	8	¥296	¥296
8					二批/零兼批 汇总							¥8,512
21					非规模OT超市 汇总							¥7,833
22	3	小平香烟店	望山	523034567894	零售商店	1	0	9	0	10	¥364	¥364
23	7	凯新烟杂店	郑湖	523034567894	零售商店	30	0	0	0	30	¥1,200	¥1,080
24	8	光明香烟店	郑湖	523034567894	零售商店	10	15	10	0	35	¥1,165	¥1,049
25	20	水中鹤文化用品	郑湖	523034567894	零售商店	0	0	0	0	0	¥0	¥0
26	22	红心副食品	望山	523034567894	零售商店	60	3	5	30	98	¥3,561	¥2,849
27	23	晨光文化用品	望山	523034567894	零售商店	0	0	0	0	0	¥0	¥0
28	30	朋友烟杂店	郑湖	523034567894	零售商店	0	0	0	0	0	¥0	¥0
29					零售商店 汇总							¥5,341
30	21	望亭网吧	望山	535347859494	网吧	0	0	5	0	5	¥180	¥180
31	24	项路网吧	东楮	535347859494	网吧	40	6	6	0	52	¥1,978	¥1,780
32	25	浪淘沙网吧	东楮	535347859494	网吧	0	0	0	0	0	¥0	¥0
33	26	顺天网吧	东楮	535347859494	网吧	20	0	0	10	30	¥1,100	¥990
34	27	美食网吧	郑湖	535347859494	网吧	20	0	20	10	50	¥1,820	¥1,638
35					网吧 汇总							¥4,588
36					总计							¥26,274

图 4-48　分级显示汇总结果

①单击“1”按钮，只显示总计数据。

②单击“2”按钮，显示各类别的汇总数据和总计数据。

③单击“3”按钮，显示明细数据、各类别的汇总数据和总计数据。

④单击在数据清单的左侧出现的“+”“-”号也可以实现分级显示，还可以选择显示一部分明细一部分汇总。

操作步骤

【步骤 1】右击“简单排序”工作表标签，在弹出的快捷菜单中选择“移动或复制工作表”命令，选择“移至最后”，勾选“建立副本”，单击“确定”按钮。

【步骤 2】右击复制得到的“简单排序（2）”工作表标签，在弹出的快捷菜单中选择“重命名”命令，将该工作表重命名为“分类汇总”。

【步骤 3】选中“渠道名称”列的任一有数据的单元格，单击功能区中“数据”选项卡下“排序和筛选”组中的排序按钮（升降均可）。

【步骤 4】单击功能区中“数据”选项卡下“分级显示”组中的“分类汇总”按钮，在“分类汇总”对话框中设置分类字段为“渠道名称”，汇总方式为“求和”，选定汇总项中勾选“折后价格”，并去掉其他汇总项，如图 4-49 所示，单击“确定”按钮。

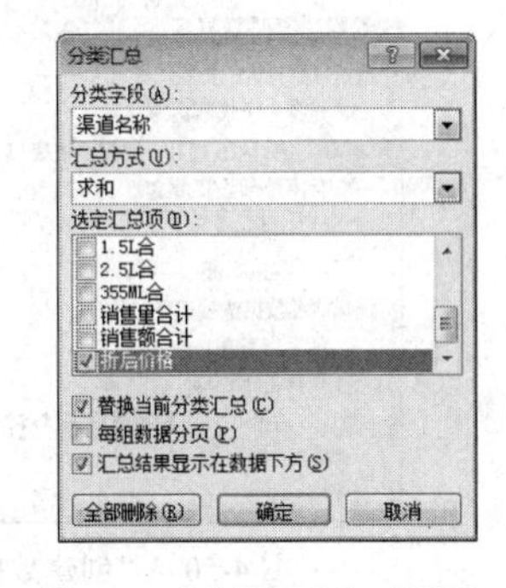

图 4-49 “分类汇总”对话框

提示

选择好汇总项目后应该通过滚动条上下看看，因为系统会默认选定一些汇总项目，如果不需要，应该去掉这些项目的选择。

项目要求 9：复制“简单排序”工作表，重命名为“数据透视表”，在本工作表中统计各送货地区中不同渠道的销售量总和以及实际销售价格总和。

知识储备

（5）数据透视表。

排序可以将数据重新排列分类，筛选能将符合条件的数据查询出来，分类汇总能对数据有一个总的分析，这 3 项工作都是从不同的角度来对数据进行分析。而数据透视表能一次完成以上 3 项工作，它是一种交互的、交叉制表的 Excel 报表，是基于一个已有的数据清单（或外部数据库）按照不同角度进行数据分析的方法。数据透视表是交互式报表，可快速合并和比较大量数据。旋转它的行和列可以看到源数据的不同汇总，而且可以显示区域的明细数据。如果要分析相关的汇总值，尤其是在要合计较大的列表并对每个数字进行多种比较时，可以使用数据透视表。

操作步骤

【步骤 1】右击“简单排序”工作表标签，在弹出的快捷菜单中选择“移动或复制工作表”命令，选择“移至最后”，勾选“建立副本”，单击“确定”按钮。

【步骤 2】右击复制得到的“简单排序（2）”工作表标签，在弹出的快捷菜单中选择“重命名”命令，将该工作表重命名为“数据透视表”。

【步骤 3】单击数据区域内的任意单元格，选择功能区中“插入”选项卡下“表格”组中的“数据透视表”按钮下拉菜单中的“数据透视表”命令，打开“创建数据透视表”对话框，如图 4-50 所示。

【步骤 4】在“请选择要分析的数据”中“表/区域”的内容为系统默认的整张工作表数据区域，也可以自行选择数据区域的单元格区域引用。

【步骤 5】选择“现有工作表”作为数据透视表的显示位置，并将显示区域设置为“数据透视表”工作表中的 A33 单元格位置，单击“完成”按钮，在“数据透视表”工作表中生成一个“数据透视表”框架，同时出现的还有“数据透视表字段列表”框，如图 4-51 所示。

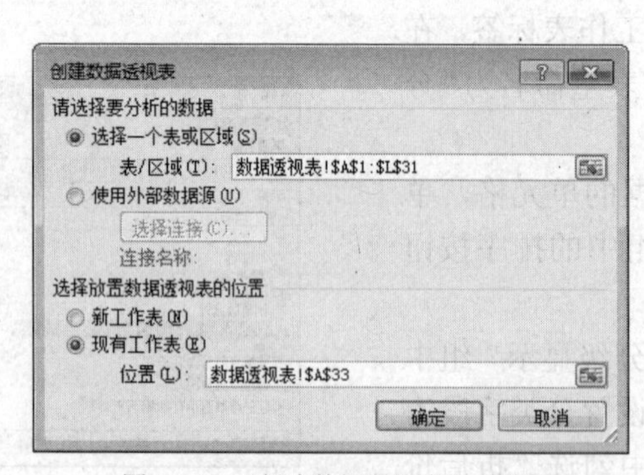

图 4-50 “创建数据透视表”对话框

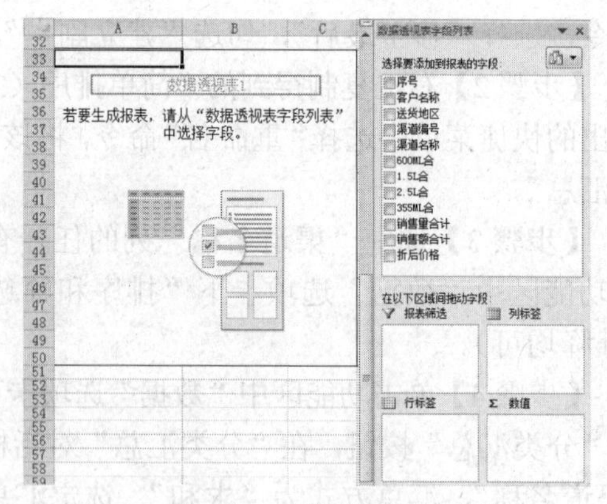

图 4-51 “数据透视表”框架

【步骤 6】拖动“送货地区”字段按钮到框架的“行标签”区域，拖动“渠道名称”字段按钮到框架的“列标签”区域，拖动“销售量合计”和“折后价格”字段按钮到“数值”区域，并设置透视表内的字体大小为 9 磅，设置列宽为自动调整列宽，透视表生成后的结果如图 4-52 所示。

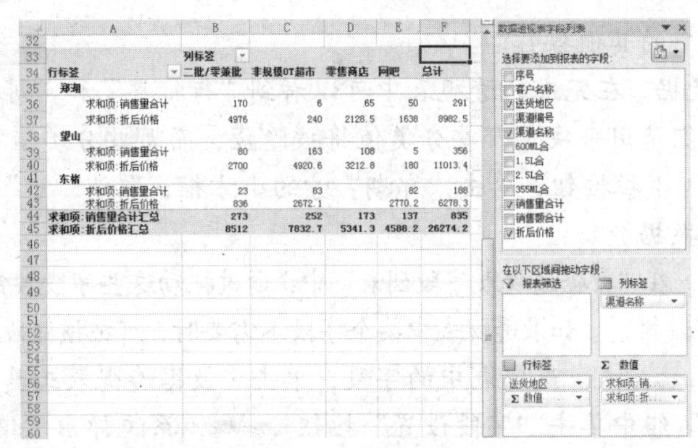

行标签	二批/零兼批	非规模OT超市	零售商店	网吧	总计
郑湖					
求和项:销售量合计	170	6	65	50	291
求和项:折后价格	4976	240	2128.5	1638	8982.5
望山					
求和项:销售量合计	80	163	108	5	356
求和项:折后价格	2700	4920.6	3212.8	180	11013.4
东楮					
求和项:销售量合计	23	83		82	188
求和项:折后价格	836	2672.1		2770.2	6278.3
求和项:销售量合计汇总	273	252	173	137	835
求和项:折后价格汇总	8512	7832.7	5341.3	4588.2	26274.2

图 4-52　各送货地区中不同渠道的销售量总和以及实际销售价格总和

提示

生成数据透视图可以通过单击功能区“数据透视表工具”栏上的“选项”选项卡下“工具”组中的“数据透视图”按钮直接生成数据透视图，也可以通过选择功能区中“插入”选项卡下“表格”组中的“数据透视表”按钮下拉菜单中的“数据透视图”命令实现。

提炼升华

Excel 提供了强大的数据管理功能，可以对工作表中的数据进行排序、筛选、汇总等操作。

（1）数据排序分为简单排序和复杂排序，前者即单字段排序，可以参与排序的内容包括数值、文字（拼音排序、笔画排序、自定义序列排序）；后者包括 2~3 个字段的排序和 3 个以上字段的排序。简单排序见本项目“知识储备（1）数据排序”“项目要求 1”，复杂排序见本项目“项目要求 3”。

（2）数据筛选分为自动筛选和高级筛选，前者能进行自定义自动筛选方式的设置，区分“与”“或”条件关系；后者能够正确设置条件区域。自动筛选见本项目“知识储备（2）数据筛选”“项目要求 5”，高级筛选见本项目“知识储备（2）数据筛选”“项目要求 6”。

（3）数据分类汇总，灵活使用删除当前分类汇总按钮，分类汇总前必须要将分类字段进行排序，见本项目“知识储备（3）分类汇总”“知识储备（4）分类汇总的分级显示”和“项目要求 8”。

（4）建立数据透视表，见本项目“知识储备数据透视表”和“项目要求 9”。

知识扩展

（1）“分类汇总”对话框的其他选项。

在“分类汇总”对话框中，还有一些选项设置。

① 选中“替换当前分类汇总”复选框会在进行第二次分类汇总时，把第一次的分类汇总替换掉。

② 选中“每组数据分页”复选框会把汇总后的每一类数据放在不同页里。

③ 选中“汇总结果显示在数据下方”复选框会把汇总后的每一类的汇总数据结果放在该类的最后一个记录后面。

④ “全部删除”按钮用来删除分类汇总的结果。

（2）数据透视图。

数据透视图是提供交互式数据分析的图表，与数据透视表类似。可以更改数据的视图，查看不同级别的明细数据，或通过拖动字段和显示或隐藏字段中的项来重新组织图表的布局，数据透视图也可以像图表一样进行修改。

（3）数据透视表中的其他操作。

① 隐藏与显示数据。在完成的透视表中可以看到“行标签”和“列标签”字段名旁边各有一个下拉按钮。它们是用来决定哪些分类值将被隐蔽，而哪些分类值将要显示在表中的。例如，单击“行标签”下拉按钮，单击“郑湖”旁的小方框，取消“√”，透视表中就不会再出现郑湖地区的汇总数据。

② 改变字段排列。在“数据透视表字段列表”中，通过拖动这些字段按钮到相应的位置，可以改变数据透视表中的字段排列。如果透视表中某个字段不需要时，可把该字段拖出数据透视表即可。

③ 改变数据的汇总方式。选定表中的字段，单击“数据透视表工具”栏上的“选项”选项卡，在“活动字段”组中单击“字段设置”按钮字段设置，系统弹出“值字段设置”对话框，如图 4-53 所示。可以改变数据的汇总方式，如平均值、最大值和最小值等。

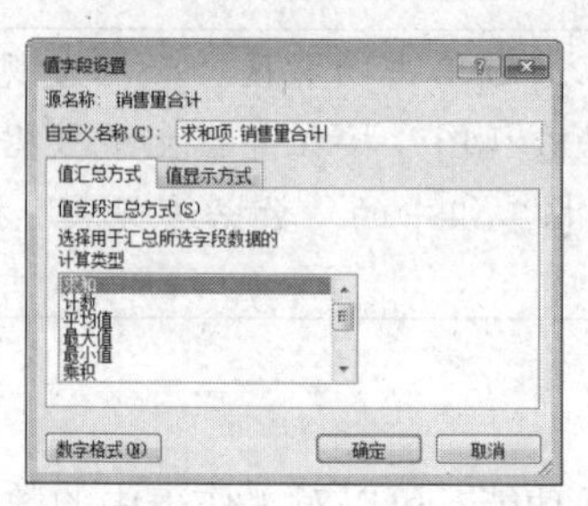

图 4-53　“值字段设置”对话框

④ 数据透视表的排序。选定要排序的字段后，单击功能区“数据透视表工具”栏上的“选项”选项卡下“排序和筛选”组中的“升序”与“降序”按钮。

⑤ 删除数据透视表。单击数据透视表，单击功能区“数据透视表工具”栏上的“选项”选项卡下“操作”组中“清除”按钮下拉菜单中的“全部清除”命令。

删除数据透视表，将会冻结与其相关的数据透视图，不可再对其进行更改。

拓展练习

根据以下步骤，完成员工信息的相关数据分析。

（1）在“数据管理”工作表中的 L1 单元格输入“实发工资”，并计算每位员工的实发工资（基本工资+补贴+奖金），填入到 L2 至 L23 单元格中。

（2）将该工作表中的数据区域按照“实发工资”的降序重新排列。

（3）将该工作表重命名为“简单排序”，复制该工作表，将得到的新工作表命名为“复杂排序”。

（4）在“复杂排序”工作表中，将数据区域以“每月为公司进账”为第一关键字的降序，“基本工资”为第二关键字的升序，“工作年限”为第三关键字的降序，“专业技术职务”为第四关键字按照高级工程师、工程师、助理工程师、高级会计师、会计师、高级经济师、经济师、高级人力资源管理师、人力资源管理师、营销师、助理营销师的升序进行排列。

（5）复制“复杂排序”工作表，重命名为“筛选”，将该工作表的数据区域按照“姓名”字段的笔画升序进行排列。

（6）统计近五年来该公司即将退休的人员，以确定招聘新员工的人数，退休年龄为 55 周岁。（提示：筛选出“出生年月”在 1953 年 1 月到 1958 年 1 月之间的员工）

（7）在 C25 单元格内输入“计划招聘:”，在 D25 单元格内输入符合筛选条件的记录数。

（8）复制“筛选”工作表，重命名为“高级筛选”，显示全部记录，删除第 25 行的内容。年底将近，人事部下发技术骨干评选条件：年龄 40 周岁以下，学位硕士，非助理职务或者年龄 40 周岁以上，学位学士，高级职务。最后将筛选出的结果复制至 A29 单元格。

（9）复制“简单排序”工作表，重命为“分类汇总”。年底将近，财务部将下发奖金，现统计各部门的奖金总和（提示：分类汇总）。

项目四　产品销售表——图表使用

项目情境

在完成任务的过程中，小 Q 认识到了 Excel 在数据处理方面的强大功能，通过进一步的学习，他发现 Excel 的图表作用很大，于是就动手学着制作了两张 Excel 图表，以更形象的方式对销售情况进行了说明。

项目分析

（1）图表在商业沟通中扮演了重要的角色：与文字表述比较，图表提供的相对直观的视觉概念可以更加形象地表达意图，因而在进行各类沟通时，会经常看到图表的身影。

（2）图表的作用：图表可以迅速传达信息，让观众直接关注到重点，明确地显示表达对象之间相互的关系，使信息的表达更加鲜明生动。

（3）成功的图表都具备哪些关键要素：每张图表都能传达一个明确的信息，同时图表与标题应相辅相成，内容要少而精、清晰易读，格式应简单明了并且前后连贯。

（4）图表类型（饼图、条形图、柱形图、折线图等）：根据要展示的内容选择图表类型，比如：进行数据的比较可选择柱形图、曲线图；展示比例构成可选择饼图；寻找数据之间的关联可选择散点图、气泡图等。

（5）如何设计成功的图表：

① 分析数据并确定要表达的信息；
② 确定图表类型；
③ 创建图表；
④ 针对细节部分，对图表进行相关编辑。
（6）图表应遵循的标准格式：
① 信息标题表达图表所传达的信息；
② 图表标题介绍图表的主题；
③ 图例部分对系列进行说明（可选项）。

技能目标

（1）了解图表在不同的数据分析中的作用。
（2）学会创建普通数据区域的图表。
（3）学会利用数据管理的分析结果进行图表创建。
（4）学会组合图表的创建。
（5）能较熟练地对图表进行各种编辑修改和格式的设置。

重点集锦

（1）各销售渠道所占销售份额。

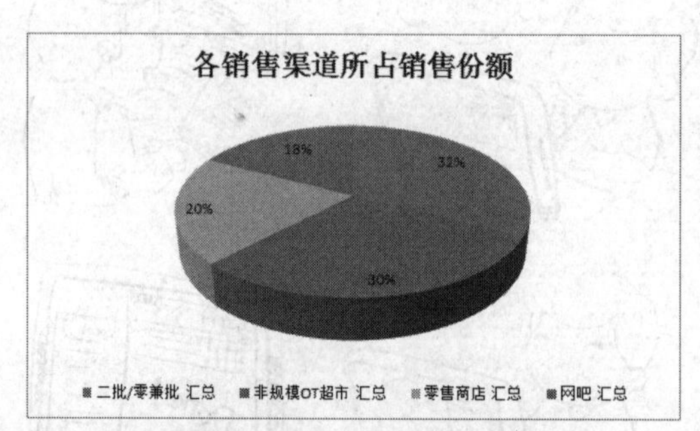

（2）各地区对 600mL 和 2.5L 两种容量产品的需求比较。

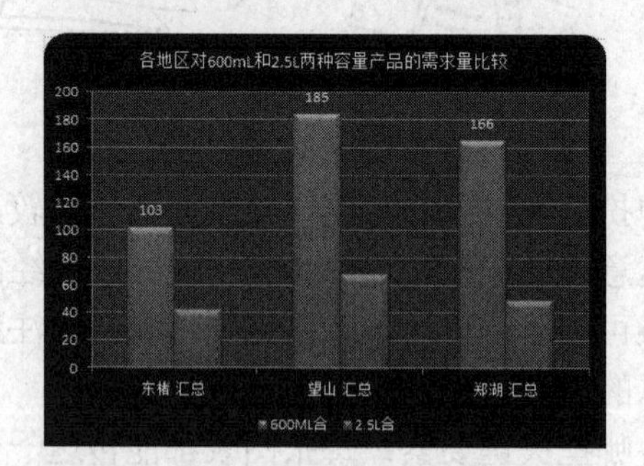

项目详解

项目要求 1：利用所提供的数据，选择合适的图表类型来表达“各销售渠道所占销售份额”。

知识储备

（1）图表类型。Excel 提供了 11 种不同的图表类型，在选用类型的时候要根据图表所要表达的意思而选择合适的图表类型，以最有效的方式展现出工作表的数据。

使用较多的基本图表类型有饼图、折线图、柱形图、条形图等。

“饼图”常用来表示各项条目在总额中的分布比例，如表示磁盘空间中已用空间和可用空间的分布情况；“折线图”常用于显示数据在一段时间内的趋势走向，如显示股票价格走向；“柱形图”常用来表示显示分散的数据，比较各项的大小，如比较城市各季度的用电量的大小；“条形图”常见于项目较多的数据比较，如对不同观点的投票率的统计。“线形”和“柱形”图表有时候也会混用，但“线形”主要强调的是变化趋势，而“柱形”则强调大小的比较。

（2）数据源的选取。图表源数据的选择中要注意选择数据表中的“有效数据”，千万不要看到数据就选，而是要通过分析选择真正的有效数据。

（3）嵌入式图表与独立式图表。“嵌入式”图表是将图表看作一个图形对象插入到工作表中，可以与工作表数据一起显示或打印。“独立式”图表是将创建好的图表放在一张独立的工作表中，与数据分开显示在不同的工作表上。

独立式图表不可以改变图表区的位置和大小。

（4）图表的编辑。

生成的图表可以根据自己的需要进行修改与调整，将鼠标移动到图表的对应部位时，会弹出提示框解释对应内容。

如果对默认的各种格式不满意，可以进行修改，右击需要修改的图表对象，在弹出的快捷菜单中选择不同对象对应的“格式”命令，可以打开该对象对应的格式设置对话框，在其中进行修改即可，也可以在功能区“图表工具”栏上的“设计”“布局”“格式”选项卡下的各项设置中进行调整。

操作步骤

【步骤 1】双击鼠标左键打开“4.4 要求与素材.xlsx”工作簿。

【步骤 2】右击“素材”工作表标签，在弹出的快捷菜单中选择“移动或复制工作表”命令，选择“移至最后”，勾选“建立副本”，单击“确定”按钮。

【步骤 3】右击复制得到的“素材(2)”工作表标签，在弹出的快捷菜单中选择“重命名”命令，将该工作表重命名为“各销售渠道所占销售份额”。

【步骤 4】选中“渠道名称”列的任一有数据的单元格，单击功能区“数据”选项卡下“排序和筛选”组中的“升序”排序按钮。

【步骤 5】单击功能区中“数据”选项卡下“分级显示”组中的“分类汇总”按钮，在“分类汇总”对话框中设置分类字段为“渠道名称”，汇总方式为“求和”，选定汇总项中勾选“折后价格”，并去掉其他汇总项，单击“确定”按钮。单击“2”按钮，显示各类别的汇总数据和总计数据。

【步骤 6】按住<Ctrl>键不放，依次选择 E8、E21、E29、E35、L8、L21、L29、L35 单元格，如图 4-54 所示。

	A	B	C	D	E	F	G	H	I	J	K	L
1	序号	客户名称	送货地区	渠道编号	渠道名称	600ML合	1.5L合	2.5L合	355ML合	销售里合计	销售额合计	折后价格
8					二批/零兼批 汇总							¥8,512
21					非规模OT超市 汇总							¥7,833
29					零售商店 汇总							¥5,341
35					网吧 汇总							¥4,588
36					总计							¥26,274

图 4-54　在工作表中选择有效数据区域

【步骤 7】单击功能区“插入”选项卡下“图表”组中的“饼图”按钮，在弹出的下拉列表中选择“三维饼图”选项，完成基本图表的创建，如图 4-55 所示。

【步骤 8】在“图表标题”区域中修改图表标题为“各销售渠道所占销售份额”。

【步骤 9】在图表数据系列区域单击鼠标右键，在弹出的快捷菜单中选择“添加数据标签”命令，如图 4-56 所示，图表系列会显示数据标签。继续单击鼠标右键，在弹出的快捷菜单中选择“设置数据标签格式”命令，打开“设置数据标签格式”对话框，在“标签选项”中设置显示“百分比”，如图 4-57 所示。

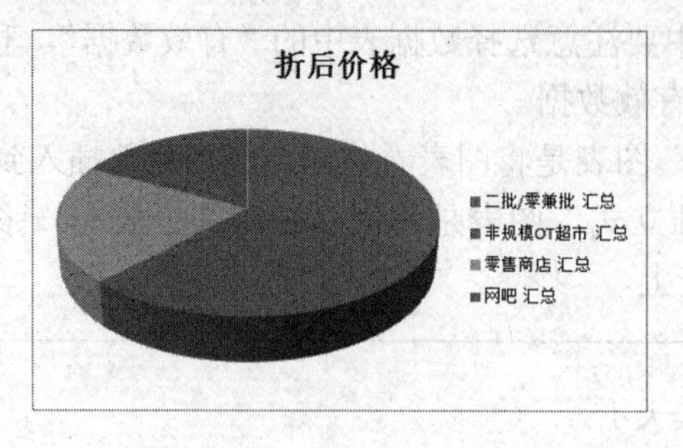

图 4-55　完成基本图表的创建

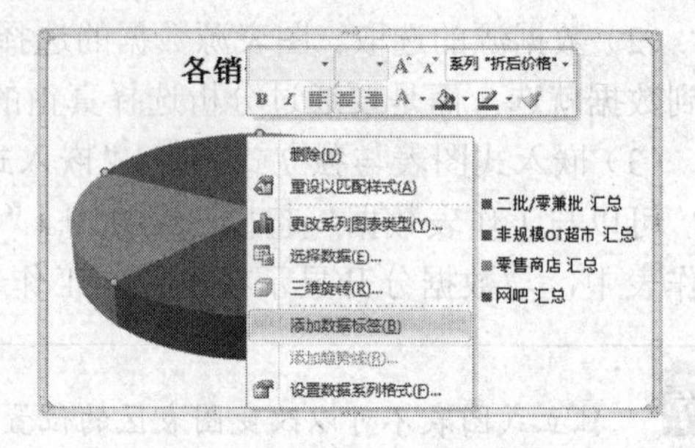

图 4-56　为图表系列添加数据标签

【步骤 10】在图例区域单击鼠标右键，在弹出的快捷菜单中选择“设置图例格式”命令，打开“设置图例格式”对话框，在图例选项中设置图例位置为“底部”，如图 4-58 所示。

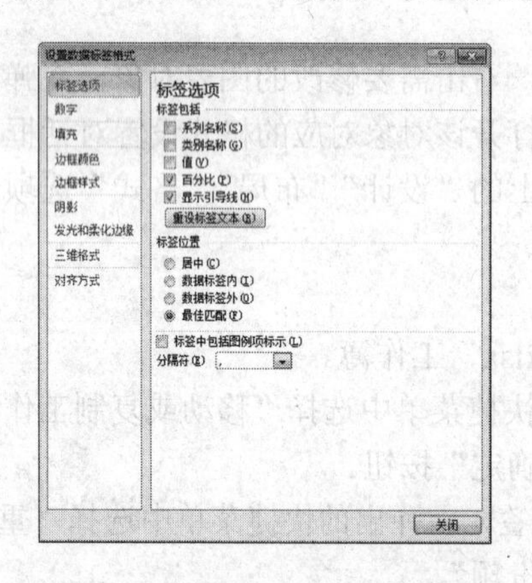

图 4-57　“设置数据标签格式”对话框

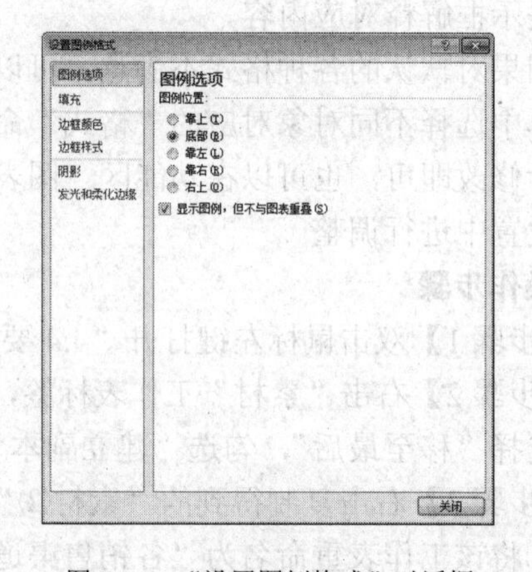

图 4-58　“设置图例格式”对话框

【步骤 11】选中图表，使用鼠标左键拖曳将图表移至合适的位置，用鼠标调整图表控点来改变图表至合适大小，如图 4-59 所示。

- 选择用于建立图表的数据区域，再按快捷键<F11>可以快速生成独立式图表，Excel 将会把它插入到工作簿中当前工作表的左侧。
- 如果对通过快捷键生成的图表类型不满意，可以进行修改。右击图表，选择快捷菜单中的“更改系列图表类型”命令，系统弹出“更改图表类型”对话框，在对话框中选择所需要的图表类型，单击“确定”按钮。
- 如果生成的图表数据区域出错，可右键单击图表区，选择“选择数据”命令，系统进入“选择数据源”对话框，删除图表数据区域中的单元格引用，重新选择正确的数据区域。

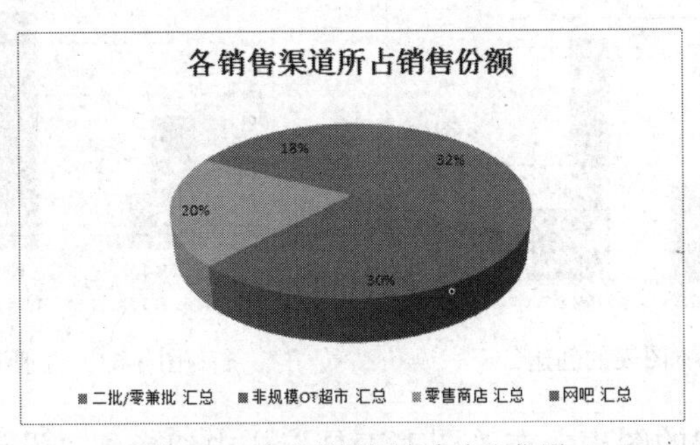

图 4-59 合理调整图表大小和位置

项目要求 2：利用所提供的数据，选择合适的图表类型来表达“各地区对 600mL 和 2.5L 两种容量产品的需求比较”。

操作步骤

【步骤 1】双击鼠标左键打开“4.4 要求与素材.xlsx”工作簿。

【步骤 2】右击“素材”工作表标签，在弹出的快捷菜单中选择“移动或复制工作表”命令，选择“移至最后”，勾选“建立副本”，单击“确定”按钮。

【步骤 3】右击复制得到的“素材(2)”工作表标签，在弹出的快捷菜单中选择“重命名”命令，将该工作表重命名为“各地区对 600ML 和 2.5L 两种容量产品的需求量比较”。

【步骤 4】选中“送货地区”列的任一有数据的单元格，单击功能区“数据”选项卡下“排序和筛选”组中的“升序”排序按钮。

【步骤 5】单击功能区中“数据”选项卡下“分级显示”组中的“分类汇总”按钮，在“分类汇总”对话框中设置分类字段为“送货地区”，汇总方式为“求和”，选定汇总项中勾选“600ML 合”和“2.5L 合”，并去掉其他汇总项，单击“确定”按钮。单击“2”按钮，显示各类别的汇总数据和总计数据。

【步骤 6】按住<Ctrl>键不放，依次选择 C1、C11、C21、C34、F1、F11、F21、F34、H1、H11、H21、H34 单元格，如图 4-60 所示。

	A	B	C	D	E	F	G	H	I	J	K	L
1	序号	客户名称	送货地区	渠道编号	渠道名称	600ML合	1.5L合	2.5L合	355ML合	销售里合计	销售额合计	折后价格
11			东湖 汇总			103		43				
21			望山 汇总			185		69				
34			郑湖 汇总			166		50				
35			总计			454		162				

图 4-60 在工作表中选择有效数据区域

【步骤 7】单击功能区“插入”选项卡下“图表”组中的“饼图”按钮，在弹出的下拉列表中选择“簇状柱形图”选项，完成基本图表的创建，如图 4-61 所示。

【步骤 8】分别在两个图表数据系列区域内单击鼠标右键，在弹出的快捷菜单中选择“添加数据标签”命令，使两个图表系列都显示出数据标签。

【步骤 9】在图例区域单击鼠标右键，在弹出的快捷菜单中选择“设置图例格式”命令，打开“设置图例格式”对话框，在图例选项中设置图例位置为“底部”。

【步骤 10】选中图表，使用鼠标左键将图表拖曳至合适的位置，用鼠标调整图表控点改变图表至合适大小，如图 4-62 所示。

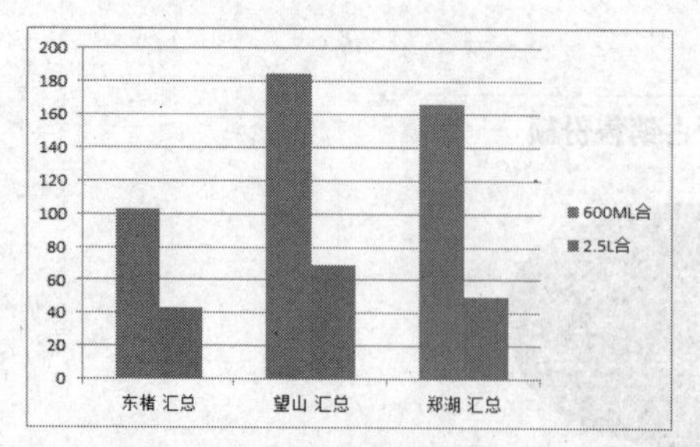

图 4-61　完成基本图表的创建

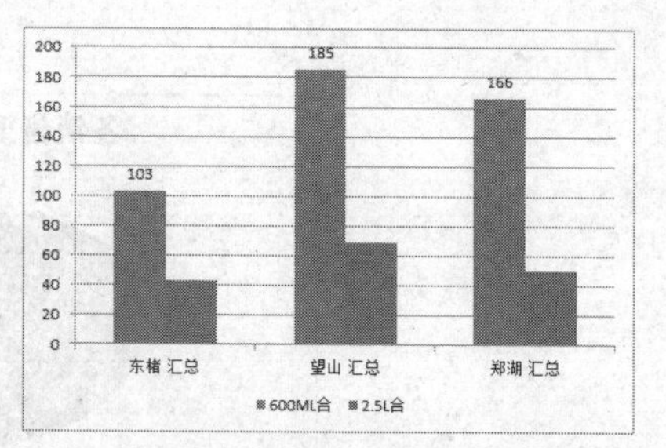

图 4-62　合理调整图表大小和位置

【步骤 11】选中创建的图表，在“图表工具”栏中切换到“设计”选项卡，单击“图表样式”组中的“快速样式”按钮，在弹出的下拉列表中选择“样式 42”选项，将选中的图表样式应用到图表中，如图 4-63 所示。

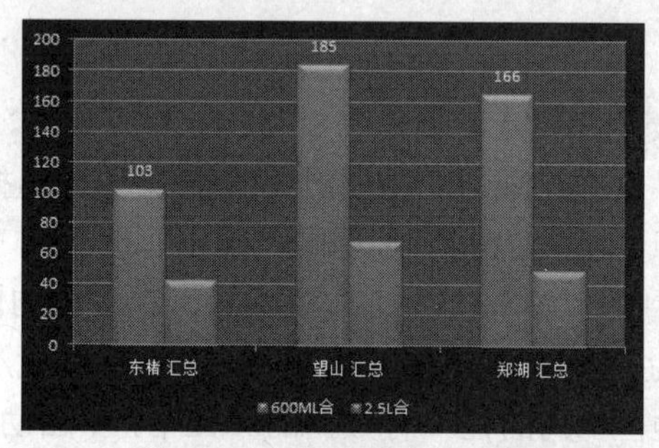

图 4-63　应用图表样式

【步骤 12】单击功能区“插入”选项卡下“插图”组中的“形状”按钮，在弹出的下拉选项中选择“圆角矩形”命令，用鼠标拖动绘制一个圆角矩形，线条颜色设置为“无”，填充色设置为“黑色”。右击圆角矩形，调整叠放次序为置于底层，如图 4-64 所示。

【步骤 13】单击功能区“插入”选项卡下“文本”组中的“文本框”按钮，在弹出的下拉选项中选择“横排文本框”命令，插入文本框，输入该图表反映的相应具体内容“各地区对 600mL 和 2.5L 两种容量产品的需求量比较”，设置文本格式为“白色”，字号为“11”，文本框线条颜色、填充颜色均为“无”，如图 4-65 所示。

提示　与 Word 一样，在 Excel 中直接使用上、下、左、右方向键来调整对象位置移动的距离会比较大，配合<Ctrl>键的移动可以实现微移。

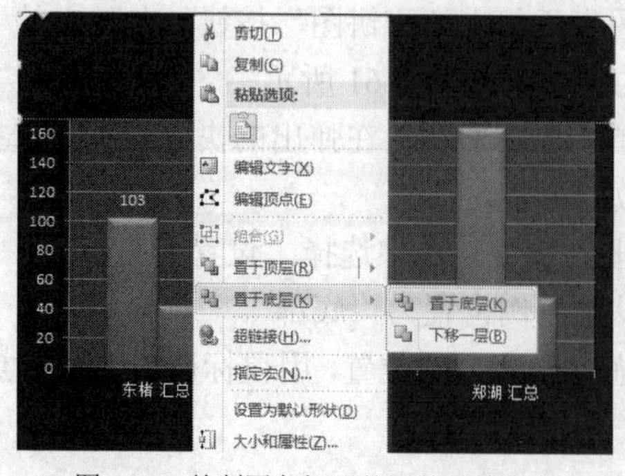

图 4-64　绘制圆角矩形并调整叠放次序

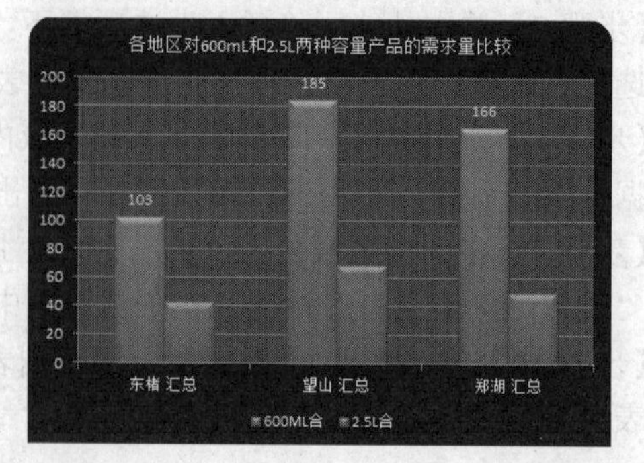

图 4-65　输入具体描述图表内容的文字，并设置格式

【步骤 14】按住<Ctrl>键，依次选择所有图表对象，单击鼠标右键，在弹出的快捷菜单中选择“组合”命令，如图 4-66 所示。

【步骤 15】图表最终效果如图 4-67 所示。

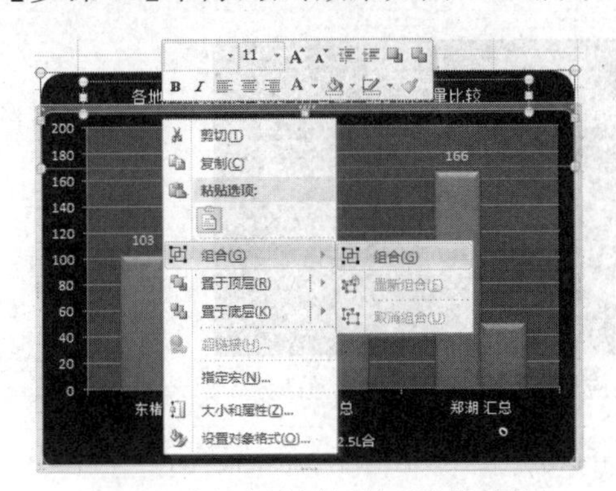

图 4-66　将组成图表的所有对象进行组合

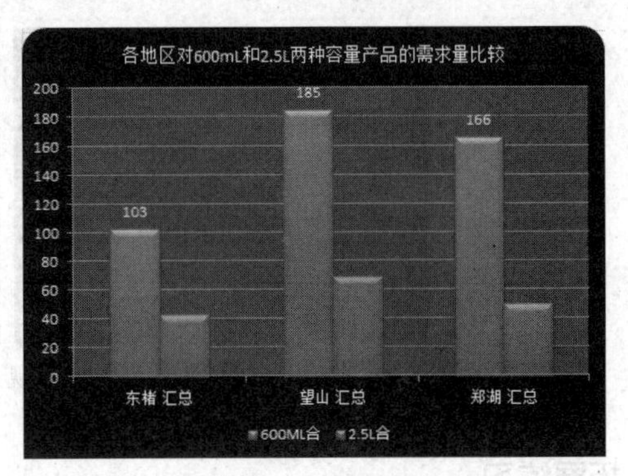

图 4-67　图表最终效果

在实际创建和修饰图表时，不必拘泥于某一标准形式，应围绕基本图表的创建，做到有意识地表达图表主题，有创意地美化图表外观。

提炼升华

（1）图表类型的选择，见本项目“知识储备（1）图表类型”“项目要求 1”和“项目要求 2”。

（2）根据不同信息需求选择合适的数据源，见本项目“知识储备（2）数据源的选取”“项目要求 1”和“项目要求 2”。

（3）嵌入式与独立式图表的区分，见本项目“知识储备（3）嵌入式图表与独立式图表”。

（4）图表的编辑，见本项目“知识储备（4）图表的编辑”“项目要求 1”和“项目要求 2”。

知识扩展

（1）其他的图表编辑技巧。

① 使用图片替代图表区和绘图区。除了在 Excel 中通过绘图工具来辅助绘制图表区域外，也可以直接使用背景图片来替代图表区和绘图区，此时相关的图表区和绘图区的边框和区域颜色要设置为透明，如图 4-68 所示。

② 用矩形框或线条绘图对象来自制图例。与图表提供的默认的图例相较，自行绘制的图例无论在样式上还是位置上都更为自由，如图 4-68 所示。

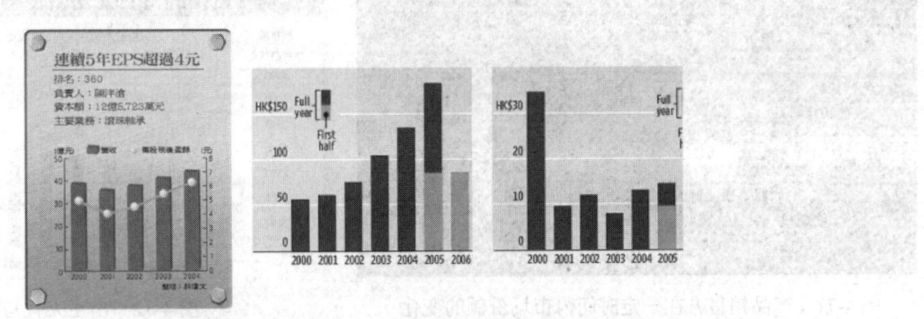

图 4-68　使用背景图片和自制图例来美化图表

（2）美化图表的基本原则。

图表的表现力应尽可能简洁有力，可以省略一些不必要的元素，避免形式大于内容，如图 4-69 所示，左侧图表修饰过度，反而弱化了图表的表现力。

图 4-69　图表的表现力应尽可能简洁有力

拓展练习

利用所提供的数据，采用图表的方式来表示以下信息。

（1）产品在一定时间内的销售增长情况，如图 4-70 所示（选中数据源 A3：L3 和 A11：L11，在“插入”中选择图表类型/选择图表位置/作其他设置）。

图 4-70　产品在一定时间内的销售增长情况

（2）产品销售方在一定时间内市场份额的变化，如图 4-71 所示（2012 年：选中数据源 A3：A10 以及 L3：L10，在“插入”中选择图表类型/选择图表位置/作其他设置）。

（3）出生人数与产品销售的关系，如图 4-72 所示（选中数据源 A3：L3 和 A11：L12，在“插入”中选择图表类型/选择图表位置/作其他设置）。

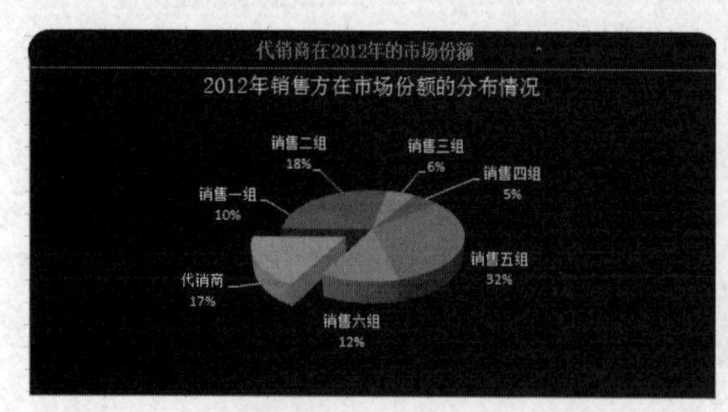

图 4-71　产品销售方在一定时间内市场份额的变化

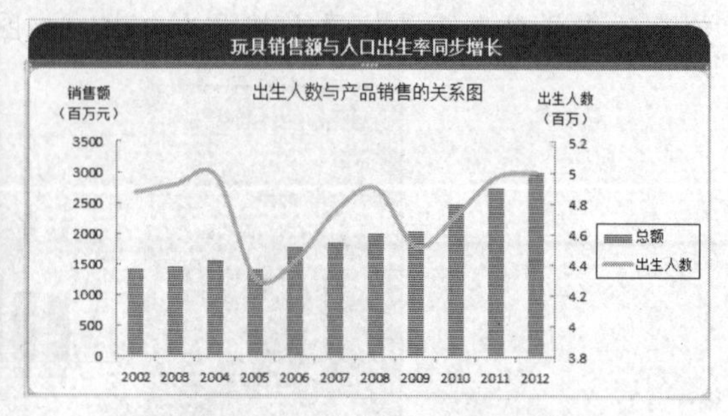

图 4-72　出生人数与产品销售的关系

项目五 Excel 综合技能训练

项目情境

完成社会实践返校后，碰巧遇上系内专业调研的数据整理阶段，小 Q 觉得自己在公司学习到的知识正好可以派上用场，就自告奋勇地协助老师完成毕业生信息分析工作。

根据以下步骤，完成如图 4-73 所示的“2013 年度毕业生江浙沪地区薪资比较”，请根据自己的理解设置图表外观，不需要与示例一致。

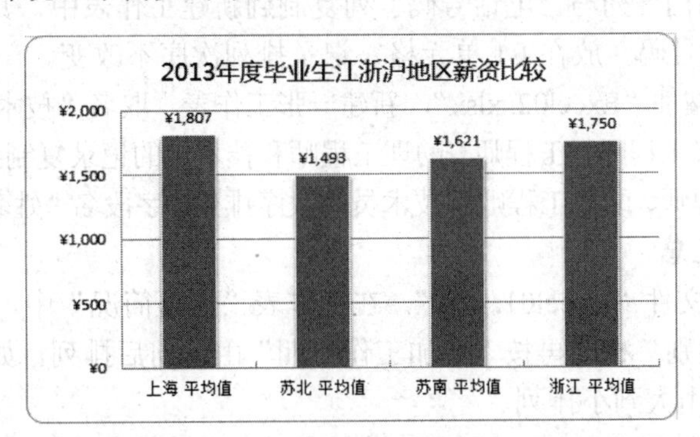

图 4-73 “2013 年度毕业生江浙沪地区薪资比较”图表

（1）复制本工作簿文件（4.5 综合应用要求与素材. xlsx）中的“素材”工作表，命名为“2013 年度毕业生江浙沪地区薪资比较”。

（2）将“薪资情况”字段的数据按照以下标准把薪资范围替换为具体的值：①1 000 以下替换为 800；②1 000 至 2 000 替换为 1 500；③2 000 至 3 000 替换为 2 500；④3 000 以上替换为 3 500。

（3）根据要统计的项对数据区域进行排序和分类汇总。

（4）制作图表。

（5）对图表进行格式编辑。

1. 新建工作簿

（1）在 C 盘根目录下新建工作簿文件“Excela. xlsx”，并将工作簿文件“Excel01. xlsx”

中工作表“教材清单”的内容全部复制到新建工作簿文件的工作表“Sheet1”中，将文字“编码”放在A1单元格。

（2）在C盘根目录下新建工作簿文件“Excelb. xlsx”，并在工作表“Sheet1”中画一个三行四列的空表格，表格线外框用红色双线，内部网格线用蓝色细实线，表格的左上方在B2单元格。

（3）打开工作簿文件“Excel01.xlsx”，新建一个工作表，取名为“学生简况”，内容如下表所示。

学号	姓名	性别
20021001	邹武维	男
20021002	颜采考	男
20021003	陶玉林	女
20021004	袁霞云	女

文字“学号”放在A1单元格，各单元格内的文字之间不加空格，所有单元格取默认格式，数字用半角，不要求设置表格线。

2. 列的移动

（1）打开工作簿文件“Excel01. xlsx”，在工作表“人事简况”中，将“参加工作日期”列移到“姓名”列与“性别”列之间。

（2）打开工作簿文件“Excel02. xlsx”，在工作表“部门简况”中，将“负责人”列移到“部门”列与“人数”列之间（即字段名排列次序为“部门”“负责人”“人数”“办公室”“电话号码”）。

（3）在工作簿文件“Excel02. xlsx”中新建一张工作表，取名为“部门电话”，将工作表“部门简况”中的“部门”列与“电话号码”列复制到新建工作表中，其中字段名“部门”放在A1单元格，“电话号码”放在B1单元格，记录排列次序不改变。

（4）打开工作簿文件“Excel02. xlsx”，新建一张工作表，取名“技术人员”，将工作表“职工档案”中职称为高级工程师、工程师、助理工程师和技术员的记录复制到新工作表中，并按职称为高级工程师、工程师、助理工程师和技术员的次序排列，字段名“姓名”放在A1单元格内。

3. 排序、分类汇总

（1）打开工作簿文件“Excel01. xlsx”，在工作表“人事简况”中，将记录先按“女先男后”的次序排列，“性别”相同再按“参加工作日期”由前向后排列，如“参加工作日期”再相同，则按“工资”由大到小排列。

（2）打开工作簿文件“Excel03. xlsx”，在工作表“期中成绩”中，先按“数学”成绩由高到低排列，如“数学”成绩相同，再按“语文”成绩由高到低排列，如“语文”成绩再相同，则按“英语”成绩由高到低排列。

（3）打开工作簿文件“Excel04. xlsx”的工作表“工资”中，按“基本工资”由高到低排列，如“基本工资”相同则按“职务工资”由高到低排列，如“职务工资”再相同则按“加班工资”由高到低排列，如“加班工资”还相同则按“扣款”由低到高排列。

（4）打开工作簿文件“Excel01. xlsx”，在工作表“人事简况”中，先按“部门”：“技术科”、“一车间”“二车间”“三车间”的次序排列，再分类汇总，分类字段为“部门”，汇总方式为“求和”，汇总项为“工资”和“奖金”。

4. 筛选

（1）在工作簿文件“Excel04. xlsx”的工作表“销售”与“结算”间插入一个新工作表，

取名“部分”，将工作表“工资”中“基本工资”不低于275且“职务工资”不低于350的记录，连同字段名行复制到新工作表中，字段名“工号”放在A1单元格内。

（2）打开工作簿文件“Excel03. xlsx”，新建一张工作表，取名“部分内存”，将工作表“内存报价”中“价格”在200～400的记录（包含200与400）连同字段名行复制到新建工作表中，文字“产品型号”放在A1单元格内。

（3）在工作簿文件“Excel02. xlsx”中，新建一张工作表，取名“部分学生”，将工作表“学生成绩”中“数学”“语文”“英语”成绩都不低于80分的记录，连同字段名行复制到新建工作表中，其中字段名“学号”放在A1单元格内，“学号”仍按由低到高的次序排列。

（4）在工作簿文件“Excel02. xlsx”中新建一张工作表，取名“资深职工”，将工作表“职工档案”中“参加工作日期”在1980年1月1日之前的“男”职工和“参加工作日期”在1982年1月1日之前的“女”职工，连同字段名行复制到新工作表中，文字“姓名”放在A1单元格内，按男职工在前女职工在后的顺序排列。

5. 查找与替换

（1）在工作簿文件“Excel02. xlsx”的工作表“学生成绩”中，将“学号”列中学号开头的98改成10（如980001改成100001），将各门课程90分以上（含90分）的成绩数据改成“优秀”。

（2）在工作簿文件“Excel05. xlsx”的工作表“电话”中，将合计列按公式“合计=长途+市内+因特网”赋值，再将“交费否”列中“TRUE”改成“已交”，“FALSE”改成“未交”。

6. 公式与函数

（1）打开工作簿文件“Excel01. xlsx”的工作表“小学成绩”，在H列增加一列，字段名“总分”放在H1单元格，其他各单元格按公式“总分=语文+算术+自然+0. 5×音乐+0. 5×美术”填写。（必须用公式实现，直接输入数字无效。）

（2）打开工作簿文件“Excel01. xlsx”，插入一个新工作表，取名为“工资汇总”，在A1单元格内输入“合计”B1到F1单元格内依次填入工作表“工资报表”中“职务工资”“职岗津贴”“综合补贴”“其他补贴”“医疗保险”分列中数值总和。

（3）打开工作簿文件“Excel01. xlsx”的工作表“小学成绩”，在表格底部增加一行，其中B22单元格内输入文字“平均分”，其他各单元格内各门课程的平均成绩。

（4）打开工作簿文件“Excel02. xlsx”，在工作表“学生成绩”中增加J列，J1单元格内输入文字“平均分”，其他各单元格内输入相应行学生所有课程分数的平均值。

（5）打开工作簿文件“Excel02. xlsx”，新建一张工作表，取名“平均成绩”，在新工作表的A1至G1单元格内依次输入文字“数学”“语文”“英语”“物理”“化学”“政治”“生物”，A2至G2单元格内分别输入工作表“学生成绩”中相应课程所有学生成绩的平均值。

（6）打开工作簿文件“Excel02. xlsx”，在工作表“利润统计”中增加D列，在D1单元格内输入字段名“累计利润”，D2单元格内输入C2单元格的值，D3至D13单元格按公式“本月累计=本月利润+上月累计”赋值。

（7）打开工作簿文件“Excel02. xlsx”，在工作表“利润统计”中增加E列，E1单元格内输入字段名“成本”，其余各单元格内按公式“成本=产值-利润”赋值。

（8）打开工作簿文件“Excel04. xlsx”，在工作表“结算”中，在“购书成本”列与“退货书籍”列之间插入一列，字段名为“购书折扣”，列中各单元格如“购书成本”超过1 200，则赋值0. 85，否则赋值0. 9。

（9）打开工作簿文件“Excel04. xlsx”，在工作表“工资”中，在“加班工资”列与“扣款”列之间插入一列，字段名为“效益工资”，列中各单元格如果“基本工资”超过 300，按基本工资的 50%赋值，否则按基本工资的 30%赋值。

7. 行高和列宽；日期、时间、货币格式

（1）在工作簿文件“Excel06. xlsx”的工作表“汽车时刻”中，将所有行的行高设置为 20，列宽为 10，并将全部单元格设置为水平居中对齐和垂直居中对齐。

（2）在工作簿文件“Excel06. xlsx”的工作表“汽车时刻”中，将“发车时间”列和“到达时间”列的数据格式设置为“××时××分”的格式，其中时、分用阿拉伯数字表示；将“票价”列的数据格式设置成货币格式，前面加符号“¥”。

（3）在工作簿文件“Excel05. xlsx”的工作表“职工工资”中，将“参加工作时期”列内的数据设置为“××××年×月×日”的日期格式，其中年、月、日数用中文数字表示；将“工资”列的数据设置为货币格式，2 位小数，前面加符号“¥”。

8. 表格的边框和底纹

（1）打开工作簿文件“Excel06. xlsx”，在工作表“汽车时刻”中，将字段名行（A1 至 D1 单元格）设置底纹为浅绿色（取颜色框中 5 行 4 列颜色），其余各单元格设置底纹为淡黄色（颜色框中 5 行 3 列颜色）。

（2）打开工作簿文件“Excel06. xlsx”，在工作表“汽车时刻”中，将表格的外框线设置为双线，内部网格线设置为细实线。

（3）打开工作簿文件“Excel03. xlsx”，在工作表“销售记录”中，设置外边框为蓝色，内部网格线为青色细实线。

9. 图表

（1）打开工作簿文件“Excel05. xlsx”，在工作表“生产进度”中嵌入图表，图表类型为“折线图”，子图型类型为第 2 行左起第一列图形，选择系列产生在列，图表左上角在 A14 单元格内，右下角在 H26 单元格内。

（2）打开工作簿文件“Excel05. xlsx”，在工作表“生产进度”中创建独立图表，取名为“生产图表”，图表类型为“折线图”，子图形类型为第 1 行左起第 1 列图形，标题为“生产进度统计图”。

（3）打开工作簿文件“Excel05. xlsx”，在工作表“季度产值”中，将图表的数据标志设置为“显示百分比”，标题改为“全年生产统计图”。

（4）打开工作簿文件“Excel06. xlsx”，在工作表“季度产量”中，将图表中数值轴和分类轴颜色都设置为“蓝色”，并增加分类轴的主要网格线。

（5）打开工作簿文件“Excel06. xlsx”，在工作表“季度产量”中将图表类型改成“条形图”，子图形类型取第 2 行左起第一列图形，添加标题“季度产量统计”。

情境五 速制演示文稿之 PowerPoint 2010

项目情境

很快，小 Q 到了实习阶段，来到一家服务外包公司工作，在工作中领导发现他的组织能力较强，就交给他一项任务：负责为一家电子企业新研发产品举行发布会，提高新产品的影响力。于是小 Q 开始做各项准备，其中最关键的是新产品如何来推荐呢？

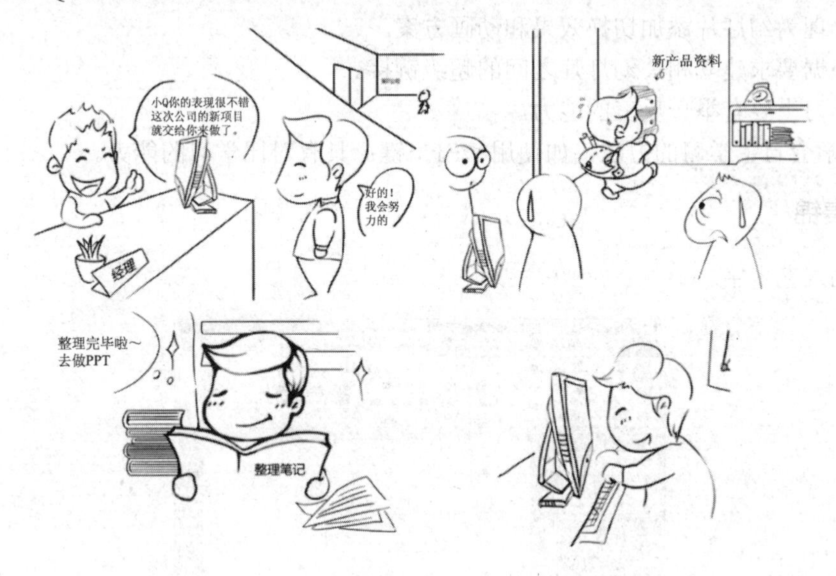

项目分析

（1）用什么样的形式进行发布？ PowerPoint 2010 是办公软件 Office 的组件之一，是基于 Windows 平台的演示文稿制作系统。其最终目的是为用户提供一种不用编写程序就能制作出集声音、影片、图像、图形、文字于一体的演示文稿系统，PowerPoint 2010 是人们进行思想交流、学术探讨、发布信息和产品介绍的强有力的工具。

（2）文本怎么输入？图形、表格、图表等对象又该怎么插入？在幻灯片的占位符中输入文本、插入图表、表格和图片等对象（也可以复制粘贴）。

（3）文本和对象如何编辑？其操作方法与 Word 中文本的编辑操作方法相同。

（4）如何控制演示文稿的外观？通过改变幻灯片版式、背景、设计模板、母版及配色方案等方法来实现。

（5）如何添加切换效果和动画方案？本着合理方便的原则，利用“幻灯片放映”菜单，添加动画和幻灯片的切换效果，以丰富播放效果。

（6）如何自如进行链接？利用“插入”菜单的超级链接建立相关幻灯片之间的链接，使幻灯片之间的跳转更为方便。

（7）如何创建幻灯片放映并播放幻灯片放映？创建幻灯片放映只需创建幻灯片并保存演

示文稿，使用幻灯片浏览视图可以按顺序看到所有的幻灯片。按快捷键<F5>是播放幻灯片放映的最快方法，还可以利用菜单命令播放幻灯片放映。

技能目标

（1）熟悉 PowerPoint 2010 软件的启动与退出及基本界面，理解幻灯片、演示文稿的基本的概念。
（2）掌握 PowerPoint 2010 中视图的概念及用途。
（3）学会演示文稿的几种创建方法。
（4）学会在幻灯片中插入文本、图片、艺术字、表格等对象。
（5）会对幻灯片中文本、图片、艺术字、表格等对象进行格式设置。
（6）掌握演示文稿的版式、背景、主题、母版及配色方案等格式设置方法。
（7）合理为幻灯片添加切换效果和动画方案。
（8）根据要求建立相关幻灯片之间的超级链接。
（9）学习上要有举一反三的能力。
（10）学会自主学习的方法，如使用＜F1＞键；具有对比学习的能力。

重点集锦

（1）插入艺术字。

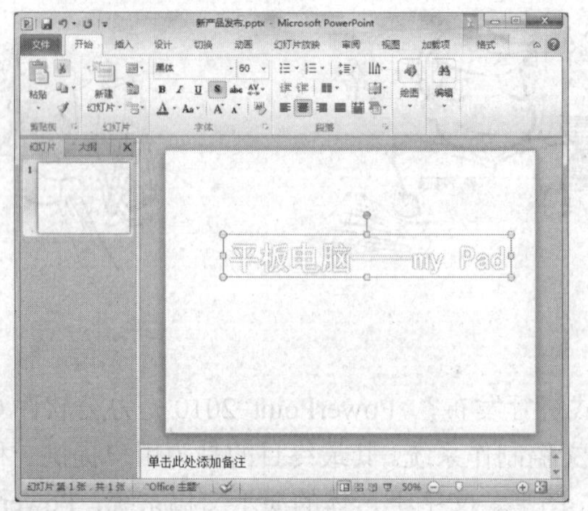

（2）插入图片、自绘图形。

（3）修改母版。

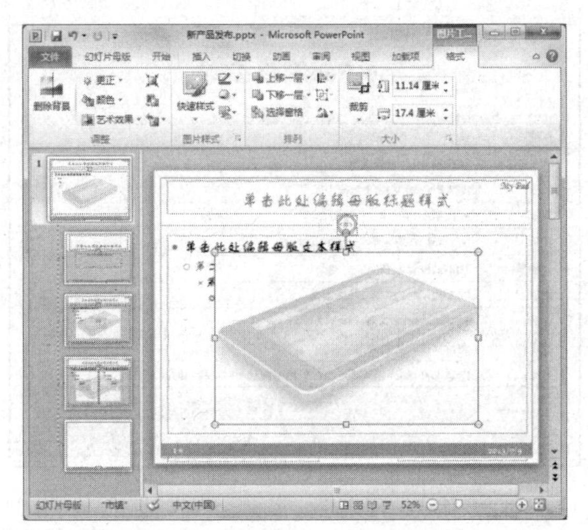

（4）添加自定义动画。

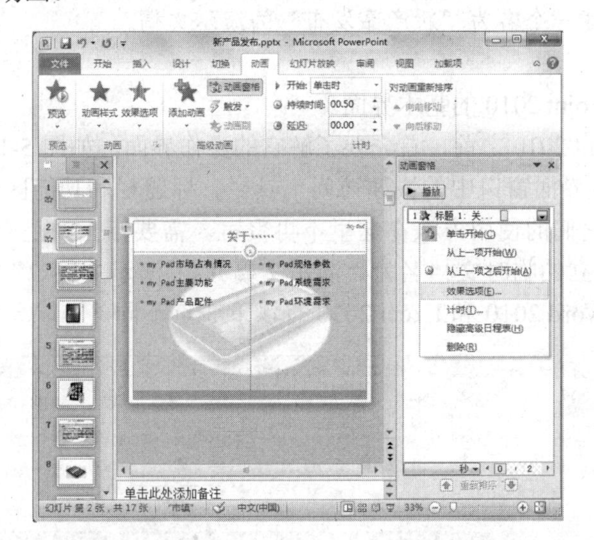

（5）超链接设置。

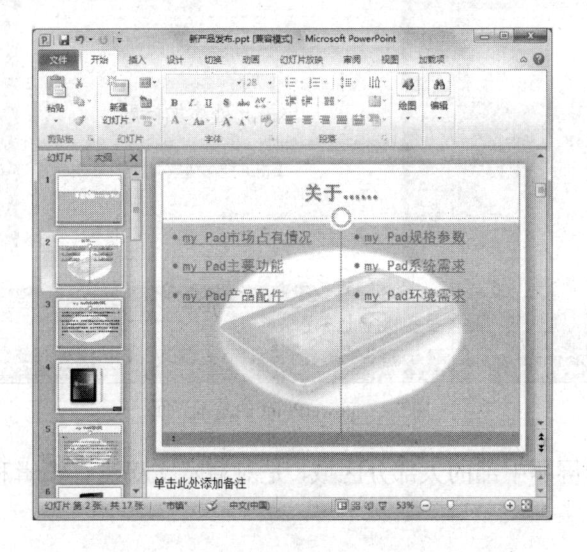

（6）绘图笔的使用。

My Pad

my Pad规格参数

15

系统：	iOS
CPU:	1GHz的APid A4处理器
尺寸：	242.8×189.7×13.4mm
重量：	WiFi版680克，WiFi+3G版730克
显示：	9.7英寸IPS显示屏 支持多点触控
分辨率：	1024x768像素(XGA)，132ppi
通信：	802.11n WIFI，2.1+EDR蓝牙
容量：	16GB 32GB 64GB 闪存
蓝牙：	支持立体声蓝牙输出
电池：	内置25Whr的充电式锂电池，使用时间10小时，待机时间1个月

项目详解

项目要求1：创建一个名为“新产品发布”的演示文稿。

知识储备

（1）认识PowerPoint 2010的基本界面。

在使用PowerPoint 2010之前，首先要了解它的操作界面，如图5-1所示。

PowerPoint 2010界面窗口中的快速访问工具栏、标题栏和功能区与Word 2010、Excel 2010的基本类似，它们的使用方法在这里不再赘言。需要指出的是对于PowerPoint 2010新建的文档，系统建立的临时文档名为“演示文稿1”“演示文稿2”“演示文稿3”，另外PowerPoint 2010与Word 2010和Excel 2010有以下3点不同。

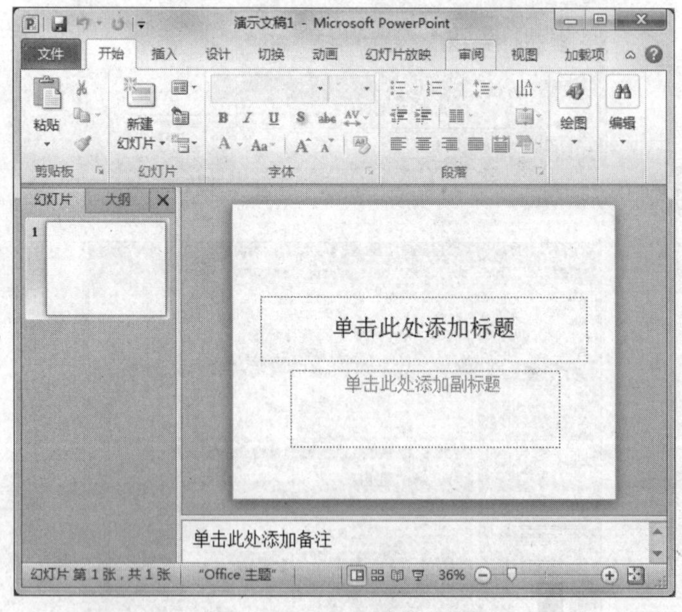

图5-1 PowerPoint的基本界面

① 编辑区：居于屏幕中部的大部分区域，是对演示文稿进行编辑和处理的区域。在演示

文稿的建立和修改活动中，所有操作都应该是面向当前工作区中的当前幻灯片的。

② 视图区：界面的左侧是信息浏览区，其作用主要是浏览页面的文字内容，也叫“大纲”区域。它显示的是各个页面的标题内容（主要是文字标题），可以通过此区域浏览多个页面的文字内容，也可以通过此区域快速地把某一页面变成当前页面，以便进行编辑。

③ 备注区：用来编辑幻灯片的一些备注文本。

（2）演示文稿和幻灯片的概念。

① 演示文稿。演示文稿就是用来演示的稿件。使用 PowerPoint 2010 制作演示文稿时，首先要创建演示文稿的底稿。底稿由一张或若干张幻灯片组成，上面有预先设置好的色彩和图案。通常所说的创建演示文稿就是创建演示文稿的底稿。

② 幻灯片。幻灯片是用来体现演示文稿内容的版式，在制作演示文稿时，将需要演示的内容输入到一张张幻灯片上。然后对幻灯片进行适当的修改处理，配以必要的图片、动画和声音等。这样就可以制作成一份完整的演示文稿，再通过多媒体计算机直接播放或连接投影仪演示播放。

（3）PowerPoint 2010 中视图的概念及用途。

在编辑演示文稿时，PowerPoint 2010 的“视图”菜单提供了 4 种视图方式，如图 5-2 所示。

① 普通视图。普通视图如图 5-3 所示，是 PowerPoint 2010 的默认视图，它将工作区分为 3 个窗格，最大的窗格显示了一张单独的幻灯片，可以在此编辑幻灯片的内容。所有的窗格可以通过选中边线并拖动边框来调整其大小，显示在左边的窗格显示所有幻灯片的滚动列表和文本的大纲。靠近底部的窗格采用简单的文字处理方式，可输入演讲者的备注。

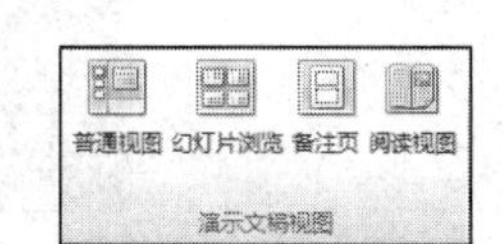

图 5-2　PowerPoint 的视图方式

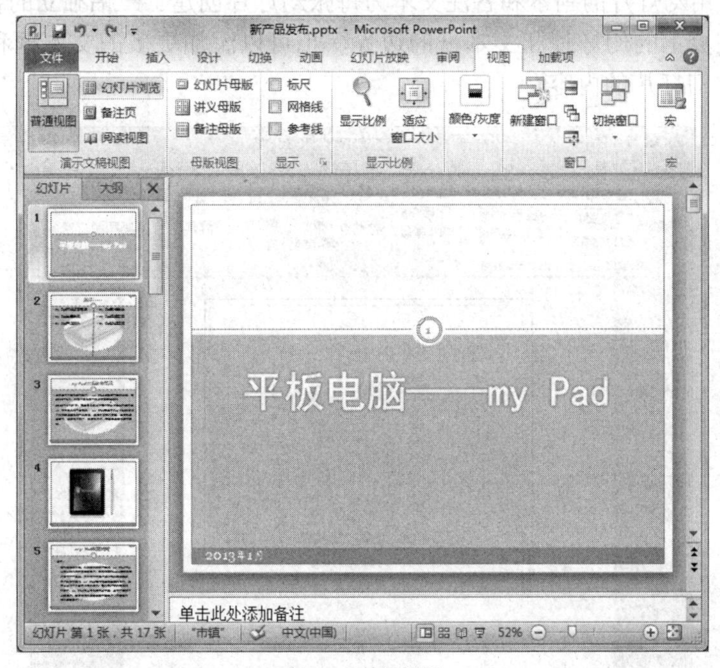

图 5-3　普通视图

② 幻灯片浏览视图。幻灯片浏览视图如图 5-4 所示，在幻灯片浏览视图中，用户可查看

到按次序排列的各张幻灯片，了解演示文稿的整体效果，并可轻松地调整幻灯片的先后次序、增加或删除幻灯片、设置每张幻灯片的放映方式和时间。如果设置了切换效果，在幻灯片的下方会出现带有相应切换效果的图标和符号。

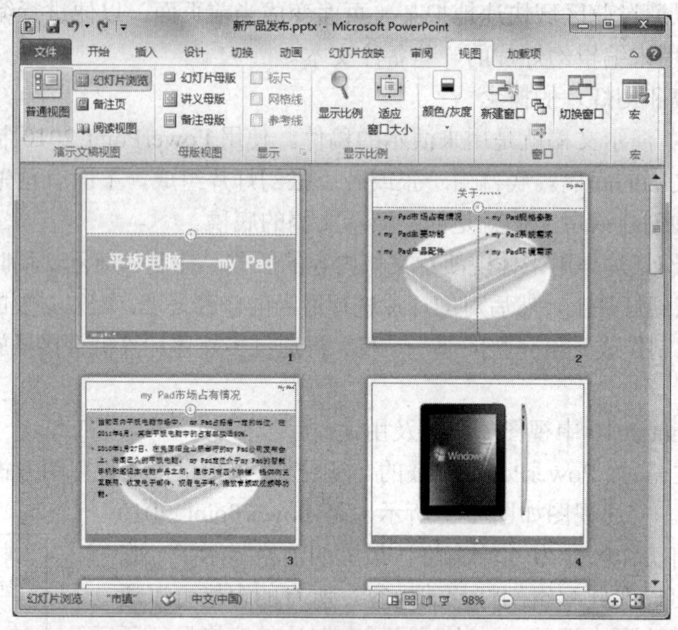

图 5-4　幻灯片浏览视图

③ 备注页视图。备注页显示了一幅能够编辑演讲者备注的打印预览，如图 5-5 所示。PowerPoint2010 用幻灯片的副本和备注文本为每张幻灯片创建了一幅独立的备注页。根据需要可以移动备注页上的幻灯片和文本框的边界，也可以添加更多的文本框和图形，但是不能改变该视图中幻灯片的内容。

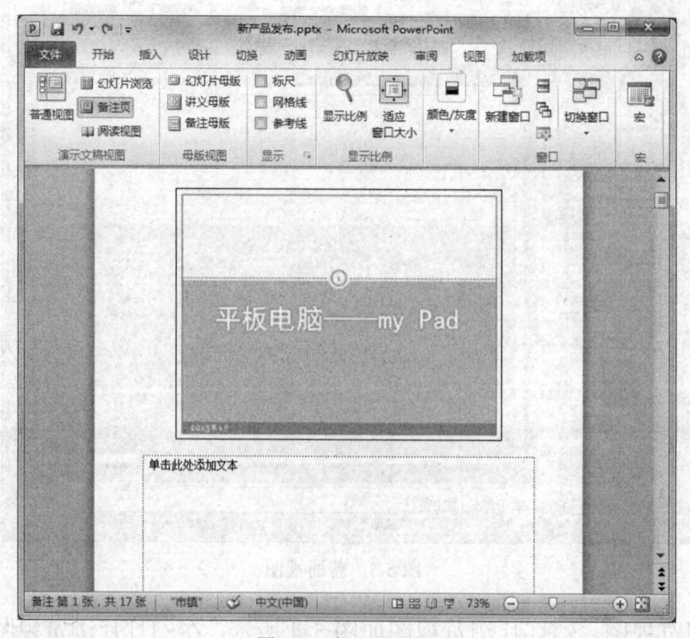

图 5-5　备注页视图

④ 阅读视图。阅读视图如图 5-6 所示，可用于预览演示文稿的实际效果。

图 5-6 阅读视图

（4）PowerPoint 2010 演示文稿的创建方法。

一般情况下，启动 PowerPoint 2010 时会自动创建一个空白演示文稿（见图 5-1）。

在演示文稿窗口中，单击“文件”按钮，在左侧窗格中选择“新建”菜单项，可以在右侧窗格的“可用模板和主题”列表中选择“空白演示文稿”“最近打开的模板”“样本模板”“主题”等多种新建演示文稿的方法，如图 5-7 所示。

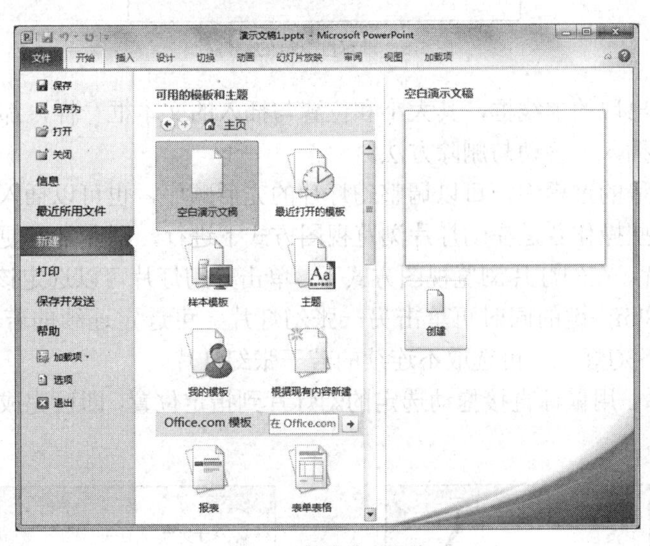

图 5-7 新建演示文稿

操作步骤

【步骤 1】单击任务栏上的按钮，在弹出的“开始”菜单中选择“所有程序”→“Microsoft Office 2010”→“Microsoft PowerPoint2010”命令，启动 PowerPoint 2010，打开演示文稿窗口，如图 5-1 所示。

【步骤 2】单击“文件”按钮，选择左侧窗格中的“保存”菜单项，将文件以“新产品发布”命名并保存在指定位置。

项目要求 2：在幻灯片中插入相关文字、图片、艺术字和表格等对象，并对它们进行基本格式设置，美化幻灯片。

知识储备

（5）占位符的概念。

占位符是带有虚线或影线标记边框的框，在绝大部分幻灯片版式中都能见到它，这些框能容纳标题和正文，以及图表、表格和图片等对象，如图 5-8 所示。

在插入对象之前，占位符中是一些提示性的文字，单击占位符内的任意位置，将显示虚线框，用户可直接在框内输入文本内容或插入对象。若希望在占位符以外的位置上输入文本，则必须先插入一个文本框，然后在文本框中输入内容，插入的文本框将随输入文本的增加而自动向下扩展；若想在占位符以外的位置插入图片、艺术字等对象，则可以直接利用“插入”菜单插入，然后利用鼠标拖动来调整位置。

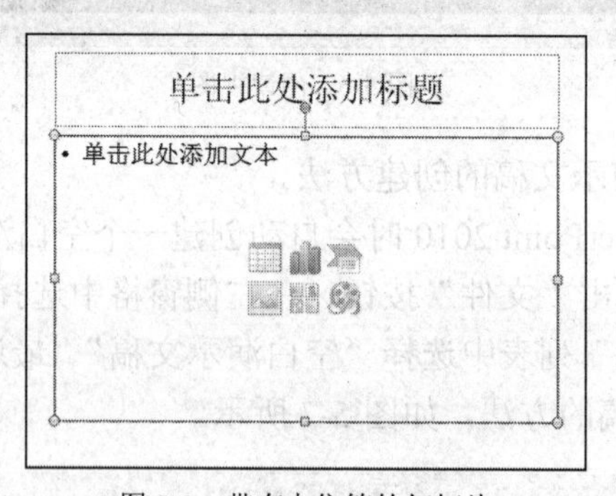

图 5-8　带有占位符的幻灯片

单击占位符后出现的虚线框，其大小和位置与插入的文本框一样，都可以改变。

（6）幻灯片的插入、移动与删除方法。

在创建演示文稿的过程中，可以调整幻灯片的先后顺序，也可以插入幻灯片或删除不需要的幻灯片，而这些操作若是在幻灯片浏览视图方式下进行，则非常方便和直观。

① 选定幻灯片。在幻灯片浏览视图方式下，单击某幻灯片可以选定该张幻灯片。选定某幻灯片后，按住<Shift>键的同时再单击另一张幻灯片，可选定连续的若干张幻灯片；按住<Ctrl>键依次单击各幻灯片，可选取不连续的若干张幻灯片。

② 移动幻灯片。用鼠标直接拖动选定的幻灯片到指定位置，即可完成对幻灯片的移动操作，如图 5-9 所示。

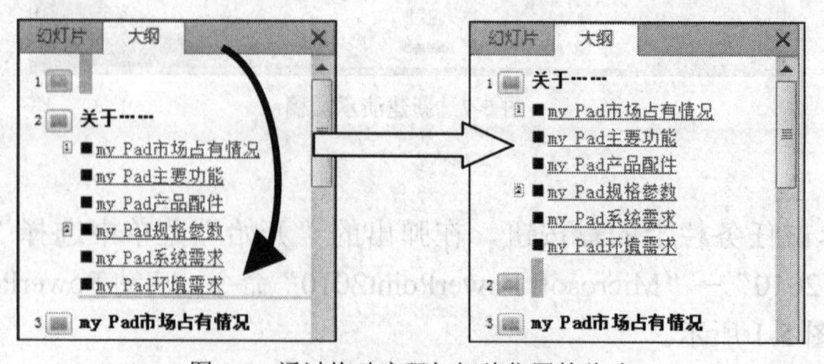

图 5-9　通过拖动实现幻灯片位置的移动

③ 插入幻灯片。先选定插入位置，然后切换到“开始”选项卡，单击“幻灯片”组中的“新建幻灯片”按钮插入新幻灯片，插入后可以单击“版式”按钮，选择合适的幻灯片版式。也可以通过视图区右键快捷菜单的“新建幻灯片”命令插入新幻灯片。

④ 删除幻灯片。首先选定欲删除的幻灯片，然后按<Delete>键即可。

操作步骤

【步骤 1】选中第 1 张幻灯片，删除占位符，切换到“插入”选项卡，单击“文本”组中的“艺术字”按钮，在弹出的下拉列表中选择第 1 行第 3 列的选项“填充-白色，投影”，此时即可在幻灯片中插入一个艺术字文本框，如图 5-10 所示。

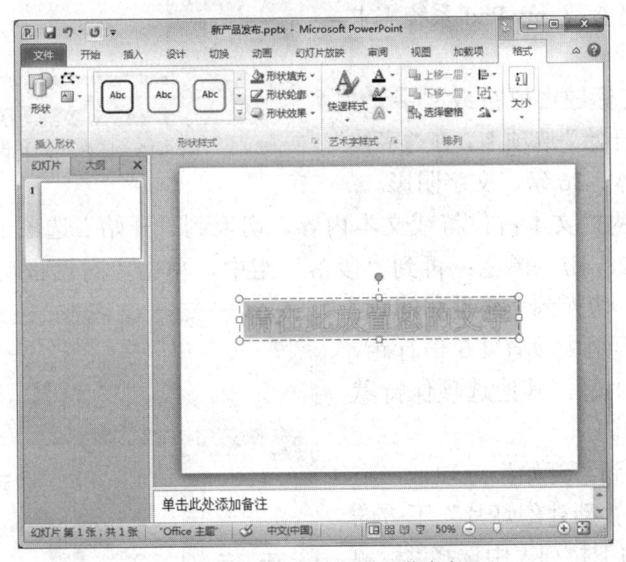

图 5-10 在幻灯片中插入“艺术字”

【步骤 2】在“请在此放置您的文字”文本框中输入“平板电脑——my Pad”，切换到“开始”选项卡，在“字体”组中设置文字字体为“黑体”，字号为“60”。

【步骤 3】将设置好的艺术字调整到幻灯片合适的位置，如图 5-11 所示。

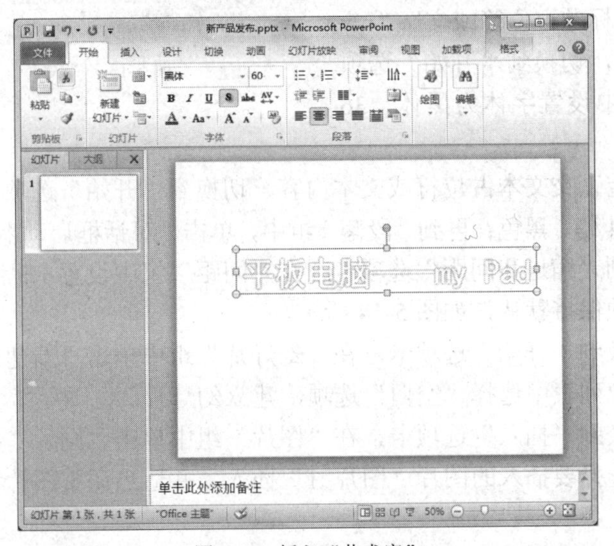

图 5-11 插入“艺术字”

【步骤 4】切换到“开始”选项卡，在“幻灯片”组中单击“新建幻灯片”下方的下拉按钮，在弹出的下拉列表中选择“两栏内容”选项，建立幻灯片，如图 5-12 所示。

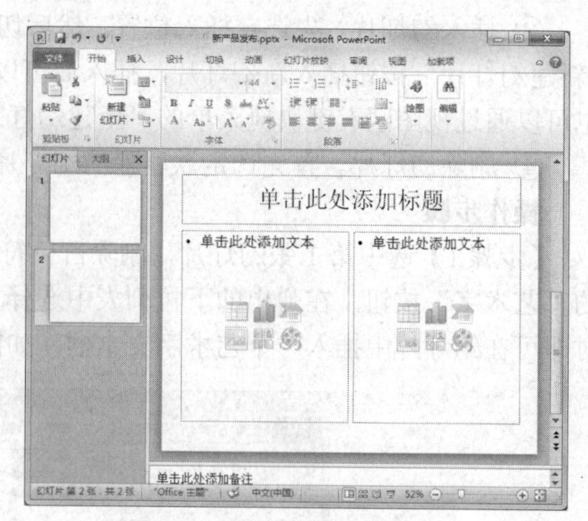

图 5-12 新建“两栏内容”幻灯片

【步骤 5】在幻灯片的标题占位符中输入标题文字“关于……”，在左侧文本占位符中输入“my Pad 市场占有情况、my Pad 主要功能、my Pad 产品配件”，在右侧文本占位符中输入“my Pad 规格参数、my Pad 系统需求、my Pad 环境需求”。

【步骤 6】选定标题占位符或文字“关于……”，切换到“开始”选项卡，在“字体”组中设置字体为黑体、36 磅、文字阴影。

【步骤 7】选定两栏文本占位符或文本内容，切换到“开始”选项卡，在“字体”组中设置字体为黑体、28 磅、黑色；再到“段落”组中，单击“对话框启动器”按钮，弹出“段落”对话框，切换到“缩进和间距”选项卡，在“间距”组中设置 1.3 倍行距，段前 12 磅，段后 0 磅，其他选项保持默认，如图 5-13 所示。

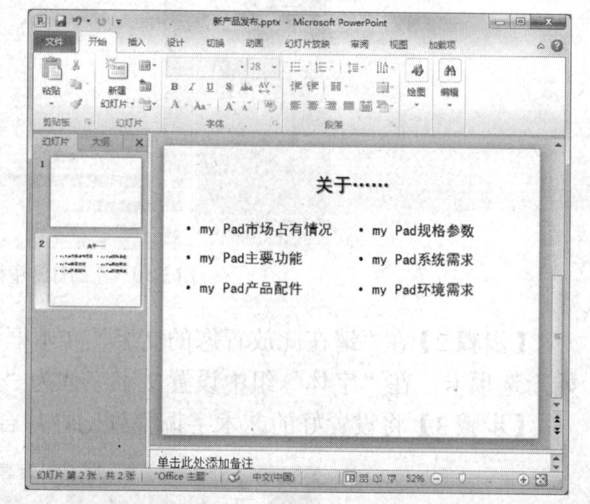

图 5-13 “关于……”幻灯片

【步骤 8】切换到“开始”选项卡，在“幻灯片”组中单击“新建幻灯片”下方的下拉按钮，在弹出的下拉列表中选择“标题和内容”选项，建立幻灯片。

【步骤 9】在幻灯片的标题占位符中输入标题文字“my Pad 市场占有情况”，在正文文本占位符中输入相应内容。

【步骤 10】选定标题占位符或文字“my Pad 市场占有情况”，切换到“开始”选项卡，在“字体”组中设置字体为黑体、36 磅、文字阴影。

【步骤 11】选定正文文本占位符或文本内容，切换到“开始”选项卡，在“字体”组中设置字体为宋体、24 磅、黑色；再到“段落”组中，单击“对话框启动器”按钮，弹出“段落”对话框，切换到“缩进和间距”选项卡，在“间距”组中设置 1.3 倍行距，段前 12 磅，段后 0 磅，其他选项保持默认，如图 5-14 所示。

【步骤 12】切换到“开始”选项卡，在“幻灯片”组中单击“新建幻灯片”下方的下拉按钮，在弹出的下拉列表中选择“空白”选项，建立幻灯片。

【步骤 13】切换到“插入”选项卡，在“图片”组中单击“图片”按钮，在弹出的“插入图片”对话框中选择要插入的图片“图片 1”插入，并适当调整图片在幻灯片中的位置，如图 5-15 所示。

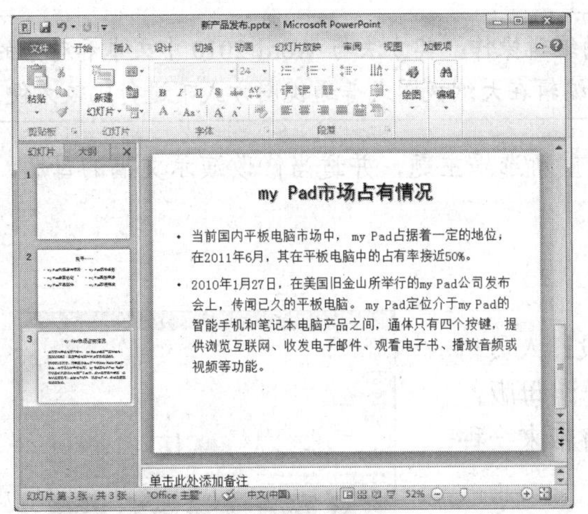

图 5-14 “my Pad 市场占有情况”幻灯片

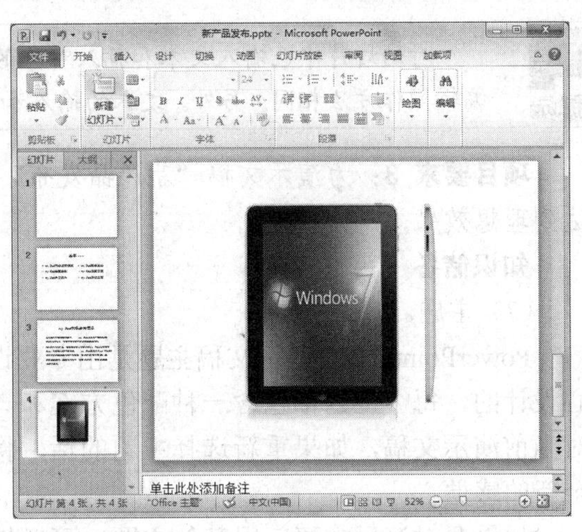

图 5-15 插入图片

【步骤 14】重复步骤 5～步骤 10，制作到第 14 张幻灯片。

【步骤 15】 切换到“开始”选项卡，在“幻灯片”组中单击“新建幻灯片”下方的下拉按钮，在弹出的下拉列表中选择“标题和内容”选项，建立幻灯片。

【步骤 16】 在幻灯片的标题占位符中输入标题文字“my Pad 规格参数”，并选定标题占位符或文字“my Pad 规格参数”，切换到“开始”选项卡，在“字体”组中设置字体为黑体、36 磅、文字阴影。

【步骤 17】 单击文本占位符中的“插入表格”按钮，弹出“插入表格”对话框，设置“列数”为“2”，“行数”为“10”，单击“确定”按钮。

【步骤 18】 选中表格，在“表格工具”栏中切换到“设计”选项卡，在“表格样式”组中选择“无样式，网格型”选项。

【步骤 19】 选中第 1 列，在“表格工具”栏中切换到“设计”选项卡，在“表格样式”组中单击“底纹”按钮，在弹出的下拉列表中选择“其他填充颜色…”选项，此时弹出“颜色”对话框，切换到“自定义”选项卡，设置颜色模式为“RGB”，RGB 为（224，240，253）。再选中第 2 列，使用相同的方法设置底纹 RGB 为(238,248,255)。

【步骤 20】在表格的相应单元格中输入文本。选中表格，切换到“开始”选项卡，在“字体”组中设置字体为宋体、16 磅、黑色、加粗。

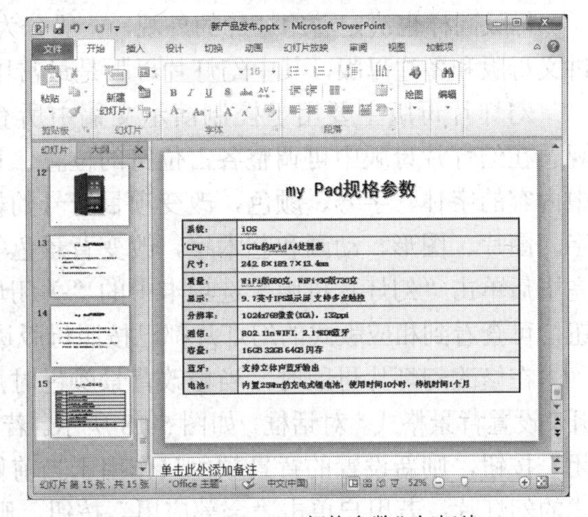

图 5-16 “my Pad 规格参数”幻灯片

【步骤 21】 选中表格，在“表格工具”栏中切换到“布局”选项卡，在“对齐方式”组中单击“垂直居中”按钮，将文本的垂直居中。

【步骤 22】根据表格内容调整表格的大小、位置以及行高列宽，如图 5-16 所示。

【步骤 23】重复步骤 15～步骤 22，完成后面两张幻灯片的制作。

对幻灯片中已输入文本和插入对象的编辑操作，其方法与 Word 2010 中文本和对象的编辑操作方法相同。另外，文本的输入和编辑在大纲视图或普通视图方式下进行比较方便。

项目要求 3：为演示文稿“新产品发布”重新选择主题，并适当修改演示文稿的母版，达到理想效果。

知识储备

（7）主题。

PowerPoint 2010 演示文稿主题是由专业设计人员精心设计的，每个主题都包含一种配色方案和一组母版；对当前演示文稿，如果重新选择主题的话，将带来一种全新的感觉。

如果要对演示文稿应用其他主题，可以按照下述步骤进行操作：

打开指定的演示文稿，切换到“设计”选项卡，单击“主题”组中的“主题”按钮，在弹出的下拉列表中选择合适的演示文稿主题，如图 5-17 所示。选择喜欢的主题后，就可以为所有的幻灯片添加选定的主题。

图 5-17　“主题”下拉列表

如果在“内置”部分没有喜欢的主题，可单击列表下方的“浏览主题”选项，选择本地机上的其他主题。

（8）认识母版。

母版同样也决定着幻灯片的外观，一般分为幻灯片母版、讲义母版和备注母版，其中幻灯片母版是最常用的一种。

幻灯片母版主要用于控制演示文稿中所有幻灯片的外观。在幻灯片母版中可调整各占位符的位置，设置各占位符中内容的字体、字号、颜色，改变项目符号的样式，插入文字、图片、图形、动画和艺术字，改变背景色等。修改编辑完毕后单击“幻灯片母版”选项卡中的“关闭母版视图”按钮，可查看到相应版式的幻灯片都已按照母版进行了修改。

在修改幻灯片母版时，当修改背景颜色时，屏幕上将打开“设置背景格式”对话框，如图 5-18 所示。若用户单击“关闭”按钮，则新设置的背景颜色只作用于当前修改的相应版式的幻灯片；若用户单击“全部应用”按钮，则新设置的背景颜色作用于全部幻灯片。

图 5-18　“设置背景格式”对话框

操作步骤

【步骤 1】打开“新产品发布”演示文稿文件。

【步骤 2】切换到“设计”选项卡，单击“主题”组中的“主题”按钮，在弹出的下拉列表中显示了两部分内容：“此演示文稿”和“内置”（见图 5-17）。

【步骤 3】在“内置”中选择合适的主题，单击鼠标左键即可将所选主题应用到所有幻灯片上，如图 5-19 所示。

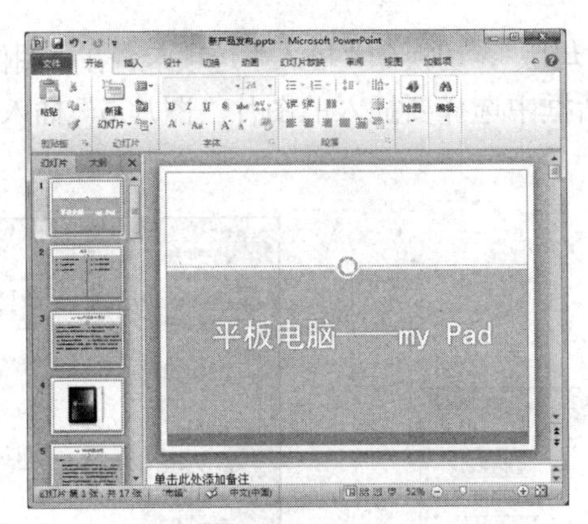

图 5-19　应用主题后

提示

如果想为某张幻灯片应用主题，可右键单击即将运用的主题，弹出的快捷菜单如图 5-20 所示，选择其中的“应用于选定幻灯片”即可将主题应用到独立的幻灯片上。

【步骤 4】切换到“视图”选项卡，在“母版视图”组中单击“幻灯片母版”按钮，系统自动切换到“幻灯片母版”选项卡，如图 5-21 所示。

应用于所有幻灯片(A)
应用于选定幻灯片(S)
设置为默认主题(S)
添加到快速访问工具栏(A)

图 5-20　主题应用范围选择

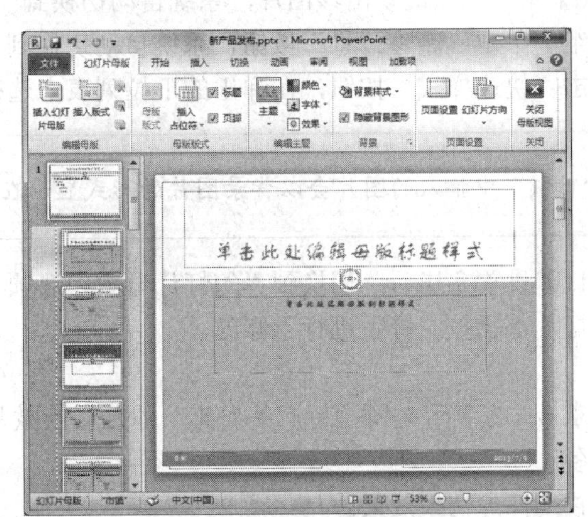

图 5-21　“幻灯片母版”视图

【步骤 5】在幻灯片母版视图的左窗格中显示了一个母版“幻灯片母版”，其下属又分了多个版式，右键单击“任何幻灯片都不使用”的版式，在弹出的快捷菜单中选择“删除版式”选项。

【步骤 6】选择“标题幻灯片版式”，切换到“插入”选项卡，单击“文本”组中的“文本框”按钮，在弹出的下拉列表中选择“横排文本框”选项，在编辑区的左下角按住鼠标左键绘制一个横排文本框，输入文字“2013 年 1 月”，并进行简单设置。

【步骤 7】选择“幻灯片母版”，切换到“插入”选项卡，单击“文本”组中的“文本框”按钮，在弹出的下拉列表中选择“横排文本框”选项，在编辑区的左上方插入一个横排文本框，输入文字“My Pad”，并进行简单设置。

【步骤 8】选择“幻灯片母版”，切换到“插入”选项卡，在“文本”组中单击“幻灯片编号”按钮，弹出“页眉和页脚”对话框，切换到“幻灯片”选项卡，将“幻灯片编号”复选框选中，如图 5-22 所示，并单击“全部应用”按钮。

【步骤 9】选中“幻灯片母版”，切换到“插入”选项卡，在“图像”组中单击“图片”按钮，在弹出的“插入图片”对话框中选择要插入的图片“图片 6”插入，并适当调整图片的位置，如图 5-23 所示。

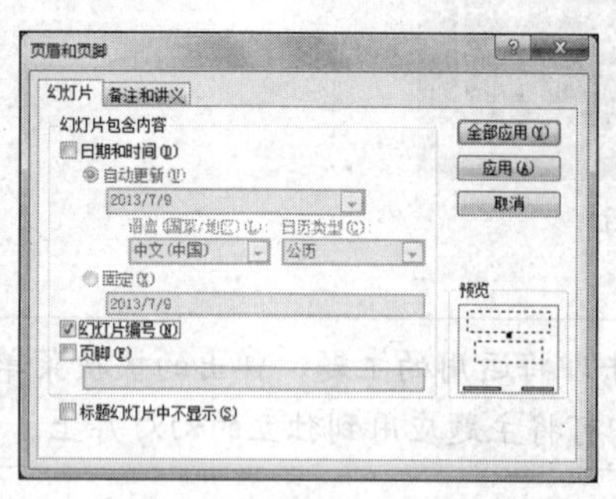

图 5-22　设置幻灯片编号

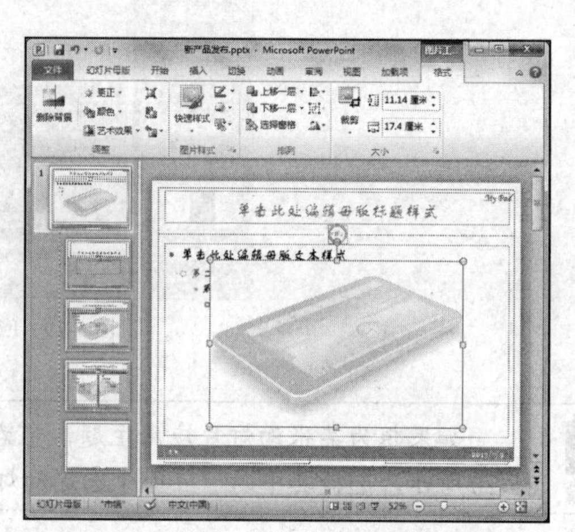

图 5-23　在“幻灯片母版”中插入图片

【步骤 10】用鼠标左键双击该图片，系统自动切换到“图片工具”栏的“格式”选项卡，在“调整”组中单击“删除背景”按钮，系统自动切换到“背景消除”选项卡，在“图片样式”组中单击“快速样式”按钮，在弹出的下拉列表中选择“柔化边缘椭圆”选项。

在“母版”中插入的图片会以背景图片的形式显示在幻灯片中。

【步骤 11】设置完毕后，切换到“幻灯片母版”选项卡，单击“关闭母版视图”按钮，可查看到幻灯片都已按照母版进行了修改。

项目要求 4：为演示文稿“新产品发布”添加切换效果和自定义动画。

知识储备

（9）设置幻灯片切换效果。

使用幻灯片切换这一特殊效果，可以使演示文稿中的幻灯片从一张切换到另一张，也就是控制幻灯片进入或移出屏幕的效果，它可以使演示文稿的放映变得更有趣、更生动、更具吸引力。

PowerPoint 2010 有几十种切换效果可供使用，可为某张独立的幻灯片或同时为多张幻灯片设置切换方式。通过设定幻灯片切换方式来控制幻灯片切换速度、换页方式和换页声音等。

（10）设置自定义动画效果。

自定义动画是除幻灯片切换以外的另一种特殊效果，它能提供更多的效果。对于幻灯片上的文本、形状、声音、图像或其他对象，都可以添加动画效果，以达到突出重点、控制信息流程和增加演示文稿趣味性的目的。例如，文本可以逐字或逐行出现，也可以通过变暗、逐渐展开和逐渐收缩等方式出现。

自定义动画可以使对象依次出现，并设置它们的出现方式。同时，还可以设置或更改幻灯片对象播放动画的顺序。

添加了动画效果的对象会出现“0”“1”“2”“3”…编号，表示各对象动画播放的顺序。在设置了多个对象动画效果的幻灯片中，若想改变某个对象的动画在整个幻灯片中的播放顺序，可以选定该对象或对象前的编号，单击“动画窗格”中“重新排序”的两个按钮和来调整，同时对象前的编号会随着位置的变化而变化，在“重新排序”列表框中，所有对象始终按照“0”“1”“2”…或“1”“2”“3”…的编号排序。

操作步骤

【步骤 1】选中要添加切换效果的幻灯片，在选择单张、一组或不相邻的几张幻灯片时，可以分别用鼠标单击或单击配合使用<Shift>键和<Ctrl>键的方法进行选中，选中的幻灯片周围会出现边框。

【步骤 2】切换到“切换”选项卡，在“切换到此幻灯片”组中单击“切换方案”按钮，在弹出的下拉列表中选择切换效果，如“闪光”“百叶窗”“旋转”等，如图 5-24 所示。

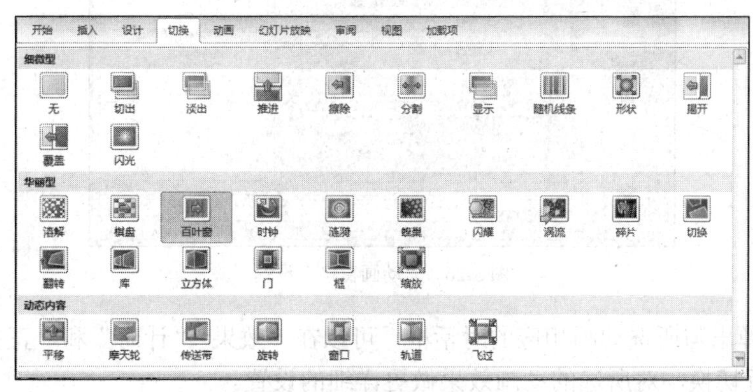

图 5-24 幻灯片“切换方案”

【步骤 3】在“计时”组中的“声音”下拉列表中选择声音类型或无声音来增加幻灯片切换的听觉效果；在“持续时间”列表中设置幻灯片切换时间，来控制幻灯片切换速度。

【步骤 4】在“计时”选项卡的“换片方式”下，可设定从一张幻灯片过渡到下一张幻灯片的方式是通过单击鼠标还是每隔一段时间后自动过渡，选择后者时需要输入幻灯片在屏幕上持续的时间长度。

【步骤 5】将以上设置的幻灯片切换效果应用到所选幻灯片或“计时”组中的“全部应用”按钮；将切换效果应用到所有幻灯片上。

【步骤 6】切换到“动画”选项卡，选中幻灯片中要设置动画的对象，单击“动画”组中的“动画样式”按钮，在弹出的下拉列表中选择进入时的效果，如“飞入”“擦除”等，如图 5-25 所示。若需要更多效果，可单击列表下方的“更多进入效果”按钮，在弹出的“更多进入效果”对话框中选择需要的效果，如“百叶窗”“盒状”等。此外，可以按照实际需要有选择地设置“强调”“退出”“动作路径”等效果。

图 5-25 “动画样式”列表

【步骤 7】随着不同动画样式的选定，单击“动画”组中的“效果选项”按钮，弹出的下拉列表中的内容将产生相应变化，根据实际情况在下拉列表中选择相应的属性状态，如动画样式选择为“百叶窗”时，“效果选项”下拉列表中变为“方向”，可以选择“水平”或“垂直”选项来控制动画播放的方向。

【步骤 8】切换到“动画”选项卡，在“高级动画”组中单击“动画窗格”按钮，在窗口右侧弹出“动画窗格”，选中动画 1，单击鼠标右键，在弹出的快捷菜单中选择“效果选项”，如图 5-26 所示。

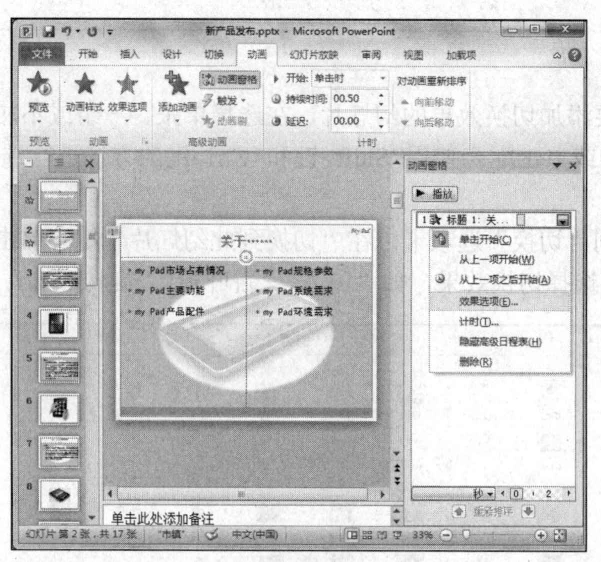

图 5-26 “动画窗格”设置

【步骤 9】弹出与所选动画相应的对话框，可以在“效果”“计时”和“正文文本动画”3 个选项卡间进行切换，对所选的动画效果做更详细的设置。

【步骤 10】单击“播放”按钮，播放动画效果，或者切换到“动画”选项卡，单击“预览”组中的“预览”按钮预览动画效果。此外，还可以直接在幻灯片放映过程中看到动画效果。

项目要求 5：为演示文稿“新产品发布”的目录（第 2 张幻灯片）与相应的幻灯片之间建立超级链接，并能成功放映。

知识储备

（11）设置幻灯片动作。

设置一张幻灯片中的动作时会链接着某些事件的启动。PowerPoint 2010 提供了一些最常用的动作按钮，如换页到下一张幻灯片或跳转到起始幻灯片进行放映等。动作也可以从屏幕上的任何对象启动。采用动作设置可以链接到文本、对象、表格、图表或图像，并且可以决定是当鼠标移至项目上时还是单击时开始执行动作。对象被链接后，只有更改源文件，数据才会被更新。

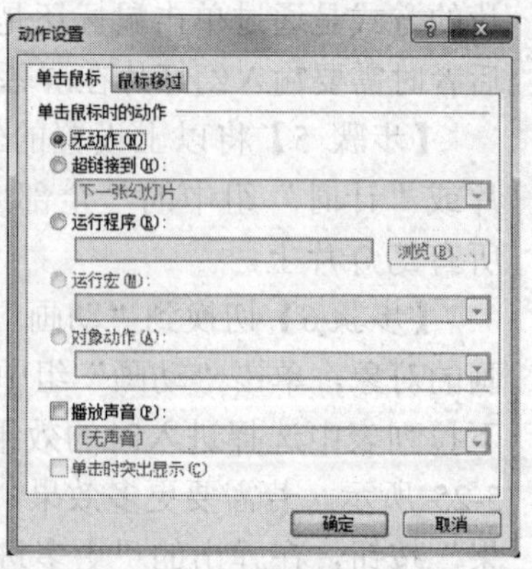

图 5-27 “动画设置”对话

首先选中幻灯片上要设置动作的对象，然后切换到“插入”选项卡，在“链接”组中单击“动作”按钮，弹出“动作设置”对话框，如图 5-27 所示。

决定是在单击按钮时开始动作，还是在鼠标移过时开始动作，设置相关选项卡“单击鼠标”或“鼠标移过”即可。根据具体情况选择“动作”，较为常用的有以下两种。

① 超级链接到：这种情况可以在当前幻灯片放映时转到某一特定的幻灯片。例如，可以切换到第一张或最后一张幻灯片，可以转换到另外一个幻灯片放映等。

② 运行程序：单击“浏览”按钮，查找程序位置。

如果选中了“播放声音”复选框，那么单击“动作”按钮时，同时就会有声音播放。从下拉列表中选择想要播放的声音。如果选中“单击时突出显示”复选框，那么只要单击幻灯片放映中的对象，该对象就会呈现片刻的突出显示，表明已经单击过它了，这仅仅对于某些对象可用。为了检测“动作”对象，在对话框中单击“确定”按钮，并运行“幻灯片放映”，然后单击“动作”对象，确保这些按钮能够正确地运行。

如果不选择内置“动作”，也可以采用超链接的设置方式，使操作更为简单便捷。选中要设置超链接的文字或图片，单击鼠标右键，在弹出的快捷菜单中选择“超链接”命令，在打开的“插入超链接”对话框中设置要链接到的文件或幻灯片，最后单击“确定”按钮。

（12）创建幻灯片放映。

创建幻灯片放映不需要做任何特殊的操作，只需创建幻灯片并保存演示文稿。使用幻灯片浏览视图可以按顺序看到所有的幻灯片。

① 重新安排幻灯片放映。单击位于窗口左下端的“幻灯片浏览”按钮，或切换到“视图”选项卡，在“演示文稿视图”组中单击“幻灯片浏览”按钮，这时会显示出若干张幻灯片（见图 5-4）。

在这个视图中，要改变幻灯片的显示顺序可以直接把幻灯片从原来的位置拖到另一个位置，为了保持现在的顺序必须再次保存该演示文稿。单击“显示比例”组中的“显示比例”和“适应窗口大小”按钮，可以在屏幕上看到更多或更少的幻灯片。要删除幻灯片，单击幻灯片并按<Delete>键即可，也可以右击它，然后从弹出的快捷菜单中选择“删除幻灯片”命令。

如果用户想以不同的顺序在该幻灯片的前后切换放映，可以通过设置动作，从一个部分转移到另一个部分，甚至可以转移到其他程序。

② 添加批注。在普通视图中可以给幻灯片添加批注。它们很像易事贴，便于插入且容易删除。

在演示文稿最终定稿之前，审阅演示文稿时可以用到批注；如果把演示文稿发送给有关的人，则每个人都可以添加自己的批注，同时还可以看到其他人的批注；每个批注都将以作者名字开头；另外每个人都可选择具有批注的或者不加批注的幻灯片进行放映。

下面说明批注的使用。

图 5-28 添加批注后的幻灯片

先确定位于普通视图中，然后切换到“审阅”选项卡，在“批注”组中单击“新建批注”按钮，随后出现可输入批注的窗口，如图 5-28 所示。输入批注，然后在批注区外单击。单击“批注”组中的“上一条”或“下一条”按钮，可以从一个批注转到另一个批注；插入到幻灯片上的每个批注都可以随意移动位置，甚至可以移到幻灯片以外。如要编辑批注，则在批注的编辑区内单击即可；批注中文本的属性（颜色、大小、字体）可以自行调整；单击“批注”组中的“新建批注”按钮，可以添加新的批注；单击“显示标记”按钮，可以显示或隐藏批注。

③ 添加演讲者备注。演讲者备注是一份打印出来的作为演讲者在演讲过程中用来引导演讲思路的备注，以下是添加方法。

只有在“普通视图”的“备注”窗格中，才能输入演讲者备注。通过向上拖动灰色边框，可以扩大这个部分在屏幕上的显示面积。

此外，还可以切换到“视图”选项卡，在“演示文稿视图”组中单击“备注页”按钮，这个方法把演讲者备注作为一个整页显示，由于幻灯片图像在备注的顶部，包含备注的文本框在底部，如图 5-29 所示，对备注中的文本如同其他文本一样可以进行格式化。

④ 讲义。讲义是在它的上面可以打印若干张幻灯片的一种版面，可以将它们分发给观众，作为演示文稿内容的提示。而在演讲之前，特别是在计算机不在身边时，对于审阅演示文稿，讲义也是很有用的，在一张信纸大小的讲义中可以容纳 9 张幻灯片。单击“文件”按钮，在左侧窗格中选择“打印”菜单项，在右侧的“设置”中便可进行设置，如图 5-30 所示。

图 5-29 “备注页”视图中的演讲者备注

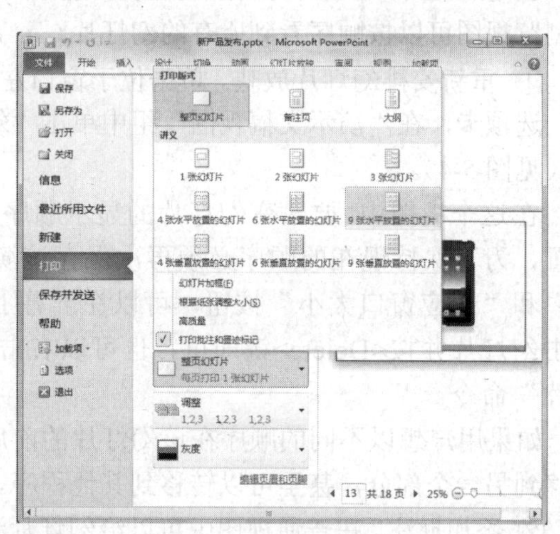

图 5-30 “讲义”设置

（13）幻灯片放映。

按快捷键<F5>是放映幻灯片的最快方法，以下步骤是幻灯片放映的其他方法。

① 切换到“视图”选项卡，单击“演示文稿视图”组中的“阅读视图”按钮。

② 切换到“幻灯片放映”选项卡，单击“开始放映幻灯片”组中的“从头开始”或“从当前幻灯片开始”按钮。

③ 单击屏幕右下端的“幻灯片放映”按钮（从当前的幻灯片开始放映）。

播放幻灯片时需要在幻灯片之间进行移动：按<Home>键，可移至第一张幻灯片；按<End>键，可移至最后一张幻灯片；要在幻灯片放映结束前，结束幻灯片放映，按<Esc>键；在放映过程中按快捷键<F1>，可以查看到提示演示文稿中操控方法的列表。更多的鼠标或键盘动作如表 5-1 所示。

表 5-1　　显示了在幻灯片之间移动或指向某一张幻灯片时鼠标和键盘动作

移到下一张幻灯片	移到上一张幻灯片
<Enter>	<BackSpace>
<→>	<←>

续表

移到下一张幻灯片	移到上一张幻灯片
<↓>	<↑>
<N>	<P>
<Page Down>	<Page Up>
<Space>	右击（先关闭“鼠标右击的弹出式菜单”）
单击鼠标	

在幻灯片放映过程中，演讲者可能需要在幻灯片上书写。要达到上述目的可以在运行幻灯片放映时，在幻灯片左下方的 4 个导航快捷按钮中，使用鼠标左键单击第 2 个快捷按钮，在弹出的快捷菜单中选择“笔”（画出细线条）、“荧光笔”（放一个透明的浅色在选定项目上）。按住鼠标左键并拖动鼠标就可以绘图，如图 5-31 所示。

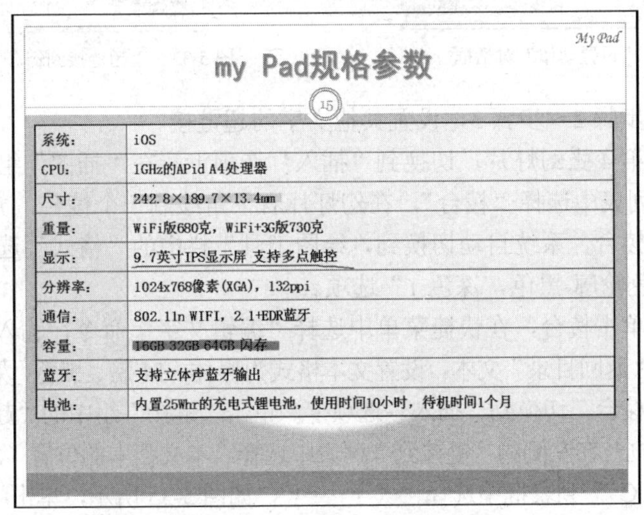

图 5-31　用绘图笔做了标注的幻灯片

下面介绍一些其他特性。

① 选择不同颜色的画笔，再次单击右键弹出快捷菜单，从“指针选项”中选择“墨迹颜色”命令。如果右键单击不能使用，则单击“文件”按钮，在左侧窗格中选择“选项”菜单项，在弹出的“PowerPoint 选项”对话框的左侧列表中选择“高级”，在右侧的“幻灯片放映”区中选中“鼠标右键单击时显示菜单”复选框，这样就预置了右键单击。

② 按<Esc>键，绘图笔会恢复为指针，再按一次<Esc>键，弹出询问“是否保留墨迹注释？”对话框，提供 2 个选项：保留/放弃。选择确定后演示文稿马上退出。

③ 在绘图笔状态下，还可以按<Ctrl+A>组合键，把指针重新改为箭头。

④ 从“指针选项”菜单上选择“擦除幻灯片上的所有墨迹”命令，可以清除所有的注释。当选择“橡皮擦”命令时，可以有选择地擦除注释。

操作步骤

【步骤 1】在普通视图中，选定第 2 张幻灯片，即目标幻灯片“关于……”。

【步骤 2】选中“my Pad 市场占有情况”文字，切换到“插入”选项卡，单击“链接”组中的“动作”按钮，弹出“动作设置”对话框，选择“单击鼠标”选项卡。

【步骤 3】选择动作“超链接到”下拉列表中的“幻灯片...”选项，如图 5-32 所示。弹出“超链接到幻灯片”对话框，在“幻灯片标题”列表框中选择“3. my Pad 市场占有情况”，如图 5-33 所示，单击“确定”按钮。

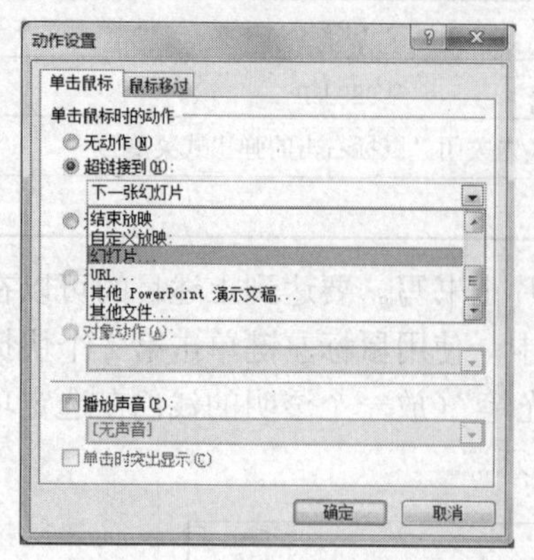

图 5-32 “设置动作”对话框

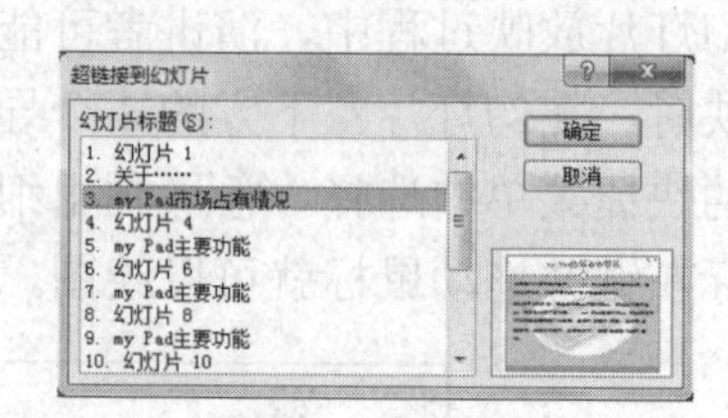

图 5-33 “超链接到幻灯片”对话框

【步骤 4】重复步骤 2～步骤 3，设置其他文字的超链接。

【步骤 5】选定第 4 张幻灯片，切换到“插入”选项卡，在“插图”组中单击“形状”按钮，在弹出的下拉列表中选择“棱台”，在幻灯片右下角绘制一个棱台，并调整图形大小。

【步骤 6】双击棱台，系统自动切换到“绘图工具”栏中的“格式”选项卡，在“形状样式”组中选择“彩色轮廓-黑色，深色 1”选项。

【步骤 7】右键单击棱台，在快捷菜单中选择“编辑文字”命令，输入“返回目录”。

【步骤 8】选中“返回目录”文本，设置文本格式为黑体、14 磅、黑色，效果如图 5-34 所示。

【步骤 9】选中棱台，切换到“插入”选项卡，单击“链接”组中的“超链接”按钮，弹出“插入超链接”对话框，在左侧的“链接到”列表中选择“本文档中的位置（A)”，在右侧的“请选择文档中的位置（C)”列表框中选择“关于……”，如图 5-35 所示，单击“确定”按钮。

图 5-34 绘制自选图形

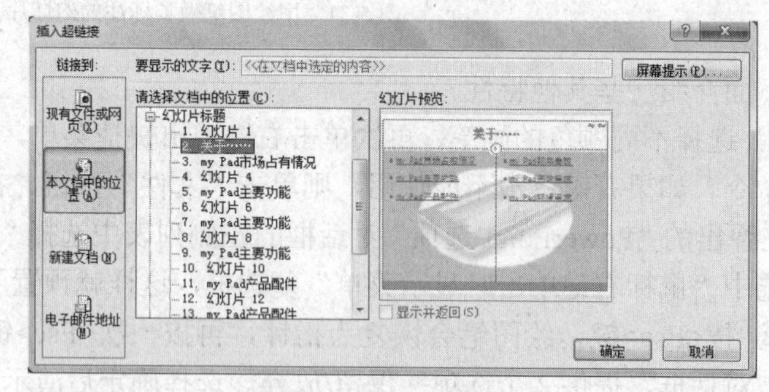

图 5-35 设置自绘图形超链接

【步骤 10】重复步骤 5～步骤 9，分别为第 10、14、15、16、17 张幻灯片设置相同的超链接。

知识扩展

（1）更换版式。

如果已有版式不能满足要求，可以更换版式。更换幻灯片版式操作步骤如下：

选定目标幻灯片，切换到“开始”选项卡，单击“幻灯片”组中的“幻灯片版式”按钮，在弹出的下拉列表中选择合适的版式。

版式更换前的画面（见图 5-36）与版式更换后的画面（见图 5-37）比较如下。

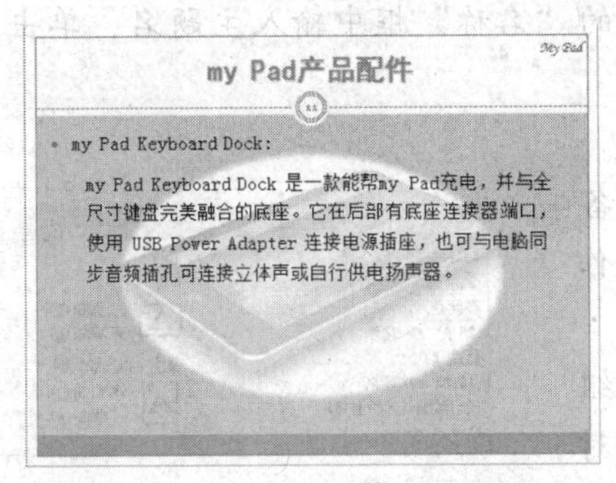

图 5-36　更换前的幻灯片版式

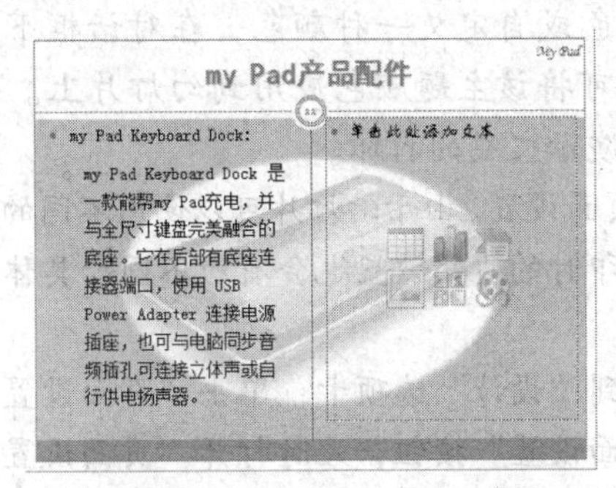

图 5-37　更换后的幻灯片版式

（2）调整背景。

对于创建好的幻灯片，在色彩方面可以进行一些设置和修改。

幻灯片的“背景”是每张幻灯片底层的色彩和图案，在背景之上，可以放置其他的图片或对象。对幻灯片背景的调整，会改变整张幻灯片的视觉效果。

调整幻灯片背景的步骤如下：

切换到“设计”选项卡，单击“背景”组中的“背景样式”按钮，在弹出的下拉列表中选择需要的样式，或选择“设置背景格式...”选项，此时打开“设置背景格式”对话框，如图 5-38 所示，根据需要，在左侧的“填充”“图片更正”“图片颜色”和“艺术效果”4 个选项卡中进行切换，并在右侧做相应的设置，最后单击“关闭”或“全部应用”按钮。

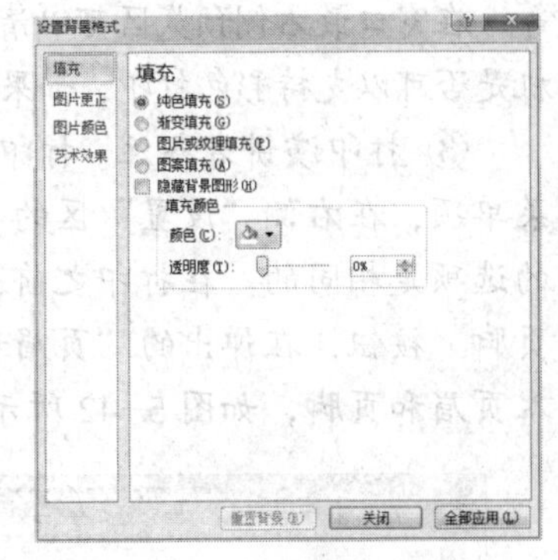

图 5-38　“背景”对话框

（3）应用主题颜色。

每一种主题都为使用该主题的演示文稿定义了一组颜色，称之为“主题颜色”。主题颜色主要用于背景、文本和线条、阴影、标题文本、填充、强调、强调和超级链接、强调和尾随超级链接。制作演示文稿时选定了主题也就确定了主体颜色，主题的改变将引起主体颜色的变化。一般情况下，演示文稿中各幻灯片应采用统一的主体颜色，但用户也可根据需要将指定的幻灯片采用另外的标准主体颜色或自己定义的主体颜色。

① 选择主体颜色。为当前幻灯片选择标准主体颜色的操作步骤如下：

切换到“设计”选项卡，单击“主题”组中的“颜色”按钮，在弹出下拉列表中选择一种，选定的主题即应用于当前打开的演示文稿上。

② 新建主题颜色。如果不想使用 PowerPoint 2010 提供的标准主题颜色，也可以新建主体颜色，其操作步骤如下：

切换到“设计”选项卡，单击“主题”组中的“颜色”按钮，在弹出的下拉列表中选择“新建主题颜色...”选项，弹出“新建主题颜色”对话框，如图 5-39 所示，在“主题颜色”框中显示出构成主题颜色的各种颜色及

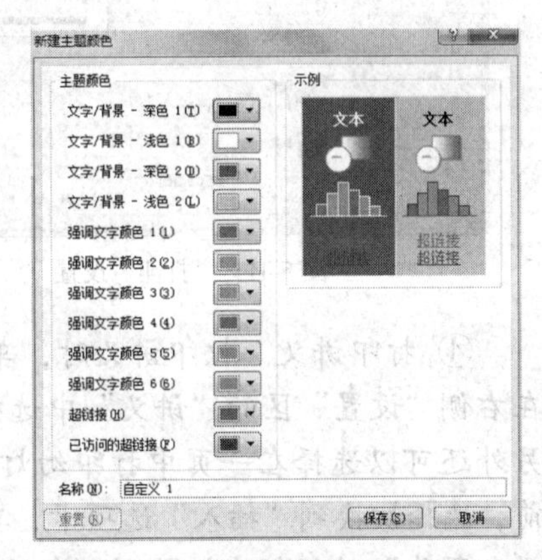

图 5-39　“新建主题颜色”对话框

对应的项目，选择要修改的项目，然后单击右侧更改颜色的按钮，在弹出的下拉列表中选择一种颜色或自定义一种颜色，在对话框下方的“名称”框中输入主题名，单击“保存”按钮，即可将该主题颜色应用到幻灯片上。

（4）演示文稿的打印。

① 页面设置。由于幻灯片可以使用不同的设备播放，打印时的页面设置也会有所不同，具体操作方法如下。

切换到“设计”选项卡，单击“页面设置”组中的“页面设置”按钮，此时打开“页面设置”对话框，如图 5-40 所示，确定纸张的大小、要打印的幻灯片的编号范围和幻灯片内容的打印方向，单击“确定”按钮。

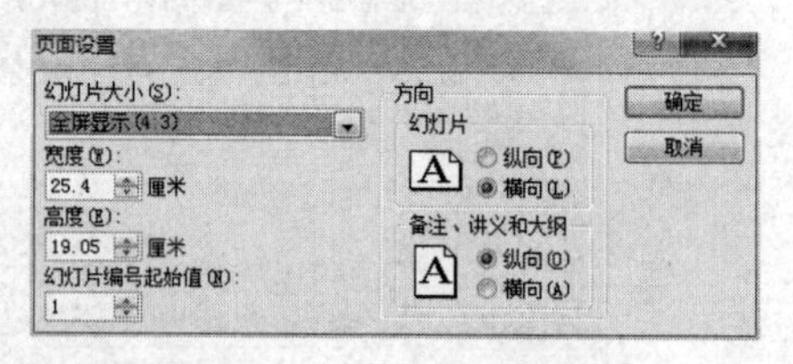

图 5-40 “页面设置”对话框

② 打印。要打印幻灯片，单击“文件”按钮，在左侧窗格中选择“打印”菜单项，右侧显示“打印”的相关设置项，如图 5-41 所示。

可以选择幻灯片的打印范围，确定“打印版式”选择了“整页幻灯片”选项，指出是否需要按比例缩小幻灯片以符合纸张大小，而不是按屏幕上的比例，以及是否需要打印出幻灯片的边框等。在窗口最右侧预览区可以清楚地看到将要打印出来的幻灯片的外观。此外，还可以查看打印机是否可以支持彩色打印，如果可以，就能选择以彩色打印。

③ 打印演讲者备注。打印演讲者备注时，单击“文件”按钮，在左侧窗格中选择“打印”菜单项，在右侧“设置”区的“打印版式”中选择“备注页”选项，其他选项与打印幻灯片的选项是相同的。在打印之前，选择切换到“插入”选项卡，单击“文本”组中的“页眉和页脚”按钮，在弹出的“页眉和页脚”对话框中切换到“备注和讲义”选项卡，设置可以插入页眉和页脚，如图 5-42 所示。

图 5-41 “打印”设置

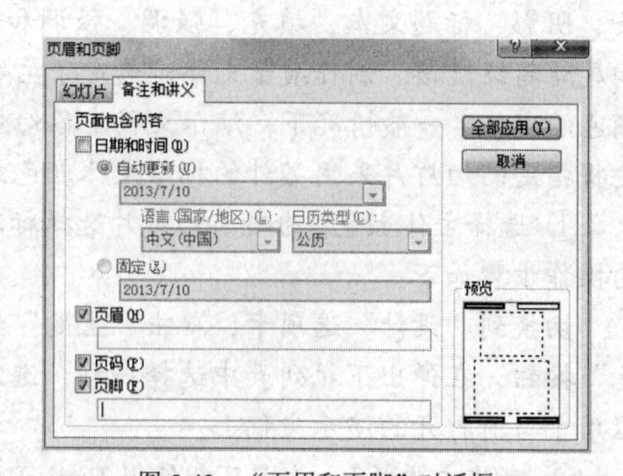

图 5-42 “页眉和页脚”对话框

④ 打印讲义。打印讲义时，单击“文件”按钮，在左侧窗格中选择“打印”菜单项，在右侧“设置”区的“讲义”中选择需要的样式。其他选项与打印幻灯片的选项是相同的，另外还可以选择在一页中打印幻灯片的数量以及在该页中呈现它们的阅读顺序。在打印之前，选择切换到“插入”选项卡，单击“文本”组中的“页眉和页脚”按钮，在弹出的“页眉和页脚”对话框中切换到“备注和讲义”选项卡，通过设置可以插入页眉和页脚，如图

5-42 所示。

⑤ 打印大纲视图。打印大纲与“普通视图”中“大纲”任务窗格所显示的一样，无论显示哪一级，都可以打印出来，可以打印大纲中所有的文本，或者只是打印幻灯片标题，也可以选择显示或隐藏格式。

⑥ 打印 Word 文件。单击“文件”按钮，在左侧窗格中选择“保存并发送”菜单项，在“文件类型”列表中选择“创建讲义”选项，单击右侧“创建讲义”按钮，如图 5-43 所示，弹出“发送到 Microsoft Word”对话框，如图 5-44 所示。可以把备注页和大纲发送到 Word 中，并在 Word 中完成格式化。Word 为文本提供了更丰富的格式化工具，如果希望 Word 中的副本与 PowerPoint 演示文稿中的信息保持一致，可以选中“粘贴链接”单选钮。

单击“确定”按钮后，Word 开始装载，然后将幻灯片和备注页插入一个表格中，应用“大纲样式”创建了大纲。

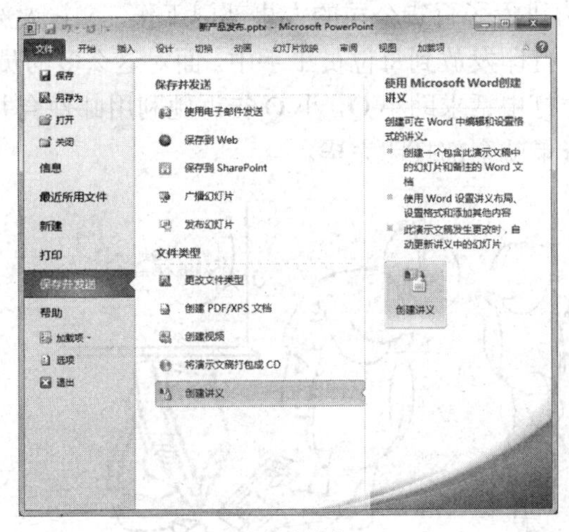

图 5-43　创建讲义

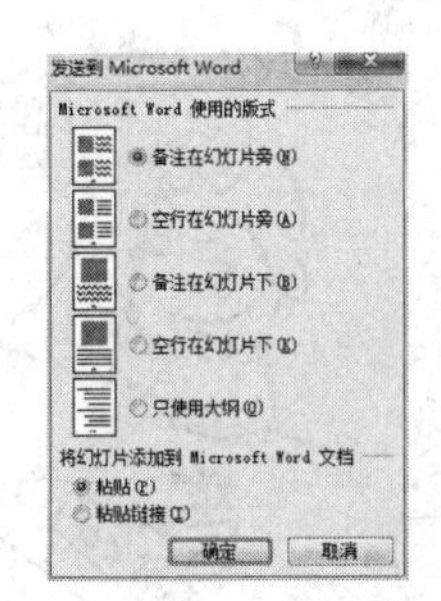

图 5-44　将幻灯片、备注页及大纲发送到 Word

拓展练习

根据“舍友”期刊的内容素材，制作一个 PPT 文件，分宿舍进行交流演示，具体要求如下。

（1）一个 PPT 文件至少要有 20 张幻灯片。

（2）第 1 张必须是片头引导页（写明主题、作者及日期等）。

（3）第 2 张要求是目录页。

（4）其他几张要有能够返回到目录页的超链接。

（5）使用“可用模板和主题”，并利用“母版”设计修改演示文稿风格（在适当位置放置符合主题的 logo 或插入背景图片，时间日期区插入当前日期，页脚区插入幻灯片编号），以更贴切的方式体现主题。

（6）选择适当的幻灯片版式，使用图文表混排组织内容（包括艺术字、文本框、图片、文字、自选图形、表格、图表等），要求内容新颖、充实、健康，版面协调美观。

（7）为幻灯片添加切换效果和动画方案，以播放方便适用为主，使得演示文稿的放映更具吸引力。

（8）合理组织信息内容，要有一个明确的主题和清晰的流程。

情境六 Office 高级应用

项目一 邮件合并

项目情境

小 Q 的一位校友小陈通过自身努力进入了百货公司的人事部门工作，这几天部门领导要求她制作公司所有员工的工资明细单并打印发放到每位员工手中。面对这么多的员工，她想：这要做多少时间才能完成啊？于是急忙打电话求助小 Q，小 Q 告诉她利用邮件合并就可以轻松解决，果然，两小时后，几百份工资单就全部打印完毕。

项目分析

（1）用什么做？邮件合并可以解决在主文档的固定内容中，合并一组与发送信息相关的通信资料（数据源：如 Excel 表、Access 数据表等），从而批量生成需要的邮件文档，可以轻松、准确、快速地完成这些任务，大大地提高工作效率。

（2）如何制作主文档？与 Word 2010 文档的编辑方法一致，先进行信函的编辑，只是在设计时要考虑到需要留出哪些域在合并时使用。

（3）如何创建数据清单？一般利用 Excel 2010 或者 Access 2010 把数据清单建立完整，在设计数据清单的字段时要充分考虑到要与主文档中合并的域中的内容一致。

（4）如何进行邮件合并？利用“邮件合并”菜单根据提示完成各项域的插入，并生成正确的文档。

技能目标

（1）理解邮件合并的概念及应用范围。

（2）学会主文档和数据源的设计与创建。

（3）熟练掌握邮件合并的过程。

重点集锦

（1）主文档的设计与创建。

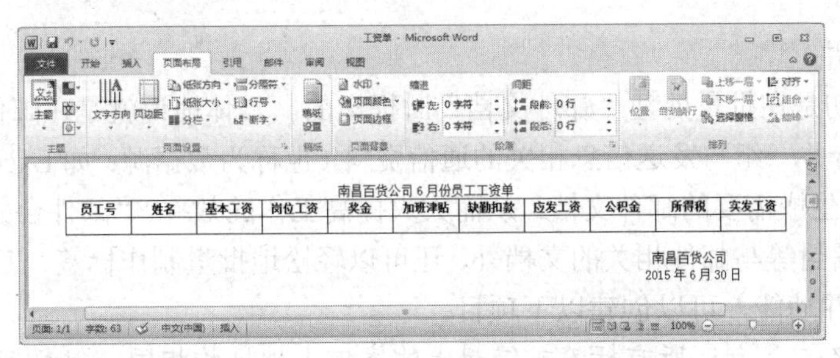

（2）数据源的设计与创建。

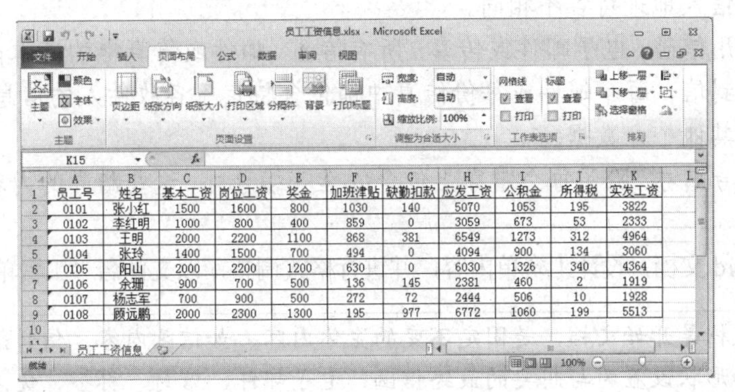

员工号	姓名	基本工资	岗位工资	奖金	加班津贴	缺勤扣款	应发工资	公积金	所得税	实发工资
0101	张小红	1500	1600	800	1030	140	5070	1053	195	3822
0102	李红明	1000	800	400	859	0	3059	673	53	2333
0103	王明	2000	2200	1100	868	381	6549	1273	312	4964
0104	张玲	1400	1500	700	494	0	4094	900	134	3060
0105	阳山	2000	2200	1200	630	0	6030	1326	340	4364
0106	余珊	900	700	500	136	145	2381	460	2	1919
0107	杨志军	700	900	500	272	72	2444	506	10	1928
0108	顾远鹏	2000	2300	1300	195	977	6772	1060	199	5513

（3）邮件合并的结果。

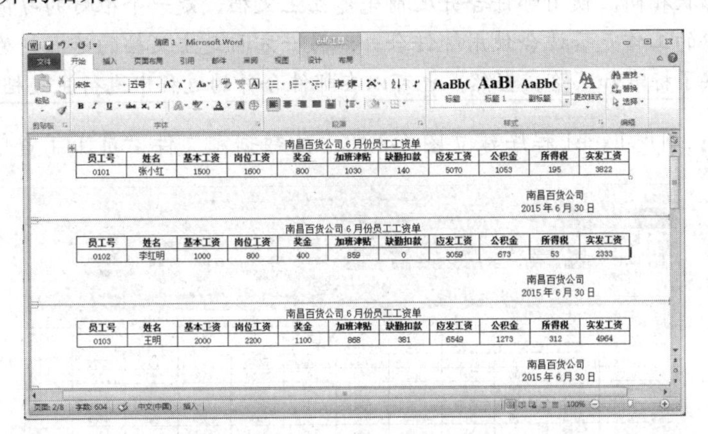

项目详解

项目要求 1： 利用 Word 程序建立图 6-1 所示的主文档“工资单”。

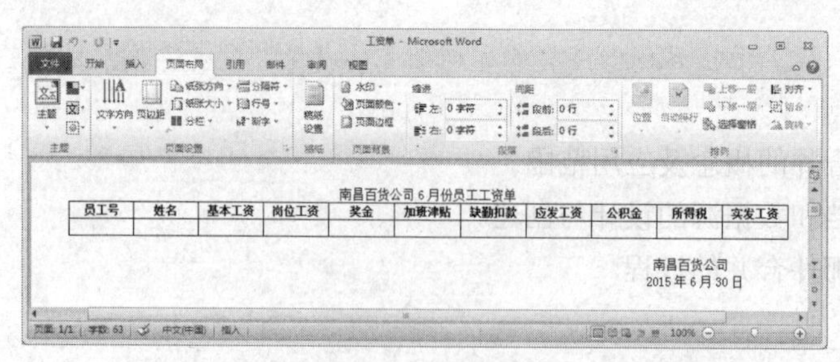
南昌百货公司6月份员工工资单

员工号	姓名	基本工资	岗位工资	奖金	加班津贴	缺勤扣款	应发工资	公积金	所得税	实发工资

南昌百货公司
2015年6月30日

图6-1 “工资单”样稿

知识储备

(1) 邮件合并。

这个名称最初是在批量处理“邮件文档”时提出的。具体地说就是在邮件文档（主文档）的固定内容中，合并一组与发送信息相关的通信资料（也称为数据源：如Excel工作表、Access数据库等），批量生成需要的邮件文档，从而大大提高工作的效率。“邮件合并”功能除了可以批量处理信函、信封等与邮件相关的文档外，还可以轻松地批量制作标签、工资条、成绩单等。

使用邮件合并功能，可以创建以下项目。

- 一组标签或信封：所有标签或信封上的寄信人地址均相同，但每个标签或信封上的收信人地址将各不相同。
- 一组套用信函、电子邮件或传真：所有信函、邮件或传真中的基本内容都相同，但是每封信、每个邮件或每份传真中都包含特定于各收件人的信息，如姓名、地址或其他个人数据。
- 一组编号赠券：除了每个赠券上包含的唯一编号外，这些赠券的内容完全相同。

操作步骤

新建一个Word文档，设计工资单内容，并进行格式调整，以文件名“工资单.docx”进行保存。

主文档是开始文档，是固定不变的主体内容，如信函内容、信封落款等。需要将它的大小和形状设置为与想要的最终信函、电子邮件、信封、标签、优惠券或其他文档的大小和形状相同。使用邮件合并之前先建立主文档，是一个很好的习惯。一方面可以考查预计中的工作是否适合使用邮件合并；另一方面是主文档的建立，为数据源的建立或选择提供了标准和思路。当然，也可以在邮件合并的过程中进行主文档的建立。

项目要求2：利用Excel程序建立图6-2所示的数据源文件“员工工资信息”。

员工号	姓名	基本工资	岗位工资	奖金	加班津贴	缺勤扣款	应发工资	公积金	所得税	实发工资
0101	张小红	1500	1600	800	1030	140	5070	1053	195	3822
0102	李红明	1000	800	400	859	0	3059	673	53	2333
0103	王明	2000	2200	1100	868	381	6549	1273	312	4964
0104	张玲	1400	1500	700	494	0	4094	900	134	3060
0105	阳山	2000	2200	1200	630	0	6030	1326	340	4364
0106	余珊	900	700	500	136	145	2381	460	2	1919
0107	杨志军	700	900	500	272	72	2444	506	10	1928
0108	顾远鹏	2000	2300	1300	195	977	6772	1060	199	5513

图6-2 “员工工资信息”样稿

知识储备

（2）数据源文件。

数据源文件又称为数据源或数据列表，是将信息组织到列和行中的任意文件。可以使用许多不同的程序创建数据源文件，如 Outlook 中的联系人列表、Word 中创建的表格、Excel 工作表、Access 数据库甚至文本文件等。数据源文件中的列代表类别，每一行代表完整的记录。

要在邮件合并中使用的唯一信息（唯一信息是在创建的每个合并副本中不同的信息。例如，唯一信息可能是信封或标签上的地址、套用信函的问候行中的姓名、发送给员工的电子邮件中的薪水金额、邮寄给最佳客户的明信片中有关其最喜爱产品的说明等）必须存储在数据源文件中。通过数据源文件的结构，可以使该信息的特定部分与主文档中的占位符相匹配。

操作步骤

新建 Excel 工作簿，进行字段设计，输入记录，并保存为“员工工资信息.xlsx”。

项目要求 3：通过邮件合并生成信函文档“合并完成后的文档.docx”。

知识储备

（3）文档类型。

① 信函、电子邮件：将信函或电子邮件发送给一组人。

② 信封、标签：打印成组邮件的带地址信封或地址标签。将打开“信封选项”或“标签选项”对话框，可以在该对话框中对主文档进行设置。

③ 目录：创建包含目录或地址打印列表的单个文档。

（4）选取收件人。

如果选择“从 Outlook 联系人中选择”，可以从 Outlook 联系人文件夹中选取姓名和地址。

如果还没创建数据源，则可以选择“键入新列表”选项，在弹出的“新建地址列表”对话框中进行创建，新列表以“Microsoft Office 通讯录（*.mdb）”文件的形式保存。在将来的邮件合并中，可以重新使用此文件；还可以通过在合并期间打开“邮件合并收件人”对话框，或在 Access 中打开此文件对记录进行更改。

如果已经准备好包含员工工资信息的 Excel 工作表或 Access 数据库，可单击“使用现有列表”，来定位该文件。

（5）域。

域指 Word 在文档中自动插入文字、图形、页码和其他资料的一组代码，也是插入主文档中的占位符（占位符表明唯一信息将出现的位置及其内容），表示合并时在所生成的每个文档副本中显示唯一信息的位置。

在 Word 中有很多可以插入到文档中的其他域，可以显示有关文档的信息，执行某些计算或操作，如文档的创建日期、打印日期、作者的姓名、在文档的某一节中计算和显示页数，或提示文档用户填充文字。例如，“Date”域自动将当前日期添加到套用信函的每个合并副本中。“PrintDate”域和“合并记录#”域将唯一编号添加到发票的每个副本中。“If…Then…Else…”域在信函中打印公司地址或者家庭地址。

匹配域：为了确保 Word 在数据文件中可以找到与每一个地址或问候元素相对应的列，这时需要匹配域。

如果向文档中插入地址块域或问候语域，则将提示用户选择喜欢的格式。例如，在“编写与插入域”组中单击“问候语”按钮时打开“插入问候语”对话框，如图 6-3 所示。可以使用“问候语格式”下的列表进行选择。

如果 Word 不能将每一问候或地址元素与数据文件中的列相匹配，则将无法正确地合并地址和问候语。为了避免出现问题，需要单击“匹配域”按钮，打开“匹配域”对话框，如图 6-4 所示。

地址和问候元素在左侧列出，数据文件的列标题在右侧列出。Word 搜索与每一元素相匹配的列。在图 6-4 中，Word 自动将数据文件的“姓”列与“姓氏”匹配。但 Word 无法匹配其他元素。例如，在此数据文件中，Word 不能匹配“名字”或“地址 1”。

通过使用右侧列表，可以从数据文件中选择与左侧元素相匹配的列。在图 6-4 中，“名字”列与“名字”相匹配，“地址”列与“地址 1”相匹配。由于“尊称”和“单位”与所创建的文档无关，因此如果它们都不匹配，也不会存在问题。

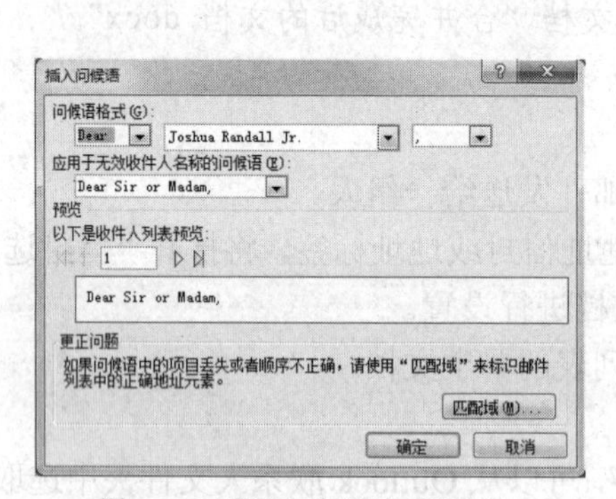

图 6-3 “插入问候语”对话框

图 6-4 “匹配域”对话框

（6）邮件合并文档的保存。

保存的合并文档与主文档是分开的。如果还要将主文档用于其他的邮件合并，需要保存主文档。保存主文档时，除了保存内容和域之外，还将保存与数据文件的链接。下次打开主文档时，将提示用户选择是否要将数据文件中的信息再次合并到主文档中。如果单击“是”，则在打开的文档中将包含合并的第一条记录中的信息。如果打开任务窗格（“工具”菜单，“信函与邮件”子菜单，“邮件合并”命令），将处于“选择收件人”步骤中。可以单击任务窗格中的超链接来修改数据文件以包含不同的记录集或连接到不同的数据文件。然后单击任务窗格底部的“下一步”按钮继续进行合并。如果单击“否”，则将断开主文档和数据文件之间的连接。主文档将变成标准 Word 文档，而域将被第一条记录中的唯一信息替换。

如果想把信函直接发 E-mail 给客户，可以在“选择文档类型”区选中“电子邮件”单选钮。不过要注意：数据源表格中必须包含“电子信箱”字段，在“完成合并”时，“合并”区出现的是“电子邮件”链接，单击链接后，打开“合并到电子邮件”对话框，单击“收件人”框的下拉箭头，在弹出的列表中显示了数据源表格中的所有字段，选择“电子信箱”字段，然后在“主题行”框内输入电子邮件的主题，单击“确定”按钮，Word 就启动 Outlook 进行发送邮件的操作了，同时要注意你的 Outlook 要能正常工作才能最终完成任务。

操作步骤

【步骤 1】打开主文档“工资单.docx”，切换到“邮件”选项卡，在“开始邮件合并”组中单击“开始邮件合并”按钮，在弹出的下拉列表中选择“邮件合并分步向导”选项，此时，在窗口右侧弹出“邮件合并”任务窗格，如图 6-5 左图所示。

【步骤 2】选择“信函”。单击任务窗格下方的“下一步：正在启动文档”，进入“选择开始文档”，如图 6-5 右图所示，选择“使用当前文档”单选钮。

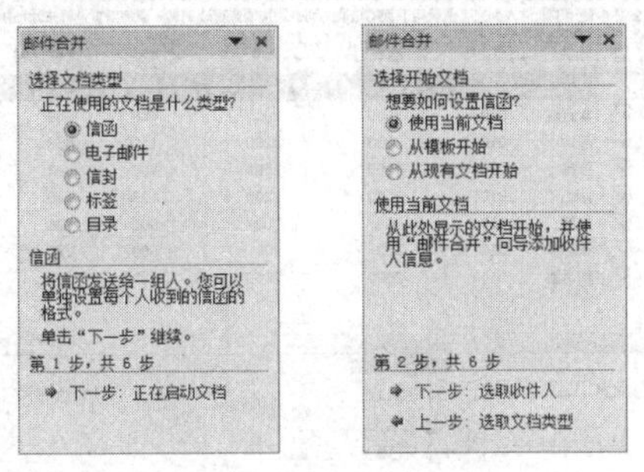

图 6-5 “邮件合并”任务窗格步骤 1 和步骤 2

如果已打开主文档，或者从空白文档开始，则可以单击“使用当前文档”。如果选择“从模板开始”或“从现有文档开始”，可以选择要使用的模板或文档。

【步骤 3】单击任务窗格下方的“下一步：选取收件人”，进入“选择收件人”任务窗格，如图 6-6 所示。由于我们已经准备好了 Excel 格式的数据源“员工工资信息.xlsx”，于是可以在此选择“使用现有列表”，单击“浏览”按钮，打开“选取数据源”对话框，如图 6-7 所示。

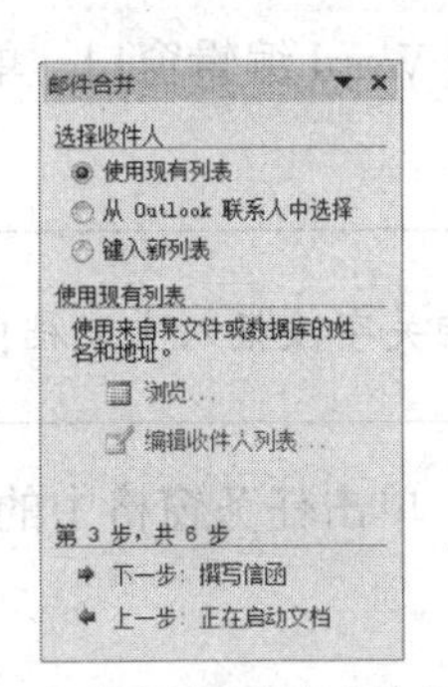

图 6-6 “邮件合并”任务窗格步骤 3

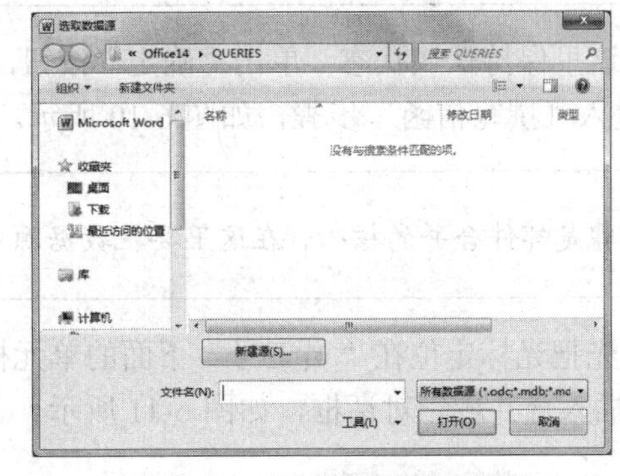

图 6-7 “选取数据源”对话框

为了提高效率，建议在之前就把数据源创建好。

【步骤 4】在该对话框中选择源文件“员工工资信息.xlsx”所在位置，选定源文件，单击“打开”按钮。由于该数据源是一个 Excel 格式的文件，接着弹出“选择表格”对话框，提示选择数据存放的工作表，如图 6-8 所示。

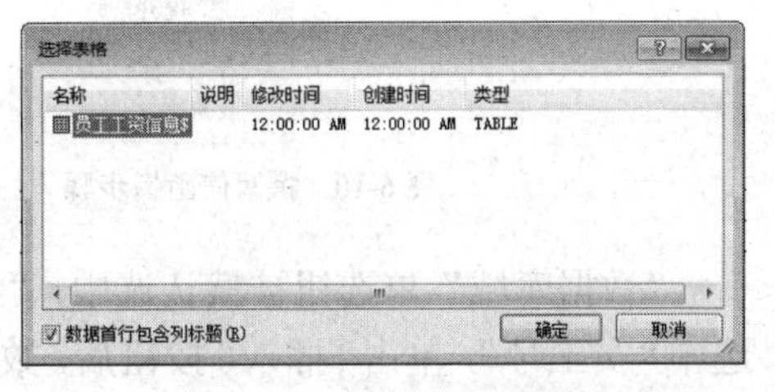

图 6-8 “选择表格”对话框

【步骤 5】因为员工工资信息数据存放在员工工

资信息工作表中，于是在员工工资信息被选中的情况下单击“确定”按钮，屏幕弹出“邮件合并收件人”对话框，如图 6-9 所示。可以在这里选择要合并到主文档的记录，默认状态是“全选”。

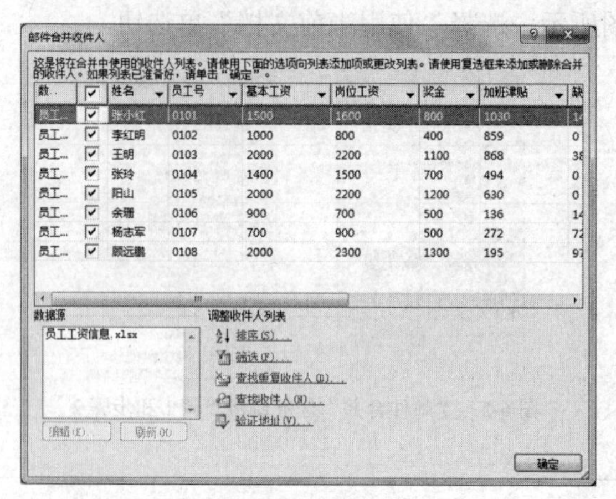

数.	✓	姓名	员工号	基本工资	岗位工资	奖金	加班津贴	缺
员工...	✓	张小红	0101	1500	1600	800	1030	1(
员工...	✓	李红明	0102	1000	800	400	859	0
员工...	✓	王明	0103	2000	2200	1100	868	38
员工...	✓	张玲	0104	1400	1500	700	494	0
员工...	✓	阳山	0105	2000	2200	1200	630	0
员工...	✓	余珊	0106	900	700	500	136	14
员工...	✓	杨志军	0107	700	900	500	272	72
员工...	✓	顾远鹏	0108	2000	2300	1300	195	97

图 6-9 “邮件合并收件人”对话框

在此对话框中，若要按升序或降序排列某列中的记录，可单击列标题。若要筛选列表，可单击包含要筛选值的列标题旁的箭头，然后单击所需的值。

对列表进行筛选之后，通过单击箭头，再单击“(全部)”可以再次显示全部记录。清除记录旁的复选框可以排除该记录。如果是在邮件合并过程中创建的数据文件，本对话框中的“编辑”按钮为可用状态。

【步骤 6】这里保持默认状态，单击“确定”按钮，返回 Word 编辑窗口。单击“下一步：撰写信函”，进入“撰写信函”步骤，如图 6-10 所示。

这个步骤是邮件合并的核心，在这里要把数据源中的相关字段插入主文档中的恰当位置。

【步骤 7】先把光标定位在“员工号”下面的单元格内，单击任务窗格中的“其他项目”链接，打开“插入合并域”对话框，如图 6-11 所示。

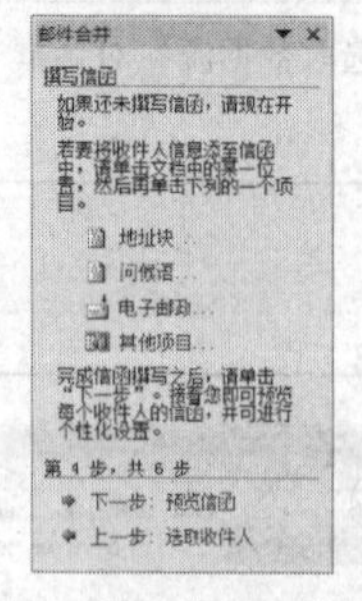

图 6-10 撰写信函”步骤

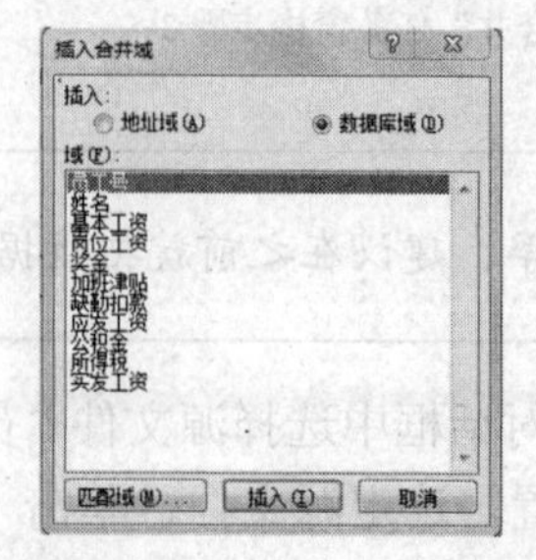

图 6-11 “插入合并域”对话框

“数据库域”单选钮被默认选中，“域（F）：”下方的列表中出现了数据源表格中的字段。选中“员工号”，单击“插入”按钮后，数据源中该字段插入了主文档中，插入的字段都被“《》”

符号括起来。

【步骤 8】关闭“插入合并域”对话框，用同样的方法把数据源中的“姓名、基本工资、岗位工资、奖金、加班津贴、缺勤扣款、应发工资、公积金、所得税、实发工资”字段插入到主文档中相应位置，字段插入完成后效果如图 6-12 所示。

南昌百货公司 6 月份员工工资单

员工号	姓名	基本工资	岗位工资	奖金	加班津贴	缺勤扣款	应发工资	公积金	所得税	实发工资
«员工号»	«姓名»	«基本工资»	«岗位工资»	«奖金»	«加班津贴»	«缺勤扣款»	«应发工资»	«公积金»	«所得税»	«实发工资»

南昌百货公司
2015 年 6 月 30 日

图 6-12　插入合并域完成后的效果

每插入一个合并域后，都要将“插入合并域”对话框关闭，才能进行下一个域的插入。

【步骤 9】检查确认每个域都正确之后，单击“下一步：预览信函”，进入“预览信函”步骤。可以看到刚才主文档中带有“《》”符号的字段变成数据源表中的第一条记录中信息的具体内容，如图 6-13 所示。

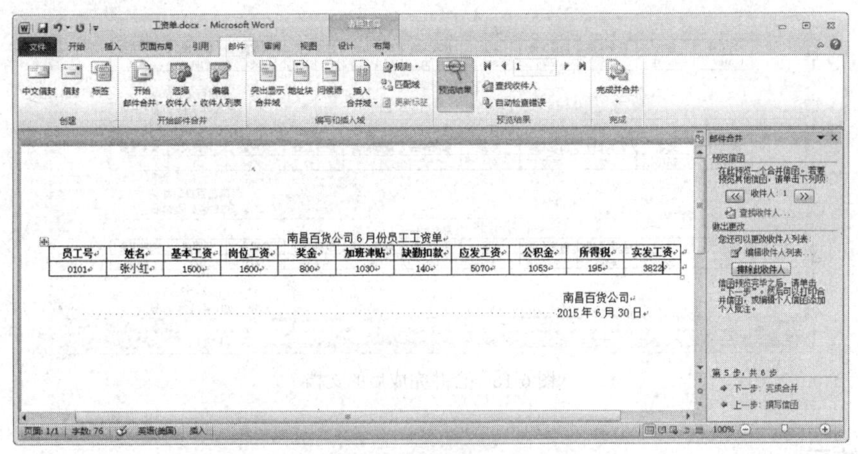

图 6-13　“预览信函”步骤

通过单击任务窗格中的“查找收件人”可以预览特定收件人的文档。如果不希望包含正在查看的记录，可单击“排除此收件人”。单击“编辑收件人列表”可以打开“邮件合并收件人”对话框，可在此处对列表进行筛选。单击任务窗格中的“《”或“》”按钮可以浏览批量生成的其他信函，此时可对信函进行格式和位置的调整。

【步骤 10】单击“下一步：完成合并”，就进入了“完成合并”步骤，如图 6-14 所示。

如果选择“编辑个人信函”则可以把合并文档保存在新的文档中，如果选择“打印”链接就可以批量打印合并得到的多份信函了。在弹出的“合并到打印机”对话框中还可以指定打印的范围。

【步骤 11】单击“编辑个人信函”按钮，弹出“合并到新文档”对话框，如图 6-15 所示，选择“全部”，单击“确定”按钮。

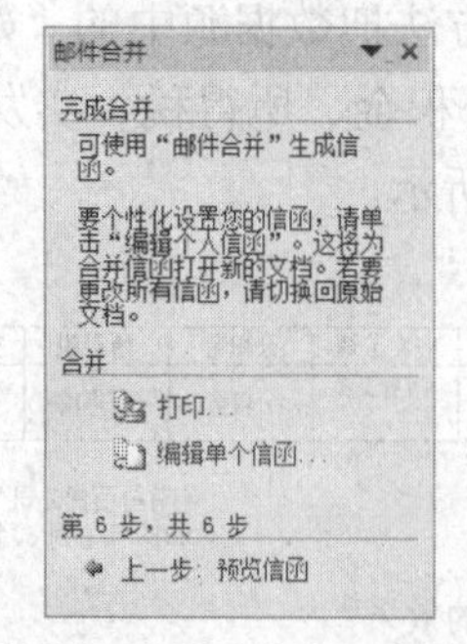

图 6-14 “完成合并”步骤

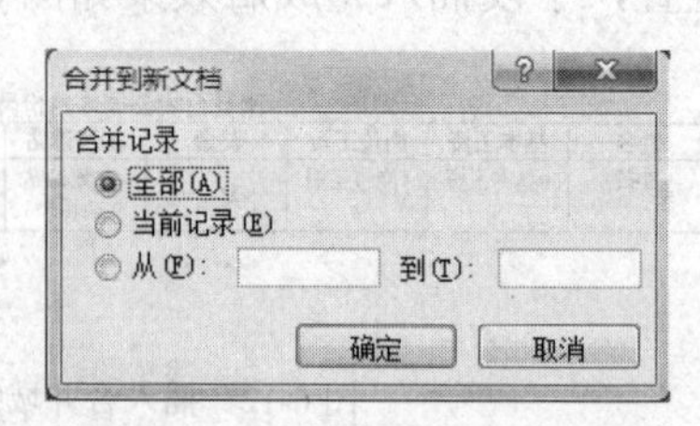

图 6-15 “合并到新文档”对话框

系统自动生成新文档“字母 1”，并显示出所有合并后的信函，Word 将把所有信函保存到单个文件中，此处每页一封，如图 6-16 所示，此时把文档保存为“合并完成后的文档.docx”即可。

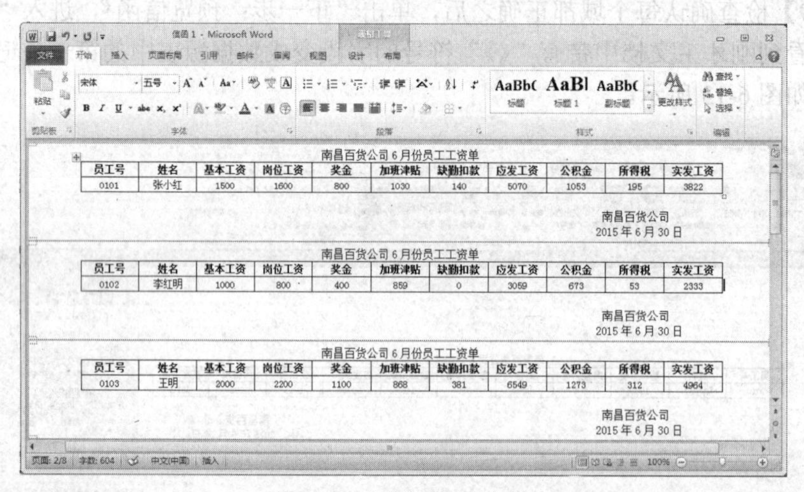

南昌百货公司 6 月份员工工资单

员工号	姓名	基本工资	岗位工资	奖金	加班津贴	缺勤扣款	应发工资	公积金	所得税	实发工资
0101	张小红	1500	1600	800	1030	140	5070	1053	195	3822

南昌百货公司
2015 年 6 月 30 日

南昌百货公司 6 月份员工工资单

员工号	姓名	基本工资	岗位工资	奖金	加班津贴	缺勤扣款	应发工资	公积金	所得税	实发工资
0102	李红明	1000	800	400	859	0	3059	673	53	2333

南昌百货公司
2015 年 6 月 30 日

南昌百货公司 6 月份员工工资单

员工号	姓名	基本工资	岗位工资	奖金	加班津贴	缺勤扣款	应发工资	公积金	所得税	实发工资
0103	王明	2000	2200	1100	868	381	6549	1273	312	4964

南昌百货公司
2015 年 6 月 30 日

图 6-16 合并完成后的文档

拓展练习

根据以下步骤，完成录取通知书的制作。

（1）利用 Word 程序建立图 6-17 所示的主文档“录取通知书.docx”。

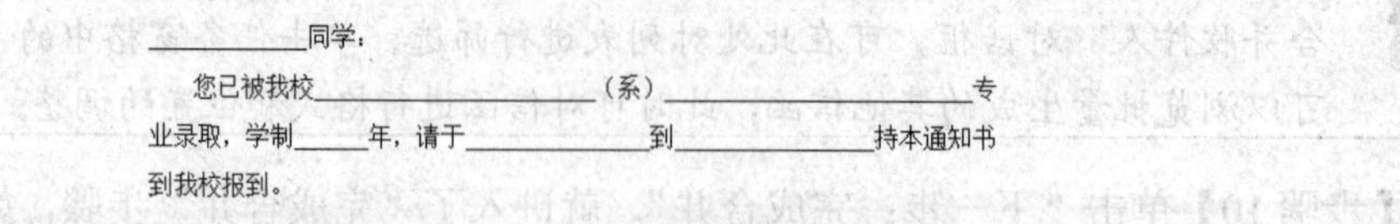

________同学：

您已被我校__________（系）__________专业录取，学制____年，请于__________到__________持本通知书到我校报到。

江西工业工程职业技术学院
2015 年 8 月 16 日

图 6-17 “录取通知书”样稿

（2）利用 Excel 程序建立图 6-18 所示的数据源文件“学生信息.xlsx”。

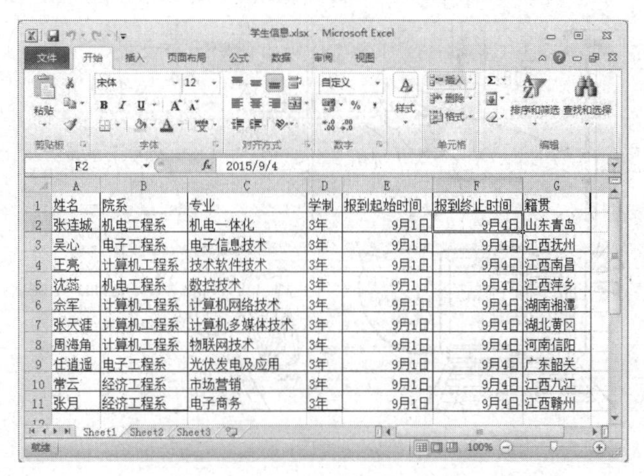

	A	B	C	D	E	F	G
1	姓名	院系	专业	学制	报到起始时间	报到终止时间	籍贯
2	张连城	机电工程系	机电一体化	3年	9月1日	9月4日	山东青岛
3	吴心	电子工程系	电子信息技术	3年	9月1日	9月4日	江西抚州
4	王亮	计算机工程系	技术软件技术	3年	9月1日	9月4日	江西南昌
5	沈蕊	机电工程系	数控技术	3年	9月1日	9月4日	江西萍乡
6	余军	计算机工程系	计算机网络技术	3年	9月1日	9月4日	湖南湘潭
7	张天涯	计算机工程系	计算机多媒体技术	3年	9月1日	9月4日	湖北黄冈
8	周海角	计算机工程系	物联网技术	3年	9月1日	9月4日	河南信阳
9	任逍遥	电子工程系	光伏发电及应用	3年	9月1日	9月4日	广东韶关
10	常云	经济工程系	市场营销	3年	9月1日	9月4日	江西九江
11	张月	经济工程系	电子商务	3年	9月1日	9月4日	江西赣州

图 6-18 “录取通知书”样稿

（3）通过邮件合并生成图 6-19 所示的信函文档“合并后的录取通知书.docx”。

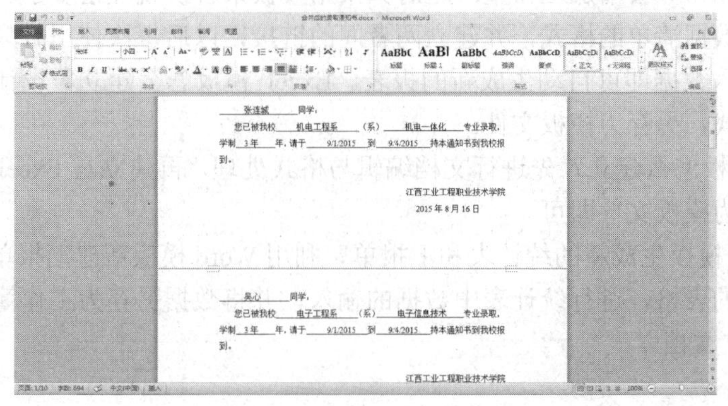

图 6-19 “合并后的录取通知书”样稿

提炼升华

（1）制作主文档，见本项目“项目要求 1”和“知识储备（1）邮件合并”。
（2）创建数据清单，见本项目“项目要求 2 和“知识储备（2）数据源文件”。
（3）邮件合并过程，见本项目“项目要求 3”。

项目二 专业文稿的制作

项目情境

小 Q 去看望自己的好朋友小牧。小牧正在计算机前一份又一份地制作这几天要上交的月报表。小 Q 看了一下，那些报表格式都相同，只是数据不同。他告诉小牧其实不用每次都去制作，如果用模板来解决就轻松多了。小牧赶紧让出位子，看着小 Q 先利用模板制作报表的格式和数据清单的格式，并建立两者间的链接，只一会儿工夫，小 Q 说：“好了，以后每天使用时只需要利用模板生成实例文件，填入数据即可自动生成新的报表。”

项目分析

（1）用什么做？每年一度的报表，或者每月、每天的报表，大多是报表格式相同，数据不同，每次都去制作，会增加工作量。这时如果用模板来解决就轻松多了。先利用模板制作出报表的格式和数据清单的格式，并建立两者间的链接，以后每次使用时只需要利用模板生成实例文件，填入数据即可自动生成新的报表。Excel 模板怎么建立？设计相应的字段，并处理好数据与公式，另存为模板文件。

（2）Word 模板怎么建立？先进行文档编辑与格式处理，再建立与 Excel 模板数据之间的链接关系，另存为模板文件即可。

（3）怎样利用模板生成新的统计表和汇报单？利用 Word 模板新建汇报单文件，并在 Word 文件中双击链接的表格，进行统计表中数据的输入，并将数据另存为工作簿文件，再保存汇报单文件为 Word 文档。

技能目标

（1）学会 Word 和 Excel 模板的制作。
（2）能对 Word 和 Excel 文件进行整合使用。
（3）学会利用模板创建实例文件。

重点集锦

（1）Excel 模板的制作。

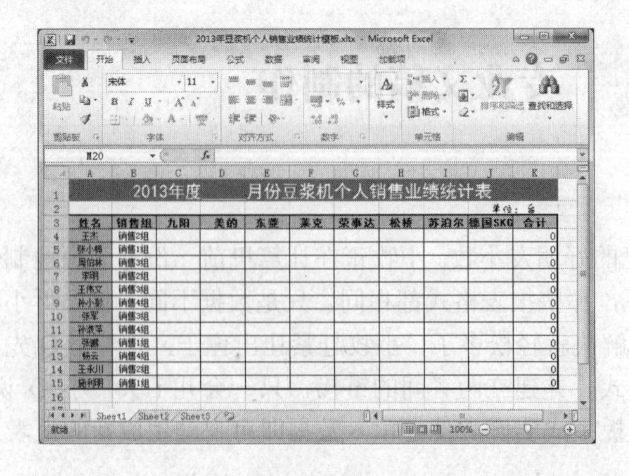

2013年度＿＿＿月份豆浆机个人销售业绩统计表

单位：台

姓名	销售组	九阳	美的	东菱	莱克	荣事达	松桥	苏泊尔	德国SKG	合计
王杰	销售2组									0
张小梅	销售1组									0
周伯林	销售3组									0
李明	销售2组									0
王伟文	销售3组									0
孙小彭	销售4组									0
张军	销售3组									0
[illegible]	销售4组									0
张鹏	销售1组									0
杨云	销售4组									0
王永川	销售2组									0
[illegible]	销售1组									0

（2）Word 模板的制作。

尊敬的销售部主任：

您好！为了有效地考核部门销售业绩，让员工们在竞争中更好地提升自己的能力，创造更好的成绩，现将______月份的豆浆机销售组个人销售业绩汇报如下，请审核。

汇报人：孙亚平

日期：2013 年 7 月 1 日

（3）利用模板生成统计表和汇报单。

2013年度　6　月份豆浆机个人销售业绩统计表

单位：台

姓名	销售组	九阳	美的	东菱	莱克	荣事达	松桥	苏泊尔	德国SKG	合计
王杰	销售2组	233		111						344
张小梅	销售1组		164			90				254
周伯林	销售3组				99			165		264
李明	销售2组	189		100						289
王伟文	销售3组				67			100		167
孙小彭	销售4组						60		90	150
张军	销售3组				88			150		238
孙淑萍	销售4组						78		106	184
张鹏	销售1组		120			85				205
杨云	销售4组						99		145	244
王永川	销售2组	250		130						380
施利明	销售1组		166			92				258

项目详解

项目要求 1：制作图 6-20 所示的工作表模板“2013 年豆浆机个人销售业绩统计模板. xltx”。

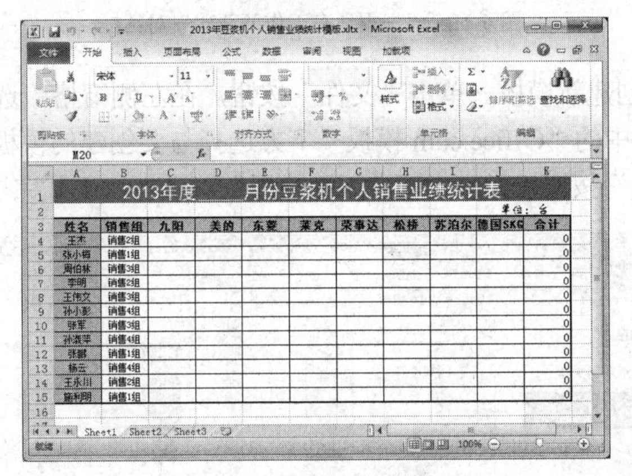

2013年度　　月份豆浆机个人销售业绩统计表

单位：台

姓名	销售组	九阳	美的	东菱	莱克	荣事达	松桥	苏泊尔	德国SKG	合计
王杰	销售2组									0
张小梅	销售1组									0
周伯林	销售3组									0
李明	销售2组									0
王伟文	销售3组									0
孙小彭	销售4组									0
张军	销售3组									0
孙淑萍	销售4组									0
张鹏	销售1组									0
杨云	销售4组									0
王永川	销售2组									0
施利明	销售1组									0

图 6-20　作表模板样稿

知识储备

（1）模板创建。

模板是一种特殊的文档，它决定了文档的基本结构和文档设置，包含了文本、图像、标题、段落等格式和样式，利用模板可以快速创建一些较复杂的文档。对于经常使用的格式和样式，做成模板后，可以多次使用，简化办公活动中各项具体工作的重复操作过程，在保证工作质量的前提下，提高工作效率。

Office 提供了一系列模板，它将日常办公活动中最常用的规范文档固定化，使用者在此基础上，只要熟悉业务，就可以用类似于“填空”的方式，快速完成规范文档的制作，而且可以保证同类文档具有相对固定的风格，形成职业化办公状态，甚至通过“模板”的使用，还可以从中体会到相关办公活动的规则。此部分内容以 Excel 程序的模板管理为例进行讲解，其他程序可参考使用。

① 根据原有文档创建模板。单击“文件”按钮，在左侧窗格中选中“新建”菜单项，在右侧的“可用模板”列表中选择“根据现有内容新建”选项，系统弹出“根据现有工作簿新建”对话框，如图 6-21 所示。选择所需文档并打开，在左侧窗格中选中“另存为”菜单项，在弹出的“另存为”对话框中，“保存类型”为“Excel 模板（*.xltx）”，选择要保存的位置，在“文件名”框中输入模板文件名，单击“保存”按钮。

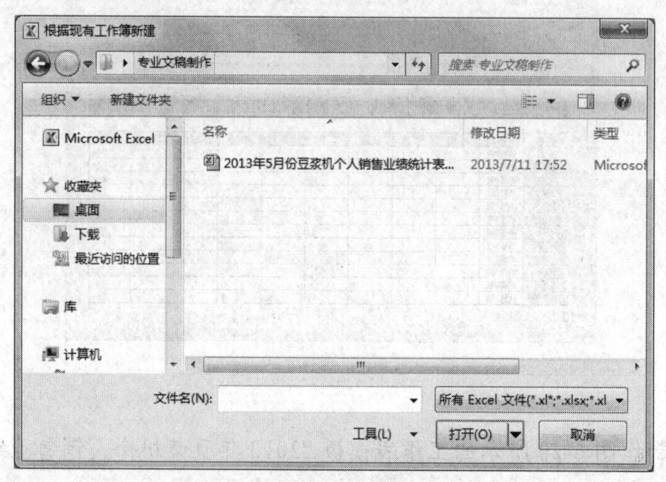

图 6-21　“根据现有工作簿新建”对话框

② 根据原有模板创建新模板。单击“文件”按钮，在左侧窗格中选中“新建”菜单项，在右侧“可用模板”列表中的“Office.com 模板”下方选择与要创建的模板相似的模板选项，如图 6-22 所示。单击“下载”按钮，弹出“正在下载模板”对话框，下载完毕系统自动打开文件。

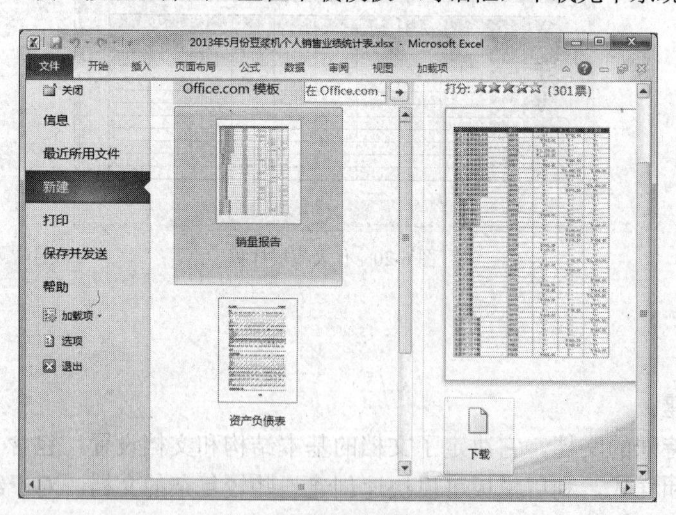

图 6-22　据原有模板创建

提示　在新模板中进行内容与格式的编辑和修改，单击“文件”按钮，在左侧窗格中选中“另存为”菜单项，“保存类型”为“Excel 模板”。在“文件名”文本框中输入新模板的名称，然后单击“保存”按钮。

③ 自定义模板。新建文档，调整好模板格式后再另存为模板文件。

基于模板创建文档：单击“文件”按钮，在左侧窗格中选中“新建”菜单项，在右侧的“可用模板”列表中选择需要的模板选项，如选择“样本模板”，则出现“样本模板”列表。选定所需模板，再单击右侧“创建”按钮即可。

可以双击模板文件快速生成基于此模板的文档文件。

（2）数据有效性。

Excel 数据有效性验证可以定义要在单元格中输入的数据类型。例如，仅可以输入从 A 到 F 的字母。可以设置数据有效性验证，以免用户输入无效的数据，或者允许输入无效数据，但在用户结束输入后进行检查。还可以提供信息，以定义期望在单元格中输入的内容，以及帮助用户改正错误的指令。

当设计的工作表要被其他人用来输入数据时，数据有效性验证尤为重要，如果输入的数据不符合要求，Excel 将显示一条提示消息。

① 效性条件。Excel 可以为单元格指定如图 6-23 所示类型的有效数据。

数值：指定单元格中的条目必须是整数或小数。可以设置最小值或最大值，将某个数值或范围排除在外，或者使用公式计算数值是否有效。

序列：为单元格创建一个选项序列，只允许在单元格中输入这些值。用户单击单元格时，将显示一个下拉箭头，从而使用户可以轻松地在列表中进行选择。

日期和时间：设置最小值或最大值，将某些日期或时间排除在外，还可以使用公式计算日期或时间是否有效。

长度：限制单元格中可以输入的字符个数，或者要求至少输入的字符个数。

② 显示的信息类型。对于所验证的每个单元格，都可以显示两类不同的信息：一类是用户输入数据之前显示的信息，另一类是用户尝试输入不符合要求的数据时显示的信息。

输入信息：一旦用户单击已经过验证的单元格，便会显示此类消息。用户可以通过输入信息来提供有关要在单元格中输入的数据类型的指令，如图 6-24 所示。

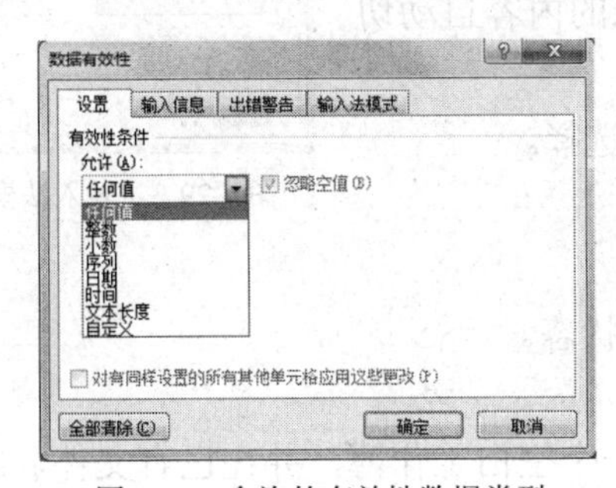

图 6-23　允许的有效性数据类型

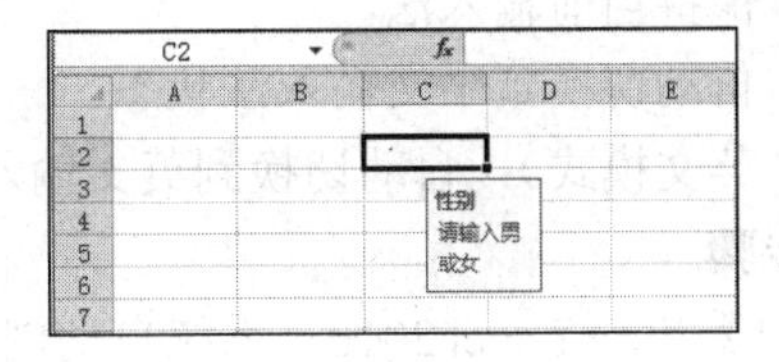

图 6-24　显示输入信息

错误警告：仅当用户输入无效数据并按下<Enter>键时，才会显示此类信息。可以在如图 6-25 所示的 3 类样式中进行选择。

停止：此类信息不允许输入无效数据。它包含文本、停止图标和两个按钮：“重试”用于返回单元格进一步进行编辑；“取消”用于恢复单元格的前一个值，如图 6-26 所示。

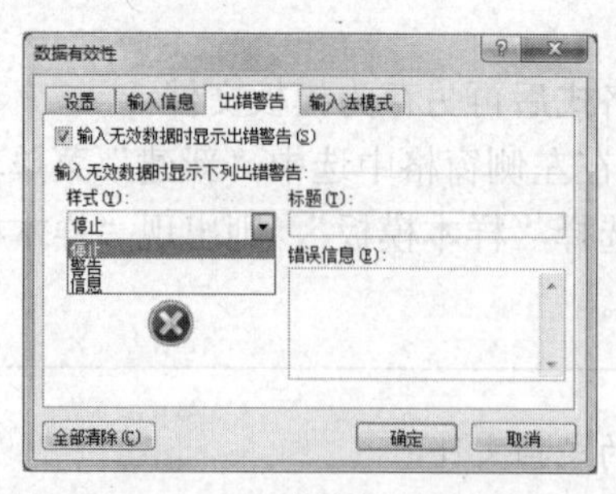

图 6-25 “出错警告”的样式

图 6-26 “停止”信息

不能将此类信息作为一种安全措施，虽然用户无法通过键入和按<Enter>键输入无效数据，但是他们可以通过复制和粘贴或者在单元格中填写数据的方式来通过验证。

警告：此类信息不阻止输入无效数据。它包含用户提供的文本、警告图标和 3 个按钮。“是”按钮用于在单元格中输入无效数据；“否”按钮用于返回单元格进一步进行编辑；“取消”按钮用于恢复单元格的前一个值，如图 6-27 所示。

信息：此类信息不阻止输入无效数据。除所提供的文本外，还包含一个信息图标、一个“确定”按钮（用于在单元格中输入无效数据）和一个“取消”按钮（用于恢复单元格中的前一个值），如图 6-28 所示。

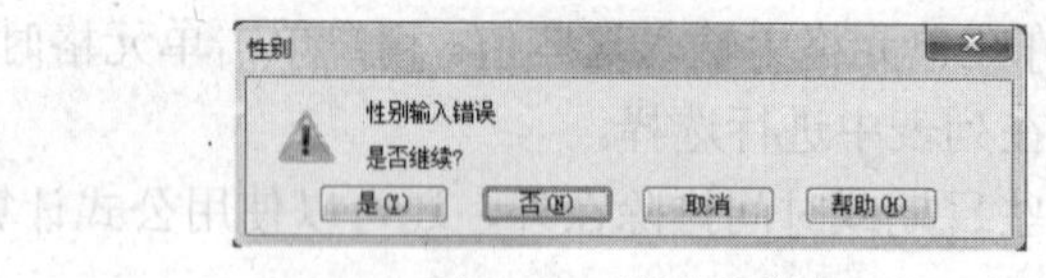

图 6-27 “警告”信息

图 6-28 “信息”信息

如果未指定任何信息，则 Excel 会标记用户输入数据是否有效，以便以后进行检查，但用户输入的数据无效时，它不会通知用户。

③ 输入法模式。Excel 数据录入时切换输入法会大大影响录入速度，为此 Excel 2010 可以根据用户要输入的内容自动切换输入法。

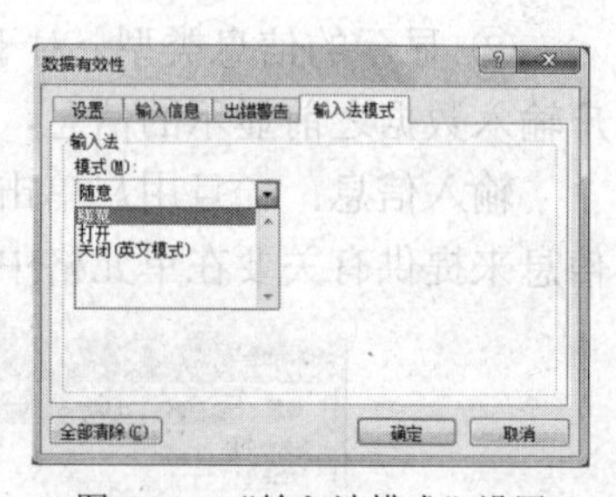

图 6-29 “输入法模式”设置

输入法模式可以在图 6-29 所示的 3 类模式中选择。

随意：保持当前输入法。

打开：自动切换到中文输入法状态。

关闭（英文模式）：自动切换到英文输入法状态。

操作步骤

【步骤 1】启动 Excel 2010，系统自动创建一个空白工作簿，并在已有文件名的基础上为它临时取名为“工作簿 1”“工作簿 2”“工作簿 3”等。

【步骤 2】在 A1 中输入表格标题“2013 年度——月份豆浆机个人销售业绩统计表”，选择 A1:K1 单元格区域，切换到“开始”选项卡，在“对齐方式”组中单击“合并后居中”按钮。可以看到标题文字横跨所选单元格区域所在列，并处在这几列的中央位置。

【步骤 3】在 A3:K3 单元格中按照样稿输入“姓名”“销售许”和各产品名称。在 A4:A15

单元格中按照样稿输入相应销售员姓名，并进行相应的边框和底纹的格式设置。

【步骤 4】选中单元格区域 B4:B15，切换到“数据”选项卡，在“数据工具”组中单击“数据有效性”按钮，弹出“数据有效性”对话框，切换到“设置”选项卡，在有效性条件的“允许”下拉列表中选择“序列”，在“来源”文本框中输入“销售 1 组，销售 2 组，销售 3 组，销售 4 组”，如图 6-30 所示。

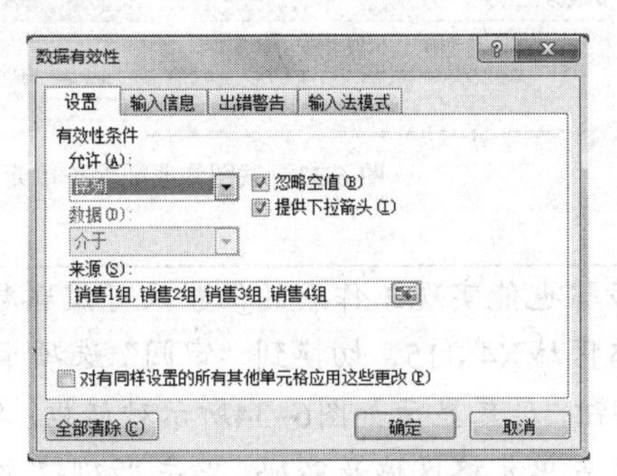

图 6-30 “数据有效性”对话框设置

每个数据选项之间用英文逗号隔开，最后一个不需要逗号。

【步骤 5】单击“确定”按钮，参照图 6-30 所示，选择每位销售员工的“销售组”。

【步骤 6】选定单元格 K4，切换到“公式”选项卡，单击“函数库”组中的“自动求和”按钮，在弹出的下拉列表中选择“求和”选项，在单元格 K4 中显示“=SUM()”，用鼠标选择计算区域 C4:J4，选择好后再按回车键确认，选定 K4 单元格，对该列的其余单元格进行公式复制填充。

【步骤 7】用鼠标拖动选中单元格区域 C4:J15，再按住<Ctrl>键单击 A1 单元格，切换到“开始”选项卡，单击“单元格”组中的“格式”按钮，在弹出的下拉列表中取消“锁定单元格”选项，或选中“设置单元格格式”选项，弹出“设置单元格格式”对话框，切换到“保护”选项卡，取消“锁定”选项，如图 6-31 所示，单击“确定”按钮。

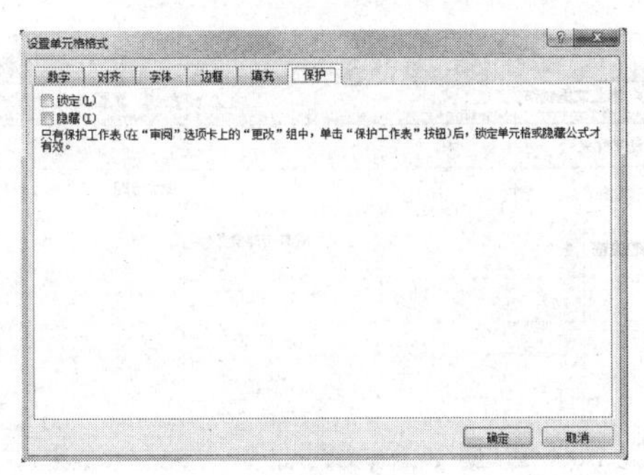

图 6-31 “设置单元格格式”对话框的“保护”选项卡

【步骤 8】选择要进行保护的工作表。切换到“开始”选项卡，单击“单元格”组中的“格式”按钮，在弹出的下拉列表中选择“保护工作表”选项，弹出“保护工作表”对话框，如图 6-32 所示。在此对话框中选择保护内容，以及允许其他用户进行修改的内容。单击“确定”按钮。

工作表被保护后，只有未锁定的单元格区域 C4:J15 可以输入内容，在其他任意单元格内输入内容时系统会弹出如图 6-33 所示的警告框，用户无法输入内容。

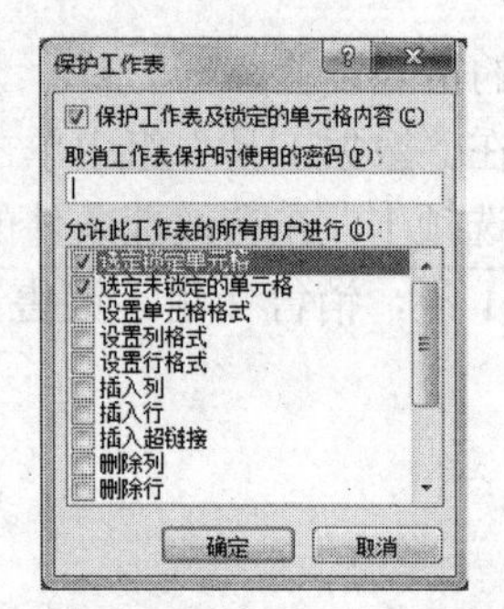

图 6-32　“保护工作表”对话框

图 6-33　试图修改被保护单元格内容警告框

- 如下操作步骤也能实现工作表的保护及可编辑数据区域的设置。
- 选定单元格区域X4:915，切换到“审阅”选项卡，单击“更改”组中的“允许用户编辑区域”按钮，屏幕显示如图6–34所示对话框。单击“新建”按钮，在图6–35所示对话框中可以设置单元格区域及密码，单击“权限”按钮还可以设置各用户权限，单击“确定 按钮，再选择“保护工作表”按钮，进行工作表保护即可。

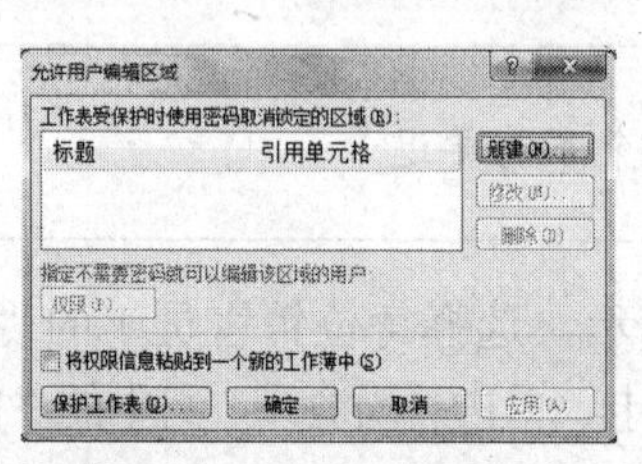

图 6-34　允许用户编辑区域

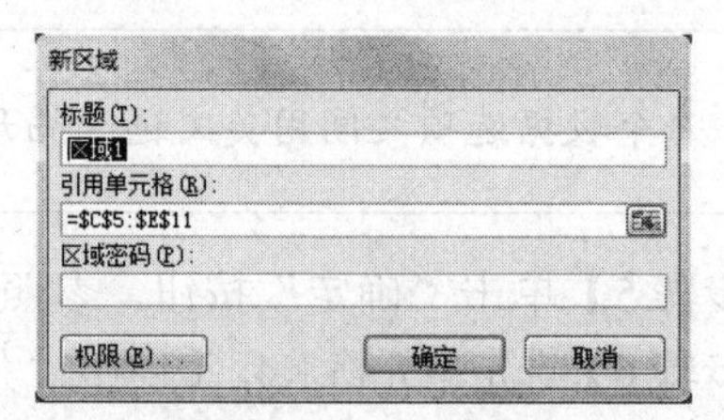

图 6-35　区域与密码设置

【步骤 9】单击“文件”按钮，选择“另存为”菜单项，在弹出的“另存为”对话框中，先选择“保存类型”为“Excel 模板（*.xltx）”，再选择要保存的位置，系统默认为“Templates”。在“文件名”文本框中输入“2013 年豆浆机个人销售业绩统计模板”，如图 6-36 所示，单击“保存”按钮，完成模板创建。

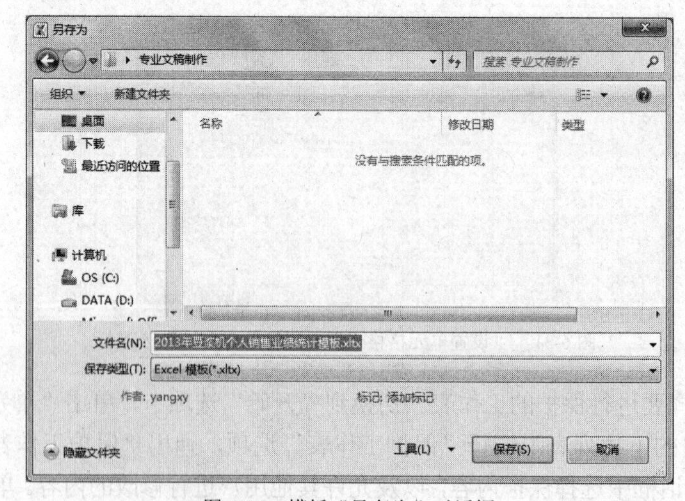

图 6-36　模板“另存为”对话框

项目要求 2：制作成 Word 模板“2013 年度豆浆机个人销售业绩汇报单.dotx”。

操作步骤

【步骤 1】新建 Word 文档，输入如图 6-37 所示文字，在插入日期时选择“自动更新”，以方便每个月使用。

尊敬的销售部主任：

您好！为了有效地考核部门销售业绩，让员工们在竞争更好地提升自己的能力，创造更好的成绩，现将______月份的豆浆机销售组个人销售业绩汇报如下，请审核。

汇报人：孙亚平

日期：2013 年 7 月 1 日

图 6-37　个人销售业绩汇报单文字

【步骤 2】打开 Excel 模板文件“2013 年豆浆机个人销售业绩统计模板.xltx”，选中单元格区域 A1:K15，执行“复制”命令。

模板文件的常用打开方式有两种：单击“文件”按钮，选择“打开”菜单项，弹出“打开”对话框，在“文件类型”下拉列表中选择“模板”，找到并打开要修改的模板；或者在模板文件上右击选择打开，切记不要用双击方式打开文件，否则将利用模板文件生成一个此模板的实例。

【步骤 3】切换到 Word 文档，光标定位在第三段的起始位置处，切换到“开始”选项卡，单击“剪贴板”组中的“粘贴”按钮，在弹出的下拉列表中选择“选择性粘贴”选项，弹出“选择性粘贴”对话框，如图 6-38 所示。选择“粘贴链接”项单选钮，形式为“Microsoft Office Excel 工作表对象”，单击“确定”按钮。

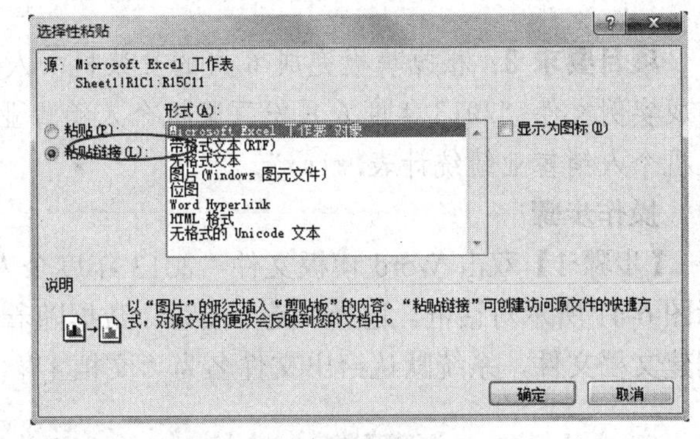

图 6-38　“选择性粘贴”对话框

【步骤 4】单击选定粘贴过来的表格，切换到“开始”选项卡，单击“段落”组中的“居中”对齐，表格处于水平居中位置，屏幕显示如图 6-39 所示。

尊敬的销售部主任：

您好！为了有效地考核部门销售业绩，让员工们在竞争更好地提升自己的能力，创造更好的成绩，现将______月份的豆浆机销售组个人销售业绩汇报如下，请审核。

2013年度______月份豆浆机个人销售业绩统计表

单位：台

姓名	销售组	九阳	美的	东菱	莱克	荣事达	松桥	苏泊尔	德国SKG	合计
王杰	销售2组									0
张小梅	销售1组									0
周伯林	销售3组									0
李明	销售2组									0
王伟文	销售3组									0
孙小彭	销售4组									0
张军	销售3组									0
孙淑萍	销售4组									0
张鹏	销售1组									0
杨云	销售4组									0
王永川	销售2组									0
施利明	销售1组									0

汇报人：孙亚平

日期：2013 年 7 月 1 日

图 6-39　Word 模板样稿

【步骤 5】单击“文件”按钮，选择“另存为”菜单项，在弹出的“另存为”对话框中，选择“保存类型”为“Word 模板（*.dotx）”，选择要保存的位置，在“文件名”文本框中输入“2013 年度豆浆机个人销售业绩汇报单模板.dotx”，如图 6-40 所示。单击“保存”按钮，完成模板创建。

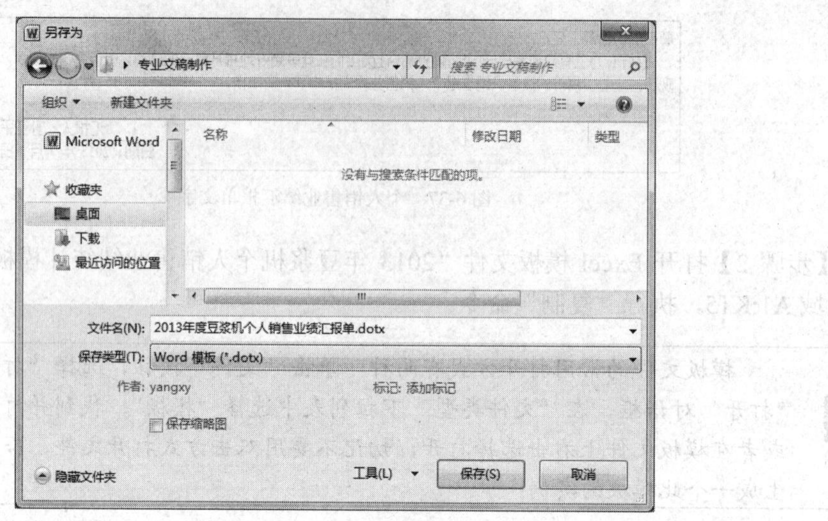

图 6-40 “另存为”对话框

项目要求 3：根据模板完成 6 月的豆浆机个人销售业绩汇报单和个人销售业绩统计表。生成实例文件“2013 年度 6 月份豆浆机个人销售业绩汇报单.docx”和“2013 年度 6 月份豆浆机个人销售业绩统计表.xlsx”。

操作步骤

【步骤 1】双击 Word 模板文件“2013 年度个人销售业绩汇报单模板.dotx”，此时屏幕显示图 6-41 所示对话框。选择“是”按钮让数据随着链接的文件更新。此时生成一个基于模板创建文档文件，系统默认给出文件名为“文档 1”。

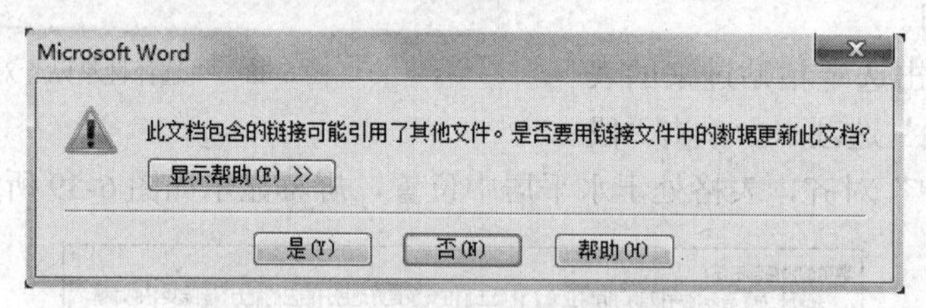

图 6-41 打开有链接的模板文件时警告提示

【步骤 2】双击文档中的链接表格，系统自动打开“2013 年个人销售业绩统计模板.xltx”，此时可在工作表中输入 6 月相应统计数据。

【步骤 3】在标题“月份”前输入“6”，再输入各项销售数据，数据输入完成后，在 Excel 程序中单击“文件”按钮，选择“另存为”菜单项，在弹出的“另存为”对话框中选择保存类型为“工作簿（*.xlsx）”，文件名为“2013 年 6 月份豆浆机个人销售业绩统计表.xlsx”，单击“保存”按钮。关闭 Excel 程序，6 月的统计表会自动保存好，如图 6-42 所示。

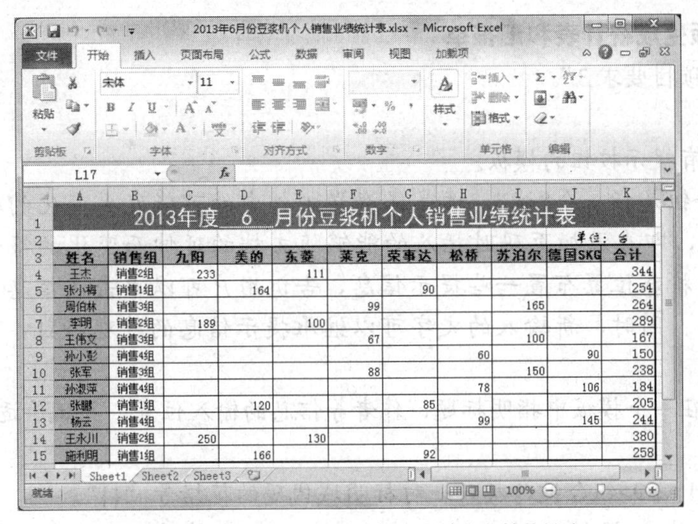

2013年6月份豆浆机个人销售业绩统计表.xlsx - Microsoft Excel

2013年度　6　月份豆浆机个人销售业绩统计表										
									单位：台	
姓名	销售组	九阳	美的	东菱	莱克	荣事达	松桥	苏泊尔	德国SKG	合计
王杰	销售2组	233		111						344
张小梅	销售1组		164			90				254
周伯林	销售3组				99			165		264
李明	销售2组	189		100						289
王伟文	销售3组				67			100		167
孙小彭	销售4组						60		90	150
张军	销售3组				88			150		238
孙淑萍	销售4组						78		106	184
张鹏	销售1组		120			85				205
杨云	销售4组						99		145	244
王永川	销售2组	250		130						380
施利明	销售1组		166			92				258

图 6-42　2013 年 6 月份豆浆机个人销售业绩统计表

【步骤 4】此时 Word 文档中已经自动更新了 6 月的数据，如图 6-43 所示。在“月份”前输入“6”，单击“文件”按钮，选择“另存为”或者“保存”菜单项，在弹出的“另存为”对话框中选择“保存类型”为“Word 文档（*.docx）”，选择要保存的位置，在“文件名”文本框中输入“2013 年度 6 月份豆浆机个人销售业绩汇报单.docx”，单击“保存”按钮，则生成 6 月份汇报单。

【步骤 5】此时屏幕弹出图 6-44 所示的“是否也保存对文档模板的更改”警告对话框，单击“否”按钮，不修改模板。

尊敬的销售部主任：

您好！为了有效地考核部门销售业绩，让员工们在竞争更好地提升自己的能力，创造更好的成绩，现将＿＿6＿＿月份的豆浆机销售组个人销售业绩汇报如下，请审核。

2013年度　6　月份豆浆机个人销售业绩统计表										
									单位：台	
姓名	销售组	九阳	美的	东菱	莱克	荣事达	松桥	苏泊尔	德国SKG	合计
王杰	销售2组	233		111						344
张小梅	销售1组		164			90				254
周伯林	销售3组				99			165		264
李明	销售2组	189		100						289
王伟文	销售3组				67			100		167
孙小彭	销售4组						60		90	150
张军	销售3组				88			150		238
孙淑萍	销售4组						78		106	184
张鹏	销售1组		120			85				205
杨云	销售4组						99		145	244
王永川	销售2组	250		130						380
施利明	销售1组		166			92				258

汇报人：孙亚平

日期：2013 年 7 月 1 日

图 6-43　2013 年度 6 月豆浆机个人销售业绩汇报单

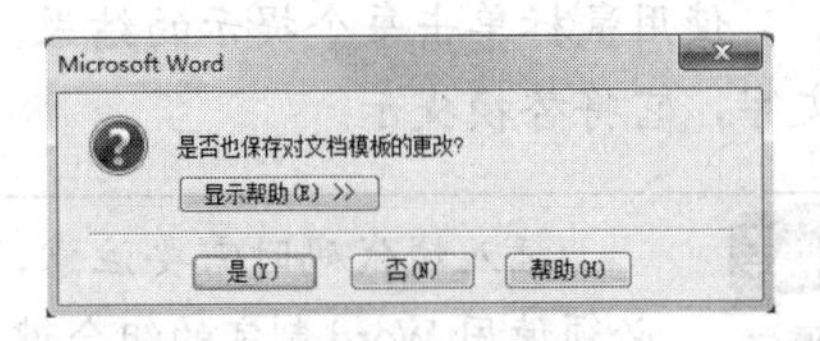

图 6-44　“保存”警告对话框

提示　以后每月要生成销售业绩汇报单都只需要利用 Word 模板生成实例文档，输入当月数据，再进行销售业绩统计表和汇报单保存即可自动生成相应文件。

提炼升华

1. Excel 模板的制作

见本项目“项目要求 1 和“知识储备（1）模板创建”。

2. Word 模板的制作

见本项目“项目要求 2”。

3. 利用模板生成统计表和汇报单

见本项目“项目要求 3”。

知识扩展

（1）制作带有提示按钮的模板。

所谓提示按钮是指一个“域”。域是保存在文档中的可能发生变化的数据。最常用到的域有 page 域，即在添加页码时插入的能够随文档的延伸而变化的符号。此外，可以利用域在文档的特殊位置布置一些提示信息，告诉用户可以单击该信息，并输入新的文字代替这些信息。同时，新输入的文字可以继承提示信息的外观特征，如字体、字号、段落特点等。

例如，需要在一个模板中指明标题、作者等信息的输入位置，并赋予适当的格式，操作步骤如下。

① 按下<Ctrl + F9>组合键，插入一对标明域代码的花括号“{}”。

② 在花括号之间键入“MacroButtonNoMacro [单击此处输入文档标题]”或“MacroButtonNoMacro [单击此处输入作者姓名]”。

③ 对插入的域和文字进行必要的格式设置，如图 6-45 所示。

{ MacroButton NoMacro [单击此处输入文档标题] }
{ MacroButton NoMacro [单击此处输入作者姓名] }

图 6-45 插入域代码

④ 在域上方单击鼠标右键，并选择“切换域代码”。

经过以上的设置，可以在屏幕上得到带有相应格式的两条信息，如图 6-46 所示。

[单击此处输入文档标题]
[单击此处输入作者姓名]

图 6-46 切换域代码后结果

使用鼠标单击每个提示的结果，该提示将处于被选中的状态，如图 6-46 所示，如果输入文字，它将替换提示。

插入域代码时需要注意，标识域代码的花括号不能使用键盘上的现有符号键入，而必须使用 Word 制定的组合键。

（2）Word 文档模板管理。

共用模板：该模板可存储宏、“自动图文集”词条，以及自定义工具栏、菜单和快捷键设置。默认情况下，Normal 模板是共用模板，可用于任何文档类型，可修改该模板，以更改默认的文档格式或内容，所含设置适用于所有文档。

文档模板：所含设置仅适用于以该模板为基础的文档。

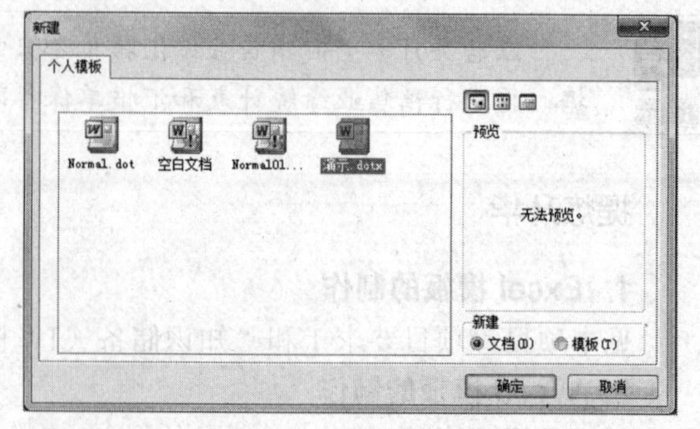

图 6-47 “新建”对话框

保存在“Templates”文件夹中的文档模板文件会出现在“我的模板”选项中。例如，新建模板“演示.dotx”，保存在“Templates”文件夹中，当单击“文件”按钮，选择“新建”菜单项后，选择“我的模板”，弹出“新建”对话框，如图 6-47 所示。

如果要在“新建”对话框中创建自定义的选项卡，请在“Templates”文件夹中创建新的子文件夹，然后将模板保存在该子文件夹中，这个子文件夹的名字将出现在新的选项卡上。例如，在“Templates”文件夹中创建子文件夹“我的模板”，新建模板文件“自定义模板.dotx”保存在“我的模板”文件夹中，当单击“文件”按钮，选择“新建”菜单项后，选择“我的模板”选项，弹出的“新建”对话框如图 6-48 所示。

保存模板时，Word 会默认指定位置为“Templates”文件夹及其子文件夹（此默认位置可以通过单击“文件”按钮，选择“选项”菜单项，在弹出的“Word 选项”对话框中选择“高级”选项，在右侧列表的“常规”中单击“文件位置”按钮，出现“文件位置”对话框，选择“修改”按钮进行设置，如图 6-49 所示）。如果将模板保存在其他位置，该模板将不出现在“新建”对话框中。保存在“Templates”文件下的任何文档（.docx）文件都可以起到模板的作用。

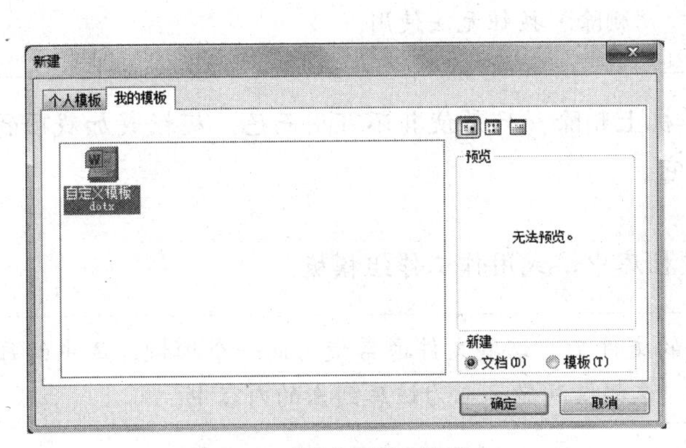

图 6-48 “我的模板”选项卡

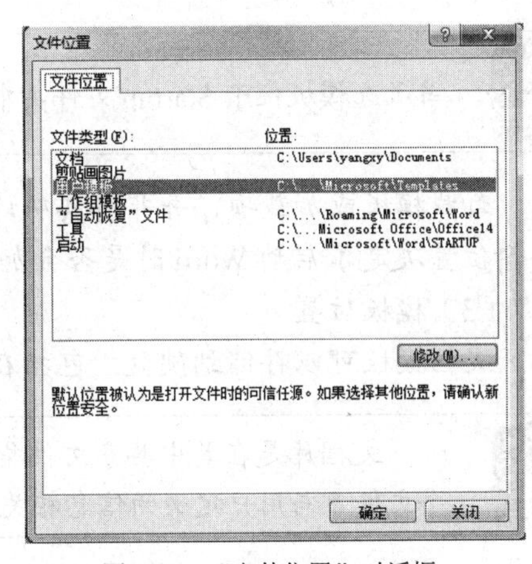

图 6-49 “文件位置”对话框

处理文档时，通常情况下只能使用保存在文档附加模板或 Normal 模板中的设置。要使用保存在其他模板中的设置，必须将其他模板作为共用模板加载。加载模板后，以后运行 Word 时都可以使用保存在该模板中的内容。

① 加载模板和加载项。

加载项是通过添加自定义命令和特定功能，安装用于扩展 Microsoft Word 功能的附加程序。

单击“文件”按钮中的“选项”菜单项，在弹出的“Word 选项”对话框中选择“加载项”选项，在右侧“管理”下拉列表中选择“模板”，单击“转到”按钮，弹出“模板和加载项”对话框，如图 6-50 所示。选择“模板”选项卡。在“共用模板及加载项”列表框中，选中要加载的模板或加载项旁边的复选框。如果框内未列出需要的模板或加载项，可单击“添加”按钮，切换到包含所需模板或加载项的文件夹，单击该模板或加载项，再单击“确定”按钮。

加载模板或加载项之后，它只在当前的 Word 会话中保持加载状态。如果退出并重新启动 Word，该模板或加载项不会自动重新加载。如果要在每次启动 Word 时加载加载项或模板，要将加载项或模板复制到“Microsoft Office Startup”文件夹中。

若要查看或更改 Startup 文件夹的位置，可单击“文件”按钮，选择“选项”菜单项，在弹出的“Word 选项”对话框中选择“高级”选项，在右侧列表的“常规”中单击“文件位置”按钮，出现“文件位置”对话框（见图 6-49）。

②卸载共用模板或加载项。

若要节省内存并提高 Word 的运行速度，卸载不常用的模板和加载项是很好的方法。如果卸载的模板或加载项位于 Startup 文件夹中，则 Word 在当前会话中将其卸载，但在下次启动 Word 时会自动重新加载。如果卸载的模板或加载项位于其他文件夹中，则必须重新加载才能再次使用。

切换到“模板和加载项”对话框中的“模板”选项卡。若要卸载一个模板或加载项并将其从“共用模板及加载项”列表框中删除，可在列表框中单击此项，然后单击“删除”按钮。

当所选模板位于 Startup 文件夹中时，“删除”按钮无法使用。

卸载模板或加载项，并非将其从计算机上删除，只是使其不可用而已。模板或加载项的存储位置决定了启动 Word 时是否会加载它。

（3）模板位置。

文档模板可以存储到硬盘，包括在文档库中，或用作工作组模板。

文档库是在其中共享文件集合的文件夹，这些文件通常使用同一个模板。库中的每个文件都与用户定义的信息相关联，这些信息显示在为该库列出的内容中。

在使用模板时，“用户模板”和“工作组模板”的文件位置设置这两个因素决定哪个文档模板可用，以及每个模板显示在“模板”对话框的哪个选项卡。模板的默认位置和启动文件夹被认为是可靠的位置。

工作组模板：在此位置保存的模板与在用户模板文件位置保存的模板基本相同，只是此位置通常是网络驱动器上的共享文件夹。可以将在网络中共享的模板保存在由“文件位置”对话框中指定的“工作组模板”文件位置中。若要防止自定义模板不慎被其他模板替换，应该将其标记为只读或保存在限制访问权限的服务器中。

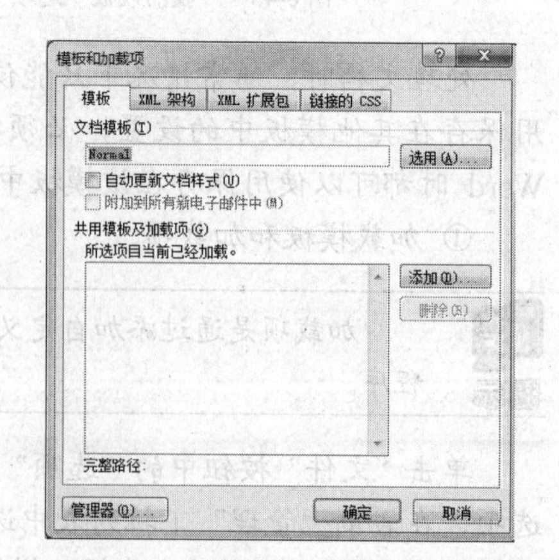

图 6-50 “模板和加载项”对话框

（4）修改模板。

如果要修改模板，则所作的更改会影响根据该模板创建的新文档。更改模板后，并不影响基于此模板的原有文档的内容。

单击“文件”按钮，选择“打开”菜单项，在“文件类型”列表中选择“Word 模板”。然后找到并打开要修改的模板。更改模板中的文本和图形、样式、格式、宏、自动图文集词条、工具栏、菜单设置和快捷键。单击“快速访问工具栏”中的“保存”按钮。

提示

也可以右击模板文件，选择“打开”命令打开此模板文件。只有在选中“自动更新文档样式”复选框的情况下，打开已有文档时，Microsoft Word 才更新修改过的样式。设置此选项，可在如图 6-50 所示的“模板和加载项”对话框中进行设置。

拓展练习

根据以下步骤，完成厨房小家电销售组的月报表。

（1）制作如图 6-51 所示工作表模板“2013 年度——月份电饭煲个人销售业绩统计模板.xltx”。

2013年度____月份电饭煲个人销售业绩统计表

单位：台

姓名	销售组	九阳	美的	东菱	莱克	荣事达	松桥	苏泊尔	德国SKG	合计
杨利蓉	销售4组									0
王志强	销售2组									0
郭波	销售3组									0
赵蔚	销售3组									0
张浩	销售3组									0
张建军	销售1组									0
韩玲	销售4组									0
张军	销售2组									0
周世勋	销售1组									0
朱建国	销售4组									0
李登峰	销售2组									0
汤楠	销售1组									0

图 6-51 “电饭煲”销售统计工作表模板

（2）制作如图 6-52 所示 Word 模板“2013 年度——月份电饭煲个人销售业绩汇报单.dotx”。

尊敬的销售部主任：

您好！为了有效地考核部门销售业绩，让员工们在竞争更好地提升自己的能力，创造更好的成绩，现将____月份的电饭煲销售部门个人销售业绩汇报如下，请审核。

2013年度____月份电饭煲个人销售业绩统计表

单位：台

姓名	销售组	九阳	美的	东菱	莱克	荣事达	松桥	苏泊尔	德国SKG	合计
杨利蓉	销售4组									0
王志强	销售2组									0
郭波	销售3组									0
赵蔚	销售3组									0
张浩	销售3组									0
张建军	销售1组									0
韩玲	销售4组									0
张军	销售2组									0
周世勋	销售1组									0
朱建国	销售4组									0
李登峰	销售2组									0
汤楠	销售1组									0

汇报人：孙亚平

日期：2013 年 7 月 1 日

图 6-52 “电饭煲”销售业绩汇报单模板

（3）根据模板完成 6 月的电饭煲个人销售业绩汇报单和个人销售业绩统计表。生成实例文件“2013 年度 6 月份电饭煲个人销售业绩汇报单.docx”（见图 6-53）和“2013 年度 6 月份电饭煲个人销售业绩统计表.xlsx”。

尊敬的销售部主任：

您好！为了有效地考核部门销售业绩，让员工们在竞争更好地提升自己的能力，创造更好的成绩，现将____6____月份的电饭煲销售部门个人销售业绩汇报如下，请审核。

2013年度__6__月份电饭煲个人销售业绩统计表

单位：台

姓名	销售组	九阳	美的	东菱	莱克	荣事达	松桥	苏泊尔	德国SKG	合计
杨利蓉	销售4组	109			68					177
王志强	销售2组		130				115			245
郭达	销售3组					93		150		243
赵新	销售3组					87		167		254
张浩	销售3组					56		99		155
张建军	销售1组			104					123	227
韩玲	销售4组	156			78					234
张军	销售2组		117				109			226
周世勋	销售1组			93					101	194
朱建国	销售4组	118			49					167
李爱峰	销售2组		126				100			226
汤梅	销售1组			125					101	226

汇报人：孙亚平

日期：2013 年 7 月 1 日

图 6-53 “电饭煲”销售业绩汇报单

（4）制作如图 6-54 所示工作表模板“2013 年度——厨房小家电销售业绩统计模板.xltx”。其中“销售数量”列的数据分别为豆浆机、电饭煲个人销售业绩的总和；“平均销售单价”列为固定数据；“销售总额”列利用公式进行计算。

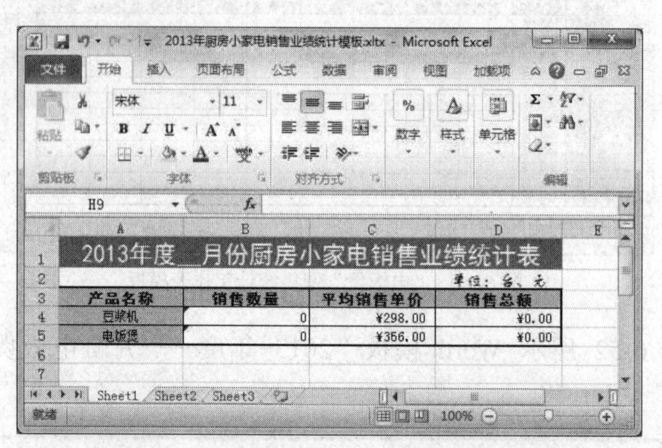

图 6-54 “厨房小家电”销售统计工作表单模板

（5）制作如图 6-55 所示 Word 模板“2013 年度——月份厨房小家电销售业绩汇报单.dotx”。

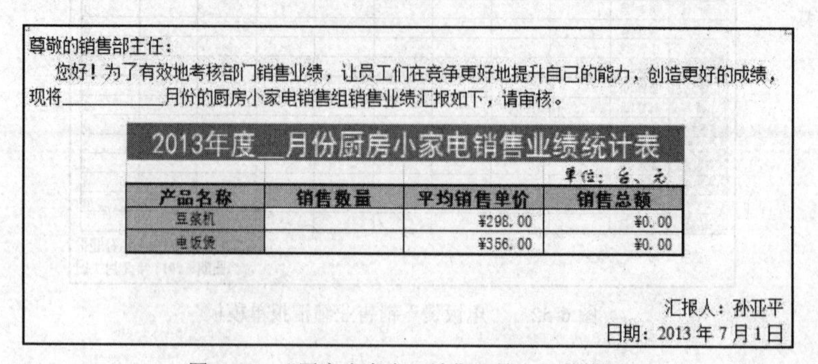

尊敬的销售部主任：

您好！为了有效地考核部门销售业绩，让员工们在竞争更好地提升自己的能力，创造更好的成绩，现将________月份的厨房小家电销售组销售业绩汇报如下，请审核。

2013年度__月份厨房小家电销售业绩统计表

单位：台、元

产品名称	销售数量	平均销售单价	销售总额
豆浆机		¥298.00	¥0.00
电饭煲		¥356.00	¥0.00

汇报人：孙亚平

日期：2013 年 7 月 1 日

图 6-55 “厨房小家电”销售业绩汇报单模板

（6）根据模板完成 6 月的厨房小家电销售业绩汇报单和销售业绩统计表。生成实例文件“2013 年度 6 月份厨房小家电销售业绩汇报单.docx”（见图 6-56）和“2013 年度 6 月份厨房小家电销售业绩统计表.xlsx”。

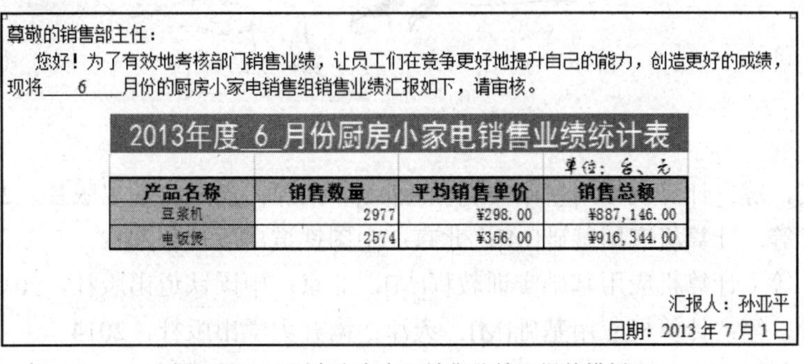
尊敬的销售部主任：

您好！为了有效地考核部门销售业绩，让员工们在竞争更好地提升自己的能力，创造更好的成绩，现将＿＿6＿＿月份的厨房小家电销售组销售业绩汇报如下，请审核。

2013年度 6 月份厨房小家电销售业绩统计表

单位：台、元

产品名称	销售数量	平均销售单价	销售总额
豆浆机	2977	¥298.00	¥887,146.00
电饭煲	2574	¥356.00	¥916,344.00

汇报人：孙亚平

日期：2013 年 7 月 1 日

图 6-56　“厨房小家电”销售业绩汇报单模板

［1］朱凤文，等．计算机应用基础实训教程[M]．天津：南开大学出版社，2014．

［2］余毅，等．计算机应用基础[M]．北京：中国铁道出版社，2012．

［3］余毅，等．计算机应用基础实训教程[M]．北京：中国铁道出版社，2013．

［4］张赵管，等．计算机应用基础[M]．天津：南开大学出版社，2014．

［5］青巧．Office 2007 高级情景案例教程[M]．大连：东软电子出版社，2011

［6］宋晏，等．计算机应用基础[M]．北京：电子工业出版社.2013

［7］孟建晖．计算机应用基础[M]．北京：人民邮电出版社.2014.

［8］刘启明．计算机应用基础[M]．北京：清华大学出版社，2011．

［9］张振国，等．计算机应用基础[M]．北京：高等教育出版社，2014．

［10］谢芳．计算机应用基础上机指导[M]．武汉：华中科技大学出版社，2009．

［11］王爱民．计算机应用基础[M]．北京：高等教育出版社，2009．

［12］卢英．计算机应用基础[M]．北京：清华大学出版社，2010．

［13］上海市教育委员会．计算机应用基础学习指导(2011 版)[M]．4 版．上海：华东师范大学出版社 2010．